BKI Baupreise kompakt 2026 Neubau

Statistische Baupreise für Positionen mit Kurztexten

BKI Baupreise 2026 Neubau

Statistische Baupreise für Positionen mit Kurztexten

BKI Baukosteninformationszentrum (Hrsg.)
Stuttgart: BKI, 2025

Mitarbeit:
Hannes Spielbauer (Geschäftsführer)
Brigitte Lechler (Prokuristin)
Produktmanagement: Patrick Jeske, Virginia Lammet, Thomas Schmid
Jeannette Sturm

Fachautoren:
Patrick Jeske
Virginia Lammet
Jörn Luther
Wolfgang Mandl
Thomas Schmid
Hans-Jürgen Schneider
Andreas Wagner

Layout, Satz:
Marvin Bisceglie
Hans-Peter Freund
Thomas Fütterer

Fachliche Begleitung:
Beirat Baukosteninformationszentrum
Stephan Weber (Vorsitzender)
Markus Lehrmann (stellv. Vorsitzender)
Prof. Dr. Bert Bielefeld
Markus Fehrs
Andrea Geister-Herbolzheimer
Prof. Dr. Wolfdietrich Kalusche
David Meuer
Martin Müller
Markus Weise

Anschrift:
Seelbergstraße 4, 70372 Stuttgart
Kundenbetreuung: (0711) 954 854-0
Baukosten-Hotline: (0711) 954 854-41
Telefax: (0711) 954 854-54
info@bki.de, www.bki.de

Vorwort

Die Ermittlung, Planung und Überwachung der Baukosten in verschiedenen Planungsphasen eines Bauprojektes ist ein wesentlicher Bestandteil der Architektenleistung.

Das neue Fachbuch unterstützt Architekt*innen, Ingenieur*innen, Sachverständige und alle Fachleute, die mit Baupreisen von Baumaßnahmen im Neubau befasst sind.

Das Fachbuch eignet sich aufgrund seiner kompakten Abmessungen besonders für die schnelle und mobile Baupreisrecherche. Auch für die Bepreisung von Leistungsverzeichnissen, eine Grundleistung nach HOAI, ist es ein wertvolles Werkzeug.

Anwender*innen finden nach Leistungsbereichen geordnet statistisch ausgewertete Baupreise zu Positionen mit Minimal-, Von-, Mittel-, Bis- und Maximalpreisen sowie erläuternde Stichworttexte und die zugehörigen Mengeneinheiten und Kostengruppen nach der aktuellen DIN 276.

Die Baupreise für Neubau stammen aus den Bereichen Rohbau, Ausbau, Gebäudetechnik sowie Freianlagen. Insgesamt befinden sich im Fachbuch Baupreise zu 49 Leistungsbereichen. Alle Kennwerte basieren auf der Analyse realer, abgerechneter Bauwerke, die in den BKI-Baukostendatenbanken verfügbar sind.

Mit den BKI Regionalfaktoren 2026 für jeden Stadt-/Landkreis, sowie für die Inseln der Nord- und Ostsee, passen Anwender die BKI-Bundesdurchschnittspreise an Ihre regionalen Gegebenheiten an.

Besonderer Dank gilt abschließend dem BKI-Beirat, der mit seinem Expert*innenwissen aus der Architektenpraxis, den Architekten- und Ingenieurkammern, Normausschüssen und Universitäten zum Gelingen der BKI-Fachinformationen beiträgt.

Wir wünschen allen Anwender*innen des neuen Fachbuchs viel Erfolg in allen Phasen der Kostenplanung. Anregungen und Kritik zur Verbesserung der BKI-Fachbücher sind uns jederzeit willkommen.

Hannes Spielbauer - Geschäftsführer
Brigitte Lechler - Prokuristin

Baukosteninformationszentrum
Deutscher Architektenkammern GmbH
Stuttgart, im November 2025

Inhalt Seite

Benutzerhinweise

Baupreise für die Positionen der Leistungsbereiche (LB)

Einführung

Dieses Fachbuch wendet sich an Architekt*innen, Ingenieur*innen, Sachverständige und sonstige Fachleute, die mit Kostenermittlungen von Hochbaumaßnahmen befasst sind. Es enthält statistische Baupreise für „Positionen", geordnet nach den Leistungsbereichen nach STLB. Neben den Mittelwerten sind auch Von-Bis-Werte und Minimal-Maximal-Werte angegeben. Bei den Von-Bis-Werten handelt es sich um mit der Standardabweichung berechnete Bandbreiten, wobei Werte über dem Mittelwert und Werte unter dem Mittelwert getrennt betrachtet werden. Der Mittelwert muss deshalb nicht zwingend in der Mitte der Bandbreite liegen.

Durch Übernahme der BKI Regionalfaktoren in die Datenbanken wurde es möglich, die Objekte und damit auch deren Positionspreise auch hinsichtlich des Bauortes zu bewerten. Für statistische Auswertungen rechnet BKI so, als ob das Objekt nicht am Bauort, sondern in einer mit dem Bundesdurchschnitt identischen Region gebaut worden wäre.

Die regional bedingten Kosteneinflussfaktoren sind somit aus den hier veröffentlichten Positionspreisen herausgerechnet. Das soll aber nicht darüber hinwegtäuschen, dass Positionspreise darüber hinaus weiteren vielfältigen Einflussfaktoren unterliegen.

Alle Baupreise wurden objektorientiert ermittelt und basieren auf der Analyse realer, abgerechneter Vergleichsobjekte, die derzeit in der BKI-Baukostendatenbanken verfügbar sind.

Benutzerhinweise

1. Definitionen

Positionen sind Teilleistungen die in einem Leistungsverzeichnis eine zu erbringende Leistung eindeutig beschreiben. Bestandteile der Positionen sind Positionsnummer, Kurztext, Langtext, Stichworttext, Abrechnungseinheit, Einheitspreis, Gesamtpreis und Kostengruppen nach der aktuellen DIN 276. Die Positionsnummer dient als Sortierkriterium innerhalb des Leistungsverzeichnisses, welches sich meist in hierarchischen Stufen mit Leistungsbereichen und Titeln strukturiert. Die Kurztexte dienen der verkürzten Darstellung und als schnelles Selektionskriterium. Der Langtext beschreibt dann die geforderte Leistung eindeutig. Einheitspreise sind Preise, welche in Verrechnung mit definierter Einheit den Gesamtpreis ergeben.

Bei dieser Veröffentlichung in kompakter Form wird der Kurztext mit einem konkretisierenden Stichworttext ergänzt. Die Sortierung der Positionen erfolgt ohne Titel über Leistungsbereiche und den Positionsnummern. Der Einheitspreis wird Netto und Brutto in fünf Preisstufen auf der Basis abgerechneter Bauleistungen nach statistischer Methode dargestellt.

2. Kostenstand und Mehrwertsteuer

Kostenstand aller Kennwerte ist das 3. Quartal 2025. Alle Baupreise dieses Fachbuchs werden in brutto und netto angegeben. Die Angabe aller Baupreise dieser Veröffentlichung erfolgt in Euro. Die vorliegenden Baupreise sind Orientierungswerte. Sie können nicht als Richtwerte im Sinne einer verpflichtenden Obergrenze angewendet werden.

3. Datengrundlage

Grundlage der Daten sind statistische Analysen abgerechneter Bauvorhaben. Die Daten wurden mit größtmöglicher Sorgfalt vom BKI bzw. seinen Dokumentationsstellen erhoben und zusammengestellt. Für die Richtigkeit, Aktualität und Vollständigkeit dieser Daten, Analysen und Tabellen übernehmen jedoch weder die Herausgeber*in noch BKI eine Haftung, ebenso nicht für Druckfehler und fehlerhafte Angaben. Die Benutzung dieses Fachbuchs und die Umsetzung der darin erhaltenen Informationen erfolgen auf eigenes Risiko.

Angesichts der vielfältigen Kosteneinflussfaktoren müssen Anwender*innen die genannten Orientierungswerte eigenverantwortlich prüfen und entsprechend dem jeweiligen Verwendungszweck anpassen.

4. Anwendungsbereiche

Die Baupreise sind Orientierungswerte, sie können bei Kostenberechnungen und Kostenanschlägen angewendet werden. Die formalen Mindestanforderungen hinsichtlich der Darstellung der Ergebnisse einer Kostenermittlung sind in DIN 276 Ausgabe 2018 unter Ziffer 4 „Grundsätze der Kostenplanung" festgelegt. Die Anwendung des Positions-Verfahrens bei Kostenermittlungen setzt voraus, dass genügend Planungsinformationen vorhanden sind, um Qualitäten und Mengen von Positionen ermitteln zu können.

5. Geltungsbereiche

Die genannten Baupreise spiegeln in etwa das durchschnittliche Baukostenniveau in Deutschland wider. Die Geltungsbereiche der Tabellenwerte sind fließend. Die „von-/ bis-Werte" markieren weder nach oben noch nach unten absolute Grenzwerte. Auch die Minimal- Maximal-Werte sind nur als Minimum und Maximum der in der Stichprobe enthaltenen Werte zu verstehen. Das schließt nicht aus, dass diese Werte in der Praxis unter- oder überschritten werden können.

6. von-bis Preise

Die „von-bis Preise" wurden mit der Standardabweichung ermittelt, ein statistisches Verfahren, das aus dem kompletten Spektrum der Preisbeispiele einen wahrscheinlichen Mittelbereich errechnet. Um dem Umstand Rechnung zu tragen, dass Abweichungen vom Mittelwert (BKI-Bundesdurchschnittswert) nach oben bei Baupreisen wahrscheinlicher sind als nach unten, wurde die Standardabweichung für Preise oberhalb des Mittelwertes getrennt von denen unterhalb des Mittelwertes ermittelt.

7. BKI-Bundesdurchschnittswerte / Regionalfaktor Stadt-/Landkreis

Grundlage der BKI Regionalfaktoren, die auch der Normierung der Baupreise der dokumentierten Objekte auf Bundesniveau zu Grunde liegen, sind Daten aus der amtlichen Bautätigkeitsstatistik der statistischen Landesämter.

Zusätzlich wurden von BKI Verfahren entwickelt, um die Daten prüfen und Plausibilitätsprüfungen unterziehen zu können.

Für Anwender*innen bedeutet die regionale Normierung der Daten auf einen BKI-Bundesdurchschnitt (Mittelwert), dass einzelne Baupreise oder das Ergebnis einer Kostenermittlung einfach mit dem Regionalfaktor des Standorts des geplanten Objekts multipliziert werden können. Die landkreisbezogenen Regionalfaktoren finden sich im Anhang des Buchs ab Seite 452.

8. Einflüsse auf Baupreise

In den Streubereichen (von-/bis-Werte) der Baupreise spiegeln sich die vielfältigen Einflüsse aus Nutzung, Markt, Gebäudegeometrie, Ausführungsstandard, Projektgröße etc. wider. Die Orientierungswerte können daher nicht schematisch übernommen werden, sondern müssen entsprechend den spezifischen Planungsbedingungen überprüft und ggf. angepasst werden. Mögliche Einflüsse, die eine Anpassung der Orientierungswerte erforderlich machen, können sein:

- besondere Nutzungsanforderungen,
- Standortbedingungen (Erschließung, Immission, Topographie, Bodenbeschaffenheit),
- Bauwerksgeometrie (Grundrissform, Geschosszahlen, Geschosshöhen, Dachform, Dachaufbauten),

- Bauwerksqualität (gestalterische, funktionale und konstruktive Besonderheiten),
- Quantität (Positionsmengen),
- Baumarkt (Zeit, regionaler Baumarkt, Vergabeart).

9. Urheberrechte

Alle Objektinformationen und die daraus abgeleiteten Auswertungen (Statistiken) sind urheberrechtlich geschützt. Die Urheberrechte liegen bei den jeweiligen Büros, Personen bzw. bei BKI.

Es ist ausschließlich eine Anwendung der Daten im Rahmen der praktischen Kostenplanung im Hochbau zugelassen. Für eine anderweitige Nutzung oder weiterführende Auswertungen behält sich BKI alle Rechte vor.

Erläuterungen

▶ min
▷ von
ø Mittel
◁ bis
◀ max

012
Mauerarbeiten

Kosten: Stand 3.Quartal 2025, Bundesdurchschnitt

LB 012 **Preise €**

Nr.	**Kurztext** / Stichworte **Einheit** / Kostengruppe		▶	▷	brutto ø netto ø	◁	◀
9	**Dämmstein, KS-Mauerwerk 17,5cm** Dämmstein; KS-ISO-Kimmstein, RDK 1,2; Wanddicke 17,5cm, Steinhöhe 13,5cm						
	m	**€ brutto**	**44**	**61**	**67**	**73**	**88**
	KG 342	€ netto	37	51	56	62	74
10	**Dämmstein, KS-Mauerwerk, 24,0cm** Dämmstein; KS-ISO-Kimmstein, RDK 1,2; Wanddicke 24cm, Steinhöhe 13,5cm						
	m	**€ brutto**	**57**	**71**	**78**	**86**	**102**
	KG 341	€ netto	48	59	65	73	86
11	**Innenwand, Mauerziegel, 11,5cm** Innenwand; Mz, SFK 20, RDK 1,6; 2DF 240x115x113mm; M 10						
	m²	**€ brutto**	**76**	**95**	**97**	**102**	**116**
	KG 342	€ netto	64	80	82	86	98
12	**Innenwand, Mauerziegel, 24cm, 5DF** Innenwand; Mz, SFK 20, RDK 1,7; 2DF 240x240x113mm; M 10						
	m²	**€ brutto**	**90**	**112**	**122**	**130**	**147**
	KG 342	€ netto	76	94	103	109	124
13	**Innenwand, HLz-Planstein 11,5cm, 8DF** Innenwand; HLz, SFK 8, RDK 0,8; 8 DF 498x115x249mm; Dünnbettmörtel						
	m²	**€ brutto**	**63**	**80**	**86**	**94**	**112**
	KG 342	€ netto	53	67	72	79	94

Erläuterung nebenstehender Tabelle

Alle Baupreise werden mit und ohne Mehrwertsteuer dargestellt.
Kostenstand: 3. Quartal 2025.
Kosten und Baupreise umgerechnet auf den Bundesdurchschnitt.

❶

Leistungsbereich mit Nummer nach Standardleistungsbuch

❷

Ordnungsziffer im jeweiligen Leistungsbereich

❸

Kurztext der Position

❹

Schlagworte aus dem Mustertext mit:
Gegenstand, Material, Dimension, Verarbeitung, Ort, Sonstige

❺

Abrechnungseinheit; Einheitspreise brutto und netto mit min/von/mittel/bis/max-Werten

❻

Kostengruppe nach DIN 276:2018-12

Gliederung in Leistungsbereiche nach STLB-Bau

Als Beispiel für eine ausführungsorientierte Ergänzung der Kostengliederung werden im Folgenden die Leistungsbereiche des Standardleistungsbuches für das Bauwesen in einer Übersicht dargestellt.

000 Baustelleneinrichtungen; Verkehrssicherungs- und Sicherheitseinrichtungen
001 Gerüstarbeiten
002 Erdarbeiten
003 Landschaftsbauarbeiten
004 Landschaftsbauarbeiten - Pflanzen
005 Brunnenbauarbeiten und Aufschlussbohrungen
006 Spezialtiefbauarbeiten
007 Untertagebauarbeiten
008 Wasserhaltungsarbeiten
009 Entwässerungskanalarbeiten
010 Drän- und Versickerarbeiten
011 Abscheider- und Kleinkläranlagen
012 Mauerarbeiten
013 Betonarbeiten
014 Natur-, Betonwerksteinarbeiten
016 Zimmer- und Holzbauarbeiten
017 Stahlbauarbeiten
018 Abdichtungsarbeiten
019 Kampfmittelräumarbeiten
020 Dachdeckungsarbeiten
021 Dachabdichtungsarbeiten
022 Klempnerarbeiten
023 Putz- und Stuckarbeiten, Wärmedämmsysteme
024 Fliesen- und Plattenarbeiten
025 Estricharbeiten
026 Fenster, Außentüren
027 Tischlerarbeiten
028 Parkett-, Holzpflasterarbeiten
029 Beschlagarbeiten
030 Rollladenarbeiten
031 Metallbauarbeiten
032 Verglasungsarbeiten
033 Baureinigungsarbeiten
034 Maler- und Lackierarbeiten - Beschichtungen
035 Korrosionsschutzarbeiten an Stahlbauten
036 Bodenbelagarbeiten
037 Tapezierarbeiten
038 Vorgehängte hinterlüftete Fassaden
039 Trockenbauarbeiten

040 Wärmeversorgungsanlagen - Betriebseinrichtungen
041 Wärmeversorgungsanlagen - Leitungen, Armaturen, Heizflächen
042 Gas- und Wasseranlagen - Leitungen, Armaturen
043 Druckrohrleitungen für Gas, Wasser und Abwasser
044 Abwasseranlagen - Leitungen, Abläufe, Armaturen
045 Gas-, Wasser- und Entwässerungsanlagen - Ausstattung, Elemente, Fertigbäder
046 Gas-, Wasser- und Entwässerungsanlagen - Betriebseinrichtungen
047 Dämm- und Brandschutzarbeiten an technischen Anlagen
049 Feuerlöschanlagen, Feuerlöschgeräte
050 Blitzschutz- / Erdungsanlagen, Überspannungsschutz
051 Kabelleitungstiefbauarbeiten
052 Mittelspannungsanlagen
053 Niederspannungsanlagen - Kabel / Leitungen, Verlegesysteme, Installationsgeräte
054 Niederspannungsanlagen - Verteilersysteme und Einbaugeräte
055 Ersatzstromversorgungsanlagen
057 Gebäudesystemtechnik
058 Leuchten und Lampen
059 Sicherheitsbeleuchtungsanlagen
060 Such-, Signal-, Zeitdienst-, Antennen-, elektroakustische Anlagen, Medientechnik
061 Kommunikations- und Übertragungsnetze
062 Kommunikationsanlagen
063 Gefahrenmeldeanlagen
064 Zutrittskontroll-, Zeiterfassungssysteme
069 Aufzüge
070 Gebäudeautomation
075 Raumlufttechnische Anlagen
078 Kälteanlagen für raumlufttechnische Anlagen
080 Straßen, Wege, Plätze
081 Betonerhaltungsarbeiten
082 Bekämpfender Holzschutz
084 Abbruch-, Rückbau- und Schadstoffsanierungsarbeiten
085 Rohrvortriebsarbeiten
087 Abfallentsorgung, Verwertung und Beseitigung
090 Baulogistik
091 Stundenlohnarbeiten
096 Bauarbeiten an Bahnübergängen
097 Bauarbeiten an Gleisen und Weichen
098 Witterungsschutzmaßnahmen

Abkürzungsverzeichnis

Einheiten		Mengenangaben	
cm	Zentimeter	A	Fläche
cm^2	Quadratzentimeter	B	Breite
d	Tag	D	Durchmesser
DPr	Proctodichte	d	Dicke
h	Stunde	H	Höhe
kg	Kilogramm	k	k-Wert
kN	Kilonewton	lw	lichte Weite
kW	Kilowatt	R	Radius
l	Liter	T	Tiefe
m	Meter	U	u-Wert
m^2	Quadratmeter	V	Volumen
m^3	Kubikmeter		
mm	Millimeter		
min	Minute		
Mt	Monat		
St	Stück		
s	Sekunde	psch	Pauschal
t	Tonne	n.A.	nach Aufwand
Wo	Woche		(Preis ist Projektbezogen)
µm	Mikrometer		

Kombinierte Einheiten			
l/m^2	Liter pro Quadratmeter	m^3Wo	Kubikmeter pro Woche
mh	Meter pro Stunde	m^3Mt	Kubikmeter pro Monat
md	Meter pro Tag	Sth	Stück pro Stunde
mWo	Meter pro Woche	Std	Stück pro Tag
mMt	Meter pro Monate	StWo	Stück pro Woche
ma	Meter pro Jahr	StMt	Stück pro Monat
m^2d	Quadratmeter pro Tag	td	Tonne pro Tag
m^2Wo	Quadratmeter pro Woche	tMt	Tonne pro Monat
m^2Mt	Quadratmeter pro Monat	tWo	Tonne pro Monat
m^3d	Kubikmeter pro Tag	$W/(m^2K)$	Wärmedurchgangskoeffizient

Rechenzeichen			
<	kleiner	<=	kleiner gleich
>	größer	>=	größer gleich
		-	bis

Abkürzungen

AN	Auftragnehmer	MG	Mörtelgruppe
AG	Auftraggeber	MW	Mauerwerk
AP	Arbeitsplätze	MW	Mineralwolle
APP	Appartement	MW	Maulweite (Zargen)
ATV	allg. techn. Vertrags-bedingungen	NF	Normalformat
BB	BB-Schloss=Buntbartschloss	NF	Nutzfläche
BSH	Brettschichtholz	NF	Nut und Feder
DD	DD-Lack=Polyurethan-Lack	NH	Nadelholz
DN	Durchmesser, Nennmaß (DN80)	OG	Obergeschoss
DF	Dünnformat	OK	Oberkante
DG	Dachgeschoss	OSB	Oriented Strand Board, Spanplatte
DK	Dreh-/Kipp(-flügel)	PE	Polyethylen
DHH	Doppelhaushälfte	PE-HD	Polyethylen, hohe Dichte
EG	Erdgeschoss	PES	Polyester
EI2 30	Brandschutzklassifizierung nach EN 13501-2	PP	Polypropylen
ELW	Einliegerwohnung	PS	Polystyrol
ETW	Etagenwohnung	PU	Polyurethan
EPS	expandierter Polystyrol-schaum	PVC	Polyvinylchlorid
ESG	Einscheiben-Sicherheitsglas	PZ	Profilzylinder
F90-A	Feuerwiderstandsklasse 90min	RD	rauchdicht
GK1	Geotechnische Kategorie 1	RRM	Rohbaurichtmaß
GK	Gipskarton	RS	Rauchschutz (Türen)
GKB	Gipskarton-Bauplatten	RW	Regenwasser
GKF	Gipskarton-Feuerschutz	RWA	Rauch-Wärme-Abzug
GKI	Gipskarton - imprägniert	SML	Gusseisen-Abwasserrohr
GKL	Güteklasse	Stb	Stahlbeton
Gl	Glieder (Heizkörper)	STP	Stellplatz
HLz	Hochlochziegel	Stg	Steigung
HDF	hochdichte Faserplatte	TG	Tiefgarage
HT	Hochtemperatur-Abflussrohr	T30	Tür mit Feuerwiderstand 30min
inkl.	inklusive	UK	Unterkante
i.L.	im Lichten	UK	Unterkonstruktion
i.M.	im Mittel	VK	Vorderkante
KG	Kellergeschoss	VSG	Verbund-Sicherheitsglas
KG	Kunststoff Grundleitung	V2A	Edelstahl
KFZ	Kraftfahrzeug	V4A	Edelstahl
KS	Kalksandstein	WDVS	Wärmedämmverbundsystem
KSL	Kalksandstein-Lochstein	WE	Wohneinheit

Abkürzungen

KSV	Kalksandstein-Vollstein	WK	Einbruch-Widerstandsklasse
KSVm	Kalksandstein-Vormauerwerk	WLG	Wärmeleitgruppe
KVH	Konstruktionsvollholz	WLS	Wärmeleitstufe
LM	Leichtmetall	WU	wasserundurchlässig (Beton)
LZR	Luftzwischenraum (Isolierglas)	ZTV	zusätzl. techn. Vorbemerkungen
MF	Mineralfaser		

Abkürzungen Pflanzqualitäten

Bu	Busch	Sol	Solitär
C	mit Container	Sth	Stammhöhe
H	Hochstamm	Str	Strauch
He	Heckenpflanze	StU	Stammumfang
mB	mit Ballen	Tr	Triebe
mDb	mit Drahtballen	v	verpflanzt
mTb	mit Topfballen	vStr	verpflanzter Strauch
oB	ohne Ballen		

A

Rohbau

Titel des Leistungsbereichs	LB-Nr.
Baustelleneinrichtungen, Sicherheitseinrichtungen	000
Gerüstarbeiten	001
Erdarbeiten	002
Spezialtiefbauarbeiten	006
Wasserhaltungsarbeiten	008
Entwässerungskanalarbeiten	009
Drän- und Versickerarbeiten	010
Mauerarbeiten	012
Betonarbeiten	013
Natur-, Betonwerksteinarbeiten	014
Zimmer- und Holzbauarbeiten	016
Stahlbauarbeiten	017
Abdichtungsarbeiten	018
Dachdeckungsarbeiten	020
Dachabdichtungsarbeiten	021
Klempnerarbeiten	022

000

Baustelleneinrichtungen; Verkehrssicherungs- und Sicherheitseinrichtungen

LB 000 **Preise €**

Nr.	Kurztext / Stichworte Einheit / Kostengruppe		▶	▷	brutto ø netto ø	◁	◀
1	**Stammschutz, Brettermantel, bis 30cm** Stammschutz; Brettermantel; StD bis 30cm; gegen mechanische Schäden						
	St	**€ brutto**	**52**	**70**	**78**	**94**	**128**
	KG 211	€ netto	44	59	65	79	107
2	**Stammschutz, Brettermantel, bis 50cm** Stammschutz; Brettermantel; StD bis 50cm; gegen mechanische Schäden						
	St	**€ brutto**	**71**	**90**	**100**	**114**	**143**
	KG 211	€ netto	60	76	84	96	120
3	**Fußgängerschutz, Gehwege** Fußgängerschutzdach; Holzkonstruktion, Belag, mit Bitumenbahn, glasvliesarmiert; Höhe 2,10, Breite 0,90m; Gehwege						
	m	**€ brutto**	**61**	**79**	**84**	**88**	**101**
	KG 391	€ netto	51	66	71	74	85
4	**Übergangs-/Fußgängerbrücke** Fußgängerhilfsbrücke; Durchfahrtshöhe 3,50m, Breite 1,50m, Länge 2,50m; mit Fundamenten, Geländer und Schutzdach; herstellen, vorhalten, abbauen						
	St	**€ brutto**	**121**	**175**	**196**	**277**	**396**
	KG 391	€ netto	102	147	165	233	333
5	**Laufsteg - Zugang Gebäude** Laufsteg, Baustellenzugang; rutschsicher profiliert; Geländer beidseitig, herstellen, vorhalten, beseitigen						
	m	**€ brutto**	**77**	**114**	**119**	**127**	**168**
	KG 391	€ netto	64	95	100	107	142
6	**Bauzaun, Bretter 2,00m** Bauzaun; Bretter; Höhe 2,00m; aufstellen, vorhalten, abbauen; Türen und Tore gesondert						
	m	**€ brutto**	**17**	**24**	**26**	**28**	**32**
	KG 391	€ netto	14	20	22	24	27
7	**Bauzaun, Stahlrohrrahmen 2,00m** Bauzaun, versetzbar; Stahlrohrrahmen, verzinkt; Höhe 2,00m; aufstellen, vorhalten, abbauen; Türen und Tore gesondert						
	m	**€ brutto**	**7,5**	**12,9**	**14,8**	**18,2**	**26,3**
	KG 391	€ netto	6,3	10,8	12,5	15,3	22,1
8	**Bauzaun umsetzen, Bretter** Bauzaun umsetzen; Bretter; Höhe 2,00m; inkl. Türen und Tore						
	m	**€ brutto**	**4,1**	**7,0**	**8,1**	**9,5**	**14,0**
	KG 391	€ netto	3,5	5,9	6,8	8,0	11,8

Kosten: Stand 3.Quartal 2025, Bundesdurchschnitt

LB 000						Preise €
Nr.	**Kurztext** / Stichworte			**brutto ø**		
	Einheit / Kostengruppe	►	▷	netto ø	◁	◄
9	**Bauzaun umsetzen, Stahlrohrrahmen**					
	Bauzaun umsetzen; Stahlrohrrahmen; Höhe 2,00m; inkl. Türen und Tore					
	m **€ brutto**	**2,0**	**4,6**	**5,7**	**7,5**	**10,9**
	KG 391 € netto	1,7	3,8	4,8	6,3	9,1
10	**Bauzaun vorhalten**					
	Bauzaun vorhalten; Höhe 2,00m; über die Grundvorhaltedauer hinaus; inkl. Tore und Türen					
	mWo **€ brutto**	**0,2**	**0,4**	**0,4**	**0,7**	**1,1**
	KG 391 € netto	0,2	0,3	0,4	0,6	0,9
11	**Bauzaunbeleuchtung, öffentlicher Raum**					
	Sicherungsbeleuchtung, Bauzaun; betriebsfertig montieren, entfernen					
	St **€ brutto**	**26**	**48**	**48**	**54**	**75**
	KG 391 € netto	22	40	41	45	63
12	**Absturzsicherung, Seitenschutz**					
	Seitenschutz, behelfsmäßig; herstellen, vorhalten, entfernen; Treppenläufe, Podeste; Absturzsicherung					
	m **€ brutto**	**15**	**22**	**26**	**30**	**45**
	KG 391 € netto	13	19	21	26	38
13	**Tor, Bauzaun, Breite 3,50m**					
	Bauzauntor, behelfsmäßig; Höhe 2,00 Breite 3,50m; abschließbar, einbauen, vorhalten, abbauen					
	St **€ brutto**	**126**	**157**	**163**	**188**	**251**
	KG 391 € netto	106	132	137	158	211
14	**Tor, Bauzaun, Breite 5,00m**					
	Bauzauntor, behelfsmäßig; Höhe 2,00m, Breite 5,00m; abschließbar, einbauen, vorhalten, abbauen					
	St **€ brutto**	**152**	**214**	**228**	**245**	**288**
	KG 391 € netto	128	180	191	206	242
15	**Tür, Bauzaun, Breite 1,00m**					
	Bauzauntür, behelfsmäßig; Höhe 2,00m, Breite 1,00m; abschließbar, einbauen, vorhalten, abbauen					
	St **€ brutto**	**102**	**134**	**152**	**161**	**196**
	KG 391 € netto	86	112	128	136	165
16	**Tür, Bauzaun, Breite 1,50m**					
	Bauzauntür, behelfsmäßig; Höhe 2,00m, Breite 1,50m; abschließbar, einbauen, vorhalten, abbauen					
	St **€ brutto**	**115**	**145**	**163**	**195**	**244**
	KG 391 € netto	97	122	137	164	205

LB 000 **Preise €**

Nr.	Kurztext / Stichworte Einheit / Kostengruppe		►	▷	brutto ø netto ø	◁	◄
17	**Baustraße, Breite bis 2,50m** Baustraße/Bauweg, temporär; RC-Baustoff; Breite bis 2,50m, Dicke bis 30cm; frostsicher herstellen, vorhalten, abbauen; Baustellenverkehr						
	m^2	**€ brutto**	**21**	**30**	**33**	**39**	**50**
	KG 391	€ netto	17	25	28	33	42
18	**Hilfsüberfahrt, Baustellenverkehr** Hilfsüberfahrt; Stahlplatte; herstellen, vorhalten, abbauen; über Gehweg/Gräben; Baustellenverkehr						
	m^2	**€ brutto**	**31**	**47**	**55**	**59**	**80**
	KG 391	€ netto	26	40	46	49	67
19	**Hilfsüberfahrt, Stahlplatte** Hilfsüberfahrt; Stahlplatte; Breite bis 2,50m; herstellen, vorhalten, abbauen						
	St	**€ brutto**	**127**	**179**	**197**	**212**	**239**
	KG 391	€ netto	107	151	165	178	201
20	**Kabelbrücke, Strom-/Wasserleitung** Kabelbrücke, Strom-/Wasserleitung; Brücke aus 2 Pfosten, Träger zur Überspannung; Höhe 4,20m; sturmsicher herstellen, vorhalten, abbauen; öffentliche Straße						
	St	**€ brutto**	**1.282**	**1.928**	**2.357**	**2.819**	**3.771**
	KG 391	€ netto	1.077	1.620	1.980	2.369	3.169
21	**Verkehrseinrichtung, Verkehrszeichen** Verkehrseinrichtung; Verkehrsschild; herstellen, vorhalten, abbauen						
	St	**€ brutto**	**22**	**48**	**51**	**76**	**130**
	KG 391	€ netto	18	41	42	64	110
22	**Verkehrssicherung, Baustelle** Verkehrssicherung, Baustelle; kennzeichnen, vorhalten; inkl. Rückbau						
	m	**€ brutto**	**32**	**54**	**57**	**76**	**104**
	KG 391	€ netto	27	45	48	64	88
23	**Verkehrsregelung, Lichtsignalanlage** Lichtsignalanlage, automatische Steuerung; zwei Ampeln; inkl. Komponenten, Vorhalte- und Betriebskosten; Batteriebetrieb						
	psch	**€ brutto**	**739**	**1.502**	**1.639**	**2.190**	**3.229**
	KG 391	€ netto	621	1.262	1.377	1.840	2.714
24	**Grenzstein sichern** Grenzstein sichern; über gesamte Bauzeit						
	St	**€ brutto**	**38**	**63**	**64**	**72**	**84**
	KG 391	€ netto	32	53	54	60	70

Kosten: Stand 3.Quartal 2025, Bundesdurchschnitt

LB 000 **Preise €**

Nr.	Kurztext / Stichworte Einheit / Kostengruppe		►	▷	brutto ø netto ø	◁	◄
25	**Lagerplatz einrichten und räumen** Lagerplatz einrichten, räumen; Sortierung, Lagerung von Baustellenabfällen; Baugrundstück; nach Baustelleneinrichtungsplan						
	m²	**€ brutto**	**8,9**	**18,7**	**21,3**	**27,4**	**36,1**
	KG 391	€ netto	7,5	15,7	17,9	23,0	30,4
26	**Bauwasseranschluss, 3 Zapfstellen** Bauwasseranschluss; drei Zapfstellen; herstellen, vorhalten, abbauen; inkl. Beantragung						
	St	**€ brutto**	**297**	**652**	**791**	**1.074**	**1.627**
	KG 391	€ netto	249	548	664	903	1.367
27	**Bauwasseranschluss heranführen** Bauwasserleitung; DN32; provisorisch herstellen, vorhalten, abbauen; öffentlicher Anschluss						
	m	**€ brutto**	**16**	**31**	**36**	**52**	**76**
	KG 391	€ netto	13	26	30	44	64
28	**Schmutzwasseranschluss herstellen** Kanalanschluss, Schmutzwasser; DN100/DN150; herstellen, vorhalten, entfernen; inkl. Beantragung						
	St	**€ brutto**	**376**	**490**	**546**	**594**	**697**
	KG 391	€ netto	316	412	459	499	585
29	**Baustromanschluss** Baustromanschluss; Zähler, Steckdosen, FI-Schalter, Sicherungen; Zuleitung bis 50m; herstellen, vorhalten, abbauen						
	St	**€ brutto**	**348**	**764**	**915**	**1.120**	**1.713**
	KG 391	€ netto	292	642	769	942	1.439
30	**Baustrom, Zuleitung** Baustromhauptanschluss, Zuleitung; geschützte Leitung; Zuleitung bis 50m; herstellen, vorhalten, abbauen						
	m	**€ brutto**	**13**	**23**	**28**	**30**	**37**
	KG 391	€ netto	11	20	23	25	31
31	**Baustellenbeleuchtung, innen** Beleuchtung innen, Hauptverkehrswege; herstellen, vorhalten, betreiben, abbauen; inkl. Kabel, Schalter, Anschlussarbeiten						
	psch	**€ brutto**	**1.742**	**3.040**	**3.582**	**3.891**	**4.868**
	KG 391	€ netto	1.464	2.554	3.010	3.270	4.091
32	**Container, Bauleitung, 15m²** Bürocontainer; 15m²; beheizbar, wärmegedämmt Ausstattung, aufstellen, vorhalten, abfahren						
	St	**€ brutto**	**1.645**	**2.383**	**2.717**	**3.217**	**3.992**
	KG 391	€ netto	1.382	2.003	2.283	2.704	3.354

LB 000 **Preise €**

Nr.	Kurztext / Stichworte Einheit / Kostengruppe		►	▷	brutto ø netto ø	◁	◄
33	**Container, Bauleitung, 37,5m²** Bürocontainer; bis 37,5m²; beheizbar, wärmegedämmt Ausstattung, aufstellen, vorhalten, abfahren						
	St	**€ brutto**	**2.086**	**3.386**	**3.915**	**4.726**	**6.602**
	KG 391	€ netto	1.753	2.846	3.290	3.972	5.548
34	**WC-Kabine** WC-Kabine; 1 WC-Sitz; aufstellen, vorhalten, abbauen; inkl. Verbrauchsmaterial						
	St	**€ brutto**	**69**	**114**	**129**	**142**	**175**
	KG 391	€ netto	58	95	108	120	147
35	**Sanitärcontainer** Sanitärcontainer; 2 WC-Kabinen, 2 Waschrinnen mit je 3 Wasch-plätzen; beheizbar, wärmegedämmt, aufstellen, vorhalten, abfahren						
	St	**€ brutto**	**805**	**1.735**	**2.030**	**2.550**	**3.560**
	KG 391	€ netto	677	1.458	1.706	2.143	2.991
36	**Sanitärcontainer vorhalten** Sanitärcontainer, vorhalten; wöchentlich reinigen						
	StWo	**€ brutto**	**86**	**117**	**125**	**134**	**163**
	KG 391	€ netto	72	98	105	112	137
37	**Kranaufstandsfläche herstellen** Kranaufstandsfläche; herstellen, entfernen, entsorgen; inkl. Erdarbeiten und Kranfundamente						
	m²	**€ brutto**	**14**	**20**	**21**	**25**	**31**
	KG 391	€ netto	12	16	18	21	26
38	**Krannutzung** Baukran; mit Bedienung, als Leistung für Dritte						
	h	**€ brutto**	**89**	**164**	**194**	**223**	**293**
	KG 391	€ netto	75	137	163	188	247
39	**Autokran, bis 70t** Autokran bereitstellen; max. Traglast 50-70t; aufbauen, betreiben, abbauen; inkl. Bedienung						
	h	**€ brutto**	**160**	**240**	**276**	**277**	**375**
	KG 391	€ netto	134	202	232	232	315
40	**Bauaufzug, 200kg, Material und Personen** Personen- und Materialaufzug; bis 200kg, Förderhöhe 15,0m; liefern, aufbauen, abbauen						
	St	**€ brutto**	**749**	**1.133**	**1.241**	**1.556**	**2.071**
	KG 391	€ netto	629	952	1.043	1.308	1.740

Kosten: Stand 3.Quartal 2025, Bundesdurchschnitt

LB 000 **Preise €**

Nr.	Kurztext / Stichworte Einheit / Kostengruppe		►	▷	brutto ø netto ø	◁	◄
41	**Bauaufzug, 500kg, Material und Personen** Personen- und Materialaufzug; bis 500kg, Förderhöhe 15,0m; liefern, aufbauen, abbauen						
	St	**€ brutto**	**1.490**	**2.204**	**2.609**	**2.834**	**3.741**
	KG 391	€ netto	1.252	1.852	2.193	2.381	3.144
42	**Bauaufzug, 1.000kg, Material und Personen** Personen- und Materialaufzug; bis 1.000kg, Förderhöhe bis 15,0m; liefern, aufbauen, abbauen						
	St	**€ brutto**	**2.480**	**4.389**	**4.930**	**5.629**	**6.922**
	KG 391	€ netto	2.084	3.689	4.143	4.731	5.817
43	**Bauaufzug, 1.500kg Material** Materialaufzug; bis 1.500kg, Förderhöhe bis 15,00m, Fahrkorb 2,00m²; liefern, aufbauen, abbauen						
	St	**€ brutto**	**4.777**	**7.495**	**9.655**	**12.958**	**16.261**
	KG 391	€ netto	4.014	6.299	8.114	10.889	13.665
44	**Bauaufzug, vorhalten** Bauaufzug, Gebrauchsüberlassung; betreiben, bedienen						
	StWo	**€ brutto**	**–**	**481**	**777**	**1.053**	**–**
	KG 391	€ netto	–	404	653	885	–
45	**Schutzabdeckung, Boden, Holzplatten** Schutzabdeckung, Boden; Holzplatten, NF-System; entfernen						
	m²	**€ brutto**	**12**	**18**	**21**	**27**	**36**
	KG 397	€ netto	10	15	18	23	30
46	**Bautrocknung, Kondensationstrockner** Kondensationstrockner; 1.000 Watt, Entfeuchtung 10l/Tag, Behältergröße 15l; aufstellen, betreiben, abbauen; inkl. Komponenten						
	St	**€ brutto**	**180**	**274**	**313**	**371**	**543**
	KG 397	€ netto	152	230	263	312	456
47	**Bautreppe, zweiläufig** Bautreppe; Breite mind. 90cm, Geschosshöhe bis 3,00m; zweiläufig, herstellen, vorhalten, abbauen; inkl. Podest						
	St	**€ brutto**	**231**	**577**	**761**	**989**	**1.600**
	KG 391	€ netto	194	485	639	831	1.345
48	**Laufbrücke, Holz** Laufbrücke; Holz; inkl. Handlauf, Seitenschutz zweiseitig, herstellen, vorhalten, demontieren						
	m	**€ brutto**	**77**	**112**	**117**	**133**	**154**
	KG 391	€ netto	64	94	99	111	130

LB 000						Preise €

Nr.	Kurztext / Stichworte Einheit / Kostengruppe		►	▷	brutto ø netto ø	◁	◄
49	**Schutzwand, Folienbespannung** Staubschutzvorrichtung; Holzkonstruktion, Gitterfolie 0,5mm; Höhe bis 3,50m; herstellen, vorhalten, abbauen; im Gebäude						
	m²	€ brutto	12	24	31	36	48
	KG 397	€ netto	10	20	26	30	40
50	**Schutzwand, Holz beplankt** Bauschutzwand, Holzbeplankung; Holzkonstruktion, Holzwerkstoff-platten; Dicke mind. 15mm, Höhe bis 3,00m; vorhalten, abbauen						
	m²	€ brutto	21	41	47	63	91
	KG 391	€ netto	17	34	39	53	77
51	**Bautür, Stahlblech** Bautür, abschließbar; Stahl; 1,26x2,26m; montieren, entfernen; inkl. Schloss und Drücker						
	St	€ brutto	96	244	309	429	723
	KG 391	€ netto	80	205	259	360	607
52	**Bautür, Holz** Bautür, abschließbar; Holz; 1,00x2,00m; montieren, entfernen; inkl. Schloss und Drücker						
	St	€ brutto	92	214	252	341	523
	KG 391	€ netto	77	180	212	287	439
53	**Witterungsschutz, Fensteröffnung** Witterungsschutz; Holzkonstruktion, PE-Folie 0,5mm; herstellen, vorhalten, abbauen						
	m²	€ brutto	10	25	30	43	65
	KG 397	€ netto	8,6	20,7	24,9	36,3	55,0
54	**Meterriss** Meterriss; unverrückbar herstellen; inkl. Komponenten						
	St	€ brutto	9,3	25,7	32,8	43,9	69,7
	KG 391	€ netto	7,8	21,6	27,6	36,9	58,5
55	**Höhenfestpunkt, Einschlagbolzen** Höhenfestpunkt; Einschlagbolzen; unverrückbar herstellen						
	St	€ brutto	26	66	80	111	166
	KG 391	€ netto	22	56	67	93	140
56	**Bauschuttcontainer, gemischter Bauschutt, 7m³** Bauschuttcontainer; Material nicht schadstoffbelastet; 7,00m³; aufstellen, vorhalten, abfahren						
	St	€ brutto	461	803	929	1.025	1.297
	KG 391	€ netto	388	675	780	862	1.090

Kosten: Stand 3.Quartal 2025, Bundesdurchschnitt

LB 000							Preise €
Nr.	**Kurztext** / Stichworte				**brutto ø**		
	Einheit / Kostengruppe		▶	▷	netto ø	◁	◀
57	**Bauschuttcontainer, gemischter Bauschutt, bis 10m³**						
	Bauschuttcontainer; Material nicht schadstoffbelastet; 7,0-10,0m³; aufstellen, vorhalten, abfahren						
	St	**€ brutto**	**545**	**1.028**	**1.259**	**1.501**	**1.856**
	KG 391	€ netto	458	864	1.058	1.261	1.560
58	**Bauschuttcontainer, sortierter Bauschutt, 7m³**						
	Bauschuttcontainer; Beton, Ziegel, Fliesen und Keramik; 7,0m³; aufstellen, vorhalten, abfahren						
	St	**€ brutto**	**329**	**525**	**638**	**861**	**1.171**
	KG 391	€ netto	276	441	536	724	984
59	**Bauschuttcontainer, sortierter Bauschutt, bis 10m³**						
	Bauschuttcontainer; Beton, Ziegel, Fliesen und Keramik; bis,10,0m³; aufstellen, vorhalten, abfahren						
	St	**€ brutto**	**343**	**683**	**831**	**1.000**	**1.310**
	KG 391	€ netto	288	574	698	841	1.101
60	**Deponiegebühr, gemischter Bauschutt**						
	Deponiegebühr; Material nicht schadstoffbelastet						
	m³	**€ brutto**	**33**	**65**	**67**	**93**	**133**
	KG 391	€ netto	28	54	57	78	112
61	**Bauschild, Grundplatte**						
	Bauschild mit Trägerkonstruktion; Mehrschichtplatte; Breite 5,00m, Höhe 2,50m; aufstellen, vorhalten, abbauen; inkl. Fundamente						
	St	**€ brutto**	**1.385**	**2.556**	**2.929**	**3.912**	**6.199**
	KG 391	€ netto	1.164	2.148	2.461	3.287	5.209
62	**Bauschild, Firmenleiste**						
	Firmenschild; Abmessung 2,50x0,15m; montieren, demontieren						
	St	**€ brutto**	**44**	**96**	**120**	**173**	**273**
	KG 391	€ netto	37	81	101	146	229
63	**Schuttabwurfschacht, bis 12m**						
	Schuttabwurfschacht; Durchmesser 60cm, Höhe über 8,0-12,0m; aufstellen, vorhalten, abbauen; Außenbereich						
	m	**€ brutto**	**28**	**40**	**45**	**54**	**79**
	KG 391	€ netto	23	34	38	46	67
64	**Schuttabwurfschacht, bis 8m**						
	Schuttabwurfschacht; Durchmesser 60cm, Höhe 4,0-8,0m; aufstellen, vorhalten, abbauen; Außenbereich						
	St	**€ brutto**	**154**	**330**	**365**	**408**	**782**
	KG 391	€ netto	129	277	307	343	657

LB 000							Preise €
Nr.	**Kurztext** / Stichworte **Einheit** / Kostengruppe		►	▷	**brutto ø** netto ø	◁	◄
65	**Stundensatz, Facharbeiter/-in** Stundenlohnarbeiten für Vorarbeiterin, Vorarbeiter, Facharbeiterin, Facharbeiter und Gleichgestellte; Baustelleneinrichtung						
	h	**€ brutto**	**70**	**82**	**88**	**93**	**104**
		€ netto	59	69	74	78	87
66	**Stundensatz, Helfer/-in** Stundenlohnarbeiten für Werker/-in, Helfer/-in und Gleichgestellte; Baustelleneinrichtung						
	h	**€ brutto**	**60**	**72**	**78**	**82**	**93**
		€ netto	50	61	65	69	78

001
Gerüstarbeiten

LB 001						Preise €
Nr.	**Kurztext** / Stichworte			brutto ø		
	Einheit / Kostengruppe	►	▷	netto ø	◁	◄
1	**Fassadengerüst erstellen, LK3, SW06**					
	Arbeitsgerüst, LK3; SW06, H1; erstellen					
	m² € brutto	**4,3**	**5,7**	**6,3**	**7,2**	**8,5**
	KG 392 € netto	3,6	4,8	5,3	6,1	7,1
2	**Fassadengerüst erstellen, LK3, SW09**					
	Arbeitsgerüst, LK3; SW09, H1; erstellen					
	m² € brutto	**5,2**	**6,8**	**7,5**	**8,6**	**10,1**
	KG 392 € netto	4,4	5,7	6,3	7,2	8,5
3	**Fassadengerüst erstellen, LK4, SW09**					
	Arbeitsgerüst, LK4; W09, H1; erstellen					
	m² € brutto	**5,9**	**7,8**	**8,7**	**9,9**	**11,6**
	KG 392 € netto	4,9	6,6	7,3	8,3	9,8
4	**Fassadengerüst erstellen, LK5, SW09**					
	Arbeitsgerüst, LK5; W09, H1; erstellen					
	m² € brutto	**6,7**	**8,9**	**9,8**	**11,2**	**13,2**
	KG 392 € netto	5,6	7,5	8,3	9,4	11,1
5	**Fassadengerüst abbauen, LK3, SW06**					
	Arbeitsgerüst, LK3; SW06, H1; abbauen					
	m² € brutto	**2,7**	**3,5**	**3,9**	**4,5**	**5,3**
	KG 392 € netto	2,2	3,0	3,3	3,8	4,4
6	**Fassadengerüst abbauen, LK3, SW09**					
	Arbeitsgerüst, LK3; SW09, H1; abbauen					
	m² € brutto	**3,1**	**4,1**	**4,6**	**5,2**	**6,1**
	KG 392 € netto	2,6	3,5	3,8	4,4	5,2
7	**Fassadengerüst abbauen, LK4, SW09**					
	Arbeitsgerüst, LK4; SW09, H1; abbauen					
	m² € brutto	**3,7**	**4,8**	**5,4**	**6,1**	**7,2**
	KG 392 € netto	3,1	4,1	4,5	5,2	6,1
8	**Fassadengerüst abbauen, LK5, SW09**					
	Arbeitsgerüst, LK5; SW09, H1; abbauen					
	m² € brutto	**4,1**	**5,5**	**6,0**	**6,9**	**8,1**
	KG 392 € netto	3,4	4,6	5,1	5,8	6,8
9	**Fassadengerüst, Gebrauchsüberlassung, LK3, SW06**					
	Gebrauchsüberlassung, Fassadengerüst, LK3; SW06, H1; je Woche					
	m²Wo € brutto	**0,3**	**0,4**	**0,4**	**0,4**	**0,5**
	KG 392 € netto	0,2	0,3	0,3	0,4	0,4
10	**Fassadengerüst, Gebrauchsüberlassung, LK3, SW09**					
	Gebrauchsüberlassung, Fassadengerüst, LK3; SW09, H1; je Woche					
	m²Wo € brutto	**0,3**	**0,4**	**0,4**	**0,5**	**0,6**
	KG 392 € netto	0,3	0,3	0,4	0,4	0,5

Kosten: Stand 3.Quartal 2025, Bundesdurchschnitt

LB 001							**Preise €**
Nr.	**Kurztext** / Stichworte				**brutto ø**		
	Einheit / Kostengruppe		▶	▷	netto ø	◁	◀
11	**Fassadengerüst, Gebrauchsüberlassung, LK4, SW09**						
	Gebrauchsüberlassung, Fassadengerüst, LK4; SW09, H1; je Woche						
	m²Wo	**€ brutto**	**0,4**	**0,6**	**0,6**	**0,7**	**0,9**
	KG 392	€ netto	0,3	0,5	0,5	0,6	0,7
12	**Fassadengerüst, Gebrauchsüberlassung, LK5, SW09**						
	Gebrauchsüberlassung, Fassadengerüst, LK5; SW09, H1; je Woche						
	m²Wo	**€ brutto**	**0,4**	**0,6**	**0,7**	**0,7**	**0,9**
	KG 392	€ netto	0,4	0,5	0,6	0,6	0,7
13	**Fassadengerüst umsetzen**						
	Arbeitsgerüst, umsetzen; H1; im Ganzen/in Abschnitten						
	m²	**€ brutto**	**6,2**	**9,1**	**10,3**	**12,4**	**15,7**
	KG 392	€ netto	5,2	7,7	8,7	10,4	13,2
14	**Abstützung, freistehendes Gerüst**						
	Standgerüst, freistehend; abstützen gem. statischer Berechnung						
	m²	**€ brutto**	**2,1**	**3,8**	**4,2**	**5,1**	**6,7**
	KG 392	€ netto	1,8	3,2	3,6	4,3	5,6
15	**Standfläche herstellen, Hilfsgründung**						
	Hilfsgründung, Gerüst; Standfläche herstellen						
	m	**€ brutto**	**5,1**	**6,6**	**7,4**	**8,5**	**9,9**
	KG 392	€ netto	4,3	5,6	6,2	7,1	8,3
16	**Schutzlage, Dachabdichtung**						
	Schutzlage über Dachabdichtung; Gummischrotmatte 6mm; lose verlegen, entfernen						
	m²	**€ brutto**	**8,0**	**11,3**	**12,3**	**13,7**	**16,4**
	KG 363	€ netto	6,7	9,5	10,3	11,5	13,8
17	**Standgerüst erstellen, innen LK3**						
	Standgerüst, LK3; H1; erstellen; innen						
	m²	**€ brutto**	**4,6**	**5,7**	**6,3**	**7,2**	**8,5**
	KG 392	€ netto	3,8	4,8	5,3	6,1	7,1
18	**Standgerüst abbauen, innen LK3**						
	Standgerüst, LK3; H1; abbauen; innen						
	m²	**€ brutto**	**3,9**	**4,9**	**5,4**	**6,2**	**7,2**
	KG 392	€ netto	3,3	4,1	4,5	5,2	6,1
19	**Standgerüst, Gebrauchsüberlassung**						
	Gebrauchsüberlassung, Standgerüst, LK3; H1; je Woche						
	m²Wo	**€ brutto**	**0,3**	**0,4**	**0,4**	**0,4**	**0,5**
	KG 392	€ netto	0,2	0,3	0,3	0,4	0,4

LB 001							Preise €
Nr.	**Kurztext** / Stichworte				**brutto ø**		
	Einheit / Kostengruppe	►	▷		netto ø	◁	◄
20	**Raumgerüst erstellen, LK3**						
	Raumgerüst, LK3; H1; erstellen, Seitenschutz einseitig/zweiseitig/umlaufend						
	m³	**€ brutto**	**4,8**	**6,0**	**6,7**	**7,6**	**9,0**
	KG 392	€ netto	4,1	5,1	5,6	6,4	7,5
21	**Raumgerüst abbauen, LK3**						
	Raumgerüst, LK3; H1; abbauen, Seitenschutz einseitig/zweiseitig/umlaufend						
	m³	**€ brutto**	**3,6**	**4,5**	**5,0**	**5,7**	**6,7**
	KG 392	€ netto	3,0	3,8	4,2	4,8	5,6
22	**Raumgerüst, Gebrauchsüberlassung**						
	Gebrauchsüberlassung Raumgerüst, LK3; H1; je Woche						
	m³Wo	**€ brutto**	**0,2**	**0,4**	**0,4**	**0,6**	**1,0**
	KG 392	€ netto	0,2	0,3	0,4	0,5	0,8
23	**Absetzpodest erstellen, LK4**						
	Absetzpodest als Arbeitsgerüst, LK4; H1; erstellen, Seitenschutz einseitig/zweiseitig/umlaufend						
	St	**€ brutto**	**172**	**214**	**236**	**271**	**318**
	KG 392	€ netto	144	180	198	228	267
24	**Absetzpodest abbauen, LK4**						
	Absetzpodest als Arbeitsgerüst, LK4; H1; abbauen, Seitenschutz einseitig/zweiseitig/umlaufend						
	St	**€ brutto**	**88**	**110**	**122**	**139**	**164**
	KG 392	€ netto	74	93	103	117	138
25	**Fahrgerüst erstellen, LK3**						
	Fahrgerüst, LK3; erstellen						
	St	**€ brutto**	**172**	**215**	**239**	**272**	**320**
	KG 392	€ netto	144	181	201	229	269
26	**Fahrgerüst entfernen, LK3**						
	Fahrgerüst, LK3; entfernen						
	St	**€ brutto**	**90**	**112**	**125**	**142**	**167**
	KG 392	€ netto	75	94	105	119	140
27	**Fahrgerüst, Gebrauchsüberlassung**						
	Gebrauchsüberlassung, Fahrgerüst LK3; je Woche						
	StWo	**€ brutto**	**31**	**39**	**43**	**50**	**58**
	KG 392	€ netto	26	33	36	42	49
28	**Gerüstverbreiterung erstellen, bis30cm**						
	Gerüstverbreiterung; bis 0,30m; erstellen						
	m	**€ brutto**	**3,8**	**4,6**	**5,4**	**6,4**	**7,5**
	KG 392	€ netto	3,2	3,8	4,5	5,4	6,3

Kosten: Stand 3.Quartal 2025, Bundesdurchschnitt

LB 001 **Preise €**

Nr.	Kurztext / Stichworte Einheit / Kostengruppe		►	▷	brutto ø netto ø	◁	◄
29	**Gerüstverbreiterung erstellen, bis 70cm** Gerüstverbreiterung; über 0,30-0,70m; erstellen						
	m	**€ brutto**	**6,0**	**7,3**	**8,5**	**10,3**	**12,0**
	KG 392	€ netto	5,0	6,1	7,2	8,6	10,1
30	**Gerüstverbreiterung abbauen, bis 30cm** Gerüstverbreiterung; bis 30cm; abbauen						
	m	**€ brutto**	**2,3**	**2,8**	**3,3**	**4,0**	**4,6**
	KG 392	€ netto	2,0	2,4	2,8	3,3	3,9
31	**Gerüstverbreiterung abbauen, bis 70cm** Gerüstverbreiterung; über 0,30-0,70m; abbauen						
	m	**€ brutto**	**3,7**	**4,5**	**5,2**	**6,3**	**7,8**
	KG 392	€ netto	3,1	3,7	4,4	5,3	6,5
32	**Gerüstverbreiterung, Gebrauchsüberlassung** Gebrauchsüberlassung, Gerüstverbreiterung; je Woche						
	mWo	**€ brutto**	**0,2**	**0,3**	**0,4**	**0,4**	**0,6**
	KG 392	€ netto	0,2	0,3	0,3	0,4	0,5
33	**Dachfanggerüst als Erweiterung erstellen, Arbeitsgerüst** Arbeitsgerüst Erweiterung zum Dachfanggerüst; erstellen, inkl. Seitenschutz						
	m	**€ brutto**	**6,2**	**8,1**	**9,1**	**10,3**	**12,1**
	KG 392	€ netto	5,2	6,8	7,6	8,7	10,2
34	**Dachfanggerüst als Erweiterung abbauen, Arbeitsgerüst** Arbeitsgerüst Erweiterung zum Dachfanggerüst; abbauen, inkl. Seitenschutz						
	m	**€ brutto**	**3,7**	**4,9**	**5,5**	**6,3**	**7,4**
	KG 392	€ netto	3,1	4,1	4,6	5,3	6,2
35	**Dachfanggerüst, Gebrauchsüberlassung** Gebrauchsüberlassung Dachfanggerüst; je Woche						
	mWo	**€ brutto**	**0,2**	**0,5**	**0,6**	**0,7**	**1,0**
	KG 392	€ netto	0,2	0,4	0,5	0,6	0,8
36	**Kamineinrüstung, Dachgerüst, LK4** Kamingerüst, LK4; Dachgerüstkonsolen, dreiteiliger Seitenschutz; W09, Höhe 2,0m; über schräge Dachflächen						
	St	**€ brutto**	**751**	**928**	**1.027**	**1.103**	**1.414**
	KG 392	€ netto	631	780	863	927	1.189
37	**Gerüsttreppe erstellen, Treppenturm** Treppenturm, Gerüst; Breite über 0,50-0,75m; erstellen, Klasse A/B						
	St	**€ brutto**	**1.522**	**1.897**	**2.084**	**2.397**	**2.814**
	KG 392	€ netto	1.279	1.594	1.752	2.014	2.365

LB 001						Preise €
Nr.	**Kurztext** / Stichworte **Einheit** / Kostengruppe	►	▷	**brutto ø** netto ø	◁	◄
38	**Gerüsttreppe abbauen, Treppenturm** Treppenturm, Gerüst; Breite über 0,50-0,75m; abbauen, Klasse A/B					
	St € brutto	**574**	**717**	**797**	**909**	**1.068**
	KG 392 € netto	482	603	670	764	898
39	**Treppenturm, Gebrauchsüberlassung** Gebrauchsüberlassung, Treppenturm, Gerüst; je Woche					
	StWo € brutto	**130**	**162**	**180**	**205**	**241**
	KG 392 € netto	109	136	151	173	203
40	**Leitergang erstellen, Gerüst** Leitergang; Höhe Gerüstlage 2,0m; in Gerüstkonstruktion einbauen					
	St € brutto	**19**	**24**	**26**	**30**	**36**
	KG 392 € netto	16	20	22	26	30
41	**Leitergang abbauen, Gerüst** Leitergang; in Gerüstkonstruktion abbauen					
	St € brutto	**12**	**15**	**17**	**19**	**22**
	KG 392 € netto	10,0	12,5	13,9	15,8	18,6
42	**Leitergang, Gebrauchsüberlassung** Gebrauchsüberlassung, Leitergang; je Woche					
	StWo € brutto	**6,3**	**12,8**	**16,0**	**20,6**	**23,9**
	KG 392 € netto	5,3	10,8	13,4	17,3	20,0
43	**Überbrückung erstellen, Gerüst** Überbrückung, Gerüst, erstellen; Systemteile; Eingang/Durchfahrt; inkl. Belag, Seitenschutz					
	m € brutto	**18**	**23**	**25**	**30**	**35**
	KG 392 € netto	15	19	21	25	30
44	**Überbrückung abbauen, Gerüst** Überbrückung, Gerüst, abbauen; Systemteile; Eingang/Durchfahrt; inkl. Belag, Seitenschutz					
	m € brutto	**11**	**14**	**15**	**18**	**21**
	KG 392 € netto	9,4	11,7	12,9	15,4	18,1
45	**Überbrückung, Gebrauchsüberlassung** Gebrauchsüberlassung, Überbrückung; je Woche					
	mWo € brutto	**0,5**	**1,2**	**1,5**	**2,7**	**4,7**
	KG 392 € netto	0,4	1,0	1,2	2,2	3,9
46	**Seitenschutz, Arbeitsgerüst** Seitenschutz, Arbeitsgerüst; Systemteile					
	m € brutto	**3,4**	**6,4**	**7,4**	**10,4**	**17,0**
	KG 392 € netto	2,8	5,3	6,2	8,7	14,2

Kosten: Stand 3.Quartal 2025, Bundesdurchschnitt

LB 001						**Preise €**
Nr.	**Kurztext** / Stichworte **Einheit** / Kostengruppe		▶	▷	**brutto ø** netto ø	◁	◀

Nr.	Kurztext / Einheit		▶	▷	ø	◁	◀
47	**Baustellenaufzug, bis 500kg** Bauaufzug; bis 500kg; aufstellen, gebrauchsüberlassen, abbauen; mit/ohne Personenbeförderung						
	St	**€ brutto**	**3.361**	**4.210**	**4.684**	**5.497**	**6.347**
	KG 391	€ netto	2.824	3.538	3.936	4.620	5.333
48	**Bauaufzug, Gebrauchsüberlassung** Gebrauchsüberlassung, Bauaufzug; je Woche						
	StWo	**€ brutto**	**529**	**637**	**680**	**686**	**859**
	KG 391	€ netto	445	535	571	577	721
49	**Sondergerüstanker, WDVS** Gerüstanker; nichtrostender Stahl; zur Verankerung bei WDVS-Fassaden						
	St	**€ brutto**	**11**	**15**	**16**	**16**	**20**
	KG 392	€ netto	9,3	12,9	13,4	13,5	17,1
50	**Sondergerüstanker, Verblendmauerwerk** Gerüstanker; nichtrostender Stahl; gedübelt; hinterlüftetes Vbl-Mauerwerk; inkl. Ringösenschrauben						
	St	**€ brutto**	**45**	**59**	**64**	**70**	**86**
	KG 392	€ netto	38	49	54	59	72
51	**Fußgängertunnel, Gerüst** Fußgängertunnel, Erweiterung Fassadengerüst; Folienabdeckung, Bretterbekleidung seitlich						
	m	**€ brutto**	**28**	**49**	**54**	**70**	**97**
	KG 392	€ netto	24	41	46	59	82
52	**Fußgängertunnel, Gebrauchsüberlassung** Gebrauchsüberlassung, Fußgängertunnel; je Woche						
	mWo	**€ brutto**	**0,5**	**0,7**	**0,7**	**0,9**	**1,1**
	KG 392	€ netto	0,4	0,6	0,6	0,8	0,9
53	**Schutzdach, Gerüst** Schutzdach; Schutzdachbeplankung mit Rieselschutzfolie; Gerüstbreite 0,60m, Bordwand Höhe 0,60m; Arbeitsgerüst						
	m	**€ brutto**	**35**	**43**	**44**	**49**	**60**
	KG 392	€ netto	29	37	37	41	50
54	**Schutzdach, Gebrauchsüberlassung** Gebrauchsüberlassung, Schutzdach; je Woche						
	mWo	**€ brutto**	**0,3**	**1,0**	**1,2**	**1,9**	**3,1**
	KG 392	€ netto	0,2	0,9	1,0	1,6	2,6
55	**Wetterschutzdach, Systemteile** Wetterschutz, Dachkonstruktion; Stahl-/Leichtmetall-Systemteile; aufbauen, gebrauchsüberlassen, abbauen						
	m²	**€ brutto**	**–**	**85**	**114**	**144**	**–**
	KG 392	€ netto	–	71	96	121	–

Nr.	Kurztext / Stichworte Einheit / Kostengruppe		►	▷	brutto ø netto ø	◁	◄
56	**Gerüstbekleidung, PE-Folie** Gerüstbekleidung; PE-Folie, wetterfest, gitterverstärkt; vollflächig montieren, gebrauchsüberlassen, entfernen						
	m²	**€ brutto**	**3,6**	**5,4**	**6,3**	**7,4**	**9,8**
	KG 392	€ netto	3,1	4,6	5,3	6,2	8,2
57	**Gerüstbekleidung, Staubschutznetz/Schutzgewebe** Gerüstbekleidung; Staubschutznetz/Schutzgewebe; vollflächig montieren, gebrauchsüberlassen, entfernen						
	m²	**€ brutto**	**1,6**	**3,6**	**4,6**	**5,6**	**7,7**
	KG 392	€ netto	1,3	3,0	3,8	4,7	6,4
58	**Gerüstbekleidung, Gebrauchsüberlassung** Gebrauchsüberlassung, Gerüstbekleidung; je Woche						
	m²Wo	**€ brutto**	**< 0,1**	**0,2**	**0,2**	**0,2**	**0,4**
	KG 392	€ netto	< 0,1	0,1	0,1	0,2	0,3
59	**Kabelbrücke, Strom-/Wasserleitung** Kabelbrücke; Brücke, Fachwerkträger; Höhe 4,20m; unverrückbar, sturmsicher herstellen, gebrauchsüberlassen, abbauen; inkl. Beschilderung						
	St	**€ brutto**	**1.642**	**2.303**	**2.767**	**3.147**	**4.113**
	KG 392	€ netto	1.380	1.935	2.325	2.644	3.456
60	**Statische Berechnung, Fassadengerüst** Statische Berechnung, Fassadengerüst; Ausführung gem. Sonderbeschreibung						
	St	**€ brutto**	**910**	**1.643**	**2.096**	**2.662**	**3.835**
	KG 392	€ netto	765	1.381	1.761	2.237	3.223
61	**Stundensatz, Facharbeiter/-in** Stundenlohnarbeiten für Vorarbeiter/-in, Facharbeiter/-in und Gleichgestellte; Gerüstbau						
	h	**€ brutto**	**68**	**80**	**84**	**90**	**105**
		€ netto	57	67	71	76	89
62	**Stundensatz, Helfer/-in** Stundenlohnarbeiten für Werker/-in, Helfer/-in und Gleichgestellte; Gerüstbau						
	h	**€ brutto**	**51**	**67**	**74**	**79**	**91**
		€ netto	42	56	62	67	77

LB 002						Preise €
Nr.	Kurztext / Stichworte			brutto ø		
	Einheit / Kostengruppe	►	▷	netto ø	◁	◄
1	**Aushub, Schlitzgraben/Suchgraben** Aushub Suchgraben; LxBxT 4,00x0,80x1,75m; Boden seitlich lagern, wiederverfüllen, teilweise abfahren; inkl. Handaushub					
	m **€ brutto**	**41**	**50**	**54**	**61**	**74**
	KG 211 € netto	34	42	46	51	62
2	**Kabelbündel sichern** Leitungssicherung; Kabelbündel; Höhenlage bis 1,25m					
	m **€ brutto**	**9,8**	**13,7**	**14,0**	**15,4**	**18,6**
	KG 211 € netto	8,2	11,5	11,8	12,9	15,6
3	**Sichern von Leitungen/Kabeln** Leitungssicherung; Kabel, Steinzeugrohr; Länge über 5,00-10,00m, Höhenlage bis 1,25m					
	m **€ brutto**	**15**	**21**	**22**	**26**	**32**
	KG 211 € netto	13	17	19	22	27
4	**Entwässerungsleitung, sichern** Entwässerungsleitung; Steinzeugrohr; Höhenlage bis 1,25m					
	m **€ brutto**	**21**	**27**	**29**	**31**	**36**
	KG 211 € netto	17	22	24	26	30
5	**Oberboden abtragen, entsorgen, 30cm** Oberboden abtragen; nicht schadstoffbelastet, Zuordnung BM0; Dicke 30cm; laden, transportieren, einarbeiten					
	m^3 **€ brutto**	**24**	**29**	**31**	**34**	**43**
	KG 214 € netto	20	25	26	29	36
6	**Baugrubenaushub, bis 1,75m, lagern, GK1** Aushub Baugrube, GK1; Tiefe bis 1,75m; Boden lösen, fördern, lagern					
	m^3 **€ brutto**	**11**	**14**	**16**	**17**	**19**
	KG 311 € netto	9,1	11,8	13,5	14,1	16,0
7	**Baugrubenaushub, bis 2,50m, lagern, GK1** Aushub Baugrube, GK1; Tiefe bis 2,50m; Boden lösen, fördern, lagern					
	m^3 **€ brutto**	**14**	**15**	**19**	**21**	**25**
	KG 311 € netto	12	13	16	18	21
8	**Baugrubenaushub, bis 3,50m, lagern, GK1** Aushub Baugrube, GK1; Tiefe bis 3,50m; Boden lösen, fördern, lagern					
	m^3 **€ brutto**	**14**	**18**	**20**	**22**	**25**
	KG 311 € netto	12	16	17	18	21
9	**Baugrubenaushub, bis 2,50m, abfahren, GK1** Aushub Baugrube, GK1; nicht schadstoffbelastet; Tiefe bis 2,50m; Boden lösen, fördern, einbauen					
	m^3 **€ brutto**	**22**	**27**	**29**	**32**	**39**
	KG 311 € netto	19	23	24	27	32

▶ min
▷ von
ø Mittel
◁ bis
◀ max

Kosten: Stand 3.Quartal 2025, Bundesdurchschnitt

LB 002						**Preise €**
Nr.	**Kurztext** / Stichworte **Einheit** / Kostengruppe		▶	▷	**brutto ø** netto ø	◁	◀

Nr.	Kurztext / Einheit		▶	▷	ø	◁	◀
10	**Baugrubenaushub, bis 3,50m, abfahren, GK1** Aushub Baugrube, GK1; nicht schadstoffbelastet; Tiefe bis 3,50m; Boden lösen, fördern, einbauen						
	m³	**€ brutto**	**28**	**34**	**39**	**42**	**49**
	KG 311	€ netto	23	29	33	35	41
11	**Bodenabtrag, bis 40cm, entsorgen, GK1** Bodenabtrag, GK; Tiefe bis 40cm; lösen, laden, entsorgen						
	m³	**€ brutto**	**26**	**33**	**37**	**39**	**43**
	KG 512	€ netto	22	28	31	32	36
12	**Baugrubenaushub, Fels, bis 1,75m, lagern, GK1** Aushub Baugrube, GK1; felsiger Boden; Tiefe bis 1,75m; Boden lösen, laden, lagern						
	m³	**€ brutto**	**39**	**46**	**49**	**54**	**65**
	KG 311	€ netto	33	39	41	45	55
13	**Baugrubenaushub, Fels, bis 3,50m, lagern, GK1** Aushub Baugrube, GK1; felsiger Boden; Tiefe bis 3,50m; Boden lösen, fördern, lagern						
	m³	**€ brutto**	**42**	**55**	**57**	**65**	**77**
	KG 311	€ netto	35	46	48	54	64
14	**Baugrubenaushub, Fels, entsorgen, GK1** Aushub Baugrube, GK1; felsiger Boden; Boden lösen, abfahren, entsorgen						
	m³	**€ brutto**	**75**	**90**	**101**	**112**	**134**
	KG 311	€ netto	63	76	85	94	113
15	**Baugrubenaushub, Handschachtung, bis 1,75m, lagern, GK1** Aushub Baugrube, GK1, Handaushub; Tiefe bis 1,75m; Boden seitlich lagern						
	m³	**€ brutto**	**109**	**122**	**126**	**139**	**162**
	KG 311	€ netto	92	103	106	117	137
16	**Baugrube sichern, Folienabdeckung** Baugrubenwände sichern; Plane; unterhalten, abbauen, entsorgen; inkl. Deponiegebühr						
	m²	**€ brutto**	**3,2**	**4,3**	**4,8**	**5,5**	**7,0**
	KG 312	€ netto	2,7	3,6	4,0	4,6	5,9
17	**Fundamentaushub, bis 1,25m, lagern, GK1** Fundamentaushub, GK1; Tiefe bis 1,25m; Boden lösen, fördern, lagern						
	m³	**€ brutto**	**34**	**43**	**47**	**53**	**61**
	KG 322	€ netto	29	36	39	44	51
18	**Fundamentaushub, bis 1,75m, lagern, GK1** Fundamentaushub, GK1; Tiefe bis 1,75m; Boden lösen, fördern, lagern						
	m³	**€ brutto**	**45**	**56**	**57**	**65**	**70**
	KG 322	€ netto	38	47	48	55	59

LB 002 — **Preise €**

Nr.	**Kurztext** / Stichworte **Einheit** / Kostengruppe		▶	▷	**brutto ø** netto ø	◁	◀
19	**Fundamentaushub, bis 1,25m, entsorgen, GK1** Fundamentaushub, GK1; Tiefe bis 1,25m; Boden, lösen, laden, abfahren, entsorgen						
	m³	**€ brutto**	**49**	**51**	**54**	**59**	**76**
	KG 322	€ netto	41	43	45	49	64
20	**Fundamentaushub, bis 1,75m, entsorgen, GK1** Fundamentaushub, GK1; Tiefe bis 1,75m; Boden, lösen, laden, abfahren, entsorgen						
	m³	**€ brutto**	**52**	**60**	**65**	**74**	**85**
	KG 322	€ netto	44	51	54	62	71
21	**Einzelfundamentaushub, bis 1,75m, lagern, GK1** Einzelfundamentaushub, GK1; Tiefe bis 1,75m; Boden lösen, fördern, lagern						
	m³	**€ brutto**	**43**	**51**	**56**	**61**	**69**
	KG 322	€ netto	36	43	47	51	58
22	**Einzelfundamentaushub, bis 1,75m, entsorgen, GK1** Einzelfundamentaushub, GK1; Tiefe bis 1,75m; Boden lösen, laden, abfahren, entsorgen						
	m³	**€ brutto**	**59**	**71**	**78**	**82**	**91**
	KG 322	€ netto	50	60	66	69	76
23	**Streifenfundamentaushub, bis 1,75m, lagern, GK1** Streifenfundament, GK1; Tiefe bis 1,75m; Boden lösen, fördern, lagern						
	m³	**€ brutto**	**35**	**50**	**55**	**59**	**68**
	KG 322	€ netto	30	42	46	49	57
24	**Streifenfundamentaushub, bis 1,75m, entsorgen, GK1** Streifenfundamentaushub, GK1; Tiefe bis 1,75m; Boden lösen, laden, entsorgen						
	m³	**€ brutto**	**41**	**64**	**68**	**75**	**84**
	KG 322	€ netto	35	54	57	63	70
25	**Fundament, Hinterfüllung, Lagermaterial, bis 1,00m** Hinterfüllung, Einzel-/Streifenfundament; Tiefe bis 1,00m; Boden aufnehmen, fördern, verfüllen, verdichten						
	m³	**€ brutto**	**24**	**35**	**37**	**41**	**51**
	KG 322	€ netto	20	29	31	35	43
26	**Fundament, Hinterfüllung, Liefermaterial, bis 1,00m** Hinterfüllung, Einzel-/Streifenfundament; Tiefe bis 1,00m; Boden liefern, verfüllen, verdichten						
	m³	**€ brutto**	**26**	**34**	**41**	**47**	**55**
	KG 322	€ netto	22	29	34	40	46

Kosten: Stand 3.Quartal 2025, Bundesdurchschnitt

LB 002 **Preise €**

Nr.	Kurztext / Stichworte				brutto ø		
	Einheit / Kostengruppe		►	▷	netto ø	◁	◄
27	**Kabelgraben ausheben, bis 1,00m, lagern, GK1** Aushub Kabelgraben, GK1; Tiefe bis 1,00m, Sohlenbreite bis 50cm; Boden lösen, seitlich lagern						
	m³	**€ brutto**	**26**	**32**	**35**	**41**	**49**
	KG 511	€ netto	22	27	30	34	41
28	**Kabelgraben ausheben, bis 1,25m, lagern, GK1** Aushub Kabelgraben, GK1; Tiefe bis 1,25m, Sohlenbreite bis 50cm; Boden lösen, seitlich lagern						
	m³	**€ brutto**	**27**	**34**	**37**	**42**	**50**
	KG 511	€ netto	23	28	31	36	42
29	**Kabelgraben ausheben, bis 1,00m, entsorgen, GK1** Aushub Kabelgraben, GK1; unbelastet; Tiefe bis 1,00m, Sohlenbreite bis 50cm; lösen, laden, abfahren, entsorgen						
	m³	**€ brutto**	**29**	**35**	**40**	**47**	**54**
	KG 511	€ netto	24	30	33	40	46
30	**Hindernisse beseitigen, Gräben** Abbruch Bodenhindernis; Mauerwerk, Steine, Beton; Breite bis 0,80m, Hindernisse bis 0,01m³; lösen, seitlich lagern						
	m³	**€ brutto**	**86**	**111**	**127**	**149**	**193**
	KG 212	€ netto	72	94	107	125	162
31	**Aushub lagernd, entsorgen** Aushub entsorgen; unbelastet; lagernd, laden, abfahren und entsorgen; inkl. Deponiegebühr						
	m³	**€ brutto**	**28**	**34**	**37**	**39**	**49**
	KG 311	€ netto	23	29	31	33	41
32	**Bodenaustausch, Liefermaterial** Bodenaustausch; Kiessand, kornabgestuft; 103% Proctordichte						
	m³	**€ brutto**	**38**	**47**	**51**	**65**	**86**
	KG 321	€ netto	32	40	43	54	72
33	**Bodenverbesserung, Liefermaterial** Bodenverbesserung; Recycling-Kies/Kalkschotter; Schichtdicke bis 30cm; einarbeiten, verdichten						
	m³	**€ brutto**	**31**	**43**	**49**	**55**	**80**
	KG 321	€ netto	26	36	41	47	67
34	**Planum, Baugrube** Planum der Baugrube; Abweichung +/-2cm; inkl. verdichten						
	m²	**€ brutto**	**2,2**	**3,1**	**3,5**	**3,7**	**4,8**
	KG 311	€ netto	1,8	2,6	2,9	3,1	4,0

LB 002						Preise €
Nr.	**Kurztext** / Stichworte			**brutto ø**		
	Einheit / Kostengruppe	►	▷	netto ø	◁	◄
35	**Planum, Wege/Fahrstraßen, verdichten**					
	Planum von Verkehrsfläche; Abweichung +/-2cm, mind. EV2 45 MN/m²					
	m² € brutto	**1,5**	**2,5**	**2,9**	**3,5**	**4,7**
	KG 530 € netto	1,3	2,1	2,5	3,0	4,0
36	**Gründungssohle verdichten, Baugrube**					
	Baugrubensohle verdichten; DPr 97%					
	m² € brutto	**1,3**	**2,6**	**3,2**	**3,9**	**5,3**
	KG 311 € netto	1,1	2,2	2,7	3,2	4,4
37	**Lastplattendruckversuch, Baugrube**					
	Lastplattendruckversuch; mit Nachweis, durch neutrales Prüflabor					
	St € brutto	**176**	**252**	**270**	**287**	**360**
	KG 319 € netto	148	212	227	241	302
38	**Trennlage, Filtervlies**					
	Trennlage; Filtervlies; auf Erdplanum einbauen; Baugrube					
	m² € brutto	**1,7**	**3,4**	**4,2**	**4,6**	**5,8**
	KG 325 € netto	1,4	2,8	3,5	3,9	4,9
39	**Trennlage, Bodenplatte, Folie, zweilagig**					
	Trennlage; PE-Folie, 0,3mm; überlappend 25cm; unter Bodenplatte					
	m² € brutto	**2,1**	**3,0**	**3,3**	**5,1**	**7,9**
	KG 329 € netto	1,8	2,5	2,8	4,3	6,6
40	**Kies 16/32, frei Baustelle, liefern**					
	Kies liefern; Körnung 16/32					
	m³ € brutto	**62**	**71**	**74**	**76**	**83**
	KG 325 € netto	52	59	62	64	70
41	**Rohrgraben verfüllen, Kies 0/32mm**					
	Rohrgraben/Arbeitsraum verfüllen; Kies 0/32; einbauen, verdichten, DPr mind. 97%					
	m³ € brutto	**41**	**51**	**56**	**64**	**79**
	KG 311 € netto	34	43	47	53	66
42	**Rohrgraben verfüllen, Boden, Liefermaterial**					
	Rohrgraben verfüllen; Boden; einbauen, verdichten, DPr mind. 97%					
	m³ € brutto	**56**	**66**	**72**	**76**	**86**
	KG 311 € netto	47	55	61	64	72
43	**Leitungsgräben/Fundamente verfüllen, Liefermaterial**					
	Leitungsgräben, Fundamente verfüllen; Boden; einbauen, verdichten, DPr mind. 97%					
	m³ € brutto	**37**	**47**	**54**	**67**	**92**
	KG 311 € netto	31	40	45	56	77

Kosten: Stand 3.Quartal 2025, Bundesdurchschnitt

LB 002 **Preise €**

Nr.	Kurztext / Stichworte Einheit / Kostengruppe		►	▷	brutto ø netto ø	◁	◄
44	**Arbeitsräume verfüllen, verdichten, Lagermaterial** Arbeitsraum verfüllen; Boden; Höhen Graben bis 1,00m/über Rohre bis 1,25m; einbauen, verdichten, DPr mind. 97%						
	m³	**€ brutto**	**12**	**20**	**24**	**29**	**38**
	KG 311	€ netto	10	17	20	24	32
45	**Arbeitsräume verfüllen, verdichten, Liefermaterial** Arbeitsraum verfüllen; Boden; Höhe bis 1,00m/bis 2,00m; einbauen, verdichten, DPr mind. 97%						
	m³	**€ brutto**	**39**	**46**	**49**	**52**	**61**
	KG 311	€ netto	33	38	41	44	51
46	**Leitungsgraben verfüllen, Lagermaterial** Leitungsgraben verfüllen; Lagermaterial Boden; Höhe bis 1,00m/über Rohre bis 1,25m; einbauen, verdichten, DPr mind. 97%; Förderweg bis 50m						
	m³	**€ brutto**	**22**	**28**	**28**	**32**	**38**
	KG 311	€ netto	18	23	24	27	32
47	**Kabelgraben verfüllen, Liefermaterial Sand 0/2** Kabelgraben verfüllen; Liefermaterial Sand 0/2; einbauen, verdichten, DPr mind. 97%						
	m	**€ brutto**	**11**	**16**	**19**	**23**	**28**
	KG 440	€ netto	9,6	13,7	16,4	19,1	23,7
48	**Kabelschutzrohr, Kunststoff** Kabelschutzrohr; PE/PVC-P; verlegen in Erdreich/Beton						
	m	**€ brutto**	**9,8**	**12,0**	**13,3**	**13,9**	**17,1**
	KG 556	€ netto	8,2	10,1	11,1	11,7	14,4
49	**Zugdraht für Kabelschutzrohr** Zugdraht; in verlegtes Kabelschutzrohr einlegen						
	m	**€ brutto**	**1,3**	**1,6**	**1,9**	**1,9**	**2,2**
	KG 556	€ netto	1,1	1,4	1,6	1,6	1,9
50	**Warnband, Leitungsgraben** Markierung von Kabeltrassen; Trassenband; 40cm über Leitung						
	m	**€ brutto**	**0,7**	**1,5**	**1,7**	**2,0**	**2,8**
	KG 556	€ netto	0,6	1,2	1,5	1,7	2,4
51	**Tragschicht, Kies** Tragschicht, kapillarbrechend; Kies; Sollhöhe +/-2cm; lagenweise einbringen, verdichten; unter Bodenplatte/Fundament						
	m³	**€ brutto**	**41**	**58**	**67**	**75**	**93**
	KG 325	€ netto	35	49	57	63	78

LB 002						Preise €
Nr.	Kurztext / Stichworte Einheit / Kostengruppe	►	▷	brutto ø netto ø	◁	◄
52	**Planum herstellen** Planum herstellen; Abweichung +/-3cm; Auf- und Abtrag bis 5cm, überschüssiger Boden seitlich lagern; Zufahrt					
	m2 **€ brutto**	**1,5**	**2,1**	**2,5**	**3,4**	**4,8**
	KG 530 € netto	1,3	1,8	2,1	2,8	4,0
53	**Stundensatz, Facharbeiter/-in** Stundenlohnarbeiten für Vorarbeiter/-in, Facharbeiter/-in und Gleichgestellte; Erdbau					
	h **€ brutto**	**72**	**83**	**88**	**94**	**104**
	€ netto	60	70	74	79	88
54	**Stundensatz, Helfer/-in** Stundenlohnarbeiten für Werker/-in, Helfer/-in und Gleichgestellte; Erdbau					
	h **€ brutto**	**43**	**65**	**75**	**78**	**89**
	€ netto	36	55	63	66	75

LB 006							Preise €
Nr.	Kurztext / Stichworte Einheit / Kostengruppe		►	▷	brutto ø netto ø	◁	◄
1	**Graben-Normverbau, senkrecht, bis 3,0m** Graben-Normverbau, senkrecht; Kies-Schluff-Gemisch; Höhe bis 3,0m, Sohlbreite bis 1,5m; vorhalten, abbauen						
	m²	€ brutto	47	52	55	66	69
	KG 411	€ netto	39	43	46	55	58
2	**Grabenverbau, Dielen, senkrecht, bis 3,0m** Grabenverbau Dielen, senkrecht; Kies-Schluff-Gemisch; Höhe bis 3,0m, Sohlbreite bis 1,5m; vorhalten, abbauen						
	m²	€ brutto	93	102	107	129	135
	KG 411	€ netto	78	86	90	108	114
3	**Messung, Lärmpegel, Dokumentation** Lärmpegelmessung, Dokumentation; Messung während der Rammarbeiten, vorhalten aller Geräte; inkl. An- und Abfahrt						
	St	€ brutto	–	4.108	4.191	5.072	–
	KG 312	€ netto	–	3.452	3.522	4.262	–
4	**Auf-/Umstellen Geräteeinheit** Auf-/Umstellen Geräteeinheiten; Geräte für Bohr-/Verpress-/Ramm-/Rüttelarbeiten; inkl. Einmessen Ansatzpunktes; Transportweg bis 50m						
	St	€ brutto	–	182	188	220	–
	KG 312	€ netto	–	153	158	185	–
5	**Ramm- /Bohr-/Rüttelergebnisse, Dokumentation** Dokumentationsübergabe an AG; Ramm-/Bohr-/Rüttelergebnisse; inkl. Bericht						
	St	€ brutto	–	2.882	3.034	3.641	–
	KG 312	€ netto	–	2.422	2.550	3.060	–
6	**Gussrammpfähle, Mantelverpressung** Rammpfahl; Gusseisen, Verpressmaterial Zementmörtel C25/30; inkl. Mantelverpressung, Ablängen						
	m	€ brutto	153	168	179	193	215
	KG 312	€ netto	129	141	150	162	180
7	**Bohrloch herstellen** Bohrloch herstellen; Bodenmaterial lt. Aufstellung/Bericht/Einzelbeschreibung; Bohrgut seitlich lagern						
	m	€ brutto	97	137	150	174	210
	KG 312	€ netto	81	115	126	146	177
8	**Verbauträger, Stahlprofile** Verbauträger; Stahl S235JR; verlorener Träger						
	t	€ brutto	1.499	1.794	1.913	2.150	2.626
	KG 312	€ netto	1.260	1.507	1.607	1.807	2.207

Kosten: Stand 3.Quartal 2025, Bundesdurchschnitt

LB 006 **Preise €**

Nr.	Kurztext / Stichworte Einheit / Kostengruppe		►	▷	brutto ø netto ø	◁	◄
9	**Baustelle einrichten, Geräteeinheit/Kolonne** Baustelleneinrichtung; 1 Kolonne; einrichten, räumen für Bohr-/Ramm-/ Rüttelarbeiten						
	St	**€ brutto**	**15.376**	**26.178**	**31.519**	**36.482**	**54.637**
	KG 312	€ netto	12.921	21.998	26.486	30.657	45.913
10	**Träger einbinden, Beton** Trägereinbindung und Fußauflager; Beton C20/25						
	m	**€ brutto**	**–**	**28**	**29**	**34**	**–**
	KG 312	€ netto	–	23	24	29	–
11	**Bohrloch verfüllen** Bohrlochverfüllung; hydraulisch gebundener Siebschutt						
	m	**€ brutto**	**–**	**19**	**20**	**23**	**–**
	KG 312	€ netto	–	16	17	20	–
12	**Verbauausfachung, Holzbohlen** Verbauausfachung, Holzbohlen; Nadelholz; Ausfachung verkeilen, verlatten, inkl. Hilfsmittel, kompletter Rückbau; Graben/Baugrube						
	m²	**€ brutto**	**77**	**116**	**140**	**142**	**211**
	KG 312	€ netto	65	98	118	119	178
13	**Verbauausfachung, Spritzbeton** Verbauausfachung; Spritzbeton bewehrt; einbauen, vorhalten; zwischen Verbauträger						
	m²	**€ brutto**	**–**	**34**	**49**	**58**	**–**
	KG 312	€ netto	–	29	41	49	–
14	**Verpressanker, Trägerbohlwand** Verpressanker; inkl. Verrohrung und Verpressmörtel; einbauen, verpressen, vorspannen, verfüllen; Trägerbohlwand						
	m	**€ brutto**	**–**	**107**	**137**	**155**	**–**
	KG 312	€ netto	–	90	115	130	–
15	**Verbauträger-/Bohrköpfe kappen** Verbauträger-/Bohrköpfe kappen; Stahl/Gusseisen/Beton; Abtragsdicke bis 0,5m; Stoffe laden, in Behälter sammeln						
	St	**€ brutto**	**96**	**159**	**179**	**195**	**238**
	KG 312	€ netto	81	134	150	164	200
16	**Verbau, Trägerbohlwand, rückverankert** Baugrubenverbau, Trägerbohlwand; Stahlträger, Ausfachung Nadelholzbohlen; herstellen, vorhalten zurückbauen						
	m²	**€ brutto**	**222**	**306**	**355**	**405**	**508**
	KG 312	€ netto	186	257	298	340	427

LB 006							Preise €
Nr.	Kurztext / Stichworte Einheit / Kostengruppe		►	▷	brutto ø netto ø	◁	◄
17	**Verbau, Spundwand, Stahlprofile** Baugrubenverbau; Stahlspundwandprofilen; Tiefe über 3 bis 6m; durch hindernisfreie Bodenschichten						
	m²	**€ brutto**	**177**	**264**	**293**	**351**	**432**
	KG 312	€ netto	149	222	247	295	363
18	**Stillstand Geräteeinheit, inkl. Personal** Stillstand Geräte inkl. Personal; Bohr-/Ramm-/Verpress-/Rüttelarbeiten						
	h	**€ brutto**	**589**	**726**	**792**	**869**	**1.023**
	KG 312	€ netto	495	610	665	730	859
19	**Stundensatz, Facharbeiter/-in** Stundenlohnarbeiten für Vorarbeiter/-in, Facharbeiter/-in und Gleichgestellte; Spezialtiefbauarbeiten						
	h	**€ brutto**	**77**	**84**	**86**	**89**	**95**
		€ netto	65	71	73	75	80

LB 008						Preise €
Nr.	**Kurztext** / Stichworte **Einheit** / Kostengruppe		►	▷	**brutto ø** netto ø	◁	◄

Nr.	Kurztext / Einheit		►	▷	ø	◁	◄
1	**Pumpensumpf, Betonfertigteil** Pumpensumpf herstellen; Betonfertigteilringe DN1.000; Tiefe bis 3,00m, Breite bis 1,00m²; Aushub seitlich lagern, wiederverfüllen						
	St	**€ brutto**	**297**	**595**	**727**	**836**	**1.153**
	KG 313	€ netto	250	500	611	703	969
2	**Tauchpumpe, Fördermenge bis 10m³/h** Tauchpumpe; Fördermenge bis 10m³/h, Höhe bis 5,00m; betreiben, vorhalten, abbauen; in Baugrube						
	St	**€ brutto**	**193**	**327**	**384**	**472**	**695**
	KG 313	€ netto	162	275	323	396	584
3	**Betrieb Tauchpumpe bis 10m³/h** Tauchpumpe, Betrieb; Fördermenge bis 10m³/h, Höhe bis 5,00m; in Baugrube						
	h	**€ brutto**	**4,4**	**10,0**	**11,6**	**12,6**	**15,2**
	KG 313	€ netto	3,7	8,4	9,7	10,6	12,8
4	**Saugpumpe, Fördermenge bis 20m³/h** Saugpumpe; Fördermenge bis 20m³/h, Höhe bis 10,0m; betreiben, vorhalten, abbauen; in Baugrube						
	St	**€ brutto**	**259**	**520**	**662**	**851**	**1.154**
	KG 313	€ netto	218	437	557	715	970
5	**Betrieb Saugpumpe über 10m³/h** Saugpumpe, Betrieb; Fördermenge bis 20m³/h, Höhe bis 10,0m; in Baugrube						
	h	**€ brutto**	**6,5**	**8,5**	**9,6**	**10,7**	**13,5**
	KG 313	€ netto	5,5	7,1	8,1	9,0	11,3
6	**Brunnenschacht, Grundwasserabsenkung** Brunnenschacht, Grundwassersenkung; Brunneneinbauten, Filterrohre, Kiespackung; Bohrgut abfahren, Bohrwasser ableiten, klären						
	St	**€ brutto**	**1.362**	**2.471**	**2.680**	**3.213**	**4.021**
	KG 313	€ netto	1.145	2.077	2.252	2.700	3.379
7	**Druckrohrleitung, DN100** Druckrohrleitung; DN100; herstellen, vorhalten, abbauen; inkl. Formstücke, Anschlüsse, Armaturen						
	m	**€ brutto**	**17**	**21**	**23**	**27**	**33**
	KG 313	€ netto	14	18	19	23	27
8	**Saugleitung, DN100** Saugleitung; DN100; herstellen, vorhalten, abbauen; inkl. Formstücke, Anschlüsse, Armaturen						
	m	**€ brutto**	**13**	**19**	**23**	**29**	**36**
	KG 313	€ netto	11	16	19	24	30

Kosten: Stand 3.Quartal 2025, Bundesdurchschnitt

LB 008 **Preise €**

Nr.	Kurztext / Stichworte Einheit / Kostengruppe		▶	▷	brutto ø netto ø	◁	◀
9	**Stromaggregat, 10-30kVA** Stromerzeuger; 10-30kva; aufstellen, anschließen, abbauen						
	St	**€ brutto**	**2.134**	**2.998**	**3.397**	**3.618**	**4.962**
	KG 313	€ netto	1.793	2.519	2.855	3.040	4.170
10	**Absetzbecken, Wasserhaltung** Absetzbecken Grund- und Tagwasser; Volumen 5m³; aufbauen, vorhalten, abbauen; inkl. Messeinrichtung						
	St	**€ brutto**	**1.960**	**2.391**	**3.161**	**3.658**	**4.220**
	KG 313	€ netto	1.647	2.010	2.656	3.074	3.546
11	**Messeinrichtung, Wassermenge** Messeinrichtung; einbauen, vorhalten, ausbauen; Protokollierung						
	St	**€ brutto**	**263**	**478**	**535**	**622**	**922**
	KG 313	€ netto	221	402	449	522	775
12	**Wasserhaltung, Betrieb 10-20l/s** Wasserhaltung, Pumpe; Durchfluss 10-20l/sec; inkl. Betriebskosten						
	h	**€ brutto**	**16**	**21**	**22**	**24**	**29**
	KG 313	€ netto	13	18	19	21	24
13	**Stundensatz, Facharbeiter/-in** Stundenlohnarbeiten für Vorarbeiter/-in, Facharbeiter/-in und Gleichgestellte; Wasserhaltung						
	h	**€ brutto**	**67**	**74**	**79**	**83**	**89**
		€ netto	56	62	66	70	74

LB 009							Preise €
Nr.	Kurztext / Stichworte Einheit / Kostengruppe		►	▷	brutto ø netto ø	◁	◄
1	**Abbruch, Gehwegfläche, bituminös** Gehwegfläche, abbrechen; Asphaltbelag; Tiefe bis 15cm, Streifenbreite bis 100cm; aufbrechen, laden, abfahren, entsorgen						
	m²	**€ brutto**	**19**	**32**	**33**	**39**	**50**
	KG 221	€ netto	16	27	28	33	42
2	**Asphalt schneiden** Asphalt schneiden; Tiefe 150mm; streifenförmig						
	m	**€ brutto**	**14**	**17**	**19**	**24**	**31**
	KG 221	€ netto	12	15	16	20	26
3	**Rohrgrabenaushub, bis 1,00m, lagern, GK1** Aushub Rohrgraben; Tiefe bis 100cm, Breite 0,30-1,00m; lagern, wiederverwerten/abfahren						
	m³	**€ brutto**	**24**	**33**	**36**	**42**	**52**
	KG 511	€ netto	20	27	31	35	43
4	**Rohrgrabenaushub, bis 1,25m, lagern, GK1** Aushub Rohrgraben, Schacht, GK1; Tiefe bis 1,25m; Boden lösen, fördern, seitlich lagern						
	m³	**€ brutto**	**32**	**43**	**47**	**50**	**59**
	KG 511	€ netto	27	36	40	42	50
5	**Rohrgrabenaushub, bis 1,75m, lagern, GK1** Aushub Rohrgraben, Schacht, GK1; Tiefe bis 1,75m; Boden lösen, fördern, seitlich lagern						
	m³	**€ brutto**	**37**	**47**	**48**	**51**	**62**
	KG 511	€ netto	31	39	40	43	52
6	**Rohrgrabenaushub, bis 1,00m, abfahren, GK1** Aushub Rohrgraben, Schacht, GK1; Tiefe bis 1,00m; Boden lösen, laden, abfahren						
	m³	**€ brutto**	**40**	**48**	**53**	**60**	**69**
	KG 511	€ netto	34	41	45	50	58
7	**Rohrgrabenaushub, bis 1,25m, abfahren, GK1** Aushub Rohrgraben, Schacht, GK1; Tiefe bis 1,25m; Boden lösen, laden, abfahren						
	m³	**€ brutto**	**42**	**52**	**54**	**57**	**64**
	KG 511	€ netto	36	44	45	48	54
8	**Rohrgrabenaushub, bis 1,75m, abfahren, GK1** Aushub Rohrgraben, Schacht, GK1; Tiefe bis 1,75m; Boden lösen, laden, abfahren						
	m³	**€ brutto**	**43**	**51**	**55**	**60**	**70**
	KG 511	€ netto	36	43	46	50	59

LB 009						**Preise €**
Nr.	**Kurztext** / Stichworte			**brutto ø**		
	Einheit / Kostengruppe	►	▷	netto ø	◁	◄
9	**Aushub, Rohrgraben, schwerer Fels** Aushub Rohrgraben; schwerer Fels; Boden lockern mit geeignetem Werkzeug					
	m³ € brutto	**72**	**81**	**87**	**115**	**157**
	KG 511 € netto	60	68	73	96	132
10	**Handaushub, bis 1,25m** Aushub Rohrgräben/Fundamenten/Vertiefungen von Hand; Tiefe bis 1,25m; Boden lösen, seitlich lagern					
	m³ € brutto	**80**	**104**	**118**	**134**	**159**
	KG 511 € netto	67	88	100	112	133
11	**Erdaushub, Schacht DN1.000, bis 1,25m, Verbau** Aushub Schacht, GK1; DN1.000, Tiefe bis 1,25m; Boden lösen, lagern, wieder verfüllen, verdichten; inkl. Verbau, überschüssiger Boden abfahren, entsorgen					
	m³ € brutto	**44**	**53**	**56**	**64**	**77**
	KG 511 € netto	37	44	47	54	64
12	**Erdaushub, Schacht DN1.000, bis 1,75m, Verbau** Aushub Schacht, GK1; DN1.000, Tiefe bis 1,75m; Boden lösen, lagern, wieder verfüllen, verdichten; inkl. Verbau, überschüssiger Boden abfahren, entsorgen					
	m³ € brutto	**49**	**60**	**63**	**70**	**88**
	KG 511 € netto	41	50	53	59	74
13	**Erdaushub, Schacht DN1.000, bis 3,50m, Verbau** Aushub Schacht, GK1; DN1.000, Tiefe bis 3,50m; Boden lösen, lagern, wieder verfüllen, verdichten; inkl. Verbau, überschüssiger Boden abfahren, entsorgen					
	m³ € brutto	**63**	**78**	**84**	**94**	**107**
	KG 511 € netto	53	66	70	79	90
14	**Ummantelung, Rohrleitung, Beton, herstellen** Rohrummantelung; Ortbeton C8/10, X0; DN100, 300x300mm; inkl. Abschalung					
	m € brutto	**39**	**52**	**58**	**63**	**87**
	KG 511 € netto	33	43	49	53	73
15	**Anschluss, Abwasser, Kanalnetz** Kanalanschluss; DN150; Anschluss mit Dichtungs- und Anschlussmaterial, inkl. Erdaushub, wiederverfüllen					
	St € brutto	**450**	**650**	**708**	**894**	**1.307**
	KG 551 € netto	378	546	595	751	1.099

LB 009						Preise €
Nr.	Kurztext / Stichworte Einheit / Kostengruppe		►	▷	brutto ø netto ø	◁	◄

Nr.	Einheit		►	▷	ø	◁	◄
16	**Abwasserkanal, Betonrohre DN400, herstellen** Abwasserkanal; Betonrohr, wandverstärkt; DN400, Tiefe 1,75-4,00m; in Graben mit Verbau						
	m	**€ brutto**	**121**	**148**	**164**	**181**	**209**
	KG 551	€ netto	102	125	138	152	176
17	**Abwasserkanal, Steinzeug, DN100** Abwasserkanal; Steinzeug, FN34; DN100, Tiefe bis 4,00m; in Graben mit Verbau						
	m	**€ brutto**	**36**	**48**	**52**	**60**	**72**
	KG 551	€ netto	30	40	44	51	60
18	**Abwasserkanal, Steinzeug, DN125** Abwasserkanal; Steinzeug, FN34; DN125, Tiefe bis 4,00m; in Graben mit Verbau						
	m	**€ brutto**	**44**	**59**	**62**	**64**	**74**
	KG 551	€ netto	37	49	52	53	63
19	**Abwasserkanal, Steinzeug, DN150** Abwasserkanal; Steinzeug, FN34; DN150, Tiefe bis 4,00m; in Graben mit Verbau						
	m	**€ brutto**	**49**	**67**	**78**	**82**	**100**
	KG 551	€ netto	42	56	66	69	84
20	**Abwasserkanal, Steinzeug, DN200** Abwasserkanal; Steinzeug, FN34; DN200, Tiefe bis 4,00m; in Graben mit Verbau						
	m	**€ brutto**	**54**	**88**	**94**	**101**	**116**
	KG 551	€ netto	45	74	79	85	98
21	**Formstück, Steinzeug, DN100, Bogen** Formstück, Bogen; Steinzeug mit Steckmuffe; DN100, 45/.....°						
	St	**€ brutto**	**40**	**47**	**51**	**52**	**55**
	KG 551	€ netto	34	39	42	44	46
22	**Formstück, Steinzeug, DN125, Bogen** Formstück, Bogen; Steinzeug mit Steckmuffe; DN125, 45/.....°						
	St	**€ brutto**	**41**	**64**	**67**	**71**	**81**
	KG 551	€ netto	35	54	56	59	68
23	**Formstück, Steinzeug, DN150, Bogen** Formstück, Bogen; Steinzeug mit Steckmuffe; DN150, 45/.....°						
	St	**€ brutto**	**48**	**65**	**72**	**87**	**108**
	KG 551	€ netto	41	54	61	73	91
24	**Formstück, Steinzeug, DN200, Bogen** Formstück, Bogen; Steinzeug mit Steckmuffe; DN200, 45/.....°						
	St	**€ brutto**	**106**	**123**	**135**	**142**	**163**
	KG 551	€ netto	89	103	113	119	137

Kosten: Stand 3.Quartal 2025, Bundesdurchschnitt

LB 009 **Preise €**

Nr.	Kurztext / Stichworte Einheit / Kostengruppe		►	▷	brutto ø netto ø	◁	◄
25	**Formstück, Steinzeug, DN100, Abzweig** Formstück, Abzweig; Steinzeug mit Steckmuffe; DN100						
	St	**€ brutto**	**53**	**65**	**72**	**77**	**90**
	KG 551	€ netto	44	55	60	64	75
26	**Formstück, Steinzeug, DN125, Abzweig** Formstück, Abzweig; Steinzeug mit Steckmuffe; DN125						
	St	**€ brutto**	**57**	**76**	**85**	**90**	**102**
	KG 551	€ netto	48	64	71	75	86
27	**Formstück, Steinzeug, DN150, Abzweig** Formstück, Abzweig; Steinzeug mit Steckmuffe; DN150						
	St	**€ brutto**	**62**	**89**	**98**	**110**	**135**
	KG 551	€ netto	52	75	82	92	114
28	**Formstück, Steinzeug, DN200, Abzweig** Formstück, Abzweig; Steinzeug mit Steckmuffe; DN200						
	St	**€ brutto**	**109**	**121**	**124**	**135**	**152**
	KG 551	€ netto	91	102	104	113	127
29	**Übergangsstück, Steinzeug, DN125/150** Formstück, Übergangsstück; Steinzeug mit Steckmuffe; DN125/150						
	St	**€ brutto**	**51**	**62**	**66**	**74**	**85**
	KG 551	€ netto	43	52	55	62	72
30	**Übergangsstück, Steinzeug, DN150/200** Formstück, Übergangsstück; Steinzeug mit Steckmuffe; DN150/200						
	St	**€ brutto**	**62**	**85**	**96**	**104**	**111**
	KG 551	€ netto	52	72	80	88	93
31	**Übergang, PE/PVC/Steinzeug auf Guss** Formstück, Übergangsstück; PE-/PVC-Rohr/Steinzeug auf Gusseisen; DN100/100						
	St	**€ brutto**	**38**	**53**	**61**	**69**	**82**
	KG 551	€ netto	32	45	51	58	69
32	**Abwasserkanal, Steinzeug, DN100, inkl. Bettung** Abwasserkanal; Steinzeug mit Steckmuffe; DN100, Tiefe über 1,00-1,25m; auf Sohle, inkl. Bettung Typ 1						
	m	**€ brutto**	**39**	**52**	**58**	**68**	**87**
	KG 551	€ netto	33	44	49	57	73
33	**Abwasserkanal, Steinzeug, DN125, inkl. Bettung** Abwasserkanal; Steinzeug mit Steckmuffe; DN125, Tiefe über 1,00-1,25m; auf Sohle, inkl. Bettung Typ 1						
	m	**€ brutto**	**43**	**59**	**74**	**80**	**101**
	KG 551	€ netto	36	50	62	67	85

LB 009						Preise €
Nr.	**Kurztext** / Stichworte			**brutto ø**		
	Einheit / Kostengruppe	►	▷	netto ø	◁	◄
34	**Abwasserkanal, Steinzeug, DN150, inkl. Bettung** Abwasserkanal; Steinzeug mit Steckmuffe; DN150, Tiefe über 1,00-1,25m; auf Sohle, inkl. Bettung Typ 1					
	m **€ brutto**	**53**	**68**	**81**	**88**	**109**
	KG 551 € netto	44	57	68	74	91
35	**Abwasserkanal, Steinzeug, DN200, inkl. Bettung** Abwasserkanal; Steinzeug mit Steckmuffe; DN200, Tiefe über 1,00-1,25m; auf Sohle, inkl. Bettung Typ 1					
	m **€ brutto**	**61**	**83**	**98**	**101**	**120**
	KG 551 € netto	51	70	82	85	101
36	**Abwasserkanal, PVC-U, DN/ID100, inkl. Bettung** Abwasserkanal; PVC-U mit Mehrlippendichtung, Steckmuffe; DN/ID100, Tiefe 1,00-1,25m; in Graben, inkl. Bettung					
	m **€ brutto**	**24**	**35**	**38**	**46**	**66**
	KG 551 € netto	20	29	32	39	55
37	**Abwasserkanal, PVC-U, DN/ID125, inkl. Bettung** Abwasserkanal; PVC-U mit Mehrlippendichtung, Steckmuffe; DN/ID125, Tiefe 1,00-1,25m; in Graben, inkl. Bettung					
	m **€ brutto**	**24**	**39**	**44**	**52**	**68**
	KG 551 € netto	20	33	37	44	57
38	**Abwasserkanal, PVC-U, DN/ID150, inkl. Bettung** Abwasserkanal; PVC-U mit Mehrlippendichtung, Steckmuffe; DN/ID150, Tiefe über 1,00-1,25m; in Graben, inkl. Bettung					
	m **€ brutto**	**33**	**45**	**51**	**59**	**72**
	KG 551 € netto	27	38	43	50	61
39	**Abwasserkanal, PVC-U, DN/ID200, inkl. Bettung** Abwasserkanal; PVC-U mit Mehrlippendichtung, Steckmuffe; DN/ID200, Tiefe über 1,00-1,25m; in Graben, inkl. Bettung					
	m **€ brutto**	**39**	**63**	**74**	**86**	**106**
	KG 551 € netto	33	53	62	72	89
40	**Abwasserkanal, PVC-U, DN/ID100** Abwasserkanal; PVC-U mit Mehrlippendichtung, Steckmuffe; DN/ID100; in Graben					
	m **€ brutto**	**19**	**30**	**33**	**37**	**50**
	KG 551 € netto	16	25	28	31	42
41	**Abwasserkanal, PVC-U, DN/ID125** Abwasserkanal; PVC-U mit Mehrlippendichtung, Steckmuffe; DN/ID125; in Graben					
	m **€ brutto**	**19**	**33**	**39**	**48**	**65**
	KG 551 € netto	16	28	32	40	55

LB 009 **Preise €**

Nr.	Kurztext / Stichworte				brutto ø		
	Einheit / Kostengruppe		►	▷	netto ø	◁	◄
42	**Abwasserkanal, PVC-U, DN/ID150** Abwasserkanal; PVC-U mit Mehrlippendichtung, Steckmuffe; DN/ID150; in Graben						
	m	**€ brutto**	**19**	**34**	**42**	**50**	**75**
	KG 551	€ netto	16	29	35	42	63
43	**Abwasserkanal, PVC-U, DN/ID200** Abwasserkanal; PVC-U mit Mehrlippendichtung, Steckmuffe; DN/ID200; in Graben						
	m	**€ brutto**	**27**	**48**	**56**	**67**	**91**
	KG 551	€ netto	23	40	47	56	76
44	**Formstück, PVC-U, DN/ID100, Abzweig** Formstück, Abzweige; PVC-U; DN/ID100; Anschluss an PVC-U Muffe						
	St	**€ brutto**	**23**	**34**	**39**	**44**	**54**
	KG 551	€ netto	19	28	33	37	46
45	**Formstück, PVC-U, DN/ID125, Abzweig** Formstück, Abzweige; PVC-U; DN/ID125; Anschluss an PVC-U Muffe						
	St	**€ brutto**	**25**	**39**	**45**	**46**	**63**
	KG 551	€ netto	21	33	38	39	53
46	**Formstück, PVC-U, DN/ID150, Abzweig** Formstück, Abzweige; PVC-U; DN/ID150; Anschluss an PVC-U Muffe						
	St	**€ brutto**	**29**	**44**	**51**	**57**	**70**
	KG 551	€ netto	24	37	43	48	59
47	**Formstück, PVC-U, DN/ID200, Abzweig** Formstück, Abzweige; PVC-U; DN/ID200; Anschluss an PVC-U Muffe						
	St	**€ brutto**	**45**	**54**	**58**	**64**	**74**
	KG 551	€ netto	38	46	49	54	62
48	**Formstück, PVC-U, DN/ID100, Bogen** Formstück, Bogen; PVC-U; DN/ID100, 45°; Anschluss an PVC-U Muffe						
	St	**€ brutto**	**15**	**18**	**19**	**27**	**39**
	KG 551	€ netto	12	15	16	23	33
49	**Formstück, PVC-U, DN/ID125, Bogen** Formstück, Bogen; PVC-U; DN/ID125, 45°; Anschluss an PVC-U Muffe						
	St	**€ brutto**	**17**	**24**	**26**	**34**	**51**
	KG 551	€ netto	14	21	22	28	43
50	**Formstück, PVC-U, DN/ID150, Bogen** Formstück, Bogen; PVC-U; DN/ID150, 45°; Anschluss an PVC-U Muffe						
	St	**€ brutto**	**18**	**26**	**30**	**37**	**61**
	KG 551	€ netto	15	22	25	31	51

LB 009							Preise €
Nr.	**Kurztext** / Stichworte **Einheit** / Kostengruppe		►	▷	brutto ø netto ø	◁	◄
51	**Formstück, PVC-U, DN/ID200, Bogen** Formstück, Bogen; PVC-U; DN/ID200, 45°; Anschluss an PVC-U Muffe						
	St	**€ brutto**	**19**	**37**	**42**	**54**	**76**
	KG 551	€ netto	16	31	35	45	64
52	**Übergang, PVC-U auf Steinzeug/Beton** Formstück, Übergangsstück; PVC-U auf Steinzeug/Beton; DN100/100 / DN150/150						
	St	**€ brutto**	**30**	**50**	**58**	**75**	**108**
	KG 551	€ netto	25	42	49	63	91
53	**Abwasserkanal duktiles Gussrohr, DN/OD100** Abwasserkanal; Gusseisen, muffenlos; DN/OD100, Länge 6,00m, Tiefe bis 1,75m; in Graben mit Verbau; inkl. Pass-, Form- und Verbindungsstücken						
	m	**€ brutto**	**64**	**87**	**93**	**104**	**133**
	KG 551	€ netto	54	73	78	88	112
54	**Abwasserkanal duktiles Gussrohr, DN/OD125** Abwasserkanal; Gusseisen, muffenlos; DN/OD125, Länge 6,00m, Tiefe bis 1,75m; in Graben mit Verbau; inkl. Pass-, Form- und Verbindungsstücken						
	m	**€ brutto**	**69**	**107**	**124**	**141**	**180**
	KG 551	€ netto	58	90	105	118	151
55	**Abwasserkanal duktiles Gussrohr, DN/OD150** Abwasserkanal; Gusseisen, muffenlos; DN/OD150, Länge 6,00m, Tiefe bis 1,75m; in Graben mit Verbau; inkl. Pass-, Form- und Verbindungsstücken						
	m	**€ brutto**	**136**	**166**	**182**	**230**	**284**
	KG 551	€ netto	115	139	153	194	239
56	**Abwasserleitung, duktiles Gussrohr, DN/OD200** Abwasserkanal; Gusseisen, muffenlos; DN/OD200, Länge 6,00m, Tiefe bis 1,75m; in Graben mit Verbau; inkl. Pass-, Form- und Verbindungsstücken						
	m	**€ brutto**	**194**	**282**	**323**	**349**	**405**
	KG 551	€ netto	163	237	271	294	341
57	**Formstück, duktiles Gussrohr, Bogen, DN/OD100** Formstück, Bogen; Gusseisen; DN/OD100, 45°						
	St	**€ brutto**	**27**	**31**	**32**	**33**	**35**
	KG 551	€ netto	23	26	27	28	30
58	**Formstück, duktiles Gussrohr, Übergangsstück** Formstück, Übergangsstück; Gusseisen; DN100						
	St	**€ brutto**	**95**	**138**	**175**	**180**	**214**
	KG 551	€ netto	80	116	147	151	180

Kosten: Stand 3.Quartal 2025, Bundesdurchschnitt

LB 009							Preise €
Nr.	**Kurztext** / Stichworte				**brutto ø**		
	Einheit / Kostengruppe		►	▷	netto ø	◁	◄
59	**Formstück, duktiles Gussrohr, Abzweig, DN/OD100**						
	Formstück, Abzweig; Gusseisen; DN/OD100						
	St	**€ brutto**	**35**	**46**	**50**	**56**	**73**
	KG 551	€ netto	29	39	42	47	61
60	**Standrohr, duktiles Gussrohr/Grauguss**						
	Standrohr; Gusseisen; Sockelbereich; inkl. Anschluss an Kanalnetz						
	St	**€ brutto**	**90**	**131**	**145**	**156**	**189**
	KG 551	€ netto	75	110	121	131	159
61	**Abwasserkanal, PP-Rohre, DN/OD110**						
	Abwasserkanal; PP-Rohr, SN 8, Steckmuffe; DN/OD110, Tiefe bis 1,75m; in Graben; inkl. Schweiß/Klebe, Dichtungsmaterial						
	m	**€ brutto**	**26**	**35**	**39**	**51**	**67**
	KG 551	€ netto	22	30	33	43	56
62	**Abwasserkanal, PP-Rohre, DN/OD150**						
	Abwasserkanal; PP-Rohr, SN 8, Steckmuffe; DN/OD150, Tiefe bis 1,75m; in Graben; inkl. Schweiß/Klebe, Dichtungsmaterial						
	m	**€ brutto**	**30**	**47**	**53**	**63**	**88**
	KG 551	€ netto	25	39	44	53	74
63	**Abwasserkanal, PP-Rohre, DN/OD200**						
	Abwasserkanal; PP-Rohr, SN 8, Steckmuffe; DN/OD200, Tiefe bis 1,75m; in Graben; inkl. Schweiß/Klebe, Dichtungsmaterial						
	m	**€ brutto**	**39**	**58**	**71**	**75**	**89**
	KG 551	€ netto	33	49	60	63	75
64	**Abwasserleitung, PE-HD-Rohre, DN/OD100**						
	Abwasserkanal; PE-HD-Rohr, SN 4, Mehrlippendichtung, Steckmuffe; DN/OD100, Tiefe bis 1,75m; in Graben; inkl. Schweiß/Klebe, Dichtungsmaterial						
	m	**€ brutto**	**31**	**35**	**37**	**43**	**53**
	KG 551	€ netto	26	30	31	36	44
65	**Abwasserkanal PE-HD-Rohre, DN/OD125**						
	Abwasserkanal; PE-HD-Rohr, SN 4, Mehrlippendichtung, Steckmuffe; DN/OD100, Tiefe bis 1,75m; in Graben; inkl. Schweiß/Klebe, Dichtungsmaterial						
	m	**€ brutto**	**35**	**45**	**49**	**61**	**68**
	KG 551	€ netto	29	38	41	51	57
66	**Abwasserleitung, PE-HD-Rohre, DN/OD150**						
	Abwasserkanal; PE-HD-Rohr, SN 4, Mehrlippendichtung, Steckmuffe; DN/OD100, Tiefe bis 1,75m; in Graben; inkl. Schweiß/Klebe, Dichtungsmaterial						
	m	**€ brutto**	**43**	**51**	**55**	**64**	**75**
	KG 551	€ netto	36	43	46	53	63

LB 009							Preise €
Nr.	Kurztext / Stichworte				brutto ø		
	Einheit / Kostengruppe		►	▷	netto ø	◁	◄
67	**Abwasserleitung, PE-HD-Rohre, DN/OD200** Abwasserkanal; PE-HD-Rohr, SN 4 Mehrlippendichtung, Steckmuffe; DN/OD100, Tiefe bis 1,75m; in Graben; inkl. Schweiß/Klebe, Dichtungsmaterial						
	m	**€ brutto**	**45**	**60**	**68**	**73**	**85**
	KG 551	€ netto	38	50	57	61	72
68	**Dichtheitsprüfung, Grundleitung** Dichtheitsprüfung; Prüfmedium Wasser/Luft; bis DN200/über DN200; inkl. Gerätschaften						
	St	**€ brutto**	**334**	**527**	**627**	**717**	**879**
	KG 551	€ netto	281	443	527	603	739
69	**Dichtheitsprüfung, Grundleitung** Dichtheitsprüfung; Prüfmedium Wasser/Luft; bis DN200/über DN200; inkl. Gerätschaften						
	m	**€ brutto**	**4,9**	**8,5**	**9,8**	**11,4**	**15,3**
	KG 551	€ netto	4,1	7,1	8,3	9,6	12,9
70	**Hofablauf, Polymerbeton, A15** Hofablauf, A15; Polymerbeton, Rost GFK, Kunststoffeimer; 500x300mm, Nennweite 10cm						
	St	**€ brutto**	**327**	**394**	**424**	**443**	**524**
	KG 551	€ netto	274	331	357	372	440
71	**Straßenablauf, Polymerbeton, B125** Straßenablauf, B125; Polymerbeton, Rost GFK, Kunststoffeimer; 500x300mm, Nennweite 10cm; in Beton versetzen						
	St	**€ brutto**	**364**	**491**	**551**	**576**	**682**
	KG 551	€ netto	306	412	463	484	573
72	**Straßenablauf, Polymerbeton, D400** Straßenablauf, D400; Polymerbeton, Abdeckrost GFK, Kunststoffeimer; 500x300mm, Nennweite 10cm; in Beton versetzen						
	St	**€ brutto**	**491**	**641**	**711**	**814**	**1.012**
	KG 551	€ netto	412	539	597	684	850
73	**Bodenablauf, Gusseisen** Bodenablauf, K3, Rückstauverschluss; Gusseisen, Edelstahlrost, Schlammeimer; Aufsatz 197x197mm; inkl. Notverschluss; für fäkalienfreies Abwasser						
	St	**€ brutto**	**176**	**304**	**341**	**398**	**603**
	KG 551	€ netto	148	256	286	334	507

Kosten: Stand 3.Quartal 2025, Bundesdurchschnitt

LB 009 **Preise €**

Nr.	Kurztext / Stichworte Einheit / Kostengruppe		►	▷	brutto ø netto ø	◁	◄
74	**Reinigungsrohr, Putzstück, DN100** Reinigungsrohr, Steinzeugleitungen; Gusseisen; DN100; eindichten, Betonbettung; Kontrollschacht						
	St	**€ brutto**	**100**	**144**	**165**	**192**	**241**
	KG 551	€ netto	84	121	139	161	202
75	**Absperreinrichtung, Kanal, Gusseisen** Absperreinrichtung für Abwasserkanal; Gusseisen; DN100						
	St	**€ brutto**	**222**	**400**	**414**	**457**	**569**
	KG 551	€ netto	186	336	348	384	478
76	**Rückstaudoppelverschluss, DN100, Kunststoff** Rückstaudoppelverschluss, fäkalienfreies Abwasser; PVC-U; DN100; automatisch und Handbetätigung inkl. Reinigungsöffnung						
	St	**€ brutto**	**284**	**454**	**514**	**515**	**828**
	KG 551	€ netto	238	382	432	433	696
77	**Schachtsohle, ausformen/Gerinne einbringen** Schachtsohle ausformen; Steinzeug-Halbschalen; DN100/DN150/DN200; Gerinne einbringen, M10 einbetten						
	St	**€ brutto**	**250**	**360**	**436**	**438**	**527**
	KG 551	€ netto	210	302	366	368	442
78	**Schachtring, DN1.000, Beton, 250mm** Schachtring; Betonfertigteil, Steigeisen; DN1.000, Höhe 250mm; Form E, mit beidseitigem Steg						
	St	**€ brutto**	**150**	**192**	**213**	**237**	**288**
	KG 551	€ netto	126	161	179	199	242
79	**Schachtring, DN1.000, Beton, 500mm** Schachtring; Betonfertigteil, Steigeisen; DN1.000, Höhe 500mm; Form E, mit beidseitigem Steg						
	St	**€ brutto**	**156**	**223**	**248**	**288**	**380**
	KG 551	€ netto	131	188	208	242	319
80	**Schachthals, Kontrollschacht** Schachthals, Kontrollschacht; Betonfertigteil, Steigeisen; DN1.000/625mm, Dicke 120mm						
	St	**€ brutto**	**168**	**250**	**294**	**329**	**424**
	KG 551	€ netto	141	210	247	277	356
81	**Steigeisen, Form A/B, Stahlbetonschacht** Steigeisen Schacht; Edelstahl, PP-ummantelt; Stg 280mm, Breite 300mm; einläufig; Betonfertigteilschacht						
	St	**€ brutto**	**86**	**98**	**99**	**104**	**111**
	KG 551	€ netto	72	83	83	87	93

LB 009						Preise €
Nr.	Kurztext / Stichworte Einheit / Kostengruppe	►	▷	brutto ø netto ø	◁	◄
82	**Auflagering, DN625, Fertigteil** Auflagering; Stahlbetonfertigteil; DN625, Höhe 60/80mm					
	St € brutto	**41**	**63**	**73**	**82**	**103**
	KG 551 € netto	34	53	62	69	87
83	**Leitungsanschluss, Schacht** Anschluss Abwasserkanal an Betonschacht; Steinzeugrohr/PVC-Rohr; DN100/DN150/DN200					
	St € brutto	**136**	**208**	**237**	**267**	**342**
	KG 551 € netto	114	175	199	224	288
84	**Seitenzulauf zum Schacht** Seitenzulauf Schacht; mit gelenkiger Rohreinbindung					
	St € brutto	**114**	**165**	**180**	**228**	**303**
	KG 551 € netto	96	139	151	192	255
85	**Schachtabdeckung, Klasse A15** Schachtabdeckung, rund, A15; Gusseisen mit Beton, Lüftungsöffnungen; DN800; in M10 versetzen					
	St € brutto	**198**	**256**	**293**	**322**	**368**
	KG 551 € netto	166	215	246	271	310
86	**Schachtabdeckung, Klasse D400** Schachtabdeckung, rund, D400; Gusseisen mit Beton, Lüftungsöffnungen; DN800; in M10 versetzen					
	St € brutto	**358**	**507**	**556**	**623**	**762**
	KG 551 € netto	301	426	467	524	640
87	**Schmutzfangkorb, Schachtabdeckung** Schmutzfangkorb, Schachtabdeckung; Stahlblech, verzinkt; DN600					
	St € brutto	**38**	**75**	**84**	**89**	**108**
	KG 551 € netto	32	63	71	75	91
88	**Schachtabdeckung anpassen** Schachtabdeckung höhenmäßig anpassen; Höhe bis 500mm					
	St € brutto	**73**	**138**	**168**	**209**	**307**
	KG 551 € netto	61	116	141	176	258
89	**Kontrollschacht komplett, bis 3,5m, DN1.000** Kontrollschacht komplett; Betonfertigteil C20/25, Steigeisen; Höhe bis 3,5m, Bodendicke 20cm, Stg 333 mm; Sohle mit Gerinne					
	St € brutto	**1.553**	**2.186**	**2.598**	**3.019**	**3.624**
	KG 551 € netto	1.305	1.837	2.183	2.537	3.045

Kosten: Stand 3.Quartal 2025, Bundesdurchschnitt

LB 009 | **Preise €**

Nr.	Kurztext / Stichworte Einheit / Kostengruppe		▶	▷	brutto ø netto ø	◁	◀
90	**Entwässerungsrinne, Klasse B125, Beton** Entwässerungsrinne, Kastenrinne, B125; Stahl-/Kunstharzbeton, Stahlabdeckung schraublose Arretierung; seitliche Verfüllung C12/15; inkl. Fundamentbeton						
	m	**€ brutto**	**142**	**207**	**252**	**260**	**346**
	KG 551	€ netto	119	174	212	219	291
91	**Entwässerungsrinne, Klasse C250, Beton** Entwässerungsrinne, Kastenrinne, C250; Stahl-/Kunstharzbeton, Stahlabdeckung schraublose Arretierung; seitliche Verfüllung C12/16; inkl. Fundamentbeton						
	m	**€ brutto**	**184**	**267**	**297**	**341**	**444**
	KG 551	€ netto	155	224	250	286	373
92	**Entwässerungsrinne, Klasse D400, Beton** Entwässerungsrinne, Kastenrinne, D400; Stahl-/Kunstharzbeton, Stahlabdeckung schraublose Arretierung; seitliche Verfüllung C12/17; inkl. Fundamentbeton						
	m	**€ brutto**	**220**	**358**	**422**	**526**	**751**
	KG 551	€ netto	185	301	354	442	631
93	**Abdeckung Entwässerungsrinne, Guss, C250** Abdeckung, Entwässerungsrinne, C250; Gusseisen, schraublose Arretierung; Loch-/Stegrost						
	m	**€ brutto**	**91**	**116**	**126**	**148**	**188**
	KG 551	€ netto	77	97	106	125	158
94	**Abdeckung Entwässerungsrinne Guss, D400** Abdeckung, Entwässerungsrinne, D400; Gusseisen, schraublose Arretierung; Loch-/Stegrost						
	m	**€ brutto**	**177**	**196**	**208**	**208**	**221**
	KG 551	€ netto	149	165	175	175	186
95	**Abdeckung Entwässerungsrinne, Schlitzaufsatz** Abdeckung, Entwässerungsrinne, Schlitzaussatz; Gusseisen, schraublose Arretierung						
	m	**€ brutto**	**80**	**126**	**138**	**147**	**191**
	KG 551	€ netto	67	106	116	124	161
96	**Kanalreinigung, Hochdruckspülgerät** Abwasserkanal reinigen; Hochdruckspülgerät; Abfall aufsaugen, laden, entsorgen; inkl. Gerätschaften aufstellen, entfernen						
	m	**€ brutto**	**3,8**	**6,1**	**7,3**	**8,8**	**16,7**
	KG 551	€ netto	3,2	5,1	6,1	7,4	14,0

LB 009						Preise €
Nr.	**Kurztext** / Stichworte			brutto ø		
	Einheit / Kostengruppe	►	▷	netto ø	◁	◄
97	**Kanalprüfung, Kamera** Kameraprüfung, Abwasserkanal; bis DN200/über DN200; mit Dokumentation; inkl. Gerätschaften aufstellen, entfernen					
	m € brutto	**7,0**	**8,4**	**9,1**	**10,4**	**13,4**
	KG 551 € netto	5,9	7,1	7,7	8,7	11,2
98	**Stundensatz, Facharbeiter/-in** Stundenlohnarbeiten für Vorarbeiter/-in, Facharbeiter/-in und Gleichgestellte; Kanalarbeiten					
	h € brutto	**61**	**81**	**89**	**94**	**104**
	€ netto	51	68	75	79	87
99	**Stundensatz, Helfer/-in** Stundenlohnarbeiten für Werker/-in, Helfer/-in und Gleichgestellte; Kanalarbeiten					
	h € brutto	**70**	**76**	**78**	**80**	**86**
	€ netto	58	64	65	67	72

LB 010							Preise €
Nr.	Kurztext / Stichworte				brutto ø		
	Einheit / Kostengruppe		►	▷	netto ø	◁	◄
1	**Handaushub, Drängraben, GK1**						
	Handaushub Drängraben; Boden lösen, seitlich lagern						
	m³	**€ brutto**	**71**	**98**	**108**	**119**	**144**
	KG 311	€ netto	60	82	91	100	121
2	**Aushub, Drängraben, GK1, lagern**						
	Aushub Drängraben; Boden lösen, seitlich lagern						
	m³	**€ brutto**	**35**	**39**	**39**	**43**	**47**
	KG 311	€ netto	30	32	33	36	40
3	**Aushub, Dränarbeiten, GK1, lagern/verfüllen**						
	Aushub Grube, Schacht, Rohrgraben; Boden lösen, fördern, lagern, wieder verfüllen, verdichten; Förderweg bis 50m						
	m³	**€ brutto**	**38**	**45**	**46**	**53**	**64**
	KG 311	€ netto	32	38	39	45	54
4	**Filtervlies, Erdplanum/Frostschutz**						
	Trennlage; Vlies, Dicke 1,1mm, GRK-Klasse 2; überlappend verlegen; zwischen Erdplanum und Frostschutz						
	m²	**€ brutto**	**3,1**	**4,3**	**5,2**	**6,2**	**8,7**
	KG 326	€ netto	2,6	3,7	4,3	5,2	7,3
5	**Tragschicht, kapillarbrechend**						
	Tragschicht, kapillarbrechend; Mineralgemisch/Kies-Schotter-Gemisch/RC-Stoffe; Dicke 30cm, Sollhöhe +/-2cm; unter Bodenplatte/Fundament						
	m²	**€ brutto**	**11**	**15**	**16**	**18**	**23**
	KG 325	€ netto	8,9	12,3	13,3	15,0	19,0
6	**Kiesfilter, Flächendränage**						
	Filterschicht, Flächendränage; Filterkies 8/16; Dicke 15cm; zwischen Fundamente						
	m³	**€ brutto**	**46**	**78**	**93**	**105**	**126**
	KG 326	€ netto	39	66	78	88	106
7	**Dränleitung, PVC-U, DN100**						
	Dränleitung; PVC-U, Doppelsteckmuffe; DN100; Arbeitsraum/Graben/Baugrube						
	m	**€ brutto**	**10**	**15**	**17**	**19**	**26**
	KG 326	€ netto	8,4	12,2	14,0	16,0	21,5
8	**Dränleitung, PVC-U, DN125**						
	Dränleitung; PVC-U, Doppelsteckmuffen; DN125; Arbeitsraum/Graben/Baugrube						
	m	**€ brutto**	**12**	**17**	**19**	**20**	**26**
	KG 326	€ netto	10,0	14,1	16,2	17,1	21,8

Kosten: Stand 3.Quartal 2025, Bundesdurchschnitt

LB 010						**Preise €**
Nr.	**Kurztext** / Stichworte			**brutto ø**		
	Einheit / Kostengruppe	►	▷	netto ø	◁	◄
9	**Dränleitung, PVC-U, DN150**					
	Dränleitung; PVC-U, Doppelsteckmuffen; DN150; Arbeitsraum/Graben/Baugrube					
	m **€ brutto**	**16**	**20**	**22**	**25**	**31**
	KG 326 € netto	13	17	18	21	26
10	**Dränleitung, PVC-U, DN200**					
	Dränleitung; PVC-U, Doppelsteckmuffen; DN200; Arbeitsraum/Graben/Baugrube					
	m **€ brutto**	**22**	**29**	**33**	**38**	**47**
	KG 326 € netto	18	25	27	32	40
11	**Formstück, Dränleitung, Abzweig**					
	Formstück, Dränleitung, Abzweig; PVC-U, Steckmuffe; 45°					
	St **€ brutto**	**17**	**31**	**40**	**49**	**64**
	KG 326 € netto	14	26	34	41	54
12	**Formstück, Dränleitung, Bogen**					
	Formstück, Dränleitung, Bogen; PVC-U, Steckmuffe					
	St **€ brutto**	**19**	**25**	**27**	**29**	**34**
	KG 326 € netto	16	21	23	25	28
13	**Formstück, Dränleitung, Verschlussstück**					
	Formstück, Dränleitung, Verschlussstück; PVC-U, Steckmuffe					
	St **€ brutto**	**5,7**	**9,7**	**11,1**	**16,1**	**25,2**
	KG 326 € netto	4,7	8,2	9,3	13,5	21,1
14	**Formstück, Dränleitung, Verbindungsmuffe**					
	Formstück, Dränleitung, Verbindungsmuffe; PVC-U, Steckmuffe					
	St **€ brutto**	**15**	**22**	**25**	**29**	**39**
	KG 326 € netto	12	19	21	25	33
15	**Formstück, Dränleitung, Reduzierstück**					
	Formstück, Dränleitung, Reduzierstück; PVC-U, Steckmuffe					
	St **€ brutto**	**18**	**27**	**31**	**38**	**47**
	KG 326 € netto	15	22	26	32	40
16	**Formstück, Dränleitung, T-Stück**					
	Formstück, Dränleitung, Anschluss T-Stück; PVC-U, Steckmuffe					
	St **€ brutto**	**17**	**24**	**28**	**34**	**44**
	KG 326 € netto	14	20	23	29	37
17	**Anschluss, Dränleitung/Schacht**					
	Anschluss Dränleitung an Sickerschacht; PVC-U, Betonschacht; inkl. Dichtungs- und Anschlussmaterial					
	St **€ brutto**	**53**	**74**	**85**	**88**	**102**
	KG 326 € netto	44	62	71	74	86

LB 010 **Preise €**

Nr.	Kurztext / Stichworte Einheit / Kostengruppe		►	▷	brutto ø netto ø	◁	◄
18	**Spülschacht PP, DN315** Spülschacht Dränleitung; PP-Rohr, PP-Abdeckung; Rohr DN315, Nutzhöhe 0,80m; inkl. Blindstopfen, Sandfang						
	St	**€ brutto**	**255**	**368**	**411**	**472**	**628**
	KG 326	€ netto	214	309	346	396	527
19	**Schachtverlängerung, PP, DN315** Schachtverlängerung, Dränagespül- und Kontrollschacht; PP-Rohr; DN315						
	m	**€ brutto**	**63**	**88**	**100**	**105**	**123**
	KG 326	€ netto	53	74	84	89	104
20	**Schachtabdeckung, Alu, mit Arretierung** Schachtabdeckung, Drainschacht; Aluminium; DN315; Deckel geschlossen mit Arretierung						
	St	**€ brutto**	**120**	**153**	**168**	**184**	**195**
	KG 326	€ netto	101	128	141	155	164
21	**Schachtabdeckung, Guss, DN315, Klasse B** Schachtabdeckung, Drainschacht, Klasse B; Guss; DN315; mit Rahmen, Deckel geschlossen						
	St	**€ brutto**	**216**	**275**	**286**	**323**	**421**
	KG 326	€ netto	181	231	240	272	354
22	**Dichtung, Schachtdeckung** Dichtung Dränschacht; DN315; wasser- und gasdicht						
	St	**€ brutto**	**15**	**21**	**25**	**30**	**36**
	KG 326	€ netto	13	18	21	26	30
23	**Sickerpackung, Dränleitung** Sickerpackung; Kies 8/16; einbauen, verdichten; Ummantelung Dränleitung						
	m	**€ brutto**	**14**	**19**	**22**	**25**	**29**
	KG 326	€ netto	12	16	19	21	25
24	**Sickerpackung, Dränleitung** Sickerpackung; Kies 8/16; einbauen, verdichten; Ummantelung Dränleitung						
	m^3	**€ brutto**	**63**	**82**	**91**	**106**	**140**
	KG 326	€ netto	53	69	77	89	118
25	**Sickerschacht, Betonfertigteile, B125** Sickerschacht,B125, komplett; Betonfertigteilringe, gelocht, Kiesfüllung; DN1.000, Tiefe bis 2,00m						
	St	**€ brutto**	**1.255**	**1.794**	**2.050**	**2.596**	**3.642**
	KG 326	€ netto	1.055	1.507	1.722	2.181	3.060

Kosten: Stand 3.Quartal 2025, Bundesdurchschnitt

LB 010							**Preise €**
Nr.	**Kurztext** / Stichworte **Einheit** / Kostengruppe		►	▷	**brutto ø** netto ø	◁	◄
26	**Sickerschicht, Kies** Sickerschicht; Kies 32/63; Höhe 1,00m; inkl. Filtervliesabdeckung						
	m³	**€ brutto**	**52**	**73**	**84**	**89**	**99**
	KG 326	€ netto	44	62	71	75	83
27	**Dränschicht, Dränmatten, Wand** Dränageschicht; Dränmatte, Kunststoff, vlieskaschiert; überlappend verlegen; auf Bauwerksabdichtung						
	m²	**€ brutto**	**7,5**	**16,4**	**20,3**	**27,0**	**39,1**
	KG 326	€ netto	6,3	13,8	17,0	22,7	32,9
28	**Filter-/Dränageschicht, Vlies/Noppenbahn, Wand** Schutz- und Dränageschicht; Noppenbahn mit Vlies und Gleitfolie; auf Abdichtung einbauen; Außenwand						
	m²	**€ brutto**	**5,0**	**12,4**	**15,7**	**18,3**	**24,0**
	KG 335	€ netto	4,2	10,4	13,2	15,4	20,1
29	**Sickerschicht, Perimeterplatte, vlieskaschiert** Sickerschicht; Polystyrol-Platte, vlieskaschiert, WLS 034; Dicke bis 80mm; Außenwand; Einbauhöhe bis 4,0/über 4,0m						
	m²	**€ brutto**	**15**	**20**	**23**	**26**	**30**
	KG 335	€ netto	13	17	20	22	25
30	**Filter, Vlies, Dränkörper** Filterschicht um Dränkörper; Vlies; vollständige Ummantelung						
	m²	**€ brutto**	**3,1**	**4,7**	**5,2**	**6,2**	**8,9**
	KG 335	€ netto	2,6	3,9	4,4	5,3	7,5
31	**Filterschicht, Kiessand, Wand** Filterschicht vor Außenwand; Kiessand; einbauen, verdichten						
	m³	**€ brutto**	**70**	**80**	**85**	**90**	**100**
	KG 326	€ netto	59	67	72	76	84
32	**Grobkiesstreifen, Sockelbereich** Kiesstreifen; Rundkies 32/63, gewaschen; Breite 50cm, Tiefe 30cm; auf Filtervlies; Sockelbereich						
	m³	**€ brutto**	**69**	**102**	**115**	**121**	**168**
	KG 326	€ netto	58	86	96	101	141
33	**Dränleitung spülen, Hochdruckgerät** Dränleitung spülen; Hochdruckgerät						
	m	**€ brutto**	**3,6**	**5,2**	**7,1**	**12,0**	**15,4**
	KG 326	€ netto	3,1	4,3	6,0	10,1	12,9
34	**Stundensatz, Facharbeiter/-in** Stundenlohnarbeiten für Vorarbeiter/-in, Facharbeiter/-in und Gleichgestellte; Dränarbeiten						
	h	**€ brutto**	**59**	**77**	**85**	**94**	**107**
		€ netto	49	64	72	79	90

LB 012 **Preise €**

Nr.	Kurztext / Stichworte Einheit / Kostengruppe		►	▷	brutto ø netto ø	◁	◄
1	**Querschnittsabdichtung, Mauerwerk bis 15cm** Querschnittsabdichtung, Wand, W4-E; Bitumen-Dachdichtungsbahn G200DD; Dicke bis 15cm; gegen Bodenfeuchte und nichtdrückendes Wasser						
	m	**€ brutto**	**1,5**	**3,7**	**4,1**	**5,1**	**7,6**
	KG 342	€ netto	1,3	3,1	3,5	4,3	6,3
2	**Querschnittsabdichtung, Mauerwerk bis 17,5cm** Querschnittsabdichtung, Wand, W4-E; Bitumen-Dachdichtungsbahn G200DD; Dicke bis 17,5cm; gegen Bodenfeuchte und nichtdrückendes Wasser						
	m	**€ brutto**	**2,3**	**4,9**	**6,1**	**7,0**	**9,4**
	KG 342	€ netto	1,9	4,2	5,1	5,9	7,9
3	**Querschnittsabdichtung, Mauerwerk bis 24cm** Querschnittsabdichtung, Wand, W4-E; Bitumen-Dachdichtungsbahn G200DD; Dicke bis 24,0cm; gegen Bodenfeuchte und nichtdrückendes Wasser						
	m	**€ brutto**	**3,3**	**6,4**	**7,5**	**9,2**	**13,8**
	KG 341	€ netto	2,8	5,3	6,3	7,7	11,6
4	**Querschnittsabdichtung, Mauerwerk bis 36,5cm** Querschnittsabdichtung, Wand, W4-E; Bitumen-Dachdichtungsbahn G200DD; Dicke bis 36,5cm; gegen Bodenfeuchte und nichtdrückendes Wasser						
	m	**€ brutto**	**6,9**	**9,6**	**10,6**	**12,5**	**15,9**
	KG 331	€ netto	5,8	8,0	8,9	10,5	13,4
5	**Dämmstein, Mauerwerk, 11,5cm** Dämmelement; Dämmstein; Dicke 11,5cm, Steinhöhe 13,5cm						
	m	**€ brutto**	**38**	**50**	**58**	**66**	**84**
	KG 342	€ netto	32	42	49	55	70
6	**Dämmstein, Mauerwerk, 17,5cm** Dämmelement; Dämmstein; Dicke 17,5cm, Steinhöhe 13,5cm						
	m	**€ brutto**	**42**	**61**	**68**	**83**	**123**
	KG 341	€ netto	35	51	57	70	103
7	**Dämmstein, Mauerwerk, 24cm** Dämmelement; Dämmstein; Dicke 24cm, Steinhöhe 13,5cm						
	m	**€ brutto**	**57**	**80**	**90**	**112**	**166**
	KG 341	€ netto	48	67	76	94	139
8	**Dämmstein, KS-Mauerwerk, 11,5cm** Dämmstein; KS-ISO-Kimmstein, RDK 1,2; Wanddicke 11,5cm, Steinhöhe 13,5cm						
	m	**€ brutto**	**34**	**40**	**43**	**50**	**60**
	KG 342	€ netto	28	34	36	42	50

Kosten: Stand 3.Quartal 2025, Bundesdurchschnitt

LB 012 **Preise €**

Nr.	Kurztext / Stichworte Einheit / Kostengruppe		►	▷	brutto ø netto ø	◁	◄
9	**Dämmstein, KS-Mauerwerk 17,5cm** Dämmstein; KS-ISO-Kimmstein, RDK 1,2; Wanddicke 17,5cm, Steinhöhe 13,5cm						
	m	**€ brutto**	**44**	**61**	**67**	**73**	**88**
	KG 342	€ netto	37	51	56	62	74
10	**Dämmstein, KS-Mauerwerk, 24,0cm** Dämmstein; KS-ISO-Kimmstein, RDK 1,2; Wanddicke 24cm, Steinhöhe 13,5cm						
	m	**€ brutto**	**57**	**71**	**78**	**86**	**102**
	KG 341	€ netto	48	59	65	73	86
11	**Innenwand, Mauerziegel, 11,5cm** Innenwand; Mz, SFK 20, RDK 1,6; 2DF 240x115x113mm; M 10						
	m²	**€ brutto**	**76**	**95**	**97**	**102**	**116**
	KG 342	€ netto	64	80	82	86	98
12	**Innenwand, Mauerziegel, 24cm, 5DF** Innenwand; Mz, SFK 20, RDK 1,7; 2DF 240x240x113mm; M 10						
	m²	**€ brutto**	**90**	**112**	**122**	**130**	**147**
	KG 342	€ netto	76	94	103	109	124
13	**Innenwand, HLz-Planstein 11,5cm, 8DF** Innenwand; HLz, SFK 8, RDK 0,8; 8 DF 498x115x249mm; Dünnbettmörtel						
	m²	**€ brutto**	**63**	**80**	**86**	**94**	**112**
	KG 342	€ netto	53	67	72	79	94
14	**Innenwand, HLz-Planstein 17,5cm, 12DF** Innenwand; HLz, SFK 12, RDK 0,9; 12 DF 498x175x249mm; Dünnbettmörtel						
	m²	**€ brutto**	**85**	**102**	**107**	**122**	**156**
	KG 342	€ netto	71	86	90	103	131
15	**Innenwand, HLz-Planstein 24cm, 12DF** Innenwand; HLz, SFK 10-14, RDK 0,8-1,4; 12DF, 373x240x249mm; Dünnbettmörtel						
	m²	**€ brutto**	**98**	**119**	**127**	**144**	**196**
	KG 342	€ netto	82	100	107	121	165
16	**Innenwand, KS L 11,5cm, bis 3DF** Innenwand, nichttragend/tragend; KS L/KS, SFK 12/20, RDK 1,4/1,8/2,0; bis 3DF, 240x115x113mm; für späteren Putzauftrag						
	m²	**€ brutto**	**76**	**86**	**91**	**100**	**119**
	KG 342	€ netto	64	73	77	84	100

LB 012						Preise €
Nr.	Kurztext / Stichworte Einheit / Kostengruppe		►	▷ brutto ø netto ø	◁	◄
17	**Innenwand, KS L 17,5cm, 3DF** Innenwand, nichttragend/tragend; KS L, SFK 12/20, RDK 1,4/1,8/2,0; 3DF, 240x175x113mm; für Putzauftrag					
	m²	**€ brutto**	**88**	**102**	**107**	**119**	**143**
	KG 341	€ netto	74	86	90	100	120
18	**Innenwand, KS-Sichtmauerwerk, 11,5cm, einseitig** Sichtmauerwerk; KS Vb/Vm, SFK 12, RDK 1,8; DF/NF/2DF Dicke 11,5cm; M 2,5					
	m²	**€ brutto**	**102**	**122**	**132**	**139**	**155**
	KG 342	€ netto	86	103	111	117	131
19	**Innenwand, KS Sichtmauerwerk 11,5cm, beidseitig** Innenwand; KS Vm/KS Vb; Wanddicke 11,5cm, SFK 12/20, RDK 1,8; zweiseitiges Sichtmauerwerk					
	m²	**€ brutto**	**123**	**144**	**159**	**171**	**191**
	KG 342	€ netto	103	121	133	144	161
20	**Innenwand, KS Planstein 11,5cm, 3DF** Innenwand; KS L-R, SFK 12/20, RDK 1,8-2,0; 3DF 248x115x248mm; Dünnbettmörtel, NF-System					
	m²	**€ brutto**	**63**	**82**	**88**	**94**	**108**
	KG 342	€ netto	53	69	74	79	90
21	**Innenwand, KS Planstein 17,5cm, 6DF** Innenwand, tragend/nichttragend; KS R, SFK 12/20, RDK 1,4-2,0; 6DF 248x175x248mm; Dünnbettmörtel, NF-System					
	m²	**€ brutto**	**80**	**98**	**106**	**117**	**147**
	KG 341	€ netto	67	83	89	99	124
22	**Innenwand, KS Planstein 24cm, 8DF** Innenwand, tragend/nichttragend; KS-R, SFK 12/20, RDK 1,4-2,0; 8DF 248x240x248mm; Dünnbettmörtel, NF-System					
	m²	**€ brutto**	**83**	**111**	**125**	**132**	**150**
	KG 341	€ netto	70	93	105	111	126
23	**Innenwand, KS Rasterelement 11,5cm** Innenwand, tragend/nichttragend; KS XL, SFK 12/20, RDK 1,4-2,0; 16DF 498x115x498mm; Dünnbettmörtel, NF-System					
	m²	**€ brutto**	**67**	**79**	**81**	**86**	**96**
	KG 341	€ netto	56	66	68	72	81
24	**Innenwand, KS Rasterelement 24cm** Innenwand, tragend/nichttragend; KS XL, SFK 12/20, RDK 1,4-2,0; 498x240x498mm; Dünnbettmörtel, NF-System					
	m²	**€ brutto**	**100**	**121**	**130**	**147**	**186**
	KG 341	€ netto	84	102	109	123	157

LB 012 **Preise €**

Nr.	Kurztext / Stichworte Einheit / Kostengruppe		►	▷	brutto ø netto ø	◁	◄
25	**Innenwand, KS-XL Planelement 11,5cm** Innenwand; KS XL, SFK 12-20, RDK 1,8-2,0; 998x115x498mm; Dünnbettmörtel, NF-System						
	m²	**€ brutto**	**67**	**81**	**87**	**91**	**102**
	KG 342	€ netto	56	68	73	76	86
26	**Innenwand, KS-XL Planelement 17,5cm** Innenwand; KS XL, SFK 12-20, RDK 1,8-2,0; 998x175x498mm; Dünnbettmörtel, NF-System						
	m²	**€ brutto**	**80**	**97**	**105**	**113**	**132**
	KG 341	€ netto	67	82	88	95	111
27	**Innenwand, KS-XL Planelement 24cm** Innenwand; KS XL, SFK 12-20, RDK 1,8-2,0; 998x240x498mm; Dünnbettmörtel, NF-System						
	m²	**€ brutto**	**99**	**122**	**136**	**151**	**186**
	KG 341	€ netto	83	103	114	127	157
28	**Innenwand, Porenbeton Planbauplatte 5cm, nichttragend** Innenwand, nichttragend; Porenbeton-Planbauplatte; 625x50x250mm; Dünnbettmörtel						
	m²	**€ brutto**	**63**	**68**	**81**	**85**	**95**
	KG 342	€ netto	53	57	68	71	80
29	**Innenwand, Porenbeton Planbauplatte 10cm, nichttragend** Innenwand, nichttragend; Porenbeton-Planbauplatte; 624x100x249mm; Dünnbettmörtel						
	m²	**€ brutto**	**78**	**90**	**97**	**111**	**121**
	KG 342	€ netto	65	76	81	94	102
30	**Innenwand, Porenbeton 11,5cm, nichttragend** Innenwand, nichttragend; Porenbeton-Planstein; 249x115x249mm; Dünnbettmörtel						
	m²	**€ brutto**	**69**	**84**	**88**	**96**	**118**
	KG 342	€ netto	58	71	74	81	99
31	**Innenwand, Porenbeton 17,5cm, nichttragend** Innenwand, nichttragend; Porenbeton-Planstein; 249x175x249mm; Dünnbettmörtel						
	m²	**€ brutto**	**77**	**96**	**104**	**111**	**127**
	KG 342	€ netto	65	80	87	94	107
32	**Innenwand, Porenbeton-Planelement 24cm** Innenwand; Porenbeton-Planelement; 999x240x624mm; Dünnbettmörtel						
	m²	**€ brutto**	**103**	**120**	**126**	**131**	**144**
	KG 342	€ netto	87	101	106	110	121

LB 012							Preise €
Nr.	Kurztext / Stichworte			brutto ø			
	Einheit / Kostengruppe		►	▷ netto ø		◁	◄
33	**Innenwand, Gipswandbauplatte, 6cm, nichttragend** Innenwand, nichttragend; Gipswandbauplatten, A1, F30/EI30; Dicke 6cm, Format 666x500mm						
	m²	**€ brutto**	**66**	**77**	**78**	**89**	**101**
	KG 342	€ netto	55	64	66	75	85
34	**Innenwand, Gipswandbauplatte, 10cm, nichttragend** Innenwand, nichttragend; Gipswandbauplatten, A1, F180/EI180; Wanddicke 10cm, Format 666x500mm						
	m²	**€ brutto**	**72**	**84**	**89**	**96**	**108**
	KG 342	€ netto	61	71	75	81	91
35	**Brüstungsmauerwerk, Breite 11,5cm** Mauerwerksbrüstung; Mz/HLz; 2DF 240x115x113mm, Höhe bis 1,00m						
	m²	**€ brutto**	**78**	**90**	**96**	**98**	**120**
	KG 359	€ netto	66	75	81	82	100
36	**Brüstungsmauerwerk, Breite 24,0cm** Mauerwerksbrüstung; Mz/HLz; 4DF 240x240x113mm, Höhe bis 1,00m						
	m²	**€ brutto**	**87**	**129**	**137**	**149**	**168**
	KG 359	€ netto	74	108	115	125	141
37	**Brüstungsmauerwerk, Breite 36,5cm** Mauerwerksbrüstung; Mz/HLz, kleinformatig/großformatig; Dicke 36,5cm, Höhe bis 1,00m						
	m²	**€ brutto**	**138**	**170**	**187**	**216**	**284**
	KG 359	€ netto	116	143	157	182	238
38	**Öffnungen, Mauerwerk bis 17,5cm, 1,01x2,13m** Öffnungen anlegen; Mauerwerk; 1,01x2,13m; beim Aufmauern; als Tür-/Fensteröffnung						
	St	**€ brutto**	**35**	**49**	**54**	**62**	**82**
	KG 341	€ netto	30	41	46	52	69
39	**Öffnungen, Mauerwerk bis 24cm, 1,01x2,13m** Öffnungen anlegen; Mauerwerk; 1,01x2,13m; beim Aufmauern; als Tür-/Fensteröffnung						
	St	**€ brutto**	**37**	**55**	**68**	**76**	**101**
	KG 341	€ netto	31	46	57	64	85
40	**Öffnungen, Mauerwerk bis 2,50m²** Öffnungen anlegen; Mauerwerk; Größe über 2,5m²; Türöffnung						
	m²	**€ brutto**	**10**	**14**	**15**	**19**	**26**
	KG 341	€ netto	8,8	11,5	12,8	16,2	21,5

Kosten: Stand 3.Quartal 2025, Bundesdurchschnitt

LB 012 **Preise €**

Nr.	Kurztext / Stichworte Einheit / Kostengruppe		►	▷	brutto ø netto ø	◁	◄
41	**Fensteröffnung, Mauerwerk über 2,50m²** Öffnungen anlegen; Mauerwerk; Größe über 2,5m²; beim Aufmauern; Fensteröffnung						
	m²	**€ brutto**	**11**	**15**	**16**	**22**	**28**
	KG 341	€ netto	9,3	12,7	13,6	18,8	23,5
42	**Öffnungen schließen, Mauerwerk** Öffnungen schließen; HLz, SFK 12, RDK 1,8; 2DF 240x115x113mm; M 2,5						
	m²	**€ brutto**	**117**	**154**	**171**	**197**	**251**
	KG 340	€ netto	98	130	144	166	211
43	**Türöffnung schließen, Mauerwerk** Öffnungen schließen; HLz, SFK 12, RDK 1,8; 2DF 240x115x113mm; M 2,5; Türöffnung						
	m²	**€ brutto**	**88**	**158**	**185**	**230**	**308**
	KG 340	€ netto	74	133	156	193	259
44	**Aussparung schließen, bis 0,04m²** Aussparung schließen; HLz, SFK 12, RDK 1,8; 2DF 240x115x113mm; waagrecht/senkrecht, M 2,5						
	St	**€ brutto**	**24**	**46**	**51**	**67**	**102**
	KG 340	€ netto	20	39	43	56	86
45	**Aussparung schließen, bis 0,25m²** Aussparung schließen; HLz, SFK 12, RDK 1,8; 2DF 240x115x113mm; waagrecht/senkrecht, M 2,5						
	St	**€ brutto**	**25**	**54**	**65**	**80**	**117**
	KG 340	€ netto	21	45	55	67	98
46	**Aussparung schließen, bis 0,50m²** Aussparung schließen; HLz, SFK 12, RDK 1,8; 2DF 240x115x113mm; waagrecht/senkrecht, M 2,5						
	St	**€ brutto**	**38**	**76**	**91**	**108**	**139**
	KG 340	€ netto	32	64	77	91	116
47	**Schacht, gemauert, Formteile** Schacht, Fertigteil-Formsteine; Ziegel/Leichtbetonstein; ein-/zweizügig						
	m	**€ brutto**	**121**	**172**	**195**	**221**	**281**
	KG 342	€ netto	102	144	164	185	236
48	**Schachtwand, Kalksandsteine** Schachtwand EI30/EI60/EI90; KS L, SFK 12, RDK 1,8; 2-3DF 240x115/175x113mm; Mauerwerk, Dünnbettmörtel						
	m²	**€ brutto**	**64**	**104**	**120**	**144**	**198**
	KG 342	€ netto	54	87	101	121	167

LB 012 **Preise €**

Nr.	Kurztext / Stichworte Einheit / Kostengruppe		▶	▷	brutto ø netto ø	◁	◀
49	**Schachtwand, Kalksandsteine, Brandwand** Mauerwerk, Schachtwand, F90; KS L, SFK 12, RDK 1,8; 3DF 240x175x113mm; NM II						
	m²	€ brutto	100	127	143	149	172
	KG 342	€ netto	84	107	121	126	144
50	**Öffnung überdecken, Ziegelsturz** Fertigteilsturz; Ziegelflachsturz; Höhe 71/113mm; Öffnungen						
	m	€ brutto	32	36	38	42	52
	KG 342	€ netto	27	31	32	36	44
51	**Öffnung überdecken, KS-Sturz, 17,5cm** Fertigteilsturz; Kalksandstein; Dicke 17,5cm; Öffnungen						
	m	€ brutto	34	48	53	67	91
	KG 341	€ netto	28	40	45	56	76
52	**Öffnung überdecken, Betonsturz, 24cm** Fertigteilsturz; Stahlbeton; Dicke 24cm; Öffnungen						
	m	€ brutto	41	84	102	120	151
	KG 341	€ netto	34	71	86	101	127
53	**Öffnung überdecken, Außenwand, Ziegelsturz, 36,5cm** WD-Ziegelsturz; Breite 36,5cm, Höhe 238mm; U-Schale wärmegedämmt						
	m	€ brutto	63	80	91	98	115
	KG 331	€ netto	53	67	77	82	97
54	**Laibung beimauern, Sichtmauerwerk** Laibungen beimauern, Sichtmauerwerk; VMz; NF, 240x115x71mm						
	m	€ brutto	14	19	20	23	29
	KG 330	€ netto	12	16	17	19	25
55	**Glattstrich, Laibungen/Brüstungen** Glattstrich, Laibungen, Brüstungen; Kalkzementputz						
	m	€ brutto	7,0	10,4	11,8	14,9	20,5
	KG 330	€ netto	5,9	8,8	10,0	12,5	17,2
56	**Schlitze herstellen, Mauerwerk** Schlitz herstellen; Tiefe bis 10cm; ohne schließen; in Mauerwerk						
	m	€ brutto	16	22	25	29	36
	KG 341	€ netto	13	19	21	24	30
57	**Schlitze schließen, Mauerwerk** Schlitz schließen; Untergrund Ziegel-/KS-Mauerwerk; Innenwand						
	m	€ brutto	10	23	29	30	43
	KG 341	€ netto	8,6	19,7	24,2	25,0	36,0

Kosten: Stand 3.Quartal 2025, Bundesdurchschnitt

LB 012							Preise €
Nr.	**Kurztext** / Stichworte **Einheit** / Kostengruppe		▶	▷	**brutto ø** netto ø	◁	◀
58	**Deckenrandabmauerung, Dämmung MW 80mm** Deckenrandabmauerung, Dämmung; Mineralwolle; Dicke 80mm						
	m	**€ brutto**	**22**	**27**	**29**	**32**	**42**
	KG 331	€ netto	19	23	24	27	35
59	**Dämmung, Ringanker, MW60mm** Ringankerdämmung; Mineralwolle, WLG 035; Dicke 60mm						
	m	**€ brutto**	**21**	**26**	**27**	**31**	**40**
	KG 331	€ netto	18	21	22	26	33
60	**Deckenanschluss, Mauerwerkswand** Deckenanschlussfuge; MW, A1; Dicke 11,5cm; mit MW verstopfen, beidseitig versiegeln						
	m	**€ brutto**	**13**	**19**	**21**	**22**	**29**
	KG 342	€ netto	11	16	18	19	24
61	**Deckenanschlussfuge feuerhemmend** Deckenanschlussfuge; Fugendichtmaterial, EI30/EI60; Wanddicke bis 24cm; rauchdicht, beidseitig elastisch versiegeln; Mauerwerkswand, nichttragen						
	m	**€ brutto**	**25**	**48**	**64**	**71**	**88**
	KG 342	€ netto	21	40	54	60	74
62	**Deckenanschluss gleitend, ohne Brandschutz** Deckenanschluss gleitend; Einbauhöhe bis 2,75m, Mauerdicke 11,5/17,5/24cm; mit Anker						
	m	**€ brutto**	**6,3**	**11,1**	**11,6**	**12,8**	**16,1**
	KG 342	€ netto	5,3	9,3	9,8	10,8	13,5
63	**Deckenanschluss gleitend, mit Brandschutz** Deckenanschluss gleitend; Einbauhöhe bis 2,75m, Mauerdicke 11,5/17,5/24cm; mit Anker						
	m	**€ brutto**	**37**	**62**	**63**	**70**	**88**
	KG 342	€ netto	31	52	53	59	74
64	**Mauerwerksanschluss stumpf** Mauerwerksanschluss; Flachanker; Einbauhöhe bis 2,75m; stumpf stoßen						
	m	**€ brutto**	**6,3**	**12,2**	**16,0**	**18,9**	**25,7**
	KG 342	€ netto	5,3	10,3	13,4	15,9	21,6
65	**Maueranschlussschiene, 25/15** Maueranschlussschiene; verzinkter Stahl/Edelstahl; HMS 25/15; inkl. ablängen						
	m	**€ brutto**	**12**	**20**	**22**	**27**	**34**
	KG 341	€ netto	11	17	19	22	29

LB 012						Preise €
Nr.	**Kurztext** / Stichworte **Einheit** / Kostengruppe	►	▷	**brutto ø** netto ø	◁	◄
66	**Maueranschlussschiene, 28/15** Maueranschlussschiene; verzinkter Stahl/Edelstahl; HTA 28/15; inkl. ablängen					
	m **€ brutto**	**15**	**25**	**28**	**32**	**41**
	KG 341 € netto	12	21	24	27	34
67	**Maueranschlussschiene, 38/17** Maueranschlussschiene; verzinkter Stahl/Edelstahl; HTA 38/17; inkl. ablängen					
	m **€ brutto**	**23**	**32**	**33**	**41**	**53**
	KG 341 € netto	19	27	28	34	44
68	**Maueranker, beim Aufmauern einlegen** Maueranschluss, Flachanker; HTA 25/15-D/28/15 Stahl, verzinkt/rostfrei					
	St **€ brutto**	**1,3**	**2,9**	**3,4**	**4,2**	**5,5**
	KG 341 € netto	1,1	2,5	2,9	3,6	4,6
69	**Mauerwerk verzahnen** Maueranschluss, Verzahnung; KS-L, Format 2DF; Höhe bis 2,75m; Innenwand, nichttragend					
	m **€ brutto**	**13**	**18**	**22**	**23**	**29**
	KG 341 € netto	11	15	18	19	24
70	**Außenwand, LHLz 24cm, tragend** Außenwand, tragend; LHLz, SFK 6, RDK 0,6, WLS 008; 10DF 308x240x249mm; NF-System, Dünnbettmörtel					
	m² **€ brutto**	**123**	**132**	**135**	**139**	**147**
	KG 331 € netto	103	111	114	117	123
71	**Außenwand, LHLz 36,5cm, tragend** Außenwand, tragend; LHLz, SFK 6, RDK 0,6, WLS 008; 12DF 248x365x249mm; NF-System, Dünnbettmörtel					
	m² **€ brutto**	**149**	**177**	**191**	**206**	**243**
	KG 331 € netto	125	149	160	174	205
72	**Außenwand, LHLz 42,5cm, tragend** Außenwand, tragend; LHLz, SFK 6, RDK 0,65, WLS 008; 14DF 248x425x249mm; NF-System, Dünnbettmörtel					
	m² **€ brutto**	**188**	**212**	**231**	**242**	**282**
	KG 331 € netto	158	178	194	203	237
73	**Außenwand, LHLz 36,5cm, tragend, gefüllt** Außenwand, tragend; LHLz, SFK 6, RDK 0,6, Füllung Perlite/Mineralwolle; 12DF 248x365x249mm; NF-System, Dünnbettmörtel					
	m² **€ brutto**	**166**	**190**	**201**	**215**	**253**
	KG 331 € netto	140	160	169	181	213

Kosten: Stand 3.Quartal 2025, Bundesdurchschnitt

LB 012						Preise €
Nr.	**Kurztext** / Stichworte **Einheit** / Kostengruppe	►	▷	**brutto ø** netto ø	◁	◄
74	**Außenwand, LHLz 42,5cm, tragend, gefüllt** Außenwand, tragend; LHLz, SFK 6, RDK 0,6, Füllung Perlite/Mineralwolle; 14DF 248x425x249mm; NF-System, Dünnbettmörtel					
	m² € brutto	**197**	**230**	**240**	**257**	**298**
	KG 331 € netto	166	193	202	216	250
75	**Außenwand, KS L-R 17,5cm, tragend** Außenwand, tragend; KS L-R, SFK 12, RDK 1,6; 12DF 373x175x248mm; NF-System, Dünnbettmörtel					
	m² € brutto	**74**	**97**	**106**	**114**	**143**
	KG 331 € netto	62	81	89	96	120
76	**Außenwand, KS L-R 24cm, tragend** Außenwand, tragend; KS L-R, SFK 12, RDK 1,8; 4DF 240x240x248mm; NF-System, Dünnbettmörtel					
	m² € brutto	**101**	**121**	**132**	**144**	**172**
	KG 331 € netto	85	102	111	121	145
77	**Außenwand, Betonsteine Hbn 17,5cm** Außenwand; Hbn, SFK 12, RDK 1,6; 12DF 248x175x238mm; M 5; in allen Geschossen					
	m² € brutto	**74**	**86**	**92**	**102**	**119**
	KG 331 € netto	62	72	77	86	100
78	**Außenwand, Porenbeton 30cm, tragend** Innenwand; Porenbeton-Planstein; 999x300x624mm; Dünnbettmörtel					
	m² € brutto	**118**	**136**	**137**	**143**	**153**
	KG 331 € netto	99	114	115	120	129
79	**Mauerpfeiler, rechteckig, freitragend** Mauerpfeiler, freitragend, rechteckig; Ziegel; SFK 20, RDK 1,8; M 5; rechteckig					
	m € brutto	**72**	**113**	**130**	**151**	**207**
	KG 333 € netto	60	95	109	127	174
80	**Kerndämmung, MW 035, 80mm, Außenwand** Kerndämmung, zweischaliges Außenmauerwerk; Mineralwolle, WLG 035, A; Dicke 80mm; Drahtanker					
	m² € brutto	**22**	**26**	**27**	**30**	**36**
	KG 330 € netto	19	22	23	25	31
81	**Kerndämmung, MW 035, 140mm, Außenwand** Kerndämmung, zweischaliges Außenmauerwerk; Mineralwolle, WLG 035, A; Dicke 140mm; Drahtanker					
	m² € brutto	**41**	**47**	**50**	**53**	**62**
	KG 330 € netto	35	39	42	45	52

LB 012							Preise €
Nr.	**Kurztext** / Stichworte				**brutto ø**		
	Einheit / Kostengruppe		►	▷	netto ø	◁	◄
82	**Gebäudetrennfugen, MW, 20mm, Außenwand** Gebäudetrennfuge, Schalldämmung; Mineralwolle, WLG 035 A1; Dicke 20mm; Außenwand						
	m²	**€ brutto**	**9,7**	**12,0**	**13,1**	**14,0**	**15,8**
	KG 341	€ netto	8,1	10,1	11,0	11,8	13,3
83	**Gebäudetrennfugen, MW, 50mm, Außenwand** Gebäudetrennfuge, Schalldämmung; Mineralwolle, WLG 035 A1; Dicke 50mm; Außenwand						
	m²	**€ brutto**	**21**	**28**	**31**	**38**	**47**
	KG 341	€ netto	18	24	26	32	40
84	**Deckenranddämmung, Mehrschichtleichtbauplatte** Deckenranddämmung; Holzwolle-Mehrschichtplatte, EPS, WLG 035/040, F; Dicke 35/50mm; in Schalung						
	m	**€ brutto**	**9,9**	**17,6**	**22,7**	**27,3**	**37,3**
	KG 351	€ netto	8,3	14,8	19,1	22,9	31,3
85	**Drahtanker, Hintermauerung/Tragschale** Drahtanker, zweischaliges Mauerwerk; Schalabstand 160mm, Höhe ü. G. 12m						
	m²	**€ brutto**	**5,6**	**11,8**	**14,5**	**16,8**	**21,9**
	KG 335	€ netto	4,7	9,9	12,1	14,2	18,4
86	**Verblendmauerwerk, Abfangung, Winkelkonsole** Verblendmauerwerk, Winkelkonsolanker; Stahl; höhenverstellbar +/-35mm						
	St	**€ brutto**	**231**	**357**	**404**	**436**	**580**
	KG 335	€ netto	194	300	339	366	487
87	**Verblendmauerwerk, Abfangung Einzelkonsole** Verblendmauerwerk , Einzelkonsolanker; Stahl; höhenverstellbar +/-35mm						
	St	**€ brutto**	**31**	**58**	**74**	**88**	**112**
	KG 335	€ netto	26	49	62	74	94
88	**Verblendmauerwerk, VMz, 115mm** Verblendmauerwerk, Außenwand; VMz, SFK 20, RDK 2,0; NF, 240x115x71mm; hinterlüftet, M 5; Arbeitshöhe bis 3,5 m						
	m²	**€ brutto**	**152**	**211**	**238**	**263**	**336**
	KG 335	€ netto	128	178	200	221	282
89	**Sparverblendung WDVS, Klinkerriemchen** Klinkerriemchen, Sparverblendung; VMz; Im Verband						
	m²	**€ brutto**	**166**	**203**	**216**	**250**	**305**
	KG 335	€ netto	139	171	181	210	256

Kosten: Stand 3.Quartal 2025, Bundesdurchschnitt

LB 012						**Preise €**
Nr.	**Kurztext** / Stichworte **Einheit** / Kostengruppe		►	▷	**brutto ø** netto ø	◁	◄

Nr.	Kurztext / Stichworte / Einheit / Kostengruppe		►	▷	ø	◁	◄
90	**Verblendmauerwerk, Betonsteine** Verblendmauerwerk, Außenwand; Betonstein, SFK 20, RDK 1,8; 290x90x190mm; hinterlüftet, M 5; Arbeitshöhe bis 3,5 m						
	m²	**€ brutto**	**263**	**290**	**311**	**323**	**355**
	KG 335	€ netto	221	244	261	272	298
91	**Verblendmauerwerk, Kalksandsteine** Verblendmauerwerk, Außenwand; KS, SFK 20, RDK 1,8; 2DF 240x115x113mm; hinterlüftet, M 5						
	m²	**€ brutto**	**197**	**246**	**259**	**285**	**334**
	KG 335	€ netto	166	207	217	240	280
92	**Verblendmauerwerk, Öffnungen** Öffnungen überdecken; Sturz, Sichtbeton; BxH 115x113mm; Verblendmauerwerk						
	m²	**€ brutto**	**31**	**48**	**57**	**66**	**83**
	KG 335	€ netto	26	40	48	56	70
93	**Verblendmauerwerk, Rollschicht** Rollschicht, Verblendmauerwerk; waagrecht/geneigt; inkl. Verfugung						
	m	**€ brutto**	**33**	**66**	**82**	**89**	**111**
	KG 335	€ netto	28	55	69	75	93
94	**Mauerwerk abgleichen, 17,5cm** Giebelmauerwerk abgleichen; Beton C20/25; Dicke 17,5cm; abreiben; inkl. beidseitiger Schalung						
	m	**€ brutto**	**5,0**	**13,8**	**18,9**	**24,0**	**33,7**
	KG 331	€ netto	4,2	11,6	15,9	20,1	28,3
95	**Mauerwerk abgleichen, 24cm** Giebelmauerwerk abgleichen; Beton C20/25; Dicke 24cm; abreiben; inkl. beidseitiger Schalung						
	m	**€ brutto**	**6,7**	**18,6**	**24,2**	**31,1**	**48,9**
	KG 331	€ netto	5,6	15,7	20,3	26,1	41,1
96	**Mauerwerk abgleichen, 36,5cm** Giebelmauerwerk abgleichen; Beton C20/25; Dicke 36,5cm; abreiben; inkl. beidseitiger Schalung						
	m	**€ brutto**	**7,8**	**20,2**	**26,3**	**37,5**	**52,3**
	KG 331	€ netto	6,6	16,9	22,1	31,5	44,0
97	**Ringanker, U-Schale, 11,5cm** Ringanker/U-Schale; Ziegel/Porenbeton/Kalksandstein; Dicke 11,5cm						
	m	**€ brutto**	**36**	**55**	**63**	**64**	**74**
	KG 331	€ netto	30	46	53	54	62

LB 012						Preise €
Nr.	Kurztext / Stichworte			brutto ø		
	Einheit / Kostengruppe	►	▷	netto ø	◁	◄
98	**Ringanker, U-Schale, 24cm**					
	Ringanker/U-Schale; Ziegel/Porenbeton/Kalksandstein; Dicke 24cm					
	m	**€ brutto**	**44**	**64**	**66**	**74**	**90**
	KG 331	€ netto	37	53	56	62	76
99	**Ringanker, U-Schale, 36,5cm**					
	Ringanker/U-Schale; Ziegel/Porenbeton/Kalksandstein; Dicke 36,5cm					
	m	**€ brutto**	**61**	**73**	**78**	**92**	**117**
	KG 331	€ netto	51	61	65	77	98
100	**Ausmauerung, Sparren**					
	Ausmauerung zwischen Sparren; HLz, SFK 12, RDK 1,2; 2DF 240x115x113mm; M 2,5; Arbeitshöhe unter 1,5m					
	m	**€ brutto**	**38**	**54**	**61**	**72**	**103**
	KG 332	€ netto	32	45	51	61	87
101	**Schornstein, Formstein, einzügig**					
	Schornstein; Ziegel/Leichtbeton; Höhe bis 11,00m, Schacht 10x25cm; einzügig; Arbeitshöhe bis 3,5 m					
	m	**€ brutto**	**245**	**361**	**413**	**502**	**719**
	KG 429	€ netto	206	303	347	422	604
102	**Schornstein, Formsteine, zweizügig**					
	Schornstein; Ziegel/Leichtbeton; Höhe bis 11,0m, Schacht 10x25cm; zweizügig; Arbeitshöhe bis 3,5 m					
	m	**€ brutto**	**357**	**455**	**488**	**555**	**666**
	KG 429	€ netto	300	382	410	467	560
103	**Schornsteinkopf, Mauerwerk**					
	Schornsteinkopf; KMz, SFK 28, RDK 1,6; Dicke 115mm, 0,70m über Dach; NF-System, M 5					
	m²	**€ brutto**	**293**	**398**	**408**	**451**	**519**
	KG 429	€ netto	246	335	343	379	436
104	**Schornsteinkopfabdeckung, Faserzement**					
	Schornsteinkopfabdeckung; Faserzement, beschichtet					
	St	**€ brutto**	**392**	**662**	**749**	**886**	**1.164**
	KG 429	€ netto	329	556	629	744	978
105	**Ziegel-Elementdecke, ZST 1,0 - 22,5**					
	Ziegelelementdecke; Deckenziegel 1,0-22,5; Elementbreite 0,50m-2,50m; inkl. Tragfähigkeitsnachweis					
	m²	**€ brutto**	**163**	**191**	**209**	**212**	**229**
	KG 351	€ netto	137	160	175	178	192

Kosten: Stand 3.Quartal 2025, Bundesdurchschnitt

LB 012							Preise €
Nr.	**Kurztext** / Stichworte **Einheit** / Kostengruppe		►	▷	**brutto ø** netto ø	◁	◄
106	**Stundensatz, Facharbeiter/-in** Stundenlohnarbeiten für Vorarbeiter/-in, Facharbeiter/-in und Gleichgestellte; Mauerarbeiten						
	h	**€ brutto**	**73**	**83**	**88**	**94**	**106**
		€ netto	61	70	74	79	89
107	**Stundensatz, Helfer/-in** Stundenlohnarbeiten für Werker/-in, Helfer/-in und Gleichgestellte; Mauerarbeiten						
	h	**€ brutto**	**56**	**73**	**80**	**83**	**90**
		€ netto	47	61	68	70	76

LB 013							Preise €
Nr.	Kurztext / Stichworte Einheit / Kostengruppe		►	▷	brutto ø netto ø	◁	◄
1	**Tragschicht, Schotter, 30cm** Tragschicht; Schotter 0/45; Dicke 30cm; einbringen, verdichten, Sollhöhe +/-3cm; unter Bodenplatte, Fundament						
	m^2	€ brutto	**15**	**23**	**28**	**28**	**41**
	KG 325	€ netto	13	20	24	24	35
2	**Trennlage, PE-Folie** Trennlage; PE-Folie; 0,2mm; einlagig/zweilagig, überlappend verlegen; auf Kiesfilter/Sauberkeitsschicht						
	m^2	€ brutto	**1,5**	**2,6**	**3,1**	**3,9**	**5,9**
	KG 325	€ netto	1,2	2,2	2,6	3,3	5,0
3	**Glasschotter, unter Bodenplatte, 30cm** Tragschicht; Glasschotter, WLG 080/110; Dicke 30cm; einbringen, verdichten, Sollhöhe +/-3cm; unter Bodenplatte, Fundament						
	m^3	€ brutto	**137**	**171**	**183**	**212**	**269**
	KG 325	€ netto	115	144	154	178	226
4	**Glasschotter, unter Bodenplatte, 30cm** Tragschicht; Glasschotter, WLG 080/110; Dicke 30cm; einbringen, verdichten, Sollhöhe +/-3cm; unter Bodenplatte, Fundament						
	m^2	€ brutto	**50**	**67**	**73**	**81**	**98**
	KG 325	€ netto	42	56	61	68	82
5	**Sauberkeitsschicht, Beton, 5cm** Sauberkeitsschicht; Beton C8/10, unbewehrt; Dicke 5cm; unter Gründungsbauteilen						
	m^2	€ brutto	**11**	**16**	**17**	**23**	**32**
	KG 325	€ netto	9,4	13,2	14,5	19,1	27,0
6	**Sauberkeitsschicht, Beton, 10cm** Sauberkeitsschicht; Beton C8/10, unbewehrt; Dicke 10cm; unter Gründungsbauteilen						
	m^2	€ brutto	**16**	**22**	**26**	**30**	**41**
	KG 325	€ netto	13	19	21	25	34
7	**Sauberkeitsschicht, Sand, 10cm** Sauberkeitsschicht; Sand; Dicke 10cm; Planum +/-3cm, einbauen, verdichten; unter Bodenplatte						
	m^2	€ brutto	**8,1**	**11,7**	**13,3**	**17,4**	**24,0**
	KG 325	€ netto	6,8	9,8	11,2	14,6	20,2
8	**Rohrdurchführung, Kunststoff** Kunststoffrohr, Leerrohr; DN100; in Schalung von Ortbetonbauteilen						
	St	€ brutto	**32**	**68**	**72**	**86**	**110**
	KG 444	€ netto	27	57	61	73	92

LB 013 **Preise €**

Nr.	Kurztext / Stichworte Einheit / Kostengruppe		►	▷	brutto ø netto ø	◁	◄
9	**Gleitschicht, PE-Folie, zweilagig** Gleitschicht; PE-Folie, 0,2mm; 2x0,2mm; zweilagig, Stöße überlappend; auf Sauberkeitsschicht						
	m²	**€ brutto**	**2,6**	**5,1**	**6,0**	**6,6**	**8,5**
	KG 325	€ netto	2,2	4,3	5,1	5,6	7,2
10	**Fundament, Ortbeton C30/37** Fundament, Ortbeton; Stahlbeton C30/37, XC2/XF1; frostsicher						
	m³	**€ brutto**	**224**	**252**	**267**	**299**	**359**
	KG 322	€ netto	188	212	224	251	302
11	**Schalung, Fundament, verloren** Schalung, Einzel- und Streifenfundamente; raue, verlorene Schalung; Gründungsbereich						
	m²	**€ brutto**	**58**	**68**	**71**	**81**	**101**
	KG 322	€ netto	49	57	60	68	85
12	**Schalung, Fundament, rau** Schalung, Einzel- und Streifenfundament; raue Schalung; Gründungsbereich						
	m²	**€ brutto**	**32**	**53**	**61**	**74**	**111**
	KG 322	€ netto	27	45	52	62	93
13	**Unterfangung, Fundament** Unterfangung, Ortbeton; Stahlbeton C16/20, XC2/XF1; Höhe bis 1,50m, Breite 1,25m, Dicke bis 0,50m; inkl. Schalung						
	m³	**€ brutto**	**337**	**529**	**616**	**653**	**1.013**
	KG 393	€ netto	283	445	518	549	852
14	**Aufzugsunterfahrt, Ortbeton C25/30** Aufzugsunterfahrt, Ortbeton; WU-Stahlbeton, C25/30, XC2, WF						
	m³	**€ brutto**	**271**	**360**	**387**	**583**	**904**
	KG 322	€ netto	228	302	325	490	760
15	**Bodenplatte, Ortbeton, C25/30, bis 35cm** Bodenplatte, Ortbeton; Stahlbeton C25/30, XC2/XA1, WF; Dicke 25-35cm						
	m³	**€ brutto**	**199**	**245**	**266**	**285**	**333**
	KG 322	€ netto	168	206	223	239	280
16	**Bodenplatte, Ortbeton, C25/30, bis 40cm** Bodenplatte, Ortbeton; Stahlbeton C25/30, XC2/XA1, WF; Dicke über 35 bis 40cm						
	m³	**€ brutto**	**210**	**252**	**270**	**300**	**353**
	KG 322	€ netto	177	212	227	252	297

LB 013 **Preise €**

Nr.	Kurztext / Stichworte Einheit / Kostengruppe		►	▷	brutto ø netto ø	◁	◄
17	**Bodenplatte, WU-Ortbeton C30/37, bis 35cm** Bodenplatte, Ortbeton; WU-Stahlbeton, C30/37, XC2/XA1/XF1, WF; Dicke 25-35cm						
	m^3	€ brutto	197	266	296	313	367
	KG 322	€ netto	165	224	249	263	308
18	**Bodenplatte, WU-Ortbeton C30/37, 40cm** Bodenplatte, Ortbeton; WU-Stahlbeton, C30/37, XC2/XA1/XF1, WF; Dicke 25-35cm						
	m^3	€ brutto	204	288	311	359	426
	KG 322	€ netto	171	242	261	302	358
19	**Randschalung, Bodenplatte** Randschalung, Bodenplatte; Dicke bis 30cm; ohne Anforderung Sichtfläche						
	m	€ brutto	11	18	21	24	32
	KG 322	€ netto	9,3	15,1	17,5	20,3	26,5
20	**Fugenband, Blechband** Fugenband, W2.1-E; Blech, einseitig/beidseitig beschichtet; einlegen in Arbeitsfuge, inkl. Befestigungsmaterial; Bodenplatte und aufgehende Wand						
	m	€ brutto	27	36	39	46	62
	KG 331	€ netto	23	30	33	39	52
21	**Fugenband, Blech, Formstück** Fugenband, Formstück; Blech; Eckausführung/T-Stoß						
	St	€ brutto	40	73	85	94	126
	KG 331	€ netto	34	61	72	79	106
22	**Fugenband, Kunststoff** Fugenband, W2.1-E; PVC-NBR/PVC-P; in Arbeitsfuge, inkl. Befestigungsmaterial; Bodenplatte und aufgehende Wand						
	m	€ brutto	30	42	46	52	69
	KG 351	€ netto	25	35	39	44	58
23	**Fugenband, Kunststoff, Formstück** Fugenband, Formstück; PVC-NBR/PVC-P; Eckausführung/T-Stoß						
	St	€ brutto	35	67	84	90	119
	KG 351	€ netto	29	57	70	76	100
24	**Fugenband, Bewegungsfugen** Fugenabdichtung, Bewegungsfuge; Fugenband; bei drückendem Wasser; Bodenplatte und aufgehende Wand						
	m	€ brutto	38	53	60	69	92
	KG 331	€ netto	32	45	51	58	77

Kosten: Stand 3.Quartal 2025, Bundesdurchschnitt

LB 013 **Preise €**

Nr.	Kurztext / Stichworte Einheit / Kostengruppe		►	▷	brutto ø netto ø	◁	◄
25	**Fugenband, Injektionsschlauch** Fugenabdichtung; Injektionsschlauch; Einfach-/Mehrfachverpressung; Bodenplatte und aufgehende Wand						
	m	**€ brutto**	**30**	**36**	**39**	**42**	**51**
	KG 331	€ netto	25	30	33	35	43
26	**Verpressung, Injektionsschlauch** Injektionsschlauch verpressen, W2.2-E; bauseitig verlegte Injektionsschläuche						
	m	**€ brutto**	**34**	**54**	**67**	**80**	**102**
	KG 331	€ netto	29	46	56	67	86
27	**Innenwand, Ortbeton, C25/30, bis 25cm** Innenwand, Ortbeton; Stahlbeton C25/30, XC1, WO; Dicke über 15-25cm, Höhe bis 3m; Sichtbeton Klasse SB2						
	m³	**€ brutto**	**192**	**222**	**242**	**266**	**307**
	KG 341	€ netto	161	186	203	224	258
28	**Außenwand, Ortbeton, C25/30, bis 25cm** Außenwand, Ortbeton; Stahlbeton C25/30, XC4/XF1; Dicke 20-25cm, Höhe bis 3,00m; Sichtbeton						
	m³	**€ brutto**	**183**	**229**	**249**	**272**	**320**
	KG 331	€ netto	153	192	209	228	269
29	**Außenwand, WU-Ortbeton, C25/30, bis 30cm** Außenwand, Ortbeton; WU-Stahlbeton, C25/30, XC4/XF1; Dicke bis 30cm, Höhe bis 3,00m						
	m³	**€ brutto**	**216**	**255**	**263**	**303**	**378**
	KG 331	€ netto	182	215	221	254	317
30	**Außenwand, WU-Ortbeton, C30/37, bis 30cm** Außenwand, Ortbeton; WU-Stahlbeton, C30/37, XC4/XF1; Dicke bis 30cm, Höhe bis 3,00m						
	m³	**€ brutto**	**230**	**271**	**288**	**320**	**377**
	KG 331	€ netto	193	227	242	269	317
31	**Schalung, Aufzugsschacht** Schalung Aufzugsschacht; Höhe bis 3,50m; Kletterschalung						
	m²	**€ brutto**	**59**	**79**	**83**	**89**	**102**
	KG 341	€ netto	49	66	70	75	86
32	**Schalung, Wand, rau** Schalung Wand, rau; Schalung rau; Betonoberfläche sichtbar						
	m²	**€ brutto**	**49**	**56**	**60**	**64**	**80**
	KG 331	€ netto	42	47	50	54	67

LB 013 **Preise €**

Nr.	Kurztext / Stichworte		brutto ø			
	Einheit / Kostengruppe	►	▷	netto ø	◁	◄
33	**Schalung, Wand, glatt** Schalung Wand, glatt; GF-Schalungsplatte,scharfkantig/gefast/Dreikantleiste; Betonoberfläche sichtbar					
	m^2 **€ brutto**	**36**	**56**	**63**	**73**	**98**
	KG 331 € netto	30	47	53	61	82
34	**Schalung, Wand, SB3** Schalung, Wand; scharfkantig/gefast/Dreikantleiste; Sichtbeton Klasse SB3					
	m^2 **€ brutto**	**61**	**82**	**87**	**91**	**102**
	KG 331 € netto	52	69	73	77	86
35	**Schalung, Dreiecksleiste** Eck-/Kantenausbildung; Dreiecksleiste, Holz/Kunststoff, glatt, nichtsaugend; 15x15mm					
	m **€ brutto**	**4,3**	**6,7**	**7,8**	**9,8**	**13,3**
	KG 331 € netto	3,6	5,7	6,5	8,2	11,2
36	**Wandschalung, Türe 885mm** Schalung, Türöffnung; glatte, nicht saugende Schalung; 885x2.000/2.130mm, Dicke 20/25cm					
	St **€ brutto**	**72**	**148**	**169**	**186**	**265**
	KG 341 € netto	61	124	142	156	222
37	**Wandschalung, Türe 1.135mm** Schalung, Türöffnung; glatte, nichtsaugende Schalung; 1.135x2.000/2.130mm, Dicke 20/25cm					
	St **€ brutto**	**88**	**154**	**181**	**209**	**336**
	KG 341 € netto	74	129	152	175	283
38	**Wandschalung, Türe 2.010mm** Schalung, Türöffnung; glatte, nichtsaugende Schalung; 2.010x2.000/2.130mm, Dicke 20/25cm					
	St **€ brutto**	**124**	**229**	**274**	**342**	**467**
	KG 341 € netto	104	192	230	287	392
39	**Wandschalung, Fenster bis 2,00m²** Schalung Fenster; glatte, nichtsaugende Schalung; A bis 2,00m², Dicke 20/25cm					
	St **€ brutto**	**82**	**150**	**170**	**249**	**412**
	KG 331 € netto	69	126	143	209	346
40	**Wandschalung, Fenster bis 4,00m²** Schalung Fenster; glatte, nichtsaugende Schalung; A bis 4,00m², Dicke 20/25cm					
	St **€ brutto**	**97**	**227**	**335**	**352**	**481**
	KG 331 € netto	82	191	281	295	405

► min
▷ von
ø Mittel
◁ bis
◄ max

Kosten: Stand 3.Quartal 2025, Bundesdurchschnitt

LB 013							Preise €
Nr.	**Kurztext** / Stichworte **Einheit** / Kostengruppe		►	▷	**brutto ø** netto ø	◁	◄
41	**Wandschalung, Stirnfläche** Wandschalung; rau/glatt; nicht sichtbar/sichtbar bleibend; freie Wandenden						
	m	**€ brutto**	**20**	**28**	**33**	**38**	**47**
	KG 331	€ netto	17	23	28	32	39
42	**Aussparung, bis 0,10m², Betonbauteile** Aussparung, Betonbauteile; A bis 0,10m²						
	St	**€ brutto**	**21**	**48**	**59**	**79**	**130**
	KG 351	€ netto	18	40	49	66	110
43	**Öffnung, über 2,5m², Wand** Öffnung, Ortbetonwand; Größe über 2,5m²; inkl. Sturzausbildung, Sichtbeton						
	m²	**€ brutto**	**90**	**104**	**109**	**119**	**142**
	KG 351	€ netto	76	88	92	100	120
44	**Kernbohrung, Stb-Decke, Durchmesser 55-80mm** Kernbohrung, Decke; Stahlbeton; Durchmesser 55-80mm; inkl. Bauschuttentsorgung						
	St	**€ brutto**	**201**	**244**	**271**	**309**	**339**
	KG 351	€ netto	169	205	228	260	285
45	**Kernbohrung, Stb-Decke, Durchmesser 115-130mm** Kernbohrung, Decke; Stahlbeton; Durchmesser 115-130mm; inkl. Bauschuttentsorgung						
	St	**€ brutto**	**226**	**269**	**302**	**347**	**377**
	KG 351	€ netto	190	226	254	292	317
46	**Kernbohrung, Stahlschnitte, 16-28mm** Kernbohrung, Stahlschnitte; Durchmesser 16-28mm; Mehrpreis Schnitte Stabstahl						
	St	**€ brutto**	**5,1**	**6,1**	**7,0**	**7,9**	**9,4**
	KG 351	€ netto	4,3	5,1	5,9	6,6	7,9
47	**Betonschneidearbeiten, bis 43cm** Betondecke schneiden; Stahlbeton; Schnitttiefe 43cm; einseitig						
	m	**€ brutto**	**182**	**221**	**246**	**280**	**307**
	KG 351	€ netto	153	186	207	236	258
48	**Unterzug/Sturz, Stahlbeton C25/30** Unterzug/Sturz, Ortbeton; Stahlbeton C25/30, XC1; Betonoberfläche sichtbar						
	m³	**€ brutto**	**194**	**255**	**278**	**333**	**442**
	KG 351	€ netto	163	215	234	280	372

LB 013						Preise €
Nr.	Kurztext / Stichworte Einheit / Kostengruppe		►	▷ brutto ø netto ø	◁	◄
49	**Schalung, Unterzug/Sturz** Schalung, Unterzug; glatte Schalung; rechteckig					
	m² € brutto		77	110	122	137	172
	KG 351 € netto		65	92	103	115	145
50	**Konsole, Ortbeton, Sichtbeton** Konsole, Ortbeton; Stahlbeton, C25/30; Wanddicke 20-25, Wandhöhe bis 3,00m; Sichtbeton					
	m³ € brutto		207	365	423	494	611
	KG 351 € netto		174	306	356	415	513
51	**Stütze, Ortbeton, Schalung, bis 40x40cm** Innenstütze, Ortbeton; Stahlbeton C30/37; Querschnitt über 1.225 bis 1.600cm³, Höhe 2,80-3,00m; rechteckig, Betonoberfläche sichtbar; Innenbereich					
	m € brutto		114	166	192	216	269
	KG 343 € netto		96	139	161	182	226
52	**Stütze, Ortbeton, Schalung, Sichtbeton, L-Form** Stütze, Ortbeton; Stahlbeton C25/30, XC1; Höhe bis 3,00m; L-Form, Betonoberfläche sichtbar; Innenbereich; inkl. Schalung, Bewehrung					
	m € brutto		123	164	184	270	419
	KG 343 € netto		103	138	154	227	352
53	**Stütze, Ortbeton, Schalung, Sichtbeton, T-Form** Stütze, Ortbeton; Stahlbeton C25/30, XC1; Höhe bis 3,00m; T-Form, Betonoberfläche sichtbar; Innenbereich; inkl. Schalung, Bewehrung					
	m € brutto		126	186	210	312	457
	KG 343 € netto		106	156	177	262	384
54	**Stütze, Stahlbeton C25/30, außen** Stütze, Ortbeton; Stahlbeton C25/30, XC4/XF1; Außenbereich					
	m³ € brutto		258	316	345	373	433
	KG 333 € netto		217	266	290	314	364
55	**Ortbeton, Stütze, C25/30, innen** Stütze, Ortbeton; Stahlbeton C25/30, XC1; Innenbereich					
	m³ € brutto		228	283	304	329	422
	KG 343 € netto		192	238	256	276	355
56	**Schalung, Stütze, rechteckig, rau** Schalung, Stütze, rechteckig; Schalung rau; Höhe 2,00-3,00m; Betonoberfläche nicht sichtbar					
	m² € brutto		70	102	120	138	186
	KG 343 € netto		59	86	101	116	156

Kosten: Stand 3.Quartal 2025, Bundesdurchschnitt

LB 013						Preise €
Nr.	**Kurztext** / Stichworte **Einheit** / Kostengruppe	►	▷	**brutto ø** netto ø	◁	◄
57	**Schalung, Stütze, rechteckig, glatt** Schalung, Stütze, rechteckig; Schalung glatt; Höhe 2,00-3,00m; Betonoberfläche sichtbar					
	m² € brutto	**76**	**114**	**128**	**148**	**205**
	KG 343 € netto	64	96	108	125	172
58	**Schalung, Stütze, rund, glatt** Schalung, Stütze, rund; Schalung glatt, verloren, Pappschalrohre; Höhe 2,00-3,00m; Betonoberfläche sichtbar					
	m² € brutto	**76**	**106**	**117**	**139**	**179**
	KG 343 € netto	64	89	98	117	150
59	**Stb-Fertigteil, Stütze** Fertigteil-Stütze; Stahlbeton; rechteckig, Sichtbeton; Innenbereich					
	St € brutto	**912**	**2.649**	**2.807**	**3.231**	**4.536**
	KG 343 € netto	766	2.226	2.359	2.715	3.812
60	**Decke, Ortbeton, C25/30, bis 35cm** Decke, Ortbeton; Stahlbeton C25/30, XC1, WO; Dicke bis 35cm; Betonfläche unten sichtbar					
	m³ € brutto	**188**	**213**	**222**	**234**	**283**
	KG 351 € netto	158	179	186	197	238
61	**Decke, Ortbeton, C25/30, bis 35cm, SB2** Decke, Ortbeton; Stahlbeton C25/30, XC1, WO; Dicke bis 35cm; Sichtbetonklasse SB2					
	m³ € brutto	**202**	**233**	**251**	**253**	**290**
	KG 351 € netto	169	196	211	213	243
62	**Balkonplatte, Ortbeton, C25/30, SB2** Balkonkragplatte, Ortbeton; Stahlbeton C25/30,XC4, WF; Sichtbeton-klasse SB2					
	m³ € brutto	**239**	**270**	**282**	**305**	**335**
	KG 351 € netto	201	227	237	256	282
63	**Schalung, Decken, glatt** Schalung, Decke; Schalungsplatten, glatt; Höhe bis 3,00m					
	m² € brutto	**36**	**61**	**67**	**83**	**114**
	KG 351 € netto	30	51	57	69	96
64	**Schalung, Dach, glatt** Schalung, Dach; Schalungsplatten, glatt; Höhe bis 3,00m					
	m² € brutto	**45**	**62**	**67**	**80**	**114**
	KG 361 € netto	38	52	57	67	96

LB 013							Preise €
Nr.	Kurztext / Stichworte Einheit / Kostengruppe		►	▷	brutto ø netto ø	◁	◄
65	**Flachdach, Ortbeton, C25/30, bis 35cm** Flachdach, Ortbeton; Stahlbeton C25/30, XC1, WO; Dicke bis 35cm; Betonfläche unten sichtbar						
	m³	€ brutto	189	208	217	234	283
	KG 361	€ netto	159	175	182	197	238
66	**Dämmung, Deckenrand, PS** Dämmung, Deckenrand; Polystyrolplatten, extrudiert,030, dm/ds; Dicke 35/50mm; inkl. Rückverankerung						
	m	€ brutto	11	14	16	19	22
	KG 351	€ netto	8,9	11,9	13,6	15,8	18,9
67	**Überzug/Attika, Ortbeton, C25/30** Überzug, Attika, Ringanker, Ortbeton; Stahlbeton C25/30, XC4/XF1; sichtbar/nicht sichtbar						
	m³	€ brutto	197	264	300	343	435
	KG 331	€ netto	166	222	252	289	365
68	**Randschalung, Deckenplatte** Randschalung, Deckenplatte; Schalung rau; Dicke bis 30cm						
	m	€ brutto	16	24	27	32	47
	KG 351	€ netto	14	20	22	27	39
69	**Unterzug, rechteckig, Ortbeton, Schalung** Unterzug, Ortbeton; Stahlbeton C25/30, XC1; Höhe 2,00-3,00m; rechteckig; inkl. Schalung						
	m	€ brutto	84	130	145	185	298
	KG 331	€ netto	70	109	122	155	251
70	**Schalung, Ringbalken/Überzug/Attika, glatt** Schalung, Überzug,/Ringbalken, Attika; Schalung glatt; Höhe bis 2,50m; rechteckig, Betonoberfläche sichtbar						
	m²	€ brutto	67	89	99	112	141
	KG 351	€ netto	56	75	83	94	118
71	**Stb-Fertigteilsturz, Breite 17,5cm** Fertigteilsturz; Stahlbeton; Sturzbreite 17,5cm Öffnungsbreite max. 1,01m; inkl. Bewehrung						
	m	€ brutto	69	100	114	126	148
	KG 332	€ netto	58	84	96	106	124
72	**Stb-Fertigteilsturz, Breite 11,5cm** Fertigteilsturz; Stahlbeton; Sturzbreite 11,5cm Öffnungsbreite max. 1,01m; inkl. Bewehrung						
	m	€ brutto	40	71	74	83	97
	KG 331	€ netto	34	60	62	70	81

Kosten: Stand 3.Quartal 2025, Bundesdurchschnitt

LB 013 **Preise €**

Nr.	Kurztext / Stichworte Einheit / Kostengruppe		►	▷	brutto ø netto ø	◁	◄
73	**Stb-Fertigteilsturz, Breite 24cm** Fertigteilsturz; Stahlbeton; Sturzbreite 24cm Öffnungsbreite max. 1,01m; inkl. Bewehrung						
	m	**€ brutto**	**66**	**111**	**134**	**152**	**181**
	KG 332	€ netto	55	93	112	128	152
74	**Treppenlauf, Ortbeton, C35/37** Treppenlaufplatte, Ortbeton; Stahlbeton C35/37, XC1, WO; Dicke 25cm, stufen 16 Stg; Oberfläche gescheibt; inkl. Stufen						
	m^3	**€ brutto**	**314**	**377**	**402**	**480**	**602**
	KG 351	€ netto	264	317	338	403	506
75	**Schalung, Treppenlauf/Stufen, gerade** Schalung, Treppenlauf, Stufen; Schalhaut; Höhe bis 3,00m; inkl. Stufen						
	m^2	**€ brutto**	**196**	**216**	**222**	**232**	**250**
	KG 351	€ netto	164	182	187	195	210
76	**Treppenpodest, Ortbeton, C30/37** Treppenpodest, Ortbeton; Stahlbeton C30/37, XC1, WO; Dicke 25cm; Oberfläche gescheibt						
	m^3	**€ brutto**	**255**	**325**	**350**	**389**	**475**
	KG 351	€ netto	214	274	294	327	399
77	**Schalung, glatt, Treppenpodest** Schalung, Deckenplatte; glatte Schalung; Höhe 2,50-3,00m; Betonfläche sichtbar						
	m^2	**€ brutto**	**72**	**120**	**140**	**159**	**199**
	KG 351	€ netto	60	101	117	134	168
78	**Stb-Fertigteil, Treppenpodest** Fertigteiltreppenpodest; Stahlbeton, XC1, WO; Verkehrslast 3,5/5,0kN/m^2; Sichtbeton						
	St	**€ brutto**	**1.196**	**2.273**	**2.725**	**3.271**	**4.843**
	KG 351	€ netto	1.005	1.910	2.290	2.749	4.070
79	**Stb-Fertigteil, Treppe, einläufig, 7 Stufen** Fertigteiltreppe, einläufig; Stahlbeton, XC1, WO; 7 Stufen, Stg 17,5x28,0cm, Breite 100cm; Betonoberfläche sichtbar, einläufig						
	St	**€ brutto**	**1.064**	**1.736**	**1.907**	**2.114**	**3.005**
	KG 351	€ netto	894	1.459	1.603	1.777	2.525
80	**Stb-Fertigteil, Treppe, einläufig, 16 Stufen** Fertigteiltreppe, einläufig; Stahlbeton, XC1, WO; 16 Stufen, Stg 17,5x27-28cm, Verkehrslast 3,5/5,0kN/m^2; Sichtbeton, abgerieben, gespachtelt						
	St	**€ brutto**	**2.881**	**3.745**	**4.155**	**4.391**	**5.252**
	KG 351	€ netto	2.421	3.147	3.491	3.690	4.413

LB 013							Preise €
Nr.	Kurztext / Stichworte				brutto ø		
	Einheit / Kostengruppe		►	▷	netto ø	◁	◄
81	**Blockstufe, Betonfertigteil**						
	Blockstufe, Fertigteil; Stahlbeton C20/25, XC4/XF1, R11; 100x33x18cm; Außenbereich						
	St	**€ brutto**	**160**	**305**	**361**	**524**	**871**
	KG 544	€ netto	134	257	303	441	732
82	**Elementdecke, 18cm, inkl. Aufbeton**						
	Elementdecke, Halbfertigteil; Beton C35/37, XC1; Schalendicke 5cm, Plattendicke 18cm; Unterseite sichtbar; inkl. Aufbeton						
	m²	**€ brutto**	**71**	**102**	**113**	**127**	**157**
	KG 351	€ netto	59	86	95	107	132
83	**Elementdecke, 22cm, inkl. Aufbeton**						
	Elementdecke, Halbfertigteil; Beton C35/37, XC1; Schalendicke 5cm, Plattendicke 22cm; Unterseite sichtbar; inkl. Aufbeton						
	m²	**€ brutto**	**89**	**110**	**117**	**133**	**162**
	KG 351	€ netto	75	92	99	112	136
84	**Elementdecke, 25cm, inkl. Aufbeton**						
	Elementdecke, Halbfertigteil; Beton C35/37, XC1; Schalendicke 5cm, Plattendicke 25cm; Unterseite sichtbar; inkl. Aufbeton						
	m²	**€ brutto**	**119**	**140**	**151**	**176**	**213**
	KG 351	€ netto	100	118	127	148	179
85	**Gleitfolie, Wandaufleger**						
	Gleitfolie; zweiseitig kaschiert; als Auflagerung; Decken/Wände						
	m	**€ brutto**	**5,8**	**12,0**	**14,5**	**17,0**	**22,6**
	KG 361	€ netto	4,9	10,1	12,2	14,3	19,0
86	**Stb-Fertigteil, Balkonplatte**						
	Balkonplatte, Fertigteil; Stahlbeton, C25/30, XC4/XF1; Dicke bis 24cm; Betonoberfläche sichtbar						
	m²	**€ brutto**	**200**	**262**	**314**	**335**	**384**
	KG 351	€ netto	168	220	264	281	323
87	**Stb-Fertigteil, Balkonbrüstung**						
	Brüstung, Fertigteil; Stahlbeton, C25/30, XC4/XF1; Dicke 20cm; Betonoberfläche sichtbar						
	m²	**€ brutto**	**206**	**287**	**310**	**335**	**380**
	KG 359	€ netto	173	241	261	281	319
88	**Maschinenfundament, Ortbeton, Schalung, bis 3,0m²**						
	Maschinenfundament, Ortbeton; Stahlbeton, C20/25, XC1, WO; A 1,50-3,00m², Dicke 25cm; inkl. Randschalung; Innenraum						
	m²	**€ brutto**	**69**	**128**	**170**	**184**	**216**
	KG 322	€ netto	58	107	143	155	181

LB 013						Preise €
Nr.	**Kurztext** / Stichworte			**brutto ø**		
	Einheit / Kostengruppe		►	▷ netto ø	◁	◄
89	**Gefällebeton, C12/15, XC4/XF1** Aufbeton; Beton C12/15, unbewehrt, XC4/XF1; Dicke 10cm; herstellen von Gefälle, Betonoberfläche nicht sichtbar					
	m²	**€ brutto**	**35**	**43**	**46**	**49**	**56**
	KG 361	€ netto	30	36	38	41	47
90	**Kellerlichtschacht, Kunststoffelement** Kellerlichtschacht; Polyester, glasfaserverstärkt; 80x60cm, Höhe 95cm; inkl. Gitterrost, begehbar/Pkw-befahrbar					
	St	**€ brutto**	**187**	**361**	**422**	**512**	**738**
	KG 339	€ netto	157	303	355	430	620
91	**Kellerlichtschacht, Betonfertigteil** Kellerlichtschacht; Betonfertigteil; U-/L-/E-Lichtschacht; inkl. Gitterrost, begehbar/Pkw/Lkw befahrbar					
	St	**€ brutto**	**378**	**944**	**1.199**	**1.506**	**2.222**
	KG 339	€ netto	317	793	1.008	1.265	1.867
92	**Kellerfenster, einflüglig bis 0,60m², in Schalung** Kellerfensterelement mit Wechselzarge; Ug=1,1W/m²K; A bis 0,60m², Verglasung 24mm; einflüglig, DK					
	St	**€ brutto**	**299**	**410**	**465**	**514**	**617**
	KG 334	€ netto	251	344	391	432	519
93	**Kellerfenster, einflüglig bis 1,50m², in Schalung** Kellerfensterelement mit Wechselzarge; Ug=1,1W/m²K; A bis 1,50m², Verglasung 24mm; einflüglig, DK					
	St	**€ brutto**	**347**	**472**	**560**	**597**	**688**
	KG 334	€ netto	292	397	470	502	578
94	**Fundamenterder, Stahlband** Fundamenterder; Stahlband, verzinkt; 30x3,5/26x4mm; in Fundamentbeton					
	m	**€ brutto**	**5,3**	**9,5**	**11,1**	**16,1**	**24,6**
	KG 446	€ netto	4,5	8,0	9,3	13,6	20,7
95	**Elektrogerätedose** Elektrogerätedose; IP 3X; Einbauhöhe 53mm; in Ortbeton					
	St	**€ brutto**	**7,3**	**15,1**	**17,6**	**23,3**	**38,5**
	KG 444	€ netto	6,1	12,7	14,8	19,6	32,3
96	**Elektroleerrohr, flexibel, DN25** Elektroleerrohr; flexibel; DN25; in Schalung von Ortbetonbauteilen					
	m	**€ brutto**	**5,3**	**11,8**	**14,2**	**29,0**	**57,0**
	KG 444	€ netto	4,4	9,9	11,9	24,3	47,9

LB 013							Preise €
Nr.	Kurztext / Stichworte				brutto ø		
	Einheit / Kostengruppe	►	▷		netto ø	◁	◄
97	**Leuchten-Einbaugehäuse/-Eingießtopf**						
	Leuchten-Einbaugehäuse; in Stahlbetonbauteil; ohne Lieferung						
	St	**€ brutto**	**71**	**122**	**135**	**147**	**190**
	KG 445	€ netto	60	102	113	123	160
98	**Hauseinführung/Wanddurchführung, Medien**						
	Rohrdurchführung; beidseitig mit PE-Deckel verschlossen; Länge 700mm; in Ortbetonschalung						
	St	**€ brutto**	**252**	**630**	**756**	**1.061**	**1.636**
	KG 331	€ netto	212	529	635	891	1.375
99	**Deckenschlitz, Beton**						
	Schalung Deckenschlitz; Schalmaterial nichtsaugend; waagrecht/senkrecht						
	m	**€ brutto**	**15**	**33**	**39**	**48**	**71**
	KG 351	€ netto	12	28	33	40	60
100	**Wandaussparung schließen**						
	Aussparung schließen, Wand; Beton C25/30; Tiefe 200-250mm; waagrecht/senkrecht; inkl. Bewehrung und Schalung						
	m²	**€ brutto**	**76**	**165**	**221**	**262**	**332**
	KG 341	€ netto	64	139	185	220	279
101	**Deckendurchbruch schließen, bis 250cm²**						
	Aussparungen/Durchbrüche schließen; Ortbeton C20/25; Dicke 25cm, bis 250cm²; Betondecke						
	St	**€ brutto**	**25**	**39**	**45**	**53**	**74**
	KG 351	€ netto	21	33	38	45	62
102	**Deckendurchbruch schließen, 500 bis 1.000cm²**						
	Aussparungen/Durchbrüche schließen; Ortbeton C20/25; Dicke 25cm, über 500-1.000cm²; Betondecke; inkl. Bewehrung und Schalung						
	St	**€ brutto**	**21**	**47**	**58**	**67**	**89**
	KG 351	€ netto	18	39	49	57	75
103	**Deckendurchbruch schließen, 1.000 bis 2.500cm²**						
	Aussparungen/Durchbrüche schließen; Ortbeton C20/25; Dicke 25cm, über 1.000-2.500cm²; Betondecke; inkl. Bewehrung und Schalung						
	St	**€ brutto**	**23**	**70**	**80**	**100**	**135**
	KG 351	€ netto	19	59	68	84	114
104	**Perimeterdämmung, Bodenplatte, XPS 035, 120mm**						
	Perimeterdämmung; Polystyrolplatten, extrudiert, WLG 035; 120mm; umlaufender Stufenfalz; unter Bodenplatte						
	m²	**€ brutto**	**34**	**50**	**57**	**68**	**80**
	KG 325	€ netto	29	42	48	57	67

Kosten: Stand 3.Quartal 2025, Bundesdurchschnitt

LB 013 **Preise €**

Nr.	Kurztext / Stichworte Einheit / Kostengruppe		►	▷	brutto ø netto ø	◁	◄
105	**Perimeterdämmung, Bodenplatte, XPS 035, 200mm** Perimeterdämmung; Polystyrolplatten, extrudiert, WLG 035; 200mm; umlaufender Stufenfalz; unter Bodenplatte						
	m²	**€ brutto**	**58**	**75**	**90**	**96**	**108**
	KG 325	€ netto	49	63	76	81	90
106	**Perimeterdämmung, Bodenplatte, XPS 035, bis 300mm** Perimeterdämmung; Polystyrolplatten, extrudiert, WLG 035; bis 300mm; umlaufender Stufenfalz; unter Bodenplatte						
	m²	**€ brutto**	**94**	**129**	**144**	**163**	**199**
	KG 325	€ netto	79	109	121	137	167
107	**Perimeterdämmung, Wand, XPS 040, 80mm** Perimeterdämmung; Polystyrolplatten, extrudiert, WLG 040; 80mm; umlaufender Stufenfalz, geklebt; Außenwand erdberührt						
	m²	**€ brutto**	**42**	**48**	**50**	**68**	**79**
	KG 335	€ netto	36	40	42	57	67
108	**Perimeterdämmung, Wand, XPS 040, 120mm** Perimeterdämmung; Polystyrolplatten, extrudiert, WLG 040; 120mm; umlaufender Stufenfalz, geklebt; Außenwand erdberührt						
	m²	**€ brutto**	**51**	**61**	**73**	**82**	**98**
	KG 335	€ netto	43	52	62	69	82
109	**Schaumglasdämmung, Bodenplatte, bis 100mm** Perimeterdämmung; Schaumglasplatten diffusionsdicht, WLG 045, A1; bis100mm; pressgestoßene Fugen; unter Bodenplatte						
	m²	**€ brutto**	**80**	**102**	**113**	**123**	**143**
	KG 325	€ netto	67	85	95	103	121
110	**Schaumglasdämmung, Bodenplatte, 120-140mm** Perimeterdämmung; Schaumglasplatten, diffusionsdicht, WLG 045, A1; 120-140mm; pressgestoßenen Fugen; unter Bodenplatte						
	m²	**€ brutto**	**150**	**174**	**181**	**199**	**230**
	KG 325	€ netto	126	146	152	167	193
111	**Mehrschichtdämmplatte, 50mm, in Schalung** Wärmedämmung; Holzwolle-Mehrschichtplatten mit expandiertem Polystyrol, WLG 040, A1; 50mm; dicht gestoßen, in Schalung						
	m²	**€ brutto**	**36**	**49**	**53**	**59**	**70**
	KG 351	€ netto	30	41	44	49	59
112	**Trennwanddämmung, MW, schallbrückenfrei** Gebäudetrennfuge; Mineralwolle, nicht brennbar A1, WTH, WLG 035/040; 20/30cm; Haustrennwände						
	m²	**€ brutto**	**11**	**17**	**18**	**23**	**32**
	KG 331	€ netto	9,0	14,4	15,2	19,1	26,7

LB 013						Preise €
Nr.	**Kurztext** / Stichworte **Einheit** / Kostengruppe	►	▷	**brutto ø** netto ø	◁	◄
113	**Betonstahlmatten, BSt B500A/B500B** Betonstahlmatten; Bst 500A/500B; Lagermatte/Listenmatte					
	t € brutto	**1.752**	**2.322**	**2.605**	**2.827**	**3.442**
	KG 351 € netto	1.472	1.951	2.189	2.376	2.893
114	**Betonstabstahl, BSt B500B** Betonstabstahl; B500B; inkl. Anpassarbeiten					
	t € brutto	**1.669**	**2.402**	**2.689**	**3.069**	**4.109**
	KG 351 € netto	1.403	2.018	2.260	2.579	3.453
115	**Bewehrungszubehör, Abstandshalter** Bewehrungszubehör, Abstandshalterböcke; Stahl, Kunststoff					
	kg € brutto	**3,2**	**4,5**	**5,1**	**6,0**	**7,9**
	KG 351 € netto	2,7	3,7	4,3	5,0	6,6
116	**Bewehrung, Gitterträger** Bewehrung, Gitterträger; Betonstahl/Stahlband					
	t € brutto	**2.366**	**2.607**	**2.681**	**2.822**	**3.133**
	KG 351 € netto	1.988	2.191	2.253	2.372	2.633
117	**Bewehrungsstoß, 10-16mm** Bewehrungsstoß; Durchmesser 10-16mm; Betonstabstahlverbindung, geschraubt/geklemmt					
	St € brutto	**30**	**49**	**50**	**57**	**71**
	KG 351 € netto	25	41	42	48	60
118	**Bewehrungsstoß, 22-28mm** Bewehrungsstoß; Durchmesser 22-28mm; Betonstabstahlverbindung, geschraubt/geklemmt					
	St € brutto	**62**	**83**	**89**	**96**	**119**
	KG 341 € netto	52	69	75	81	100
119	**Klebeanker, M16** Klebeanker; M16; inkl. Bohrungen					
	St € brutto	**20**	**31**	**36**	**44**	**57**
	KG 331 € netto	17	26	31	37	48
120	**Kopfbolzenleiste, Durchstanzbewehrung** Dübelleiste, Durchstanzbewehrung; inkl. Klemmbügel/Abstandshalter					
	St € brutto	**20**	**44**	**54**	**73**	**125**
	KG 351 € netto	17	37	45	61	105
121	**Kleineisenteile, Baustahl S235JR** Kleineisenteile; Baustahl, S235JR; bis 30kg					
	kg € brutto	**6,7**	**10,9**	**12,0**	**17,1**	**27,8**
	KG 351 € netto	5,6	9,1	10,0	14,4	23,4

LB 013							Preise €
Nr.	**Kurztext** / Stichworte **Einheit** / Kostengruppe		▶	▷	**brutto ø** netto ø	◁	◀
122	**Stahlkonstruktion, Profilstahl S235JR** Profilstahlkonstruktion; S235JR AR, grundiert; Unterstützung; schwere Bewehrung						
	kg	**€ brutto**	**4,2**	**8,0**	**9,3**	**12,0**	**19,9**
	KG 333	€ netto	3,6	6,8	7,8	10,1	16,7
123	**Stahlkonstruktion, Baustahl S235JR(AR)** Stahlkonstruktion; Baustahl, S235JR(+AR), grundiert						
	kg	**€ brutto**	**8,3**	**15,5**	**18,6**	**20,7**	**31,7**
	KG 333	€ netto	7,0	13,0	15,6	17,4	26,7
124	**Stahlteile feuerverzinken** Feuerverzinken; Stahlteile						
	kg	**€ brutto**	**1,7**	**2,7**	**2,9**	**3,8**	**5,0**
	KG 351	€ netto	1,5	2,3	2,5	3,2	4,2
125	**Kleineisenteile, nichtrostender Stahl** Kleineisenteile; nichtrostender Stahl; inkl. Montage						
	kg	**€ brutto**	**22**	**41**	**46**	**61**	**80**
	KG 351	€ netto	18	35	39	51	67
126	**Ankerschiene 28/15** Ankerschiene; nichtrostender Stahl; HTA 28/15/HMS						
	m	**€ brutto**	**20**	**30**	**34**	**45**	**85**
	KG 331	€ netto	17	25	29	38	71
127	**Ankerschiene 38/17** nichtrostender Stahl; Edelstahl; HTA 38/17						
	m	**€ brutto**	**24**	**50**	**60**	**70**	**92**
	KG 331	€ netto	20	42	50	59	77
128	**Bewehrungs-/Rückbiegeanschluss 55/85** Bewehrungsanschluss/Rückbiegeanschluss; HBT 55/85; einlagig; an Wandschalung						
	m	**€ brutto**	**18**	**36**	**40**	**45**	**65**
	KG 331	€ netto	15	31	34	38	54
129	**Bewehrungs-/Rückbiegeanschluss, 80/120** Bewehrungsanschluss/Rückbiegeanschluss; HBT 80/120; zweilagig; an Wandschalung						
	m	**€ brutto**	**25**	**41**	**47**	**60**	**78**
	KG 331	€ netto	21	35	40	50	66
130	**Bewehrungs-/Rückbiegeanschluss, 150/190** Bewehrungsanschluss, Rückbiegeanschluss; HBT 150/190; zweilagig; an Wandschalung						
	m	**€ brutto**	**29**	**48**	**55**	**65**	**89**
	KG 331	€ netto	24	40	46	55	75

LB 013						Preise €
Nr.	Kurztext / Stichworte Einheit / Kostengruppe	►	▷	brutto ø netto ø	◁	◄
131	**Balkonanschluss, Wärmedämmelement** Balkonanschluss, Wärmedämmelement; EPS, WLS 035/031; Dämmung 80/120mm, Länge 1,00m					
	m **€ brutto**	**166**	**414**	**481**	**583**	**805**
	KG 351 € netto	139	348	404	490	677
132	**TSD-Element, Anschluss, Treppenpodest//Wand** Trittschalldämmelement; Anschluss; Treppenpodest, Wand					
	St **€ brutto**	**154**	**212**	**229**	**250**	**325**
	KG 351 € netto	129	178	193	210	273
133	**Stundensatz, Facharbeiter/-in** Stundenlohnarbeiten für Vorarbeiter/-in, Facharbeiter/-in und Gleichgestellte; Betonbau					
	h **€ brutto**	**69**	**82**	**89**	**92**	**103**
	€ netto	58	69	75	78	86
134	**Stundensatz, Helfer/-in** Stundenlohnarbeiten für Werker/-in, Helfer/-in und Gleichgestellte; Betonbau					
	h **€ brutto**	**63**	**73**	**79**	**82**	**87**
	€ netto	53	61	67	69	73

LB 014						Preise €
Nr.	Kurztext / Stichworte Einheit / Kostengruppe	►	▷	brutto ø netto ø	◁	◄
1	**Unterboden reinigen** Untergrund reinigen; Staub, grobe Verschmutzungen; aufnehmen, entsorgen					
	m² € brutto	**1,8**	**3,3**	**3,9**	**4,3**	**5,8**
	KG 324 € netto	1,5	2,8	3,3	3,7	4,9
2	**Außenbelag, Betonwerkstein, Sandbett** Bodenbelag, Betonwerkstein; ungebunden im Sandbett, Fugenfüllung Sand; Terrasse					
	m² € brutto	**84**	**117**	**127**	**135**	**160**
	KG 533 € netto	71	98	107	114	134
3	**Außenbelag, Naturwerkstein, Splittbett** Bodenbelag, Naturwerkstein; Granit, StB Kategorie GN; 160x160-220mm; ungebunden, im Splittbett in Reihe, Fugenfüllung Splitt; Außenbereich					
	m² € brutto	**126**	**168**	**196**	**207**	**259**
	KG 534 € netto	106	141	165	174	218
4	**Innenbelag, Terrazzoplatten** Bodenbelag, Kunststeinplatten; Terrazzo; Mörtel 30mm; einschichtig im Mörtelbett, inkl. Fugenmörtel; Innenbereich					
	m² € brutto	**158**	**185**	**193**	**194**	**234**
	KG 353 € netto	133	156	162	163	197
5	**Innenbelag, Betonwerkstein** Bodenbelag, Betonwerksteinplatten; feingeschliffen; Mörtel 30mm; einschichtig Dickbett, inkl. Fugenmörtel; Innenbereich					
	m² € brutto	**133**	**149**	**153**	**171**	**209**
	KG 353 € netto	111	125	129	144	176
6	**Innenbelag, Naturwerkstein, Granit** Bodenbelag, Naturwerksteinplatten; Granit, poliert; Plattendicke bis 30mm; im Dünnbett, inkl. Fugenmörtel; Innenbereich					
	m² € brutto	**184**	**225**	**241**	**256**	**306**
	KG 353 € netto	155	189	202	215	257
7	**Innenbelag, Naturwerkstein, Marmor** Bodenbelag, Naturwerksteinplatten; Marmor, poliert; Plattendicke 10mm; im Dünnbett, inkl. Fugenmörtel; Innenbereich					
	m² € brutto	**198**	**236**	**242**	**262**	**309**
	KG 353 € netto	166	198	203	221	259
8	**Innenbelag, Naturwerkstein, Kalkstein** Bodenbelag, Naturwerksteinplatten; Kalkstein, gebürstet; Plattendicke 10mm; im Dünnbett, inkl. Fugenmörtel; Innenbereich					
	m² € brutto	**152**	**183**	**207**	**224**	**252**
	KG 353 € netto	128	154	174	188	212

Kosten: Stand 3.Quartal 2025, Bundesdurchschnitt

LB 014						**Preise €**
Nr.	**Kurztext** / Stichworte **Einheit** / Kostengruppe	►	▷	**brutto ø** netto ø	◁	◄
9	**Innenbelag, Naturwerkstein, Solnhofer Kalkstein** Bodenbelag, Solnhofer Naturwerkstein; Kalkstein, gebürstet; Plattendicke 10mm; im Dickbett, inkl. Fugenmörtel; Innenbereich					
	m² € brutto	**143**	**210**	**222**	**238**	**281**
	KG 353 € netto	120	176	186	200	236
10	**Innenbelag, Naturwerkstein, Schiefer** Bodenbelag, Naturwerksteinplatten; Schiefer, spaltrau; Plattendicke 10mm; im Mittelbett, inkl. Fugenmörtel; Innenbereich					
	m² € brutto	**122**	**156**	**171**	**179**	**197**
	KG 353 € netto	102	131	144	150	165
11	**Innenbelag, Naturwerkstein, Travertin** Bodenbelag, Naturwerksteinplatten; Travertin, geschliffen; Plattendicke 10mm; im Mörtelbett, inkl. Fugenmörtel; Innenbereich					
	m² € brutto	**182**	**234**	**260**	**312**	**332**
	KG 353 € netto	153	196	218	262	279
12	**Innenbelag, Naturwerkstein, Kalkstein, R10** Bodenbelag, Naturwerksteinplatten; Kalkstein, R10; Plattendicke 20mm; im Mörtelbett, inkl. Fugenmörtel; Innenbereich					
	m² € brutto	**198**	**221**	**237**	**251**	**301**
	KG 353 € netto	166	186	199	211	253
13	**Sockel, Naturwerkstein, magmatisches Gestein** Sockelleiste, Naturwerkstein; magmatisches Gestein, feingeschliffen; Plattendicke bis 15mm; auf Dünnbettmörtel, inkl. Verfugung; Innenbereich					
	m € brutto	**23**	**35**	**40**	**49**	**68**
	KG 353 € netto	19	29	33	41	57
14	**Randplatte, Naturwerkstein, innen** Randplatte, Naturwerkstein; Plattenbreite 280mm; im Dünnbett inkl. Verfugung; Innenbereich					
	m € brutto	**89**	**113**	**127**	**139**	**162**
	KG 353 € netto	74	95	107	117	136
15	**Randplatte, Naturwerkstein, Treppenauge, innen** Randplatte, Naturwerkstein; Plattenbreite 280mm; im Dünnbett inkl. Verfugung; Treppenauge, innen					
	m € brutto	**91**	**134**	**157**	**176**	**218**
	KG 353 € netto	76	112	132	148	183
16	**Bodenprofil, Bewegungsfugen, Plattenbelag** Bewegungsfugenprofil; Aluminium, E6/C0; Plattendicke 10mm; Fuge mit Kautschukprofil füllen					
	m € brutto	**34**	**62**	**72**	**79**	**102**
	KG 353 € netto	29	52	61	66	86

LB 014 **Preise €**

Nr.	Kurztext / Stichworte Einheit / Kostengruppe		▶	▷	brutto ø netto ø	◁	◀
17	**Trennschiene, Messing** Trennschiene; Messing, matt/poliert; Werkstein-Bodenbelag, Innenbereich						
	m	**€ brutto**	**31**	**35**	**36**	**40**	**46**
	KG 353	€ netto	26	29	30	34	39
18	**Trennschiene, Aluminium** Trennschiene; Aluminium; Werkstein-Bodenbelag, Innenbereich						
	m	**€ brutto**	**29**	**35**	**37**	**46**	**62**
	KG 353	€ netto	24	29	31	39	52
19	**Trennschiene, nichtrostender Stahl** Trennschiene; Stahl, nichtrostend; Werkstein-Bodenbelag, Innenbereich						
	m	**€ brutto**	**28**	**41**	**45**	**53**	**71**
	KG 353	€ netto	24	34	38	44	60
20	**Fugenabdichtung, elastisch, Silikon** Fugenabdichtung, elastisch; Silikon; inkl. notwendiger Flanken-vorbehandlung						
	m	**€ brutto**	**7,8**	**10,2**	**11,2**	**12,6**	**15,6**
	KG 353	€ netto	6,5	8,6	9,4	10,6	13,1
21	**Blockstufe, Naturwerkstein** Blockstufe; Naturwerkstein, R9; 1.200x350mm, Höhe 160mm; mit Zementmörtel verlegen; Außenbereich, Stahlbetonuntergrund						
	m	**€ brutto**	**208**	**315**	**365**	**442**	**635**
	KG 544	€ netto	175	264	307	372	534
22	**Blockstufe, Betonwerkstein** Blockstufe; Betonwerkstein; 1.200x350mm, Höhe 160mm; mit Zementmörtel verlegen; Außenbereich, Stahlbetonuntergrund						
	m	**€ brutto**	**149**	**239**	**276**	**338**	**445**
	KG 544	€ netto	126	201	232	284	374
23	**Treppe, Naturwerkstein, Winkelstufe, 1,00m** Winkelstufe; Naturwerkstein; 1.000x290x175mm, Dicke 40mm; mit Zementmörtel verlegen; Außenbereich, Betonuntergrund						
	St	**€ brutto**	**144**	**211**	**230**	**265**	**320**
	KG 544	€ netto	121	177	193	223	269
24	**Treppenbelag, Naturwerkstein, Tritt-/Setzstufe** Tritt- und Setzstufe; Naturstein; 1.000x290x175mm; mit Zementmörtel verlegen; Stahlbetonuntergrund						
	m	**€ brutto**	**175**	**201**	**215**	**239**	**286**
	KG 353	€ netto	147	169	181	201	241

Kosten: Stand 3.Quartal 2025, Bundesdurchschnitt

LB 014 **Preise €**

Nr.	Kurztext / Stichworte Einheit / Kostengruppe		►	▷	brutto ø netto ø	◁	◄
25	**Stufengleitschutzprofil, Treppe** Stufengleitschutzprofil; Kunststoff, rutschhemmend; Breite 20mm; in Stufenvorderkante; Naturstein-/Betonwerksteinstufe						
	m	**€ brutto**	**27**	**31**	**32**	**33**	**37**
	KG 353	€ netto	23	26	27	28	31
26	**Rillenfräsung, Stufenkante** Rillenfräsung, Stufenkante; Naturstein/Betonwerkstein; 4 parallele Rillen; als taktiles Erkennungsmerkmal						
	m	**€ brutto**	**38**	**42**	**46**	**60**	**66**
	KG 353	€ netto	32	35	39	51	55
27	**Aufmerksamkeitsstreifen, Stufenkante, PU-Einzelrippen** Aufmerksamkeitsstreifen, Stufenkante; Polyurethan; dreireihig; geklebte Einzelrippen, als taktiles Erkennungsmerkmal						
	m	**€ brutto**	**–**	**49**	**54**	**68**	**–**
	KG 353	€ netto	–	41	45	57	–
28	**Aufmerksamkeitsstreifen, Stufenkante, Klebeband** Aufmerksamkeitsstreifen, Stufenkante; Band, selbstklebend; Breite 50mm; einreihig, als taktiles Erkennungsmerkmal						
	m	**€ brutto**	**–**	**9,2**	**10,2**	**12,9**	**–**
	KG 353	€ netto	–	7,7	8,6	10,8	–
29	**Aufmerksamkeitsstreifen, Trittstufe, Klebeband** Aufmerksamkeitsstreifen, Setzstufe						
	m	**€ brutto**	**–**	**5,8**	**6,5**	**8,3**	**–**
	KG 353	€ netto	–	4,9	5,5	6,9	–
30	**Verblendmauerwerk, Granit/Basalt, außen** Verblendmauerwerk, Naturwerkstein; Granit/Basalt; 240x115x190mm; regelmäßiges Schichtmauerwerk; Außenwand						
	m²	**€ brutto**	**377**	**609**	**710**	**734**	**939**
	KG 335	€ netto	317	512	597	617	789
31	**Kerndämmung, zweischalige Außenwand** Kerndämmung; Mineralwolleplatte, WLG 035, A1; einlagig, versetzt gestoßen; Außenwand						
	m²	**€ brutto**	**34**	**48**	**52**	**56**	**70**
	KG 335	€ netto	28	40	44	47	59
32	**Trockenmauerwerk, Naturwerksteine** Trockenmauerwerk, Naturwerksteine; Außenbereich; auf Fundament						
	m²	**€ brutto**	**267**	**464**	**526**	**596**	**729**
	KG 543	€ netto	224	390	442	501	612

LB 014 **Preise €**

Nr.	Kurztext / Stichworte Einheit / Kostengruppe		►	▷	brutto ø netto ø	◁	◄
33	**Bohrung, Plattenbelag** Bohrungen, Naturwerksteinplatten; Durchmesser 25mm; Boden-/Wandbelag						
	St	**€ brutto**	**20**	**26**	**31**	**33**	**44**
	KG 353	€ netto	17	22	26	28	37
34	**Ausklinkung, Plattenbelag** Ausklinkung Plattenbelag; Naturwerkstein/Betonwerkstein; Boden-/Wandbelag						
	St	**€ brutto**	**15**	**26**	**30**	**39**	**59**
	KG 353	€ netto	13	22	25	33	49
35	**Kanten bearbeiten, Plattenbelag** Kanten bearbeiten; Naturwerkstein/Betonwerkstein; als eckige Fase; Boden-/Wandbelag						
	m	**€ brutto**	**9,8**	**16,1**	**18,7**	**26,0**	**36,0**
	KG 353	€ netto	8,2	13,5	15,7	21,8	30,2
36	**Schrägschnitte, Plattenbelag** Schrägschnitt, Naturwerksteinplatten; Boden-/Wandbelag						
	m	**€ brutto**	**37**	**48**	**49**	**59**	**75**
	KG 353	€ netto	31	40	41	49	63
37	**Rundschnittbogen, Plattenbelag** Rundschnitt, Naturwerksteinplatten; Boden-/Wandbelag						
	m	**€ brutto**	**48**	**60**	**70**	**79**	**105**
	KG 353	€ netto	41	50	59	66	88
38	**Fries, Plattenbelag** Friesplatte; Naturwerkstein; Breite 280mm, Länge 500mm, Dicke 20mm; Dünnbettmörtel, inkl. Verfugung; Innenbereich						
	m	**€ brutto**	**64**	**111**	**127**	**143**	**178**
	KG 353	€ netto	54	93	107	120	150
39	**Trittschalldämmung, Randstreifen, MW** Trittschalldämmung; Mineralwolle DES-sh; Dicke 25mm						
	m^2	**€ brutto**	**10**	**13**	**15**	**17**	**20**
	KG 353	€ netto	8,7	11,2	12,9	14,0	16,9
40	**Erstreinigung, Bodenbelag** Erstreinigung, Bodenbelag; Naturwerksteinplatten						
	m^2	**€ brutto**	**6,3**	**17,3**	**19,7**	**23,3**	**38,4**
	KG 353	€ netto	5,3	14,6	16,5	19,5	32,2
41	**Sitzquader, Naturstein** Sitzquader, Naturstein; auf bauseitigem Fundament; Außenbereich						
	St	**€ brutto**	**348**	**592**	**687**	**729**	**1.026**
	KG 561	€ netto	293	498	577	613	862

Kosten: Stand 3.Quartal 2025, Bundesdurchschnitt

LB 014 **Preise €**

Nr.	Kurztext / Stichworte Einheit / Kostengruppe		►	▷	brutto ø netto ø	◁	◄
42	**Betonwerksteinbeläge fluatieren** Betonwerkstein, Oberflächenbehandlung; Fluatieren; inkl. Vorreinigung						
	m²	**€ brutto**	**5,4**	**7,0**	**7,7**	**11,3**	**15,4**
	KG 353	€ netto	4,5	5,9	6,5	9,5	12,9
43	**Mauerabdeckung, Naturwerkstein, außen** Mauerabdeckung, Naturwerksteinplatte; Sandstein/Granit; Dicke 30mm; Mörtelbett, inkl. Verfugung; Außenbereich						
	m	**€ brutto**	**63**	**116**	**133**	**152**	**191**
	KG 543	€ netto	53	97	112	127	160
44	**Fensterbank, Naturwerkstein, innen** Fensterbank, Naturwerkstein, innen; gefast; Breite 250mm, Dicke 25-30mm; Mörtelbett, verfugen						
	m	**€ brutto**	**46**	**74**	**83**	**90**	**119**
	KG 334	€ netto	39	62	70	76	100
45	**Fensterbank, Naturwerkstein, außen** Fensterbank, Naturwerkstein außen; Granit/Sandstein, gefast; Breite 30mm, Dicke 3cm; Mörtelbett, verfugen						
	m	**€ brutto**	**86**	**128**	**141**	**158**	**201**
	KG 334	€ netto	72	107	119	133	169
46	**Fensterbank, Betonwerkstein, außen** Fensterbank, Betonwerkstein, außen; Oberfläche bruchrau/gesägt/geschliffen/poliert, Kante gefast/scharfkantig; Breite 30cm, Dicke 5cm; Mörtelbett, verfugen						
	m	**€ brutto**	**86**	**102**	**113**	**133**	**153**
	KG 334	€ netto	72	86	95	111	129
47	**Leitsystem, innen, Rippenfliesen, Edelstahl, 3 Rippen** Bodenindikator, Rippenfliesen; Edelstahl auf Feinsteinzeug; 122x600mm, Dicke bis 12mm, Rippenanzahl 3; als taktiles Blindenleitsystem; Innenbereich						
	m	**€ brutto**	**–**	**197**	**219**	**280**	**–**
	KG 353	€ netto	–	165	184	235	–
48	**Leitsystem, innen, Rippenfliesen, Edelstahl, 7 Rippen** Bodenindikator, Rippenfliesen; Edelstahl auf Feinsteinzeug; 298x600mm, Dicke bis 12mm, Rippenanzahl 7; als taktiles Blindenleitsystem; Innenbereich						
	m	**€ brutto**	**–**	**244**	**274**	**353**	**–**
	KG 353	€ netto	–	205	230	297	–

LB 014 **Preise €**

Nr.	Kurztext / Stichworte Einheit / Kostengruppe		►	▷	brutto ø netto ø	◁	◄
49	**Leitsystem, Rippenfliese/Begleitstreifen, Edelstahl, 200mm** Bodenindikator, Rippenfliesen/Begleitstreifen; Edelstahl auf Feinsteinzeug; 200x600mm, Rippenzahl 3; als taktiles Blindenleitsystem; Innenbereich						
	m	**€ brutto**	**–**	**263**	**303**	**385**	**–**
	KG 353	€ netto	–	221	254	323	–
50	**Leitsystem, Rippenfliese/Begleitstreifen, Edelstahl, 400mm** Bodenindikator, Rippenfliesen/Begleitstreifen; Edelstahl auf Feinsteinzeug; 400x600mm, Rippenzahl 3; als taktiles Blindenleitsystem; Innenbereich						
	m	**€ brutto**	**–**	**277**	**334**	**418**	**–**
	KG 353	€ netto	–	233	281	351	–
51	**Kontraststreifen, Noppenfliesen, Edelstahl, 300mm** Kontraststreifen, Leitsystem; Edelstahl auf Noppenfliese; Dicke 12mm; als taktiles Blindenleitsystem; Innenbereich						
	m	**€ brutto**	**–**	**72**	**81**	**102**	**–**
	KG 353	€ netto	–	60	68	86	–
52	**Kontraststreifen, Noppenfliesen, Edelstahl, 600mm** Kontraststreifen, Leitsystem; Edelstahl auf Noppenfliese; Dicke 12mm; als taktiles Blindenleitsystem; Innenbereich						
	m	**€ brutto**	**–**	**74**	**83**	**107**	**–**
	KG 353	€ netto	–	62	70	90	–
53	**Edelstahlrippen, 16mm, Streifen, dreireihig** Edelstahlrippen, Streifen; 280x16mm, dreireihig; geklebt, Einzelrippen, als Aufmerksamkeits-/Leitstreifen						
	m	**€ brutto**	**–**	**273**	**317**	**393**	**–**
	KG 353	€ netto	–	229	267	331	–
54	**Edelstahlrippen, 35mm, Streifen, dreireihig** Edelstahlrippen, Streifen; 280x35mm, dreireihig; geklebt, Einzelrippen, als Aufmerksamkeits-/Leitstreifen						
	m	**€ brutto**	**–**	**281**	**323**	**404**	**–**
	KG 353	€ netto	–	236	272	340	–
55	**Kunststoffrippen, 16mm, Streifen, dreireihig** Kunststoffrippen, Streifen; 295x16mm, dreireihig; geklebt, als Aufmerksamkeits-/Leitstreifen						
	m	**€ brutto**	**–**	**74**	**83**	**103**	**–**
	KG 353	€ netto	–	62	69	87	–

Kosten: Stand 3.Quartal 2025, Bundesdurchschnitt

LB 014 **Preise €**

Nr.	Kurztext / Stichworte Einheit / Kostengruppe		brutto ø ▶	▷	netto ø	◁	◀
56	**Kunststoffrippen, 35mm, Streifen, dreireihig** Kunststoffrippen, Streifen; 295x35mm, dreireihig; geklebt, als Aufmerksamkeits-/Leitstreifen						
	m	**€ brutto**	**–**	**88**	**97**	**123**	**–**
	KG 353	€ netto	–	74	81	103	–
57	**Aufmerksamkeitsfeld, 600x600, Noppenfliesen, Edelstahl** Bodenindikator, Noppenfliesen; Edelstahl auf Fliese; 300x300mm, Feld 600x600mm; als Aufmerksamkeitsfeld; Innenbereich						
	St	**€ brutto**	**–**	**390**	**448**	**569**	**–**
	KG 353	€ netto	–	328	377	478	–
58	**Aufmerksamkeitsfeld, 1.200x1.200, Noppenfliesen, Edelstahl** Bodenindikator, Noppenfliesen; Edelstahl auf Fliese; Fliese 300x300mm, Feld 1.200x1.200mm; als Aufmerksamkeitsfeld; Innenbereich						
	St	**€ brutto**	**–**	**1.029**	**1.210**	**1.501**	**–**
	KG 353	€ netto	–	865	1.017	1.261	–
59	**Aufmerksamkeitsfeld, 600x600, Noppen, Edelstahl** Aufmerksamkeitsfeld, Einzelnoppen; Edelstahl, rutschhemmend; Feld 600x600mm, 145 Noppen; diagonal verlegt						
	St	**€ brutto**	**–**	**692**	**787**	**999**	**–**
	KG 353	€ netto	–	582	661	840	–
60	**Aufmerksamkeitsfeld, 900x900, Noppen, Edelstahl** Bodenindikator, Einzelnoppen; Edelstahl, rutschhemmend; Feld 900x900mm, 313 Noppen; diagonal verlegt						
	St	**€ brutto**	**–**	**1.488**	**1.617**	**2.086**	**–**
	KG 353	€ netto	–	1.250	1.359	1.753	–
61	**Aufmerksamkeitsfeld, 600x600, Noppen, Kunststoff** Bodenindikator, Einzelnoppen; Kunststoff, rutschhemmend; Feld 600x600mm, 198 Noppen; diagonal verlegt						
	St	**€ brutto**	**–**	**323**	**363**	**468**	**–**
	KG 353	€ netto	–	271	305	393	–
62	**Aufmerksamkeitsfeld, 900x900, Noppen, Kunststoff** Bodenindikator, Einzelnoppen; Kunststoff, rutschhemmend; Feld 900x900mm, 446 Noppen; diagonal verlegt						
	St	**€ brutto**	**–**	**592**	**681**	**858**	**–**
	KG 353	€ netto	–	498	572	721	–
63	**Stundensatz, Facharbeiter/-in** Stundenlohnarbeiten für Vorarbeiter/-in, Facharbeiter/-in und Gleichgestellte; Natur-, Betonwerksteinarbeiten						
	h	**€ brutto**	**68**	**83**	**90**	**94**	**102**
		€ netto	57	69	76	79	86

LB 014							Preise €
Nr.	**Kurztext** / Stichworte				**brutto ø**		
	Einheit / Kostengruppe		►	▷	netto ø	◁	◄
64	**Stundensatz, Helfer/-in** Stundenlohnarbeiten für Werker/-in, Helfer/-in und Gleichgestellte; Natur-, Betonwerksteinarbeiten						
	h	**€ brutto**	**57**	**68**	**75**	**78**	**87**
		€ netto	48	57	63	65	73

016
Zimmer- und Holzbauarbeiten

LB 016 — **Preise €**

Nr.	Kurztext / Stichworte Einheit / Kostengruppe	►	▷	brutto ø netto ø	◁	◄
1	**Lieferung, Bauschnittholz, Nadelholz, C24** Bauschnittholz, liefern; Nadelholz, GK 0, C24; 6x12cm, Länge bis 8,00m; allseitig egalisiert/gehobelt, geschliffen					
	m³ € brutto	**493**	**678**	**733**	**834**	**1.177**
	KG 361 € netto	414	569	616	701	989
2	**Lieferung, Bauschnittholz, Eiche, D30** Bauschnittholz, liefern; Eiche GK 0, D30, LS10; Länge bis 6,00m; allseitig egalisiert/gehobelt, geschliffen					
	m³ € brutto	**1.832**	**2.019**	**2.166**	**2.188**	**2.375**
	KG 361 € netto	1.540	1.696	1.820	1.839	1.996
3	**Lieferung, Konstruktionsvollholz Si, C24** Konstruktionsvollholz Si, C24; Nadelholz, GK 0, C24, S10TS, herzfrei; Breite 6x10cm, Höhe 6-30cm, Länge bis 6,00m; egalisiert, auf Fertigmaß gehobelt, gefast					
	m³ € brutto	**663**	**808**	**852**	**929**	**1.162**
	KG 361 € netto	557	679	716	781	977
4	**Lieferung, Balkenschichtholz Si, C24** Balkenschichtholz, Duo-/Triobalken, liefern; Nadelholz, GK 0, C24, S10; Breite bis 16cm, Höhe bis 24cm					
	m³ € brutto	**842**	**1.028**	**1.043**	**1.127**	**1.278**
	KG 361 € netto	707	864	877	947	1.074
5	**Lieferung, Brettschichtholz, GL24h, Industriequalität** Brettschichtholz, liefern; Nadelholz, GL24h; Breite bis 20cm, Höhe bis 40cm, Länge bis 12,00m					
	m³ € brutto	**976**	**1.147**	**1.220**	**1.273**	**1.419**
	KG 361 € netto	820	964	1.025	1.070	1.193
6	**Lieferung, Brettschichtholz, Nadelholz, GL24h, Si** Brettschichtholz, liefern; Nadelholz, GL24h; Breite bis 20cm, Höhe bis 40cm, Länge bis 12,00m; Sichtqualität					
	m³ € brutto	**1.026**	**1.199**	**1.309**	**1.415**	**1.624**
	KG 361 € netto	862	1.008	1.100	1.189	1.365
7	**Lieferung, Holzstütze, Nadelholz , BSH, GL24h** Brettschichtholz, liefern, Holzstütze; Nadelholz GL24h, gehobelt; Stützen 20x20cm, Lamellendicke bis 45mm					
	m³ € brutto	**1.131**	**1.372**	**1.417**	**1.462**	**1.677**
	KG 333 € netto	950	1.153	1.191	1.228	1.409
8	**Lieferung, Bohle, Nadelholz, S13TS K** Bohle; Nadelholz, S13TS K, scharfkantig; Dicke 40mm; egalisiert/gehobelt					
	m € brutto	**10**	**14**	**14**	**16**	**18**
	KG 351 € netto	8,5	11,4	12,0	13,2	15,4

Kosten: Stand 3.Quartal 2025, Bundesdurchschnitt

LB 016 **Preise €**

Nr.	Kurztext / Stichworte Einheit / Kostengruppe		►	▷	brutto ø netto ø	◁	◄
9	**Lieferung, Kantholz, Nadelholz, C24/S10** Kantholz; Nadelholz, C24, allseitig gehobelt; 60x120mm, Einzellänge bis 8,0m						
	m	**€ brutto**	**18**	**24**	**24**	**26**	**30**
	KG 351	€ netto	15	20	20	22	25
10	**Abbund/Aufstellen, Dachkonstruktion, Bauschnittholz/KVH** Abbinden und Aufstellen; Bauschnittholz, Konstruktionsvollholz; bis 20x30cm, Länge bis 8,00m; Dachkonstruktion						
	m	**€ brutto**	**12**	**15**	**16**	**20**	**28**
	KG 361	€ netto	9,9	12,6	13,8	16,8	23,9
11	**Abbund/Verlegen, Deckenkonstruktion, Bauschnittholz/KVH** Abbinden und Verlegen; Bauschnittholz, Konstruktionsvollholz; bis 14x24cm, Länge bis 8,00m; Deckenkonstruktion						
	m	**€ brutto**	**10**	**13**	**14**	**16**	**26**
	KG 361	€ netto	8,6	10,8	11,7	13,5	21,6
12	**Abbund/Aufstellen, Dach-/Deckenkonstruktion, BSH** Abbinden und Aufstellen; Brettschichtholz; bis 10x40cm, Länge bis 12,00m; sichtbar/nicht sichtbar; Dach-/Deckenkonstruktion						
	m	**€ brutto**	**14**	**20**	**22**	**26**	**32**
	KG 361	€ netto	12	17	19	22	27
13	**Abbund/Aufstellen, Kehl-/Gratsparren, Bauschnittholz** Abbinden und Aufstellen; Bauschnittholz; bis 16x30cm, Länge bis 6,00m; sichtbar/nicht sichtbar; Bereich Kehl- und Gratsparren						
	m	**€ brutto**	**16**	**21**	**25**	**25**	**34**
	KG 361	€ netto	13	18	21	21	29
14	**Lieferung/Montage, Holzstegträger, Nadelholz** Holzträger; Nadelholz C24/BSH GL24h, GK 0; Länge bis 10m; inkl. Abbund						
	m	**€ brutto**	**34**	**40**	**43**	**47**	**68**
	KG 361	€ netto	28	34	36	39	57
15	**Stegverstärkung, Holzstegträger, beidseitig** Stegverstärkung, Holzstegträger; beidseitig; nach Detail						
	St	**€ brutto**	**14**	**17**	**17**	**17**	**20**
	KG 361	€ netto	12	14	15	15	17
16	**Lasche, Holzstegträger, einseitig** Lasche, Holzstegträger; einseitig; nach Detail						
	St	**€ brutto**	**14**	**17**	**17**	**18**	**20**
	KG 361	€ netto	12	14	14	15	17

LB 016						Preise €
Nr.	Kurztext / Stichworte Einheit / Kostengruppe	►	▷	brutto ø netto ø	◁	◄
17	**Wechsel, Kamindurchdringung** Öffnung/Auswechslung Kamindurchgang; herstellen und seitliche Wechsel einbauen; Dachstuhl/Geschossdecke					
	St € brutto	**25**	**49**	**53**	**73**	**105**
	KG 361 € netto	21	41	45	61	88
18	**Schrägschnitt, Sparren** Bauschnittholz bearbeiten; Schrägschnitt/Profilierung					
	St € brutto	**4,0**	**7,7**	**9,8**	**10,8**	**16,2**
	KG 361 € netto	3,4	6,4	8,3	9,0	13,6
19	**Hobeln, Bauschnittholz** Bauschnittholz hobeln; allseitig					
	m € brutto	**2,5**	**5,1**	**6,2**	**8,0**	**13,2**
	KG 361 € netto	2,1	4,2	5,2	6,8	11,1
20	**Fasen, Holzbauteil** Holzbauteil, Fasen; Bauschnittholz					
	m € brutto	**0,5**	**1,9**	**2,6**	**2,9**	**4,9**
	KG 361 € netto	0,4	1,6	2,2	2,5	4,1
21	**Profilieren, Balkenkopf** Balkenkopf, Profilieren/Fasen; Bauschnittholz					
	St € brutto	**6,4**	**12,1**	**13,4**	**19,8**	**29,9**
	KG 361 € netto	5,4	10,2	11,2	16,6	25,1
22	**Zwischensparrendämmung MW, DZ-034, 120mm** Zwischensparrendämmung; Mineralwolle, WLS 034, A1; Dicke 120mm					
	m^2 € brutto	**22**	**24**	**28**	**31**	**33**
	KG 363 € netto	18	20	24	26	28
23	**Zwischensparrendämmung MW, DZ-034, 160mm** Zwischensparrendämmung; Mineralwolle, WLS 034, A1; Dicke 160mm					
	m^2 € brutto	**24**	**28**	**33**	**36**	**38**
	KG 363 € netto	20	23	28	30	32
24	**Zwischensparrendämmung MW, DZ-034, 220mm** Zwischensparrendämmung; Mineralwolle, WLS 034, A1; Dicke 220mm					
	m^2 € brutto	**31**	**37**	**40**	**44**	**53**
	KG 363 € netto	26	31	34	37	45
25	**Zwischensparrendämmung WF, DZ-038, 180mm** Zwischensparrendämmung; Holzfaser, WLS 038, E normal entflammbar; Dicke 180mm; einlagig					
	m^2 € brutto	**34**	**38**	**40**	**43**	**45**
	KG 363 € netto	28	32	34	36	37

Kosten: Stand 3.Quartal 2025, Bundesdurchschnitt

LB 016 **Preise €**

Nr.	Kurztext / Stichworte Einheit / Kostengruppe		►	▷	brutto ø netto ø	◁	◄
26	**Zwischensparrendämmung WF, DZ-038, 220mm** Zwischensparrendämmung; Holzfaser, WLS 038, E normal entflammbar; Dicke 220mm; einlagig						
	m²	**€ brutto**	**39**	**43**	**46**	**49**	**51**
	KG 363	€ netto	32	36	39	41	43
27	**Einblasdämmung, Dach, Zellulose, 100mm** Einblasdämmung, DZ; Zellulosefasern, WLG 040, E; Dicke 100mm; inkl. verdichten						
	m²	**€ brutto**	**11**	**17**	**19**	**22**	**26**
	KG 363	€ netto	9,1	14,1	15,9	18,2	21,6
28	**Einblasdämmung, Dach, Zellulose, 120mm** Einblasdämmung, DZ; Zellulosefasern, WLG 040, E; Dicke 120mm; inkl. verdichten						
	m²	**€ brutto**	**13**	**20**	**23**	**26**	**31**
	KG 363	€ netto	11	17	19	22	26
29	**Einblasdämmung, Dach, Zellulose, 160mm** Einblasdämmung, DZ; Zellulosefasern, WLG 040, E; Dicke 160 mm; inkl. verdichten						
	m²	**€ brutto**	**17**	**27**	**30**	**35**	**41**
	KG 363	€ netto	15	22	25	29	35
30	**Einblasdämmung, Dach, Zellulose, 200mm** Einblasdämmung, DZ; Zellulosefasern, WLG 040, E; Dicke 200mm; inkl. verdichten						
	m²	**€ brutto**	**22**	**33**	**38**	**43**	**51**
	KG 363	€ netto	18	28	32	36	43
31	**Einblasdämmung, Dach, Zellulose, 240mm** Einblasdämmung, DZ; Zellulosefasern, WLG 040, E; Dicke 240mm; inkl. verdichten						
	m²	**€ brutto**	**25**	**38**	**43**	**50**	**59**
	KG 363	€ netto	21	32	37	42	50
32	**Einblasdämmung, Dach, Zellulose, 300mm** Einblasdämmung, DZ; Zellulosefasern, WLG 040, E; Dicke 300mm; inkl. verdichten						
	m²	**€ brutto**	**35**	**45**	**51**	**55**	**67**
	KG 363	€ netto	29	38	43	46	57
33	**Einblasdämmung, Wand, Zellulose** Einblasdämmung, WH; Zellulosefasern, WLG 040, E						
	m³	**€ brutto**	**120**	**145**	**154**	**172**	**219**
	KG 332	€ netto	101	122	130	144	184

LB 016 | **Preise €**

Nr.	Kurztext / Stichworte Einheit / Kostengruppe		►	▷	brutto ø netto ø	◁	◄
34	**Dachschalung, gespundete Bretter, gehobelt, 24mm** Schalung, gespundet; Nadelholz, S10, einseitig gehobelt; Dicke 24mm; genagelt; unter Dachdeckung						
	m²	**€ brutto**	**22**	**29**	**35**	**38**	**42**
	KG 363	€ netto	18	25	29	32	35
35	**Dachschalung, Bretter gehobelt, 24mm** Schalung, Glattkantbrett; Nadelholz, S10, einseitig gehobelt; Dicke 24mm, Breite 138mm; genagelt; unter Dachdeckung						
	m²	**€ brutto**	**30**	**34**	**37**	**41**	**47**
	KG 363	€ netto	26	29	31	35	40
36	**Dachschalung, Rauspund, bis 28mm** Schalung, Rauspund; Nadelholz, Rauspund S10; Dicke bis 28mm; genagelt; unter Dachkonstruktion						
	m²	**€ brutto**	**28**	**34**	**36**	**41**	**55**
	KG 363	€ netto	24	28	30	35	46
37	**Dachschalung, Holzspanplatte P5, 25mm** Schalung, Dach; Spanplatte, P5; Dicke bis 25mm; NF-System						
	m²	**€ brutto**	**26**	**31**	**35**	**39**	**53**
	KG 363	€ netto	22	26	29	33	44
38	**Dachschalung, Kehle, Rauspund, 24mm** Schalung; Nadelholz, Rauspund, S10; Dicke mind. 24mm; genagelt						
	m²	**€ brutto**	**34**	**38**	**40**	**45**	**54**
	KG 363	€ netto	28	32	34	38	46
39	**Dachschalung, Traufe, Bretter gehobelt, 24mm** Dachschalung, Traufe; Nadelholz, S10 einseitig gehobelt; Dicke 24mm, Breite bis 300mm; genagelt, Holzuntergrund						
	m	**€ brutto**	**21**	**26**	**28**	**32**	**39**
	KG 363	€ netto	17	22	23	27	33
40	**Schrägschnitt, Dachschalung** Schrägschnitte; Dachschalung						
	m	**€ brutto**	**6,3**	**8,0**	**9,2**	**9,8**	**12,5**
	KG 361	€ netto	5,3	6,7	7,7	8,3	10,5
41	**Traufbohle, konisch** Traufbohle, konischer Zuschnitt; Nadelholz, S13TS K, scharfkantig; 40/60x120mm; egalisiert/gehobelt						
	m	**€ brutto**	**10**	**14**	**15**	**20**	**31**
	KG 363	€ netto	8,5	11,4	13,0	17,2	25,7
42	**Stellbrett, zwischen Sparren** Stellbrett; Nadelholz, S10; Höhe 120mm, Dicke 24mm						
	m	**€ brutto**	**19**	**26**	**28**	**33**	**44**
	KG 363	€ netto	16	22	24	28	37

Kosten: Stand 3.Quartal 2025, Bundesdurchschnitt

LB 016 **Preise €**

Nr.	Kurztext / Stichworte Einheit / Kostengruppe		►	▷	brutto ø netto ø	◁	◄
43	**Bauteilanschluss, Dichtungsband, vorkomprimiert** Abdichtungsanschluss; Dichtungsband						
	m	**€ brutto**	**2,6**	**4,9**	**6,2**	**7,6**	**10,7**
	KG 361	€ netto	2,2	4,1	5,2	6,4	9,0
44	**Unterspannung, belüftetes Dach** Unterdach, Unterspannung; Unterdeckbahn UDB-A, Klasse E; Sd ca. 0,3m; frei belüftet						
	m²	**€ brutto**	**7,0**	**9,6**	**10,8**	**12,6**	**16,4**
	KG 363	€ netto	5,9	8,1	9,1	10,6	13,8
45	**Dampfbremse, unbelüftetes Dach, sd >10m** Dampfbremse, diffusionshemmend; PE-Folie; sd-Wert größer 10m; verkleben/verschweißen; Dach						
	m²	**€ brutto**	**8,0**	**13,1**	**15,7**	**21,6**	**31,6**
	KG 364	€ netto	6,7	11,0	13,2	18,1	26,5
46	**Trennlage, Bitumenbahn** Trennlage; Bitumenbahn G200DD; unter Holzwände						
	m	**€ brutto**	**1,5**	**4,1**	**4,6**	**7,2**	**13,1**
	KG 361	€ netto	1,3	3,5	3,9	6,1	11,0
47	**Nivellierschwelle, Wandelemente** Nivellierschwelle; Nadelholz C24; Querschnitt 60x160mm; inkl. Befestigungsmaterial und Quellmörtel; auf Stahlbetonbodenplatte						
	m	**€ brutto**	**19**	**27**	**30**	**35**	**49**
	KG 331	€ netto	16	23	26	29	41
48	**Anschluss, Bodenplatte, luftdicht** Anschluss Außenwand, Bodenplatte; sd >20m; luftdicht						
	m	**€ brutto**	**9,5**	**13,8**	**15,8**	**17,6**	**19,7**
	KG 331	€ netto	8,0	11,6	13,2	14,8	16,6
49	**Außenwand, Holzrahmen, 160mm, Dämmung, Bekleidungen** Außenwand, Holzrahmenkonstruktion; Nadelholz, c24, S10, OSB/2; Wanddicke 160mm, Dämmdicke 160mm; WF-Bekleidung außen						
	m²	**€ brutto**	**164**	**197**	**207**	**218**	**245**
	KG 337	€ netto	138	166	174	183	206
50	**Außenwand, Holzrahmen, 200mm, Dämmung, Bekleidungen** Außenwand, Holzrahmenkonstruktion; Nadelholz, c24, S10, OSB/2; Wanddicke 200mm, Dämmdicke 200mm; WF-Bekleidung außen						
	m²	**€ brutto**	**185**	**208**	**217**	**239**	**288**
	KG 337	€ netto	156	175	183	200	242

LB 016						Preise €
Nr.	Kurztext / Stichworte Einheit / Kostengruppe	►	▷	brutto ø netto ø	◁	◄
51	**Außenwand, Holzrahmen, 240mm, Dämmung, Bekleidungen** Außenwand, Holzrahmenkonstruktion; Nadelholz, c24, S10, OSB/2; Dämmdicke 240mm, Wanddicke 240mm; WF-Bekleidung außen					
	m² € brutto	**190**	**227**	**244**	**272**	**311**
	KG 337 € netto	160	191	205	229	262
52	**Außenwand, tragend, Brettstapel, 120mm** Außenwand, Brettstapelelement; Nadelholz; Dicke 120mm; tragend, aussteifend					
	m² € brutto	**147**	**157**	**169**	**186**	**208**
	KG 331 € netto	123	132	142	156	174
53	**Außenwand, tragend, Brettstapel, 160mm** Außenwand, Brettstapelelement; Nadelholz; Dicke 160mm; tragend, aussteifend					
	m² € brutto	**215**	**229**	**247**	**271**	**304**
	KG 331 € netto	180	193	207	228	255
54	**Außenwand, tragend, Brettstapel, 200mm** Außenwand, Brettstapelelement; Nadelholz; Dicke 200mm; tragend, aussteifend					
	m² € brutto	**283**	**302**	**325**	**357**	**400**
	KG 331 € netto	238	254	273	300	336
55	**Außenwand, tragend, Brettsperrholz, bis 85mm** Außenwand, Brettsperrholz; Nadelholz; Dicke bis 85mm; tragend, aussteifend					
	m² € brutto	**150**	**165**	**170**	**175**	**184**
	KG 331 € netto	126	139	143	147	155
56	**Außenwand, tragend, Brettsperrholz, bis 100mm** Außenwand, Brettsperrholz; Nadelholz; Dicke bis 100mm; tragend, aussteifend					
	m² € brutto	**170**	**178**	**180**	**180**	**188**
	KG 331 € netto	143	150	151	151	158
57	**Außenwand, tragend, Brettsperrholz, bis 120mm** Außenwand, Brettsperrholz; Nadelholz; Dicke bis 120mm; tragend, aussteifend					
	m² € brutto	**174**	**197**	**202**	**208**	**254**
	KG 331 € netto	146	166	170	175	213
58	**Außenwand, tragend, Brettsperrholz, bis 160mm** Außenwand, Brettsperrholz; Nadelholz; Dicke bis 160mm; tragend, aussteifend					
	m² € brutto	**221**	**236**	**254**	**280**	**313**
	KG 331 € netto	186	199	214	235	263

Kosten: Stand 3.Quartal 2025, Bundesdurchschnitt

LB 016 **Preise €**

Nr.	Kurztext / Stichworte Einheit / Kostengruppe		►	▷	brutto ø netto ø	◁	◄
59	**Außenwand, Holzstegträger, Zellulose, OSB, WF-Bekleidung** Wandelement, Doppelstegträger; Beplankung außen Holzfaserplatte, Einblasdämmung, Schüttung Zellulosefasern WLG 040, OSB/4; Beplankung innen OSB/4						
	m²	**€ brutto**	**234**	**265**	**280**	**317**	**369**
	KG 337	€ netto	196	222	235	266	310
60	**Außenwandbekleidung, Dreischichtplatte, 30mm** Außenbekleidung; 3-Schicht-Massivholzplatte; Dicke 30mm; verschraubt, Sichtklasse A, Holzuntergrund						
	m²	**€ brutto**	**63**	**86**	**97**	**112**	**136**
	KG 335	€ netto	53	72	81	94	115
61	**Außenwandbekleidung, Fasenbretter, 24mm** Außenwandbekleidung, Fasenbretter; Nadelholz, gehobelt; Dicke 24mm						
	m²	**€ brutto**	**107**	**123**	**133**	**149**	**184**
	KG 335	€ netto	90	103	112	125	155
62	**Außenwandbekleidung, Boden-Deckel, 24mm** Außenwandbekleidung; Nadelholz, gehobelt; Dicke 24mm; sichtbar befestigt						
	m²	**€ brutto**	**120**	**138**	**149**	**164**	**199**
	KG 335	€ netto	101	116	125	138	168
63	**Außenwandbekleidung, Stülpschalung, 24mm** Außenwandbekleidung, Stülpschalung; Nadelholz, gehobelt; Dicke 24mm; sichtbar befestigt						
	m²	**€ brutto**	**102**	**119**	**127**	**143**	**176**
	KG 335	€ netto	86	100	107	120	148
64	**Außenbekleidung, Laibung, Holzbrett, 24mm** Laibungsbekleidung; Nadelholz, gehobelt; 24/28mm; Betonoberfläche sichtbar; Fenster/Türen						
	m	**€ brutto**	**16**	**27**	**35**	**42**	**57**
	KG 335	€ netto	13	23	29	35	48
65	**Innenbekleidung, Trockenbereich, OSB/2, 18mm** Innenbekleidung; OSB/2, Flachpressplatte; Dicke 18mm; genagelt; Trockenbereich						
	m²	**€ brutto**	**18**	**32**	**32**	**35**	**42**
	KG 336	€ netto	15	26	27	30	36
66	**Innenbekleidung, Trockenbereich, OSB/3, 15mm** Innenbekleidung; OSB/3, Flachpressplatte; Dicke 15mm; genagelt; Trockenbereich						
	m²	**€ brutto**	**22**	**31**	**35**	**37**	**44**
	KG 336	€ netto	18	26	29	31	37

LB 016						Preise €
Nr.	Kurztext / Stichworte Einheit / Kostengruppe		►	▷	brutto ø netto ø	◁	◄

Nr.	Kurztext / Stichworte / Einheit / Kostengruppe		►	▷	ø	◁	◄
67	**Innenbekleidung, Trockenbereich, OSB/3, 22mm** Innenbekleidung; OSB/3, Flachpressplatte; Dicke 22mm; Trockenbereich						
	m²	**€ brutto**	**32**	**38**	**40**	**44**	**51**
	KG 336	€ netto	27	32	34	37	42
68	**Innenbekleidung, Feuchtebereich, OSB/4, 22mm** Innenbekleidung; OSB/4, Flachpressschalung; Dicke bis 22mm; Flachpressschalung						
	m²	**€ brutto**	**32**	**42**	**46**	**51**	**59**
	KG 336	€ netto	27	35	39	43	50
69	**Innenbekleidung, Sperrholz, 22mm** Innenbekleidung; Sperrholzplatte; Dicke 22mm; auf Holzuntergrund; Trockenbereich, innen						
	m²	**€ brutto**	**43**	**61**	**70**	**77**	**100**
	KG 336	€ netto	36	51	59	65	84
70	**Innenbekleidung, Furnierschichtholz, 27mm** Innenbekleidung; Furnierschichtholzplatte; Dicke 27mm; geklammert, Holzuntergrund						
	m²	**€ brutto**	**53**	**70**	**76**	**82**	**96**
	KG 336	€ netto	45	59	64	69	81
71	**Innenbekleidung, Dreischichtplatte, 26mm** Innenbekleidung; 3-Schicht Massivholzplatte; Dicke 26; verschraubt, Sichtklasse A, Holzuntergrund						
	m²	**€ brutto**	**55**	**76**	**80**	**89**	**107**
	KG 336	€ netto	46	64	67	75	90
72	**Dämmung, Außenwand, MW 035, 160mm** Außenwanddämmung, WH; Mineralwolle, WLG 035, A1; Dicke 160mm; einlagig, als Matte, stumpf gestoßen						
	m²	**€ brutto**	**–**	**22**	**26**	**32**	**–**
	KG 335	€ netto	–	19	22	27	–
73	**Dämmung, Außenwand, MW 035, 200mm** Außenwanddämmung, WH; Mineralwolle, WLG 035, A1; Dicke 200mm; einlagig, als Matte, stumpf gestoßen						
	m²	**€ brutto**	**22**	**28**	**32**	**33**	**39**
	KG 335	€ netto	18	24	27	28	33
74	**Dämmung, Außenwand, MW 035, 240mm** Außenwanddämmung, WH; Mineralwolle, WLG 035, A1; Dicke 240mm; einlagig						
	m²	**€ brutto**	**28**	**37**	**41**	**45**	**50**
	KG 335	€ netto	24	31	35	38	42

LB 016 **Preise €**

Nr.	Kurztext / Stichworte Einheit / Kostengruppe		►	▷	brutto ø netto ø	◁	◄
75	**Außenwanddämmung, Holzfaserplatte, 60mm** Außenwanddämmung, WF; Holzfaserplatte, Klasse E; 60mm; NF-Profil; Außenwand						
	m²	**€ brutto**	**39**	**46**	**48**	**49**	**60**
	KG 335	€ netto	32	38	40	41	50
76	**Außenwanddämmung, Holzfaserplatte, 80mm** Wärmedämmung; Holzfaserplatte WF, Klasse E; 80mm; NF-Profil; Außenwand						
	m²	**€ brutto**	**42**	**49**	**54**	**55**	**61**
	KG 335	€ netto	36	42	45	47	51
77	**Außenwanddämmung, Putzträger, WF, 60mm** Wärmedämmung; Holzfaserdämmplatte WF, WLG 040, E normal entflammbar; Dicke 60mm; als Putzträger mit Stufenfalz/NF/stumpf gestoßen						
	m²	**€ brutto**	**56**	**61**	**63**	**65**	**71**
	KG 335	€ netto	47	51	53	55	59
78	**Außenwanddämmung, Putzträger, WF, 100mm** Wärmedämmung; Holzfaserdämmplatte WF, WLG 040, E normal entflammbar; Dicke 100mm; als Putzträger mit Stufenfalz/NF/stumpf gestoßen						
	m²	**€ brutto**	**–**	**75**	**88**	**112**	**–**
	KG 335	€ netto	–	63	74	94	–
79	**Außenwanddämmung, Putzträger, WF, 200mm** Außenwandbekleidung als Putzträgerplatte; Holzfaserdämmplatte, WLG 040/WLS 042, E; Dicke 200mm; einlagig, mit Stufenfalz /NF/ stumpf gestoßen; Innen-/Außenwand						
	m²	**€ brutto**	**–**	**89**	**104**	**132**	**–**
	KG 335	€ netto	–	75	87	111	–
80	**Innenwand, Holzrahmen, 12cm, Dämmung, beplankt** Innenwand, Holzrahmenkonstruktion, tragend; Nadelholz, S10, C24, Dämmung; Dicke 12cm; 1. Seite OSB-beplankt / 2. Seite Gipsplatten-bekleidung						
	m²	**€ brutto**	**115**	**122**	**134**	**150**	**172**
	KG 342	€ netto	97	103	113	126	144
81	**Innenwand, Holzrahmen, 16cm, Dämmung, beplankt** Innenwand, Holzrahmenkonstruktion, tragend; Nadelholz, S10, C24, Dämmung; Dicke 16cm; 1. Seite OSB-beplankt / 2. Seite Gipsplatten-bekleidung						
	m²	**€ brutto**	**132**	**140**	**153**	**172**	**196**
	KG 342	€ netto	111	117	129	144	165

LB 016						Preise €
Nr.	**Kurztext** / Stichworte			**brutto ø**		
	Einheit / Kostengruppe	►	▷	netto ø	◁	◄
82	**Innenwand, Holzrahmen, 20cm, Dämmung, beplankt** Innenwand, Holzrahmenkonstruktion, tragend; Nadelholz, S10, C24, Dämmung; Dicke 20cm; 1. Seite OSB-beplankt / 2. Seite Gipsplattenbekleidung					
	m² € brutto	**148**	**157**	**173**	**193**	**221**
	KG 342 € netto	125	132	145	162	186
83	**Innenwand, nichttragend, Holzrahmen, 10cm, MW, beplankt** Innenwand, Holzrahmenkonstruktion, nichttragend; Nadelholz, S10, C24, Mineralfaserdämmung, WLG 040; Dicke 10cm; beplankt					
	m² € brutto	**89**	**93**	**94**	**96**	**101**
	KG 342 € netto	75	78	79	81	85
84	**Innenwand, nichttragend, Holzrahmen, 10cm, WF, beplankt** Innenwand, Holzrahmenkonstruktion, nichttragend; Nadelholz, S10, C24, Holzfaserdämmung, WLG 040; Dicke 10cm; beplankt					
	m² € brutto	**95**	**107**	**108**	**110**	**118**
	KG 342 € netto	80	90	91	92	99
85	**Innenwand, nichttragend, Holzrahmen, 10cm, Zellulose, beplankt** Innenwand, Holzrahmenkonstruktion, nichttragend; Nadelholz, S10, C24, Zellulosedämmschicht, WLG 040; Dicke 10cm; beplankt					
	m² € brutto	**82**	**87**	**96**	**107**	**123**
	KG 342 € netto	69	73	81	90	103
86	**Innenwand, nichttragend, Holzrahmen, 12cm, MW, beplankt** Innenwand, Holzrahmenkonstruktion, nichttragend; Nadelholz, S10, C24, Mineralwolledämmschicht, WLG 040; Dicke 12cm; beplankt					
	m² € brutto	**101**	**107**	**118**	**132**	**151**
	KG 342 € netto	85	90	99	111	127
87	**Türöffnung, Innenwand, Holztafel, 875x2.000mm** Türöffnung; Holz-Innenwand; 875x2.000mm; in Holzrahmenkonstruktion					
	St € brutto	**32**	**45**	**51**	**65**	**84**
	KG 340 € netto	27	38	43	54	70
88	**Türöffnung, Innenwand, Holztafel, 1.000x2.000mm** Türöffnung; Holz-Innenwand; 1.000x2.000mm; in Holzrahmenkonstruktion					
	St € brutto	**42**	**56**	**65**	**82**	**117**
	KG 340 € netto	36	47	55	69	98
89	**Ausschnitt, Holzplatte, bis 2,5m** Ausschnitt Holzplatte; Dicke bis 20mm; einlagig					
	St € brutto	**12**	**20**	**27**	**28**	**34**
	KG 345 € netto	10	17	22	24	29

Kosten: Stand 3.Quartal 2025, Bundesdurchschnitt

LB 016 **Preise €**

Nr.	Kurztext / Stichworte Einheit / Kostengruppe		►	▷	brutto ø netto ø	◁	◄
90	**Innenwand, nicht tragend, Brettsperrholz, 80mm** Innenwand, Brettsperrholz; Nadelholz; Dicke 80mm; tragend, aussteifend						
	m²	**€ brutto**	**91**	**107**	**119**	**130**	**151**
	KG 341	€ netto	76	90	100	109	127
91	**Innenwand, tragend, Brettsperrholz, 100mm** Innenwand, Brettsperrholz; Nadelholz; Dicke 100mm; tragend, aussteifend						
	m²	**€ brutto**	**118**	**135**	**142**	**150**	**172**
	KG 341	€ netto	99	114	119	126	144
92	**Innenwand, tragend, Brettsperrholz, 120mm** Innenwand, Brettsperrholz; Nadelholz; Dicke 120mm; tragend, aussteifend						
	m²	**€ brutto**	**136**	**151**	**160**	**180**	**206**
	KG 341	€ netto	114	127	135	152	173
93	**Öffnung, Massivholzelement, bis 0,5m²** Öffnung herstellen; Holzmassiv-/Brettstapeldecke; Größe bis 0,5m²						
	St	**€ brutto**	**50**	**63**	**71**	**83**	**100**
	KG 351	€ netto	42	53	60	70	84
94	**Öffnung, Massivholzelement, bis 2,5m²** Öffnung herstellen; Holzmassiv-/Brettstapeldecke; Größe bis 2,5m²						
	St	**€ brutto**	**60**	**76**	**86**	**101**	**121**
	KG 351	€ netto	51	64	73	85	102
95	**Öffnung, Holztafelbauteil, Öffnung bis 2,5m²** Öffnung herstellen; Holzrahmenkonstruktion; Größe bis 2,5m²; rechteckige Öffnung; inkl. Füllhölzer						
	St	**€ brutto**	**36**	**59**	**60**	**64**	**81**
	KG 351	€ netto	30	50	50	54	68
96	**Öffnung, Holztafelbauteil, Öffnung bis 5m²** Öffnung herstellen; Holzrahmenkonstruktion; Größe bis 5,0m²; rechteckige Öffnung; inkl. Füllhölzer						
	St	**€ brutto**	**81**	**200**	**220**	**273**	**337**
	KG 351	€ netto	68	168	185	229	283
97	**Kellertrennwand, Lattenverschlag** Lattenverschlag; Nadelholz, gehobelt, C24, S10; Holzrahmen 60x60mm, Latten 30x50mm, Höhe bis 2,5m						
	m²	**€ brutto**	**35**	**62**	**75**	**84**	**109**
	KG 346	€ netto	30	52	63	71	91

LB 016						Preise €
Nr.	Kurztext / Stichworte			brutto ø		
	Einheit / Kostengruppe	►	▷	netto ø	◁	◄
98	**Tür, Lattenverschlag**					
	Lattenverschlag Tür; Nadelholz, gehobelt, C24, S10; Latten 30x50mm, Tür 800x2000mm, Höhe bis 2,5m					
	St **€ brutto**	**–**	**86**	**110**	**148**	**–**
	KG 346 € netto	–	72	93	124	–
99	**Holzdach, Hohlkastenelemente, bis 200mm**					
	Holzdach, Hohlkastenelemente; Brettsperrholz, Nadelholz, GK0; Dicke bis 20cm; Sichtseite gehobelt					
	m² **€ brutto**	**231**	**245**	**269**	**301**	**333**
	KG 361 € netto	194	206	226	253	280
100	**Holzdach, Hohlkastenelemente, bis 250mm**					
	Holzdach, Hohlkastenelemente; Brettsperrholz, Nadelholz, GK0; Dicke bis 25cm; Sichtseite gehobelt					
	m² **€ brutto**	**271**	**287**	**315**	**353**	**391**
	KG 361 € netto	228	241	265	297	328
101	**Massivholzdecke, Brettstapel, 140mm, gehobelt**					
	Brettstapeldecke; Nadelholz, GK0, Sichtseite gehobelt; Dicke bis 140cm; inkl. Aussparungen, Anschlussausformungen Verbindungsmittel					
	m² **€ brutto**	**140**	**155**	**161**	**170**	**187**
	KG 351 € netto	118	130	135	143	157
102	**Massivholzdecke, Brettstapel, 160mm, gehobelt**					
	Brettstapeldecke; Nadelholz, GK0, Sichtseite gehobelt; Dicke bis 160mm; inkl. Aussparungen, Anschlussausformungen Verbindungsmittel					
	m² **€ brutto**	**147**	**179**	**200**	**202**	**237**
	KG 351 € netto	124	150	168	170	199
103	**Massivholzdecke, Brettstapel, 200mm, gehobelt**					
	Brettstapeldecke; Nadelholz, GK0, Sichtseite gehobelt; Dicke bis 200mm; inkl. Aussparungen, Anschlussausformungen Verbindungsmittel					
	m² **€ brutto**	**143**	**196**	**216**	**226**	**259**
	KG 351 € netto	120	165	181	190	218
104	**Massivholzdecke, Brettsperrholz, 120mm**					
	Brettsperrholzdecke; Nadelholz, GK0, Sichtseite gehobelt; Dicke bis 120mm; inkl. Aussparungen, Anschlussausformungen Verbindungsmittel					
	m² **€ brutto**	**134**	**163**	**179**	**187**	**200**
	KG 351 € netto	113	137	150	157	168

Kosten: Stand 3.Quartal 2025, Bundesdurchschnitt

LB 016							Preise €
Nr.	**Kurztext** / Stichworte				**brutto ø**		
	Einheit / Kostengruppe		►	▷	netto ø	◁	◄
105	**Massivholzdecke, Brettsperrholz, 160mm**						
	Brettsperrholzdecke; Nadelholz, GK0, Sichtseite gehobelt; Dicke bis 160mm; inkl. Aussparungen, Anschlussausformungen Verbindungsmittel						
	m²	**€ brutto**	**156**	**187**	**198**	**203**	**250**
	KG 351	€ netto	131	157	167	171	210
106	**Massivholzdecke, Brettsperrholz, 240mm**						
	Brettsperrholzdecke; Nadelholz, GK0, Sichtseite gehobelt; Dicke bis 240mm; inkl. Aussparungen, Anschlussausformungen Verbindungsmittel						
	m²	**€ brutto**	**219**	**270**	**279**	**290**	**341**
	KG 351	€ netto	184	227	234	244	287
107	**Fußbodeneinschub, Nadelholz, 24mm, auf Auflager**						
	Fußbodeneinschub; Nadelholz; Dicke 24mm; gespundete Schalung						
	m²	**€ brutto**	**37**	**56**	**65**	**72**	**91**
	KG 351	€ netto	31	47	54	61	76
108	**Rieselschutz, Glasfaser**						
	Rieselschutz; Glasfaser, schwarz, A2; Flächengewicht: 75-80g/m²						
	m²	**€ brutto**	**2,9**	**5,6**	**6,9**	**8,6**	**12,0**
	KG 351	€ netto	2,4	4,7	5,8	7,2	10,1
109	**Schüttung, Sand, Decken**						
	Trockenschüttung; Sand, A1; Dicke 60mm; zwischen Deckensparren						
	m²	**€ brutto**	**14**	**20**	**21**	**22**	**34**
	KG 351	€ netto	12	16	18	19	28
110	**Schüttung, Splitt, Decken**						
	Trockenschüttung; Splitt, A1; Dicke 60mm; zwischen Deckensparren						
	m²	**€ brutto**	**21**	**25**	**34**	**37**	**48**
	KG 351	€ netto	18	21	29	31	40
111	**Deckenschalung, OSB bis 25mm**						
	Deckenschaltung; OSB-Platten; Dicke 25mm; auf Holzuntergrund						
	m²	**€ brutto**	**24**	**32**	**35**	**39**	**45**
	KG 363	€ netto	20	27	30	33	38
112	**Deckenschalung, Sperrholzplatte, 24mm**						
	Deckenschalung; Sperrholzplatte; Dicke 24mm; Holzuntergrund						
	m²	**€ brutto**	**45**	**55**	**62**	**67**	**81**
	KG 353	€ netto	38	47	52	56	68
113	**Fußboden, Bretter, gespundet, gehobelt, 28mm**						
	Bodenbelag; Bretter gespundet, gehobelt; Dicke 28mm; sichtbar auf Holzbalkenlage genagelt; innen						
	m²	**€ brutto**	**53**	**60**	**65**	**74**	**82**
	KG 353	€ netto	45	50	54	62	69

LB 016							Preise €
Nr.	**Kurztext** / Stichworte			brutto ø			
	Einheit / Kostengruppe	►	▷	netto ø		◁	◄
114	**Fußboden, Bretter, gespundet, gehobelt, 40mm**						
	Bodenbelag; Bretter gespundet, gehobelt; Dicke 40mm; sichtbar auf Holzbalkenlage genagelt; innen						
	m²	**€ brutto**	**63**	**71**	**77**	**88**	**98**
	KG 353	€ netto	53	60	65	74	82
115	**Wangentreppe, Holz, gerade**						
	Wangentreppe, Holz; Eiche; 15 Stufen, Stg 17,5x28,0cm, Breite 800mm; einläufig, mit/ohne Setzstufe; zwischen Gebälk/Betondecke						
	St	**€ brutto**	**6.437**	**7.036**	**7.434**	**7.675**	**8.779**
	KG 352	€ netto	5.409	5.912	6.247	6.450	7.378
116	**Wangentreppe, Holz, gerade, Setzstufe**						
	Wangentreppe, Holz; Eiche; 15 Stufen, Stg 17,5x28,0cm, Breite 800mm; einläufig, mit/ohne Setzstufe; zwischen Gebälk/Betondecke						
	St	**€ brutto**	**9.183**	**11.867**	**13.421**	**14.286**	**16.600**
	KG 352	€ netto	7.717	9.972	11.278	12.005	13.949
117	**Wangentreppe, Holz, halbgewendelt**						
	Wangentreppe, Holz; Eiche; 15 Stufen, Stg 17,5x28,0cm, Breite 800mm; einläufig, mit/ohne Setzstufe; zwischen Gebälk/Betondecke						
	St	**€ brutto**	**9.713**	**10.454**	**10.772**	**11.161**	**12.185**
	KG 352	€ netto	8.162	8.785	9.052	9.379	10.239
118	**Einschubtreppe, gedämmt**						
	Einschubtreppe, Holz; Hartholzstufen; Öffnung Breite 600x700mm; einseitiger Handlauf, gedämmt; Gebälk/Holzplattenschalung						
	St	**€ brutto**	**955**	**1.768**	**1.952**	**3.494**	**6.161**
	KG 352	€ netto	802	1.486	1.640	2.936	5.177
119	**Einschubtreppe, EI30**						
	Einschubtreppe, Holz; Hartholzstufen; Treppenöffnung 700x1.400mm; zweiteilig, einseitiger Handlauf, gedämmt						
	St	**€ brutto**	**825**	**1.168**	**1.307**	**1.937**	**3.078**
	KG 352	€ netto	693	981	1.099	1.628	2.587
120	**Scherentreppe, Aluminium**						
	Scherentreppe, Aluminium; Hartholzstufen; Öffnungsbreite 600/700mm; zwei-/dreiteilig, mit/ohne einseitigem Handlauf, mit/ohne Schutzgeländer; Gebälk/Holzplattenschalung						
	St	**€ brutto**	**1.223**	**2.382**	**2.559**	**2.803**	**3.532**
	KG 359	€ netto	1.028	2.002	2.150	2.355	2.968
121	**Windrispenband, 40x2mm**						
	Windrispenband; 40x2mm; Dachschalung; inkl. Ankernägel 4x40bis4x60mm						
	m	**€ brutto**	**2,5**	**7,3**	**8,6**	**10,0**	**13,3**
	KG 361	€ netto	2,1	6,2	7,2	8,4	11,2

Kosten: Stand 3.Quartal 2025, Bundesdurchschnitt

LB 016							Preise €
Nr.	**Kurztext** / Stichworte **Einheit** / Kostengruppe		▶	▷	**brutto ø** netto ø	◁	◀
122	**Windrispenband, 60x3mm** Windrispenband; 60x3mm; Dachschalung; inkl. Ankernägel 4x40bis4x60mm						
	m	**€ brutto**	**4,9**	**8,5**	**10,0**	**11,7**	**15,0**
	KG 361	€ netto	4,1	7,1	8,4	9,8	12,6
123	**Verbindung, Winkelverbinder/Knagge** Winkelverbinder/Knagge; feuerverzinkter Stahl; inkl. Bohr- und Stemmarbeiten						
	kg	**€ brutto**	**3,7**	**9,6**	**11,7**	**15,0**	**23,1**
	KG 361	€ netto	3,1	8,0	9,8	12,6	19,4
124	**Verankerung, Profilanker, Schwelle** Verankerung Holzschwelle; Profilanker; an Ankerschiene						
	St	**€ brutto**	**4,3**	**8,5**	**10,6**	**14,4**	**23,6**
	KG 361	€ netto	3,6	7,1	8,9	12,1	19,8
125	**Stabdübel, nichtrostender Stahl** Stabdübel; nichtrostender Stahl; Durchmesser 12mm; inkl. Bohrung						
	St	**€ brutto**	**2,4**	**4,7**	**5,9**	**10,5**	**19,2**
	KG 361	€ netto	2,0	4,0	5,0	8,8	16,1
126	**Gewindestange, M12, feuerverzinkt** Gewindestange; feuerverzinkt; M12; inkl. Bohrung, Unterlegscheiben, Muttern						
	St	**€ brutto**	**6,2**	**15,4**	**18,6**	**27,6**	**45,2**
	KG 361	€ netto	5,2	12,9	15,6	23,2	37,9
127	**Dachflächenfenster, Holz, bis 1,00m²** Wohndachfenster; Nadelholz, Uw=1,4W/(m²K), Mehrscheibenisolierglas; 780x1.180mm; Klapp-Schwing-Fenster						
	St	**€ brutto**	**1.036**	**1.359**	**1.557**	**1.685**	**1.911**
	KG 362	€ netto	870	1.142	1.308	1.416	1.606
128	**Dachflächenfenster, Holz, bis 1,85m²** Wohndachfenster; Nadelholz, Uw=1,4W/m²K, Mehrscheibenisolierglas; 1.140x1.600/1.340x1.400mm; Klapp-Schwing-Fenster						
	St	**€ brutto**	**1.474**	**1.705**	**1.763**	**2.189**	**2.704**
	KG 362	€ netto	1.238	1.433	1.482	1.839	2.273
129	**Dachflächenfenster, Kunststoff, bis 1,85m²** Wohndachfenster; Kunststoff, Uw<=1,4 W/m²K, Mehrscheibenisolierglas; 1.140x1.600mm; Klapp-Schwing-Fenster						
	St	**€ brutto**	**1.414**	**1.581**	**1.642**	**1.709**	**1.847**
	KG 362	€ netto	1.188	1.328	1.380	1.436	1.552

LB 016 **Preise €**

Nr.	Kurztext / Stichworte Einheit / Kostengruppe		►	▷	brutto ø netto ø	◁	◄
130	**Schutzabdeckung, Steildach, Folie** Schutzabdeckung; Schutzplane; sturmsicher						
	m²	**€ brutto**	**3,7**	**7,3**	**8,7**	**11,1**	**14,6**
	KG 397	€ netto	3,1	6,1	7,3	9,3	12,3
131	**Stundensatz, Facharbeiter/-in** Stundenlohnarbeiten für Vorarbeiter/-in, Facharbeiter/-in und Gleichgestellte; Holzbau						
	h	**€ brutto**	**81**	**87**	**91**	**95**	**101**
		€ netto	68	73	76	79	85
132	**Stundensatz, Helfer/-in** Stundenlohnarbeiten für Werker/-in, Helfer/-in und Gleichgestellte; Holzbau						
	h	**€ brutto**	**66**	**74**	**78**	**79**	**84**
		€ netto	56	63	65	66	71

LB 017						Preise €
Nr.	**Kurztext** / Stichworte			**brutto ø**		
	Einheit / Kostengruppe	►	▷	netto ø	◁	◄
1	**Handlauf, Rohrprofil, feuerverzinkt** Handlauf; Stahlrohr, S235JR, feuerverzinkt; Durchmesser 42,5mm, Wanddicke 2,0mm					
	m / € brutto	**97**	**114**	**123**	**130**	**144**
	KG 359 / € netto	82	95	103	109	121
2	**Profilstahl-Konstruktion, Profile UNP/UPE, feuerverzinkt** Stahlträger, Walzprofil UNP/UPE; S235JR, feuerverzinkt; Deckenkonstruktion; inkl. Kopfplatten, Bohrungen, Verschraubungsmittel					
	kg / € brutto	**3,9**	**5,5**	**6,4**	**7,3**	**8,9**
	KG 351 / € netto	3,2	4,6	5,4	6,1	7,5
3	**Profilstahl-Konstruktion, Profile IPE, feuerverzinkt** Stahlträger, IPE; S235JR, feuerverzinkt; Deckenkonstruktion					
	kg / € brutto	**4,8**	**6,2**	**6,8**	**7,4**	**8,6**
	KG 351 / € netto	4,0	5,2	5,7	6,2	7,3
4	**Profilstahl-Konstruktion, Profile HEA 160, feuerverzinkt** Stahlträger, HEA 160, Walzprofil; S235JR, feuerverzinkt; Stahlprofil 30,4 kg/m; Deckenkonstruktion; inkl. Kopfplatten, Bohrungen, Verbindungsmittel					
	kg / € brutto	**3,6**	**5,2**	**5,7**	**6,9**	**9,4**
	KG 351 / € netto	3,0	4,4	4,8	5,8	7,9
5	**Rundstahl, Zugstab, feuerverzinkt** Zugstange, Rundstahl; feuerverzinkt; mit Gewindeschloss als Diagonalaussteifung; inkl. Anschlussbleche, Bohrungen, Verbindungsmittel					
	kg / € brutto	**6,4**	**8,7**	**9,0**	**10,6**	**18,2**
	KG 361 / € netto	5,4	7,3	7,6	8,9	15,3
6	**Stahlstütze, Rohrprofil, rund** Stahlstütze; Rundstahl, S235 J2, grundiert/beschichtet; Durchmesser 114,3mm; Deckenkonstruktion; inkl. Kopfplatten, Bohrungen, Verbindungsmittel					
	kg / € brutto	**5,2**	**8,1**	**9,7**	**11,1**	**14,8**
	KG 333 / € netto	4,4	6,8	8,1	9,3	12,4
7	**Stahlstütze, Rohrprofil, eckig** Stahlstütze; S235 J2, grundiert/beschichtet; 100x100mm; Deckenkonstruktion; inkl. Kopfplatten, Bohrungen, Verbindungsmittel					
	kg / € brutto	**5,6**	**9,2**	**11,0**	**12,1**	**15,7**
	KG 333 / € netto	4,7	7,7	9,2	10,2	13,2
8	**Fußplatte, Stahlblech** Einbauteile, Hilfskonstruktionen, Stahl; S235JR; inkl. Steifungen, Bohrungen, Verbindungsmittel					
	kg / € brutto	**5,6**	**9,1**	**10,5**	**15,4**	**21,6**
	KG 351 / € netto	4,7	7,7	8,8	12,9	18,2

Kosten: Stand 3.Quartal 2025, Bundesdurchschnitt

LB 017							Preise €
Nr.	**Kurztext** / Stichworte				**brutto ø**		
	Einheit / Kostengruppe		►	▷	netto ø	◁	◄
9	**Kopfplatte, Stahlblech**						
	Einbauteile, Hilfskonstruktionen, Stahl; S235JR, feuerverzinkt; 2-5kg/St; inkl. Steifungen, Verbindungsmittel, Bohrungen						
	kg	**€ brutto**	**4,0**	**6,8**	**8,5**	**10,0**	**12,1**
	KG 351	€ netto	3,4	5,7	7,2	8,4	10,2
10	**Trapezblechdach, Stahlblech**						
	Dachdeckung, Trapezblech; Stahl 0,88mm; Profil 161,5x250mm; inkl. Verbindungsmittel						
	m²	**€ brutto**	**39**	**50**	**55**	**61**	**74**
	KG 363	€ netto	33	42	46	51	63
11	**Trapezblechdach, Randverstärkung, Übergangsblech**						
	Randverstärkung, Trapezblechdach; Stahlblech 0,88mm; Zuschnitt 333mm; dreifach gekantet						
	m	**€ brutto**	**24**	**36**	**42**	**53**	**68**
	KG 363	€ netto	20	30	35	44	57
12	**Trapezblechdach, Dachausschnitt**						
	Dachausschnitt Trapezblechdach; Stahlblech bis 1mm; rechteckig						
	St	**€ brutto**	**79**	**114**	**141**	**155**	**195**
	KG 363	€ netto	66	96	119	130	164
13	**Bohrungen, Stahlblech, Durchmesser bis 30mm**						
	Bohrung Stahl; Stahlblech; Durchmesser bis 30mm; Stahlblech, Stege, Flansche						
	St	**€ brutto**	**8,1**	**14,8**	**14,9**	**16,3**	**23,0**
	KG 359	€ netto	6,8	12,4	12,5	13,7	19,3
14	**Gitterroste, verzinkt, rutschhemmend, verankert**						
	Gitterroste; Feuerverzinkt; Gitterrost LxB 500x1.000mm, Maschenteilung 30 x1mm; R9						
	m²	**€ brutto**	**130**	**161**	**172**	**192**	**241**
	KG 339	€ netto	109	135	144	161	203
15	**Verzinken, Stahlprofile**						
	Feuerverzinkung; Stahlkonstruktion, Korrosivitätskategorie; inkl. Entrostung						
	kg	**€ brutto**	**0,9**	**1,3**	**1,6**	**1,8**	**2,5**
	KG 333	€ netto	0,7	1,1	1,4	1,5	2,1
16	**Brandschutzbeschichtung, R30, Stahlbauteile**						
	Brandschutzbeschichtung R30; Stahlbauteile; reinigen, entrosten; Stahlträger/Fachwerkbinder/Stützen						
	m²	**€ brutto**	**79**	**105**	**111**	**117**	**138**
	KG 333	€ netto	66	88	93	98	116

LB 017						Preise €
Nr.	**Kurztext** / Stichworte			**brutto ø**		
	Einheit / Kostengruppe	►	▷	netto ø	◁	◄
17	**Brandschutzbeschichtung, Stahlbauteile, Decklack** Brandschutzbeschichtung R30/R60/R90; Überzugslack; Stahlträger/ Fachwerkbinder/Stützen					
	m^2 **€ brutto**	**17**	**36**	**38**	**53**	**72**
	KG 333 € netto	14	30	32	45	61
18	**Stundensatz, Facharbeiter/-in** Stundenlohnarbeiten für Vorarbeiter/-in, Facharbeiter/-in und Gleich-gestellte; Stahlbau					
	h **€ brutto**	**87**	**95**	**98**	**100**	**107**
	€ netto	73	80	82	84	90
19	**Stundensatz, Helfer/-in** Stundenlohnarbeiten für Werker/-in, Helfer/-in und Gleichgestellte; Stahlbau					
	h **€ brutto**	**63**	**70**	**75**	**78**	**84**
	€ netto	53	59	63	66	71

LB 018						**Preise €**
Nr.	**Kurztext** / Stichworte **Einheit** / Kostengruppe	►	▷	**brutto ø** netto ø	◁	◄
1	**Untergrund reinigen** Untergrund reinigen; Staub, grobe Verschmutzungen, lose Teile; abkehren, entsorgen					
	m² **€ brutto**	**1,3**	**3,0**	**3,8**	**6,0**	**9,5**
	KG 324 € netto	1,1	2,5	3,2	5,0	8,0
2	**Voranstrich, Abdichtung, Betonbodenplatte** Voranstrich, Abdichtung; Bitumen-Voranstrich/Bitumen-Emulsion; 300g/m²; vollflächig; Stahlbetonbodenplatte					
	m² **€ brutto**	**1,6**	**3,8**	**4,8**	**6,4**	**10,2**
	KG 324 € netto	1,3	3,2	4,0	5,4	8,6
3	**Wandanschluss, Bitumen-Dichtbahn** Abdichtungsanschluss, Wand; Bitumendichtbahn; Bodenplatte und aufgehender Wand					
	m **€ brutto**	**6,3**	**9,3**	**10,1**	**10,4**	**13,4**
	KG 325 € netto	5,3	7,8	8,5	8,7	11,3
4	**Wandanschluss, Dickbeschichtung** Abdichtungsanschluss, Wand; Bitumendickbeschichtung; Bodenplatte und aufgehender Wand					
	m **€ brutto**	**12**	**15**	**18**	**23**	**28**
	KG 325 € netto	10,0	12,4	14,8	19,6	23,5
5	**Dichtungsanschluss, Anschweißflansch** Abdichtungsanschluss, Durchdringungen; Anschweißflansch; DN100-250; gegen Bodenfeuchte; Bodenplatte					
	St **€ brutto**	**14**	**24**	**30**	**34**	**45**
	KG 324 € netto	12	20	25	29	37
6	**Dichtungsanschluss, Klemm-/Klebeflansch** Abdichtungsanschluss, Durchdringungen; Klemm-/Klebeflansch; DN100; gegen Bodenfeuchte; Bodenplatte					
	St **€ brutto**	**29**	**55**	**68**	**79**	**111**
	KG 324 € netto	25	47	57	66	93
7	**Perimeterdämmung, XPS, bis 60mm, Fundament** Perimeterdämmung; Polystyrolplatten, extrudiert, PW; 60mm; geklebt, umlaufendem Falz; Fundament					
	m² **€ brutto**	**29**	**42**	**46**	**50**	**64**
	KG 325 € netto	24	35	38	42	54
8	**Perimeterdämmung, XPS bis 100mm, Bodenplatte** Perimeterdämmung; Polystyrolplatten, extrudiert, PB; bis 100mm; umlaufendem Falz; unter Bodenplatte					
	m² **€ brutto**	**30**	**39**	**44**	**49**	**57**
	KG 325 € netto	25	32	37	41	48

Kosten: Stand 3.Quartal 2025, Bundesdurchschnitt

LB 018 **Preise €**

Nr.	Kurztext / Stichworte Einheit / Kostengruppe		►	▷	brutto ø netto ø	◁	◄
9	**Perimeterdämmung, XPS bis 150mm, Bodenplatte** Perimeterdämmung; Polystyrolplatten, extrudiert, PB; bis 150mm; umlaufendem Falz; unter Bodenplatte						
	m2	**€ brutto**	**44**	**52**	**55**	**57**	**65**
	KG 325	€ netto	37	44	46	48	55
10	**Perimeterdämmung, XPS bis 240mm, Bodenplatte** Perimeterdämmung; Polystyrolplatten, extrudiert, PB; bis 240mm; umlaufendem Falz; unter Bodenplatte						
	m2	**€ brutto**	**76**	**85**	**87**	**90**	**101**
	KG 325	€ netto	64	72	73	76	85
11	**Perimeterdämmung, XPS 100mm, Wand** Perimeterdämmung; Polystyrolplatten, extrudiert; 100mm; geklebt, umlaufendem Falz; Außenwand						
	m2	**€ brutto**	**44**	**53**	**56**	**61**	**69**
	KG 335	€ netto	37	45	47	51	58
12	**Perimeterdämmung, XPS 160mm, Wand** Perimeterdämmung; Polystyrolplatten, extrudiert; 160mm; geklebt, umlaufendem Falz; Außenwand						
	m2	**€ brutto**	**47**	**61**	**67**	**76**	**90**
	KG 335	€ netto	40	51	57	64	76
13	**Perimeterdämmung, XPS 240mm, Wand** Perimeterdämmung; Polystyrolplatten, extrudiert; 240mm; geklebt, umlaufendem Falz; Außenwand						
	m2	**€ brutto**	**–**	**69**	**82**	**102**	**–**
	KG 335	€ netto	–	58	69	86	–
14	**Perimeterdämmung, CG, 120mm, Wand** Perimeterdämmung; Schaumglasplatten, PW; 120mm; umlaufendem Falz, geklebt; Außenwand						
	m2	**€ brutto**	**118**	**129**	**135**	**152**	**170**
	KG 335	€ netto	100	109	113	128	143
15	**Perimeterdämmung, CG, 200mm, Wand** Perimeterdämmung; Schaumglasplatten, PW; 200mm; umlaufendem Falz, geklebt; Außenwand						
	m2	**€ brutto**	**159**	**170**	**181**	**202**	**227**
	KG 335	€ netto	133	143	152	170	191
16	**Trennlage, PE-Folie, unter Bodenplatte** Trennlage; PE-Folie 0,2mm; einlagig						
	m2	**€ brutto**	**1,9**	**3,1**	**3,4**	**4,1**	**6,0**
	KG 325	€ netto	1,6	2,6	2,9	3,4	5,1

LB 018						Preise €
Nr.	**Kurztext** / Stichworte **Einheit** / Kostengruppe	►	▷	**brutto ø** netto ø	◁	◄
17	**Querschnittsabdichtung, G200DD, Mauerwerk 11,5cm** Querschnittsabdichtung; Bitumen-Dachdichtungsbahn G200 DD; bis 11,50cm; einlagig, gegen aufsteigende Feuchtigkeit					
	m **€ brutto**	**2,1**	**3,8**	**4,2**	**5,5**	**7,9**
	KG 342 € netto	1,8	3,2	3,5	4,7	6,7
18	**Querschnittsabdichtung, G200DD, Mauerwerk 24cm** Querschnittsabdichtung; Bitumen-Dachdichtungsbahn G200 DD; 24cm; einlagig, gegen aufsteigende Feuchtigkeit					
	m **€ brutto**	**5,7**	**9,0**	**10,3**	**13,8**	**21,1**
	KG 341 € netto	4,8	7,6	8,7	11,6	17,8
19	**Querschnittsabdichtung, G200DD, Mauerwerk 36,5cm** Querschnittsabdichtung; Bitumen-Dachdichtungsbahn G200 DD; 36,5cm; einlagig, gegen aufsteigende Feuchtigkeit					
	m **€ brutto**	**8,5**	**13,9**	**14,5**	**21,3**	**29,3**
	KG 331 € netto	7,2	11,7	12,2	17,9	24,7
20	**Bodenabdichtung, Bodenfeuchte, G200DD** Bodenabdichtung gegen Bodenfeuchte; Bitumenschweißbahn G200DD, einlagig; vollflächig verklebt; erdberührte Bauteile					
	m² **€ brutto**	**19**	**22**	**24**	**25**	**27**
	KG 324 € netto	16	18	20	21	23
21	**Bodenabdichtung, Bodenfeuchte, PMBC** Bodenabdichtung gegen Bodenfeuchte; kunststoffmodifizierte Bitumendickbeschichtung; Schichtdicke 3mm; zwei Arbeitsgänge; Kellersohle, Beton					
	m² **€ brutto**	**40**	**43**	**44**	**51**	**56**
	KG 325 € netto	33	36	37	43	47
22	**Bodenabdichtung, Bodenfeuchte, MDS** Bodenabdichtung gegen Bodenfeuchte; mineralische Dichtungsschlämme, flexibel; Schichtdicke 3mm; zwei Arbeitsgänge; Kellersohle, Beton					
	m² **€ brutto**	**45**	**49**	**52**	**58**	**64**
	KG 325 € netto	38	41	43	49	54
23	**Bodenabdichtung, Bodenfeuchte, PV200 DD** Bodenabdichtung gegen Bodenfeuchte; Bitumen-Dachdichtungsbahn PV200 DD; Kellersohle, Beton					
	m² **€ brutto**	**35**	**38**	**39**	**44**	**49**
	KG 325 € netto	29	32	33	37	41
24	**Bodenabdichtung, Bodenfeuchte, PYE G200S4** Bodenabdichtung gegen Bodenfeuchte; Elastomerbitumen-Schweißbahn PYE G200 S4; Kellersohle, Beton					
	m² **€ brutto**	**35**	**37**	**39**	**44**	**48**
	KG 325 € netto	29	31	33	37	41

LB 018 **Preise €**

Nr.	Kurztext / Stichworte Einheit / Kostengruppe		►	▷	brutto ø netto ø	◁	◄
25	**Bodenabdichtung, gegen mäßige Einwirkung von drückendem Wasser, PMBC** Bodenabdichtung gegen mäßige Einwirkung von drückendem Wasser; kunststoffmodifizierter Bitumendickbeschichtung, Gewebeeinlage; Schichtdicke 3mm; zwei Arbeitsgänge; Nassraum						
	m²	**€ brutto**	**56**	**61**	**64**	**72**	**80**
	KG 325	€ netto	47	51	54	61	67
26	**Hohlkehle, Mörtel** Hohlkehle; Mörtel, kunststoffmodifiziert; gerundet; zwischen Fundament und Wand; inkl. Grundierung						
	m	**€ brutto**	**6,0**	**10,9**	**12,9**	**16,2**	**26,2**
	KG 335	€ netto	5,1	9,2	10,8	13,6	22,0
27	**Voranstrich, Wandabdichtung** Wandabdichtung, Haftgrund; Bitumenlösung/Bitumen-Emulsion; vollflächig; erdberührte Außenwand						
	m²	**€ brutto**	**2,7**	**5,0**	**6,3**	**7,9**	**11,7**
	KG 335	€ netto	2,3	4,2	5,3	6,6	9,8
28	**Wandabdichtung, Bodenfeuchte, MDS** Wandabdichtung gegen Bodenfeuchte; zementgebundener Dichtungsschlämme, flexibel; Schichtdicke 2mm; zwei Arbeitsgänge; Außenwand; Beton						
	m²	**€ brutto**	**38**	**41**	**43**	**48**	**52**
	KG 335	€ netto	32	34	36	40	44
29	**Wandabdichtung, Bodenfeuchte, PMBC** Wandabdichtung gegen Bodenfeuchte; kunststoffmodifizierter Bitumendickbeschichtung, Gewebeeinlage; Schichtdicke mind. 3mm; zwei Arbeitsgänge; Außenwand; Mauerwerk						
	m²	**€ brutto**	**45**	**48**	**51**	**58**	**63**
	KG 335	€ netto	38	41	43	48	53
30	**Wandabdichtung, nichtdrückendes Wasser, MDS** Wandabdichtung gegen nichtdrückendes Wasser; zementgebundener Dichtungsschlämme, flexibel; Schichtdicke mind. 3mm; zwei Arbeitsgänge; Kelleraußenwand; Beton						
	m²	**€ brutto**	**42**	**45**	**48**	**53**	**59**
	KG 335	€ netto	35	38	40	45	49
31	**Wandabdichtung, nichtdrückendes Wasser, KSP** Wandabdichtung, gegen nichtdrückendes Wasser; kaltselbstklebender PYE G200 KSP; erdberührte Außenwand; Kelleraußenwand; Mauerwerk						
	m²	**€ brutto**	**37**	**43**	**46**	**52**	**56**
	KG 335	€ netto	31	36	39	44	47

LB 018						Preise €
Nr.	Kurztext / Stichworte			brutto ø		
	Einheit / Kostengruppe	►	▷	netto ø	◁	◄
32	**Wandabdichtung, drückendes Wasser, PYE-PV200S5**					
	Abdichtung gegen drückendes Wasser; PYE- PV 200 S5; einlagig, vollflächig verklebt; Außenwand					
	m²	**€ brutto**	**41**	**45**	**47**	**53**	**58**
	KG 335	€ netto	35	37	40	44	49
33	**Wandabdichtung, drückendes Wasser, G200DD/PYE-PV200DD**					
	Wandabdichtung, gegen drückendes Wasser; G 200 DD, PYE- PV 200 DD; zweilagig; Außenwand; Mauerwerk					
	m²	**€ brutto**	**54**	**59**	**62**	**70**	**77**
	KG 335	€ netto	46	49	52	59	64
34	**Wandabdichtung, drückendes Wasser, R500N Kupfer**					
	Abdichtung gegen drückendes Wasser; Bitumenbahn R 500 N mit Kupfereinlage; zweilagig; Außenwand; Mauerwerk					
	m²	**€ brutto**	**63**	**69**	**73**	**82**	**89**
	KG 335	€ netto	53	58	61	69	75
35	**Wandabdichtung, drückendes Wasser, R500N Kupfer, dreilagig**					
	Abdichtung gegen drückendes Wasser; Bitumenbahn R 500 N mit Kupfereinlage; dreilagig; Außenwand; Mauerwerk					
	m²	**€ brutto**	**78**	**84**	**87**	**100**	**109**
	KG 335	€ netto	65	71	73	84	92
36	**Fugenabdichtung, Wand, Feuchte, Dichtmasse**					
	Bewegungsfugenabdichtung, Bodenfeuchte; mineralischer Dichtschlämme, flexibel, Gewebeeinlage; Breite 15mm; Fugenvorbereitung, Hinterfüllprofil, vollflächig verklebt; erdberührte Außenwand					
	m	**€ brutto**	**16**	**18**	**20**	**22**	**25**
	KG 325	€ netto	13	15	17	19	21
37	**Fugenabdichtung, Wand, Feuchte, Fugenband**					
	Abdichtung über Fuge, Bodenfeuchte; Fugenband, elastisch; erdberührte Außenwand					
	m	**€ brutto**	**41**	**46**	**52**	**59**	**64**
	KG 325	€ netto	34	38	44	49	54
38	**Fugenabdichtung, Wand, Feuchte, Kunststoffbahn**					
	Abdichtung über Fuge, Bodenfeuchte; Kunststoffdichtungsbahnstreifen, Vlies-/Gewebekaschiert; in Bitumendickbeschichtung einbetten; erdberührte Außenwand.					
	m	**€ brutto**	**27**	**30**	**34**	**38**	**42**
	KG 325	€ netto	22	25	29	32	35

LB 018 **Preise €**

Nr.	Kurztext / Stichworte Einheit / Kostengruppe		►	▷	brutto ø netto ø	◁	◄
39	**Fugenabdichtung, Bodenplatte, Feuchte, Schweißbahn, PYE-PV200S5** Abdichtung über Fuge, Bodenfeuchte; Bitumenschweißbahn PYE-PV 200 S5; Breite 300mm; Bodenplatte						
	m	**€ brutto**	**37**	**42**	**47**	**53**	**59**
	KG 325	€ netto	31	35	40	45	49
40	**Fugenabdichtung, Bodenplatte, Feuchte, KSP-Streifen** Abdichtung über Fuge, Bodenfeuchte; kaltselbstklebender Polymer-bitumenbahn; Breite 300mm; Bodenplatte						
	m	**€ brutto**	**26**	**29**	**33**	**37**	**41**
	KG 325	€ netto	22	24	28	31	34
41	**Fugenabdichtung, Wand, drückendes Wasser, Schweißbahn** Abdichtung über Fuge, drückendes Wasser; Bitumenschweißbahn PYE-PV 200 S5; Breite 300mm; Bodenplatte						
	m	**€ brutto**	**32**	**35**	**41**	**45**	**50**
	KG 325	€ netto	27	30	34	38	42
42	**Bewegungsfuge, Wand, drückendes Wasser, Kupferband** Bewegungsfuge Abdichtung; Kupferband 0,2mm, geriffelt; Breite 300mm; erdberührte Außenwand						
	m	**€ brutto**	**36**	**40**	**46**	**52**	**57**
	KG 325	€ netto	30	34	39	44	48
43	**Bewegungsfuge, Wand, drückendes Wasser, Kunststoffbahn** Bewegungsfuge Abdichtung, drückendes Wasser; Kunststoffbahn 0,2mm; Breite 300mm; erdberührte Außenwand						
	m	**€ brutto**	**33**	**36**	**41**	**47**	**51**
	KG 325	€ netto	28	30	35	39	43
44	**Bewegungsfuge, Wand, drückendes Wasser, Kupferband/ Bitumen** Bewegungsfuge Abdichtung, drückendes Wasser; Kupferband CU-DHP 0,1mm, geriffelt, Bitumenschweißbahn G 200 S4; Breite 300mm; erdberührte Außenwand						
	m	**€ brutto**	**43**	**48**	**55**	**61**	**68**
	KG 325	€ netto	36	40	46	51	57
45	**Bewegungsfuge, Decke, drückendes Wasser, vierstegiges Fugenband** Bewegungsfuge Abdichtung, drückendes Wasser; Fugenband, vier-stegig verschweißt, Kunststoffbahn; Kunststoffbahn lose verlegen; Terrasse/Tiefgarage						
	m	**€ brutto**	**50**	**56**	**63**	**71**	**79**
	KG 325	€ netto	42	47	53	60	66

LB 018						Preise €
Nr.	**Kurztext** / Stichworte **Einheit** / Kostengruppe	►	▷	**brutto ø** netto ø	◁	◄
46	**Bewegungsfuge, drückendes Wasser, Los-Festflansch** Bewegungsfuge Abdichtung, drückendes Wasser; Los-Festflansch					
	m € brutto	**61**	**67**	**77**	**86**	**95**
	KG 325 € netto	51	57	64	72	80
47	**Rohrdurchführung, Los-/Festflansch, Faserzementrohr** Durchführung abdichten, drückendes Wasser; Faserzementrohr, Los-/Festflansch; DN100, Länge 200-300mm, Bauteildicke 25cm; Betonwand					
	St € brutto	**197**	**375**	**433**	**523**	**651**
	KG 335 € netto	165	315	364	440	547
48	**Abdichtungsanschluss, Decke, Anschweißflansch DN100** Abdichtungsanschluss Durchdringungen, Oberflächenwasser; Anschweißflansch; DN100; Decke					
	St € brutto	**17**	**31**	**40**	**50**	**70**
	KG 335 € netto	14	26	34	42	59
49	**Abdichtungsanschluss, Anschweißflansch DN250** Abdichtungsanschluss Durchdringungen, gegen Bodenfeuchte und nicht stauendes Sickerwasser/nichtdrückendes Wasser; Anschweißflansch; bis DN250					
	St € brutto	**28**	**49**	**62**	**75**	**101**
	KG 335 € netto	23	41	52	63	85
50	**Dränschicht, EPS-Polystyrolplatte/Vlies** Sickerschicht; Polystyrolplatte EPS mit Vlieskaschierung, WLS 034; Dicke bis 65mm; dicht gestoßen, in Kiesfilter eingebunden; erdberührter Außenwand					
	m² € brutto	**14**	**27**	**33**	**42**	**59**
	KG 335 € netto	12	23	28	36	49
51	**Sickerschicht, Kunststoffnoppenbahn/Vlies** Sickerschicht; Noppenbahn, Filtervlieskaschierung; erdberührter Außenwand					
	m² € brutto	**7,3**	**12,1**	**14,6**	**17,5**	**23,8**
	KG 335 € netto	6,1	10,2	12,3	14,7	20,0
52	**Filtervlies, Schutzschicht** Schutzschicht der Sickerplatte; Filtervliesmatten; senkrecht vor Sickerplatten verlegen					
	m² € brutto	**3,2**	**5,3**	**6,5**	**7,3**	**8,9**
	KG 335 € netto	2,7	4,4	5,5	6,1	7,5

LB 018							**Preise €**
Nr.	**Kurztext** / Stichworte **Einheit** / Kostengruppe		►	▷	**brutto ø** netto ø	◁	◄
53	**Rohrdurchführung, Faserzementrohr** Rohrdurchführung, Außenwand, Futterrohr; Faserzementrohr; DN100/125/150, Länge 200-300mm, Betonwand 25-30cm						
	St	**€ brutto**	**300**	**653**	**813**	**1.244**	**2.253**
	KG 411	€ netto	253	549	683	1.045	1.893
54	**Dichtsatz, Rohrdurchführung** Dichtring, Rohrdurchführung; Elastomer						
	St	**€ brutto**	**105**	**235**	**309**	**350**	**410**
	KG 411	€ netto	88	198	260	294	344
55	**Stundensatz, Facharbeiter/-in** Stundenlohnarbeiten für Vorarbeiter/-in, Facharbeiter/-in und Gleichgestellte; Abdichtungsarbeiten						
	h	**€ brutto**	**77**	**88**	**94**	**100**	**112**
		€ netto	65	74	79	84	94
56	**Stundensatz, Helfer/-in** Stundenlohnarbeiten für Werker/-in, Helfer/-in und Gleichgestellte; Abdichtungsarbeiten						
	h	**€ brutto**	**62**	**72**	**79**	**83**	**90**
		€ netto	52	61	66	69	76

LB 020						Preise €
Nr.	Kurztext / Stichworte Einheit / Kostengruppe	►	▷	brutto ø netto ø	◁	◄
1	**Zwischensparrendämmung, MW, 140mm** Zwischensparrendämmung; Mineralwolle, WLS 032, A1; 140mm					
	m² € brutto	27	30	32	35	36
	KG 361 € netto	23	25	27	29	31
2	**Zwischensparrendämmung, MW, 180mm** Zwischensparrendämmung; Mineralwolle, WLS 032, A1; 180mm					
	m² € brutto	30	33	41	46	48
	KG 361 € netto	25	28	35	39	40
3	**Zwischensparrendämmung, MW, 220mm** Zwischensparrendämmung; Mineralwolle, WLS 032, A1; 220mm					
	m² € brutto	32	38	47	48	53
	KG 361 € netto	27	32	40	41	45
4	**Zwischensparrendämmung, WF, 180mm** Zwischensparrendämmung; Holzfaser, WLG 035, E; 180mm					
	m² € brutto	53	60	64	67	71
	KG 361 € netto	45	51	54	56	60
5	**Zwischensparrendämmung, WF, 200mm** Zwischensparrendämmung; Holzfaser, WLG 035, E; 200					
	m² € brutto	58	66	68	74	78
	KG 361 € netto	49	56	57	62	66
6	**Zwischensparrendämmung, WF, 240m** Zwischensparrendämmung; Holzfaser, WLG 035, E; 240mm					
	m² € brutto	69	76	78	88	93
	KG 361 € netto	58	64	65	74	78
7	**Aufsparrendämmung, DAD, PUR, 140mm** Aufsparrendämmung, DAD; Polyurethan-Hartschaumplatten, kaschiert, WLG 025/030, E; 140mm; einlagig, umlaufend mit Stufenfalz					
	m² € brutto	78	89	96	102	105
	KG 363 € netto	66	75	81	85	89
8	**Aufsparrendämmung, DAD, PUR, 180mm** Aufsparrendämmung, DAD; Polyurethan-Hartschaumplatten, kaschiert, WLG 025/030, E; 180mm; einlagig, umlaufend mit Stufenfalz					
	m² € brutto	95	105	110	121	128
	KG 363 € netto	80	88	92	102	108
9	**Einblasdämmung, Zellulosefaser** Einblasdämmung; Zellulosefaser, WLG 040, E; 240 mm; zwischen Sparren, Wandpfosten					
	m³ € brutto	125	158	164	171	193
	KG 363 € netto	105	133	138	144	162

Kosten: Stand 3.Quartal 2025, Bundesdurchschnitt

LB 020						**Preise €**
Nr.	**Kurztext** / Stichworte			**brutto ø**		
	Einheit / Kostengruppe	►	▷	netto ø	◁	◄
10	**Unterdach, Behelfsdeckung, Bitumenbahn V13**					
	Vordeckung; Bitumendachbahn Glasvlieseinlage V13, inkl. Nadelholzlattung, S10; Lattung 30x50mm; mechanisch befestigt					
	m² € brutto	**8,2**	**11,1**	**12,0**	**13,4**	**16,8**
	KG 363 € netto	6,9	9,3	10,1	11,3	14,1
11	**Vordeckung, unter Stehfalzdeckung**					
	Vordeckung; Glasvlies-Bitumendachbahn V13; unter Stehfalzdeckungen					
	m² € brutto	**11**	**13**	**13**	**14**	**15**
	KG 363 € netto	9,6	10,6	11,2	11,6	12,7
12	**Unterdeckung, WF, bis 22mm, auf Sparren**					
	Unterdeckung; Holzfaserplatte, bituminiert/paraffiniert/latexiert, E; Dicke bis 22mm; regensicher, Platten dicht gestoßen; Dachkonstruktion					
	m² € brutto	**25**	**30**	**32**	**33**	**37**
	KG 363 € netto	21	25	27	28	31
13	**Unterdeckung, WF, bis 35mm, auf Sparren**					
	Unterdeckung; Holzfaserplatte, bituminiert/paraffiniert/latexiert, E; Dicke bis 35mm; regensicher; Dachkonstruktion					
	m² € brutto	**34**	**41**	**41**	**43**	**48**
	KG 363 € netto	29	34	34	36	40
14	**Unterdeckung, unbelüftetes Dach**					
	Unterdach, Unterdeckbahn; UDB-A, diffusionsoffen, E; Sd ca. 0,3m; auf Dämmung					
	m² € brutto	**8,0**	**10,0**	**11,0**	**12,7**	**17,0**
	KG 363 € netto	6,7	8,4	9,2	10,7	14,3
15	**Unterspannung, belüftetes Dach**					
	Unterdach, Unterspannbahn; PUR-Folie, USB-A; Überlappend; frei hinterlüftet					
	m² € brutto	**7,0**	**9,2**	**10,8**	**12,0**	**14,2**
	KG 363 € netto	5,9	7,7	9,1	10,1	12,0
16	**Luftdichtheitsschicht, Dampfsperre**					
	Anschluss Unterspannbahn; Klebeband; inkl. Nebenarbeiten					
	m € brutto	**5,0**	**8,9**	**10,4**	**13,6**	**19,4**
	KG 363 € netto	4,2	7,5	8,8	11,5	16,3
17	**Luftdichtheitsschicht, Dampfbremse**					
	Dampfbremse; sd-Wert: über 0,5 bis kleiner 100 m; unbelüftetes Dach; unter Sparren					
	m² € brutto	**7,4**	**11,3**	**13,0**	**16,8**	**26,9**
	KG 363 € netto	6,2	9,5	10,9	14,1	22,6

LB 020							Preise €
Nr.	**Kurztext** / Stichworte **Einheit** / Kostengruppe		►	▷	**brutto ø** netto ø	◁	◄
18	**Dampfbremse, unter Dachsparren** Luftdichtungs-/Dampfbremsbahn; Polyethylenfolie; 0,2 mm; luftdicht verkleben; unter Sparren						
	m²	**€ brutto**	**8,9**	**12,3**	**14,6**	**15,8**	**19,7**
	KG 363	€ netto	7,5	10,3	12,3	13,3	16,6
19	**Anschluss, Dampfsperre/-bremse, Klebeband** Dampfsperrbahn, Anschluss; Klebeband; Durchdringungen, Einbauten; inkl. Nebenarbeiten						
	m	**€ brutto**	**7,9**	**13,0**	**15,0**	**23,8**	**36,4**
	KG 363	€ netto	6,6	10,9	12,6	20,0	30,6
20	**Konterlattung, 30x50mm, Dach** Konterlattung; Nadelholz, S10, gehobelt/sägerau; 30x50mm; Dach						
	m	**€ brutto**	**3,8**	**4,3**	**4,5**	**4,8**	**5,4**
	KG 363	€ netto	3,2	3,6	3,8	4,0	4,5
21	**Konterlattung, 40x60mm, Dach** Konterlattung; Nadelholz, S10, gehobelt/sägerau; 40x60mm; Dach						
	m	**€ brutto**	**4,1**	**5,2**	**5,9**	**7,0**	**8,4**
	KG 363	€ netto	3,4	4,4	5,0	5,9	7,1
22	**Traglattung, 30x50mm, Dachziegel/Betondachstein** Dachlattung; Nadelholz, S10; 30x50mm; für Dachziegel- oder Betondachsteindeckung						
	m²	**€ brutto**	**9,6**	**12,7**	**13,4**	**15,5**	**19,7**
	KG 363	€ netto	8,0	10,7	11,2	13,0	16,5
23	**Traglattung, 40x60mm, Dachziegel/Betondachstein** Dachlattung; Nadelholz, S10; 40x60mm; für Dachziegel- oder Betondachsteindeckung						
	m²	**€ brutto**	**13**	**14**	**15**	**17**	**20**
	KG 363	€ netto	11	12	13	14	17
24	**Traglattung, 30x50mm, Biberschwanzdeckung** Dachlattung; Nadelholz, S10; 30x50mm; Doppeldeckung; Biberschwanz						
	m²	**€ brutto**	**15**	**19**	**21**	**24**	**28**
	KG 363	€ netto	13	16	17	20	24
25	**Nagelabdichtung, Konterlattung** Nageldichtstreifen; Elastomerbitumenstreifen, selbstklebend; Breite 60mm; unter Konterlattung						
	m	**€ brutto**	**3,3**	**4,4**	**5,3**	**6,6**	**8,7**
	KG 363	€ netto	2,8	3,7	4,4	5,6	7,3
26	**Kantholz, Nadelholz S10TS, scharfkantig** Kantholz; Nadelholz, S10 TS, scharfkantig, gehobelt; 60x120mm						
	m	**€ brutto**	**13**	**17**	**20**	**22**	**28**
	KG 361	€ netto	11	15	17	19	23

Kosten: Stand 3.Quartal 2025, Bundesdurchschnitt

LB 020 **Preise €**

Nr.	**Kurztext** / Stichworte **Einheit** / Kostengruppe		►	▷	**brutto ø** netto ø	◁	◄
27	**Dachschalung, Nadelholz, Rauspund 24mm** Dachschalung; Nadelholz; Dicke 24mm, Breite 80-160mm; Rauspund						
	m²	**€ brutto**	**27**	**35**	**40**	**46**	**60**
	KG 363	€ netto	22	29	34	39	50
28	**Dachschalung, Nadelholz, Rauspund 28mm** Dachschalung; Nadelholz, S10; Dicke 28mm, Breite 80-160mm; Rauspund						
	m²	**€ brutto**	**27**	**37**	**41**	**43**	**49**
	KG 363	€ netto	23	31	34	36	41
29	**Dachschalung, Holzspanplatte P5, bis 25mm** Dachschalung; Holzspanplatte P5; Dicke bis 25mm; NF-Profil, mechanisch befestigen, tragende Anwendung; Feuchtebereich						
	m²	**€ brutto**	**30**	**36**	**39**	**43**	**51**
	KG 363	€ netto	25	30	33	36	43
30	**Dachschalung, Holzspanplatte P7, bis 25mm** Dachschalung; Holzspanplatte P7; Dicke bis 25mm; NF-Profil, mechanisch befestigen, tragende Anwendung; Feuchtebereich						
	m²	**€ brutto**	**32**	**38**	**40**	**48**	**59**
	KG 363	€ netto	27	32	34	40	50
31	**Traufbohle, Nadelholz, bis 60/240mm** Traufbohle, trapezförmig; Nadelholz, S10; Höhe 20-60mm, Breite 160-240mm; sichtbar; auf Holzkonstruktion						
	m	**€ brutto**	**12**	**15**	**17**	**19**	**25**
	KG 363	€ netto	10	13	14	16	21
32	**Trauf-/Ortgangschalung, N+F, bis 28mm, gehobelt** Trauf-/Ortgangschalung; Nadelholz, gehobelt, imprägniert; Dicke 24-28mm; NF-Profil, sichtbar						
	m²	**€ brutto**	**38**	**48**	**51**	**59**	**71**
	KG 363	€ netto	32	40	43	49	60
33	**Ortgangbrett, Windbrett, bis 28mm, gehobelt** Ortgangbrett; Nadelholz, gehobelt, imprägniert; Dicke 24/28mm; Unterseite, mit Tropfkante						
	m	**€ brutto**	**21**	**34**	**39**	**43**	**52**
	KG 363	€ netto	18	29	33	36	43
34	**Insektenschutzgitter, Traufe** Insektenschutzgitter; Titanzink/Kupfer/nichtrostender Stahl; Breite 166mm; dreifach gekantet; Traufe; inkl. Befestigungsmittel						
	m	**€ brutto**	**7,3**	**11,6**	**13,2**	**17,0**	**27,3**
	KG 363	€ netto	6,1	9,8	11,1	14,3	23,0

LB 020						Preise €
Nr.	Kurztext / Stichworte			brutto ø		
	Einheit / Kostengruppe	►	▷	netto ø	◁	◄
35	**Zahnleiste, Nadelholz, gehobelt** Zahnleiste; Nadelholz, gehobelt, imprägniert; Dicke 30mm; Unterseite mit Tropfkante, Oberseite profiliert; Ortgang					
	m / € brutto	**29**	**50**	**63**	**68**	**87**
	KG 363 / € netto	25	42	53	57	73
36	**Dachdeckung, Hohlfalzziegel** Dachdeckung, Tonziegel; Hohlfalzziegel, naturrot; auf Lattung					
	m² / € brutto	**41**	**50**	**54**	**57**	**61**
	KG 363 / € netto	35	42	45	48	51
37	**Dachdeckung, Doppelmuldenfalzziegel** Dachdeckung, Tonziegel; Doppelmuldenfalzziegel, naturrot; auf Lattung					
	m² / € brutto	**46**	**52**	**54**	**57**	**66**
	KG 363 / € netto	39	44	46	48	55
38	**Dachdeckung, Flachdachziegel** Dachdeckung, Tonziegel; Flachdachziegel, naturrot; auf Lattung					
	m² / € brutto	**37**	**45**	**49**	**54**	**65**
	KG 363 / € netto	31	38	41	46	55
39	**Dachdeckung, Glattziegel** Dachdeckung, Tonziegel; Glattziegel, naturrot; auf Lattung					
	m² / € brutto	**39**	**47**	**49**	**52**	**62**
	KG 363 / € netto	32	39	41	44	52
40	**Dachdeckung, Biberschwanzziegel** Dachdeckung, Tonziegel; Biberschwanz; Kronen-/Doppeldeckung; auf Lattung					
	m² / € brutto	**57**	**68**	**74**	**78**	**90**
	KG 363 / € netto	48	57	62	65	75
41	**Dachdeckung, Betondachsteine** Dachdeckung, Dachstein; feinrau/glasiert; auf Lattung					
	m² / € brutto	**32**	**39**	**43**	**46**	**58**
	KG 363 / € netto	27	33	36	39	49
42	**Dachdeckung, Dachsteine, eben** Dachdeckung, Betondachstein; eben, matt, glatte Schnittkante; Steinformat 420x330mm inkl. Falz; Steildach; auf Lattung					
	m² / € brutto	**37**	**43**	**46**	**48**	**53**
	KG 363 / € netto	31	36	38	40	45
43	**Dachdeckung, Faserzement, Wellplatte** Dachdeckung; Faserzementwellplatte, naturrot/hellbraun; Stöße mit Dichtband hinterlegt; auf Lattung					
	m² / € brutto	**53**	**59**	**59**	**62**	**67**
	KG 363 / € netto	44	49	50	52	56

Kosten: Stand 3.Quartal 2025, Bundesdurchschnitt

LB 020							Preise €
Nr.	**Kurztext** / Stichworte **Einheit** / Kostengruppe		►	▷	**brutto ø** netto ø	◁	◄
44	**Dachdeckung, Faserzement, Doppeldeckung** Dachdeckung; Faserzement-Dachplatten, glatt/strukturiert; waagrechte Doppeldeckung; auf Lattung						
	m²	**€ brutto**	**–**	**92**	**108**	**130**	**–**
	KG 363	€ netto	–	78	90	109	–
45	**Dachdeckung, Faserzement, Deutsche Deckung** Dachdeckung; Faserzementplatte; Deutsche Deckung; auf Lattung						
	m²	**€ brutto**	**–**	**114**	**131**	**159**	**–**
	KG 363	€ netto	–	95	110	134	–
46	**Dachdeckung, Holzschindeln** Dachdeckung, Holzschindeln; Nadelholz, GKL 1; Doppeldeckung/Dreifachdeckung; auf Unterdach						
	m²	**€ brutto**	**112**	**149**	**161**	**172**	**212**
	KG 363	€ netto	95	125	136	145	178
47	**Dachdeckung, Schiefer** Dachdeckung, Schiefer; Neigung 50-55°; Deutsche Deckung/Rechteckdeckung, geschraubt/genagelt; auf Schalung, Vordeckung						
	m²	**€ brutto**	**125**	**137**	**138**	**141**	**158**
	KG 363	€ netto	105	115	116	118	133
48	**Dachdeckung, Bitumenschindeln** Dachdeckung, Bitumenschindeln; granulatbeschichtet; Dicke über 3mm; Doppeldeckung; auf Holzschalung, Vordeckung						
	m²	**€ brutto**	**39**	**46**	**53**	**61**	**83**
	KG 363	€ netto	33	39	44	51	70
49	**Ortgang, Ziegeldeckung, Formziegel** Ortgangdeckung, Formziegel; Doppelwulstziegel/Ortgangziegel						
	m	**€ brutto**	**45**	**62**	**70**	**80**	**102**
	KG 363	€ netto	38	53	59	67	86
50	**Ortgang, Biberschwanzdeckung, Formziegel** Ortgangdeckung, Formziegel; Segmentschnitt/gerader Zuschnitt/spitzer Zuschnitt; inkl. Beidecken						
	m	**€ brutto**	**49**	**67**	**74**	**89**	**116**
	KG 363	€ netto	41	57	62	75	98
51	**Kehle eingebunden, Biberschwanz** Kehlausbildung, Biberschwanzdeckung; eingebundene Kehle; inkl. allen Nebenarbeiten						
	m	**€ brutto**	**83**	**98**	**113**	**125**	**143**
	KG 363	€ netto	69	82	95	105	120

LB 020						Preise €
Nr.	**Kurztext** / Stichworte			**brutto ø**		
	Einheit / Kostengruppe	►	▷	netto ø	◁	◄
52	**Ortgang, Dachsteindeckung, Formziegel**					
	Ortgangdeckung, Dachstein; Formstein/Ortgangstein, feinrau/glasiert					
	m **€ brutto**	**41**	**58**	**62**	**69**	**97**
	KG 363 € netto	34	48	52	58	81
53	**Ortgang, Schiefer**					
	Ortgangdeckung Schieferdach; Anfangortstein und Stichstein, Endort mit Doppelort					
	m **€ brutto**	**46**	**53**	**54**	**59**	**70**
	KG 363 € netto	38	45	46	50	59
54	**Firstanschluss, Ziegeldeckung, Formziegel**					
	Firstanschluss, Formziegel; Biberschwanz/Flachziegel; Länge 260mm; geklammert; First, aufgehende Bauteile; inkl. Firstanschlussziegel					
	m **€ brutto**	**26**	**50**	**50**	**64**	**85**
	KG 363 € netto	22	42	42	53	72
55	**First, Firstziegel, mörtellos, inkl. Lüfter**					
	Firstdeckung, trocken verlegt; Biberschwanz/Falzziegel; geklammert; inkl. Anfängerziegel, Lüfterelement					
	m **€ brutto**	**56**	**81**	**93**	**99**	**113**
	KG 363 € netto	47	68	78	83	95
56	**First, Firstziegel, vermörtelt**					
	Firstdeckung, Firstziegel; Biberschwanz-/Flachziegel; vermörtelt; inkl. Anfängerziegel					
	m **€ brutto**	**55**	**74**	**92**	**100**	**112**
	KG 363 € netto	46	63	78	84	94
57	**First, Firststein, geklammert, Dachstein**					
	Firstdeckung, Firststein; Betondachstein; geklammert; inkl. Anfängerziegel, Lüfterelement					
	m **€ brutto**	**46**	**76**	**86**	**98**	**121**
	KG 363 € netto	39	64	72	82	102
58	**Pultdachabschluss, Abschlussziegel**					
	Pultdachabschluss, Pultfirstziegel; Falzziegel; geklammert; inkl. Pult-Ortgangziegel					
	m **€ brutto**	**68**	**101**	**115**	**127**	**172**
	KG 363 € netto	57	85	97	106	144
59	**Pultdachanschluss, Metallblech Z333**					
	Pultdachanschlussausbildung; Metallblech; Zuschnitt 333mm; mechanisch befestigen					
	m **€ brutto**	**30**	**53**	**71**	**75**	**85**
	KG 363 € netto	25	45	59	63	71

LB 020						Preise €
Nr.	**Kurztext** / Stichworte **Einheit** / Kostengruppe		▶	▷	**brutto ø** netto ø	◁	◀

Nr.	Kurztext / Einheit		▶	▷	ø	◁	◀
60	**Grateindeckung, Ziegel, mörtellos** Gratdeckung, Formziegel, trocken verlegt; Biberschwanz-/Falzziegel; geklammert; inkl. Anfängerziegel, Lüfterelement						
	m	**€ brutto**	**76**	**97**	**103**	**110**	**136**
	KG 363	€ netto	64	82	86	92	114
61	**Grateindeckung, Ziegel, vermörtelt** Gratdeckung, vermörtelt; Grat-Formziegel; auf Gratlatte; inkl. Anfängerziegel						
	m	**€ brutto**	**83**	**103**	**113**	**117**	**140**
	KG 363	€ netto	69	87	95	99	117
62	**Gratdeckung, Schiefer** Gratdeckung, Schiefer; Anfangsort Stichort, Endort Doppelort						
	m	**€ brutto**	**29**	**34**	**39**	**43**	**73**
	KG 363	€ netto	24	28	33	36	62
63	**Durchgangsziegel, Dunstrohr, DN100** Dunstrohr-Durchgangsziegel; Ton; DN100; inkl. schlagregensicherem Dunstrohraufsatz						
	St	**€ brutto**	**154**	**219**	**237**	**257**	**313**
	KG 363	€ netto	129	184	199	216	263
64	**Durchgangselement, Dunstrohr, Kunststoff, DN100** Dunstrohr-Durchgangsformstück; Kunststoff/PVC; DN100; inkl. schlagregensicherer Abdeckhaube						
	St	**€ brutto**	**94**	**122**	**133**	**155**	**197**
	KG 363	€ netto	79	102	112	130	166
65	**Durchgangselement, Solarleitung** Durchgangselement, Solarleitung; passend Dachdeckung						
	St	**€ brutto**	**62**	**134**	**158**	**227**	**367**
	KG 363	€ netto	52	113	133	190	309
66	**Lüfterelement, Dachziegel** Lüfterziegel; mörtellos; inkl. Insektenschutzgitter						
	St	**€ brutto**	**25**	**33**	**37**	**41**	**48**
	KG 363	€ netto	21	27	31	35	41
67	**Durchgangselement, Antenne, Formziegel** Antennenanschluss, Formziegel; Tonziegel, PVC Aufsatz						
	St	**€ brutto**	**99**	**144**	**163**	**181**	**242**
	KG 363	€ netto	84	121	137	152	204
68	**Tonziegel, Reserve** Reserveziegel; Ton; liefern, lagern						
	St	**€ brutto**	**3,5**	**6,3**	**6,8**	**9,1**	**14,6**
	KG 363	€ netto	3,0	5,3	5,7	7,6	12,3

LB 020						Preise €
Nr.	**Kurztext** / Stichworte **Einheit** / Kostengruppe	►	▷	**brutto ø** netto ø	◁	◄
69	**Wandanschluss Ziegel/Dachstein** Dachdeckung anarbeiten; Ziegel/Dachstein; trocken verlegt; aufgehende Wände					
	m **€ brutto**	**19**	**32**	**40**	**45**	**60**
	KG 363 € netto	16	27	34	38	50
70	**Ziegel beidecken, Dachdeckung** Beidecken, Ziegeldachdeckung; Zuschneiden/Fräsen; Anschlüsse Dachfenster, Kehlen, Kamin, Dachgauben					
	m **€ brutto**	**13**	**21**	**25**	**29**	**36**
	KG 363 € netto	11	18	21	24	30
71	**Verklammerung, Dachdeckung** Verklammerung, Dachdeckung; korrosionsgeschütztem/nichtrostendem Klammern; sturmsicher verklemmen					
	m² **€ brutto**	**4,2**	**7,1**	**8,6**	**11,3**	**16,4**
	KG 363 € netto	3,5	5,9	7,2	9,5	13,8
72	**Wandbekleidung Holzschindel** Außenwandbekleidung Holzschindel; Nadelholz, gespalten, GKL 1/2; Fußdicke mind. 8mm, Höhe bis 8,00m; als vorgehängte, hinterlüftete Fassade; Unterkonstruktion, Rauspund mit Bitumenpappe					
	m² **€ brutto**	**143**	**202**	**231**	**287**	**389**
	KG 335 € netto	120	170	194	241	327
73	**Eckausbildung Holzschindelbekleidung** Eckausbildung Holzschindelbekleidung; Eckprofil, Nadelholz, allseitig gehobelt; geschraubt					
	m **€ brutto**	**16**	**38**	**39**	**45**	**66**
	KG 335 € netto	14	32	33	38	55
74	**Randanschluss Holzschindelbekleidung** Randanschluss Holzschindelbekleidung; Außenecken					
	m **€ brutto**	**16**	**32**	**47**	**50**	**66**
	KG 335 € netto	14	27	39	42	55
75	**Dachfenster/Dachausstieg** Dachausstieg; Kunststoff; 490x760mm; 180° Öffnungswinkel und Schwingfunktion					
	St **€ brutto**	**523**	**812**	**833**	**1.015**	**1.381**
	KG 362 € netto	440	682	700	853	1.160
76	**Dachflächenfenster, gedämmt, Holz, lasiert** Wohndachfenster; Nadelholz, Isolierverglasung; Blendrahmen 1,14x1,60m/1,34x1,40m; Klapp-Schwingflügel; inkl. Eindeckrahmen					
	St **€ brutto**	**913**	**1.422**	**1.625**	**1.893**	**2.569**
	KG 362 € netto	767	1.195	1.366	1.590	2.159

Kosten: Stand 3.Quartal 2025, Bundesdurchschnitt

LB 020							**Preise €**
Nr.	**Kurztext** / Stichworte **Einheit** / Kostengruppe		▶	▷	**brutto ø** netto ø	◁	◀
77	**Stundensatz, Facharbeiter/-in** Stundenlohnarbeiten für Vorarbeiter/-in, Facharbeiter/-in und Gleichgestellte; Dachdeckung						
	h	**€ brutto**	**81**	**91**	**96**	**100**	**107**
		€ netto	68	77	81	84	90
78	**Stundensatz, Helfer/-in** Stundenlohnarbeiten für Werker/-in, Helfer/-in und Gleichgestellte; Dachdeckung						
	h	**€ brutto**	**53**	**68**	**77**	**80**	**89**
		€ netto	45	57	64	67	75

LB 021 **Preise €**

Nr.	Kurztext / Stichworte Einheit / Kostengruppe		►	▷	brutto ø netto ø	◁	◄
1	**Voranstrich, Dampfsperre** Voranstrich für Dampfsperre; Haftgrund; vollflächig aufbringen; Beton-/Holzwerkstofffläche						
	m²	**€ brutto**	**1,0**	**2,8**	**3,4**	**4,7**	**8,1**
	KG 363	€ netto	0,8	2,4	2,9	4,0	6,8
2	**Trennlage/untere Lage, V13, auf Holz** Trennlage/Vordeckung; Bitumendachbahn mit Glasvlies V13; überlappend, mechanisch befestigen, Holzuntergrund						
	m²	**€ brutto**	**2,6**	**5,9**	**7,0**	**8,3**	**11,4**
	KG 363	€ netto	2,1	5,0	5,9	7,0	9,6
3	**Trennlage/untere Lage, G200 DD, auf Holz** Trennlage/Vordeckung; Bitumendachdichtungsbahn G 200 DD; Nähte überlappend, mechanisch befestigen auf Holzwerkstoffplatten; Dach						
	m²	**€ brutto**	**14**	**15**	**16**	**18**	**20**
	KG 363	€ netto	12	12	13	15	17
4	**Dampfsperre hochführen, aufgehende Bauteile** Dampfsperre hochführen; bis OK Dämmung, starr anschließen; aufgehende Bauteile						
	m	**€ brutto**	**4,7**	**8,0**	**9,4**	**11,7**	**16,8**
	KG 363	€ netto	4,0	6,7	7,9	9,9	14,1
5	**Trennlage/Ausgleichsschicht, PE-Folie** Trennlage/Gleitschicht; PE-Folie; lose verlegt; auf Holzschalung/Betondecke						
	m²	**€ brutto**	**1,1**	**4,8**	**6,0**	**7,5**	**10,7**
	KG 363	€ netto	0,9	4,0	5,0	6,3	9,0
6	**Dampfsperre, V60S4 Al01, auf Beton** Dampfsperre; Bitumenschweißbahn mit Glasvlieseinlage; sd-Wert 1500m; punktförmig geschweißt, Stöße überlappt; Betondecke						
	m²	**€ brutto**	**12**	**16**	**18**	**20**	**30**
	KG 363	€ netto	9,7	13,5	15,3	17,2	25,0
7	**Dampfsperre, Alu-Verbundfolie, mind. 1.500m** Dampfsperre; Polyolefin-Kunststoffdichtbahn; selbstklebend, Stöße überlappt; Betondecke						
	m²	**€ brutto**	**2,9**	**7,7**	**9,5**	**12,7**	**20,6**
	KG 363	€ netto	2,4	6,5	8,0	10,7	17,3
8	**Wärmedämmung DAA, EPS 035, bis 80mm** Wärmedämmung EPS; Polystyrol-Hartschaumplatte, expandiert, WLG 035; bis 80mm; einlagig, geklebt; nichtbelüftetes Flachdach						
	m²	**€ brutto**	**22**	**27**	**29**	**32**	**39**
	KG 363	€ netto	18	22	24	27	33

LB 021 **Preise €**

Nr.	Kurztext / Stichworte Einheit / Kostengruppe		▶	▷	brutto ø netto ø	◁	◀
9	**Wärmedämmung DAA, EPS 035, bis 140mm** Wärmedämmung EPS; Polystyrol-Hartschaumplatte, expandiert, WLG 035; bis 140mm; einlagig, geklebt; nichtbelüftetes Flachdach						
	m²	**€ brutto**	**29**	**38**	**41**	**47**	**60**
	KG 363	€ netto	25	32	35	40	51
10	**Wärmedämmung DAA, EPS 035, bis 240mm** Wärmedämmung EPS; Polystyrol-Hartschaumplatte, expandiert, WLG 035; bis 240; einlagig, geklebt; nichtbelüftetes Flachdach						
	m²	**€ brutto**	**37**	**51**	**60**	**65**	**80**
	KG 363	€ netto	31	42	50	54	67
11	**Wärmedämmung DAA, PUR 024 bis 120mm, kaschiert** Wärmedämmung PU; Polyurethan-Hartschaumplatten, beidseitig Alukaschiert, WLG 025, E; 80/100/120mm; einlagig, geklebt; nicht-belüftetes Flachdach						
	m²	**€ brutto**	**32**	**41**	**44**	**48**	**57**
	KG 363	€ netto	27	35	37	41	48
12	**Wärmedämmung DAA, PUR 024, 180mm, kaschiert** Wärmedämmung PU; Polyurethan-Hartschaumplatten, beidseitig Alukaschiert, WLG 025, E; bis 180mm; einlagig, geklebt; nichtbelüftetes Flachdach						
	m²	**€ brutto**	**57**	**71**	**80**	**92**	**128**
	KG 363	€ netto	48	60	67	77	108
13	**Wärmedämmung DAA, CG 045, 140mm** Wärmedämmung CG; Schaumglas-Dämmplatte, WLG 045, A1; Dicke 140mm; einlagig, vollflächig geklebt Heißbitumen; Rohbetondecke						
	m²	**€ brutto**	**111**	**137**	**146**	**168**	**205**
	KG 363	€ netto	93	115	123	141	173
14	**Wärmedämmung DUK, XPS 040, 140 mm** Wärmedämmung XPS; Polystyrol-Hartschaumplatten, extrudiert, WLG 040; Dicke 140mm; einlagig; Umkehrdach, Flachdach						
	m²	**€ brutto**	**39**	**56**	**58**	**70**	**90**
	KG 363	€ netto	32	47	49	59	76
15	**Wärmedämmung DAA, MW 038, 160mm** Wärmedämmung MW; Mineralwolle-Dämmplatte, A1; Dicke 160mm; einlagig, punktweise geklebt; Rohbetondecke						
	m²	**€ brutto**	**–**	**42**	**48**	**58**	**–**
	KG 363	€ netto	–	35	40	48	–

LB 021							Preise €
Nr.	Kurztext / Stichworte Einheit / Kostengruppe		►	▷	brutto ø netto ø	◁	◄
16	**Übergang, Dämmkeil, EPS-Hartschaum, 60x60mm** Dämmkeil; EPS Hartschaum; 60x60mm, Zuschnitt 45°; an aufgehende Bauteile						
	m	**€ brutto**	**2,0**	**4,9**	**5,9**	**8,9**	**15,4**
	KG 363	€ netto	1,7	4,1	5,0	7,4	13,0
17	**Unterkonstruktion, Kantholz, bis 100x60mm** Unterkonstruktion, Kantholz; Nadelholz, S10, C24; 60x60 bis 100x60mm; in Dachabdichtung/Attika/Brüstung; inkl. Holzschutz						
	m	**€ brutto**	**10**	**15**	**17**	**18**	**23**
	KG 363	€ netto	8,8	12,3	14,1	15,5	19,0
18	**Unterkonstruktion, Holzbohlen, 40x120mm** Unterkonstruktion, Holzbohlen; Nadelholz, S10, C24; 40x120mm; mechanisch befestigt; Flachdachrand/Attika/Brüstung						
	m	**€ brutto**	**23**	**28**	**30**	**34**	**40**
	KG 363	€ netto	20	24	25	28	34
19	**Fugenabdichtung, Silikon** Fugenabdichtung, elastisch; Silikon; inkl. Flankenvorbehandlung						
	m	**€ brutto**	**2,7**	**5,7**	**7,3**	**9,3**	**12,1**
	KG 363	€ netto	2,3	4,8	6,1	7,8	10,2
20	**Bewegungsfuge, Typ I, Schleppstreifen, Bitumenbahn** Bewegungsfuge; Typ i; Flachdachaufbau						
	m	**€ brutto**	**37**	**47**	**51**	**58**	**77**
	KG 363	€ netto	31	40	43	49	65
21	**Dachabdichtung PYE G200, S4/S5, untere Lage** Dachabdichtung DU, untere Lage; Polymerbitumenschweißbahn PYE-G 200, S4/S5; Gefälle über 2%; extensive Dachnutzung						
	m²	**€ brutto**	**15**	**19**	**21**	**23**	**27**
	KG 363	€ netto	12	16	17	19	23
22	**Dachabdichtung PYE PV200 S5, obere Lage** Dachabdichtung DO; Polymerbitumenschweißbahn PYE-PV 200 S5, Eigenschaftsklasse E1; Gefälle über 2%; extensiv/intensiv Dachnutzung						
	m²	**€ brutto**	**19**	**25**	**28**	**39**	**62**
	KG 363	€ netto	16	21	24	33	52
23	**Dachabdichtung PYE PV 200 S5 Cu01, Wurzelschutz, obere Lage** Dachabdichtung DO, als Wurzelschutzbahn; Polymerbitumen-Schweißbahn PYE-PV 200 S5+Cu01, Eigenschaftsklasse E1; Gefälle über 2%						
	m²	**€ brutto**	**34**	**43**	**44**	**46**	**56**
	KG 363	€ netto	28	36	37	39	47

Kosten: Stand 3.Quartal 2025, Bundesdurchschnitt

LB 021							**Preise €**
Nr.	**Kurztext** / Stichworte **Einheit** / Kostengruppe		►	▷	**brutto ø** netto ø	◁	◄
24	**Dachabdichtung PYE PV 200 S5, Wurzelschutz, obere Lage** Dachabdichtung DO, als Wurzelschutzbahn; Polymerbitumenschweißbahn PYE-PV 200 S5, Eigenschaftsklasse E1; Gefälle über 2%						
	m²	**€ brutto**	**22**	**30**	**34**	**38**	**58**
	KG 363	€ netto	18	25	29	32	48
25	**Dachabdichtung zweilagig, Polymerbitumen-Schweißbahnen** Dachabdichtung; PYE-G 200 S4/S5, DU/E1, PYE-PV 200 S5 DO/E1; Gefälle über 2%						
	m²	**€ brutto**	**34**	**43**	**46**	**51**	**58**
	KG 363	€ netto	29	36	39	42	49
26	**Wandanschluss, gedämmt EPS 035, zweilagige Abdichtung** Wandanschluss, gedämmt; EPS-Dämmstoffkeile, WLG 035, Kantholz, C24; Keil 60x60mm, Dämmdicke 80mm; Wand/Brüstung						
	m	**€ brutto**	**36**	**49**	**56**	**70**	**95**
	KG 363	€ netto	30	42	47	59	80
27	**Attikaabschluss, gedämmt, zweilagige Abdichtung** Attikaanschluss, zweilagig; EPS-Dämmstoffkeile, WLG 035, Anwendung K1/K2; Keil 60x60, Dämmung 80mm						
	m	**€ brutto**	**38**	**62**	**76**	**87**	**106**
	KG 363	€ netto	32	52	64	73	89
28	**Dachabdichtung, Kunststoffbahn, PVC 1,5mm, einlagig** Dachabdichtung DE; PVC-P Kunststoffbahn mit Glasvlies, E; Dicke 1,5mm						
	m²	**€ brutto**	**–**	**38**	**43**	**53**	**–**
	KG 363	€ netto	–	32	36	44	–
29	**Dachabdichtung, Kunststoffbahn, FPO, einlagig** Dachabdichtung DE; FPO Kunststoffbahn, E; Dicke 2,0mm						
	m²	**€ brutto**	**36**	**42**	**48**	**54**	**62**
	KG 363	€ netto	31	36	40	46	52
30	**Dachabdichtung, Kunststoffbahn, PIB, einlagig** Dachabdichtung DE; PIB Kunststoffbahn mit Polyestervlies; Dicke 1,5mm						
	m²	**€ brutto**	**49**	**56**	**60**	**64**	**71**
	KG 363	€ netto	42	47	50	53	59
31	**Dachabdichtung, Kunststoffbahn, EVA, einlagig, 1,5mm** Dachabdichtung DE, mit Wurzelschutz; Ethylen-Vinyl-Acetat Terpolymer - EVA-BV-K(PV), E; Dicke 1,5mm						
	m²	**€ brutto**	**29**	**39**	**43**	**48**	**59**
	KG 363	€ netto	24	32	36	40	49

LB 021 **Preise €**

Nr.	Kurztext / Stichworte Einheit / Kostengruppe		►	▷	brutto ø netto ø	◁	◄
32	**Dachabdichtung, Kunststoffbahn, EVA, einlagig, 2,0mm** Dachabdichtung DE, mit Wurzelschutz; Ethylen-Vinyl-Acetat Terpolymer - EVA-BV-K(PV), E; Dicke 2,0mm						
	m²	**€ brutto**	**34**	**43**	**48**	**53**	**63**
	KG 363	€ netto	28	36	40	44	53
33	**Dachabdichtung, Kunststoffbahn, EPDM, einlagig, 2,5mm** Dachabdichtung DE; Ethylen-Propylen-Dien-Kautschuk-EPDM, bitumenverträglich; Dicke 2,5mm; einlagig, selbstklebend						
	m²	**€ brutto**	**45**	**54**	**57**	**62**	**70**
	KG 363	€ netto	38	46	48	52	59
34	**Wandabschluss, Dachdichtung, EPDM** Randanschluss, Dachdichtung; EPDM; geklebt und mit Nägeln befestigt						
	m	**€ brutto**	**43**	**55**	**55**	**56**	**64**
	KG 363	€ netto	36	46	46	47	54
35	**Dachabdichtung, Befestigung, Schienen** Dachabdichtung Kunststoffbahn, mechanische Befestigung; Linien-/ Punktbefestiger; einlagig; im Eck- und Randbereich/Feldmitte						
	m²	**€ brutto**	**8,4**	**13,9**	**15,2**	**18,4**	**23,8**
	KG 363	€ netto	7,1	11,7	12,8	15,5	20,0
36	**Wandanschluss, gedämmt, Kunststoffbahn, einlagig** Wandanschluss Kunststoffbahn, gedämmt; PUR-Wärmedämmung, Kantholz S10, Alu-Klemmschiene, Blechabdeckprofil; Dämmkeil 60x60mm, Dämmung 60mm; einlagig						
	m	**€ brutto**	**31**	**53**	**61**	**77**	**115**
	KG 363	€ netto	26	45	51	65	96
37	**Attikaanschluss, Kunststoffbahn, einlagig** Attikaanschluss, gedämmt; Kunststoffdichtungsbahn, PUR-Wärmedämmung , Metallabdeckprofil, Dämmstoffkeil; Keil 60x60mm, Dämmdicke 60mm; einlagig						
	m	**€ brutto**	**26**	**46**	**56**	**63**	**76**
	KG 363	€ netto	22	39	47	53	64
38	**Balkonabdichtung, zweilagig, PYE PV 200 S5 u. PYE G200 S5** Balkonabdichtung, Flächendichtung; untere Lage PYE-PV 200 S5, E1, IA, obere Lage PYE-G 200 S5, E1, IA; zweilagig; inkl. Voranstrich						
	m²	**€ brutto**	**46**	**53**	**57**	**66**	**79**
	KG 353	€ netto	38	45	48	56	66

Kosten: Stand 3.Quartal 2025, Bundesdurchschnitt

LB 021 **Preise €**

Nr.	Kurztext / Stichworte				brutto ø		
	Einheit / Kostengruppe		►	▷	netto ø	◁	◄
39	**Wandanschluss, Abdichtung, Balkon, zweilagig** Balkon-Wandanschluss; Polymerbitumenbahn, Polystyrol-Dämmung, Dämmkeil, Kantholz S10, Abdeckung; Dämmung 80mm, 50x50mm, Kantholz 80x60mm						
	m	**€ brutto**	**31**	**54**	**67**	**84**	**112**
	KG 353	€ netto	26	45	56	70	94
40	**Flüssigabdichtung, PMMA, 2,1mm** Flüssigabdichtung, Wurzelfestigkeit, Dach; zweikomponentigen Polymethylacrylat-Harz , Vlies 165/200g; Dicke 2,1mm; Dachfläche						
	m²	**€ brutto**	**–**	**78**	**89**	**109**	**–**
	KG 363	€ netto	–	65	75	92	–
41	**Flüssigabdichtung, PU-Harz/Vlies, 2,1mm** Flüssigabdichtung, Wurzelfestigkeit, Dach; Pu-Harz, Vlies, lösemittelfrei, UV-Stabil; Dicke 2,0mm, Vlies 165/200g; Dachfläche mit Wurzelfestigkeit						
	m²	**€ brutto**	**–**	**130**	**149**	**182**	**–**
	KG 363	€ netto	–	109	125	153	–
42	**Abdichtungsanschluss, Fenstertür, Abdeckblech** Fenstertüranschluss; Abdeckblech, Titanzink/Kupfer; inkl. obenliegende Fuge verfugen						
	m	**€ brutto**	**52**	**77**	**83**	**103**	**134**
	KG 363	€ netto	43	65	70	87	113
43	**Wandanschluss, Dachabdichtung, Aluminiumprofil** Wandanschlussprofil; Aluminium, eloxiert; Anschluss Abdichtungsbahnen; inkl. Abschlussfuge versiegeln						
	m	**€ brutto**	**15**	**23**	**27**	**31**	**40**
	KG 363	€ netto	13	19	23	26	33
44	**Notüberlauf, Attika, DN100, Freispiegel** Notüberlauf, Attika; Rohr mit 5° Gefälle; DN100; mit Gefällestrecke; inkl. integrierter Anschlussmanschette						
	St	**€ brutto**	**148**	**305**	**361**	**598**	**976**
	KG 363	€ netto	125	256	304	503	820
45	**Flachdachablauf, mit Kiesfang, UP-GF, DN70, Freispiegel** Flachdachablauf; Glasfaserverstärkter Kunststoff; DN70; mehrteilig, gedämmt, Aufstockelement; inkl. Dichtringen, Anschlussmanschetten						
	St	**€ brutto**	**136**	**186**	**215**	**261**	**331**
	KG 363	€ netto	115	156	181	220	278

LB 021 **Preise €**

Nr.	Kurztext / Stichworte Einheit / Kostengruppe		►	▷	brutto ø netto ø	◁	◄
46	**Flachdachablauf, mit Kiesfang, PUR, DN100, Druckstrom** Flachdachablauf; Glasfaserverstärkter Kunststoff; DN100; mehrteilig, gedämmt, Aufstockelement; inkl. Dichtringen, Anschlussmanschetten						
	St	**€ brutto**	**159**	**276**	**320**	**417**	**637**
	KG 363	€ netto	134	232	269	351	535
47	**Aufstockelement, bauseitigen Dachablauf** Aufstockelement, Flachdachablauf; Gusseisen/Polyurethan; DN70/DN100; Freispiegelentwässerung; Höhenausgleichstück, Dichtring, Manschetten, Schraubflansch						
	St	**€ brutto**	**87**	**110**	**129**	**149**	**205**
	KG 363	€ netto	73	92	108	126	172
48	**FD-Dunstrohreinfassung, bis 150mm** Dunstrohreinfassung; bis DN150; wärmegedämmt, Abdeckung; Flachdach; inkl. Eindichten, Klemmring						
	St	**€ brutto**	**80**	**140**	**162**	**182**	**228**
	KG 363	€ netto	67	118	136	153	192
49	**Durchführung andichten, Anschweißflansch** Durchführung andichten; Stab-/Rohrdurchführung; bis DN100; mit Anschweißflansch						
	St	**€ brutto**	**35**	**60**	**76**	**89**	**110**
	KG 363	€ netto	30	51	64	75	92
50	**Blitzschutzdurchführung, Formteil, D=100** Blitzschutzdurchführung, Formteil; Abdichtung anschließen und eindichten						
	St	**€ brutto**	**41**	**59**	**66**	**90**	**129**
	KG 363	€ netto	35	49	56	76	109
51	**Leitungseinfassung, Flachdach, Klemmanschluss** Rohreinfassung; Edelstahl, Manschette, Dichtring; DN100; inkl. anarbeiten; Anschluss Dampfsperre, Dachdichtbahn						
	St	**€ brutto**	**50**	**113**	**127**	**202**	**365**
	KG 363	€ netto	42	95	107	170	306
52	**Lichtkuppel, zweischalig, rund, Aufsetzkranz, 800mm** Lichtkuppel, rund, Öffnungsmotor; Acrylglas, zweischalig, Metallaufsetzkranz; Durchmesser 800m, Höhe 500mm; Wärmedämmung						
	St	**€ brutto**	**932**	**1.854**	**2.280**	**2.618**	**3.259**
	KG 362	€ netto	783	1.558	1.916	2.200	2.739

Kosten: Stand 3.Quartal 2025, Bundesdurchschnitt

LB 021						**Preise €**
Nr.	**Kurztext** / Stichworte			**brutto ø**		
	Einheit / Kostengruppe	►	▷	netto ø	◁	◄
53	**Lichtkuppel, zweischalig, rechteckig, Aufsetzkranz, 1.200x1.200, RWA** Lichtkuppel, rechteckig, mit Öffnungsmotor; Acrylglas zweischalig, Metallaufsetzkranz; Größe1.200x1.200mm, Höhe 500mm; zweischalig gedämmt					
	St € brutto	**1.332**	**2.114**	**2.342**	**3.049**	**4.233**
	KG 362 € netto	1.119	1.777	1.968	2.563	3.557
54	**Anschluss Flachdachdichtung an Lichtkuppel** Lichtkuppel; mit Klebeflansch; Höhe 500mm; anschließen an Flächen-abdichtung, versiegeln mit Dichtmasse					
	St € brutto	**170**	**239**	**277**	**357**	**511**
	KG 363 € netto	143	200	233	300	430
55	**Schutzmatte, Gummigranulat, Dachdichtung** Bautenschutzmatte, Wurzelschutz; Polyurethan-Kautschuk; Dicke 10mm; lose verlegen; begrüntes Flachdach					
	m² € brutto	**12**	**19**	**22**	**28**	**44**
	KG 363 € netto	10	16	18	23	37
56	**Kiesschüttung, 16/32, Dach** Kiesschüttung; Rollkies 16/32, gewaschen; Breite 50cm, Schütthöhe 14cm; begrüntes Flachdach					
	m² € brutto	**8,8**	**17,7**	**20,4**	**31,7**	**61,5**
	KG 363 € netto	7,4	14,9	17,1	26,6	51,6
57	**Trennlage, PE-Folie, Dach** Trennlage; PE-Folie; Dicke 0,2mm; lose, überlappend verlegen; begrüntes Flachdach					
	m² € brutto	**2,9**	**5,1**	**6,4**	**8,3**	**11,5**
	KG 363 € netto	2,5	4,3	5,4	6,9	9,7
58	**Stundensatz, Facharbeiter/-in** Stundenlohnarbeiten für Vorarbeiter/-in, Facharbeiter/-in und Gleich-gestellte; Dachabdichtungsarbeiten					
	h € brutto	**68**	**87**	**93**	**98**	**109**
	€ netto	57	73	78	83	92
59	**Stundensatz, Helfer/-in** Stundenlohnarbeiten für Werker/-in, Helfer/-in und Gleichgestellte; Dachabdichtungsarbeiten					
	h € brutto	**53**	**71**	**79**	**86**	**95**
	€ netto	44	60	67	72	80

022

Klempnerarbeiten

LB 022						Preise €
Nr.	**Kurztext** / Stichworte **Einheit** / Kostengruppe	▶	▷	**brutto ø** netto ø	◁	◀
1	**Kleintierschutz, Metall** Kleintierschutz; Metall; bis 150mm; zweifach gekantet, an Holzunterkonstruktion					
	m **€ brutto**	**9,4**	**15,9**	**19,0**	**21,6**	**27,3**
	KG 363 € netto	7,9	13,4	16,0	18,1	23,0
2	**Kleintierschutz, Kunststoff** Kleintierschutz; Kunststoff; Kammleiste; inkl. Befestigungsmittel					
	m **€ brutto**	**5,6**	**8,7**	**10,6**	**11,3**	**17,1**
	KG 363 € netto	4,7	7,3	8,9	9,5	14,4
3	**Traufblech, Titanzink, Z 333** Traufblech, Rinneneinhang; Titanzink; Zuschnitt 333mm; dreifach gekantet					
	m **€ brutto**	**21**	**28**	**31**	**37**	**54**
	KG 363 € netto	17	24	26	31	46
4	**Traufblech, Kupfer, Z 333** Traufblech, Rinneneinhang; Kupfer; Zuschnitt 333mm; dreifach gekantet					
	m **€ brutto**	**25**	**35**	**39**	**44**	**63**
	KG 363 € netto	21	29	33	37	53
5	**Traufblech, Aluminium, Z 333** Traufblech, Rinneneinhang; Aluminium; Zuschnitt 333mm; dreifach gekantet					
	m **€ brutto**	**22**	**27**	**30**	**34**	**41**
	KG 363 € netto	18	23	25	29	34
6	**Traufblech, Eckausbildung** Traufblech, Eckausbildung; Zuschnitt 333mm; Untergrund Holz, inkl. Haftstreifen					
	St **€ brutto**	**24**	**29**	**36**	**45**	**49**
	KG 363 € netto	20	24	31	37	41
7	**Dachrinne, Titanzink, Z 250** Hängedachrinne, halbrund; Titanzink; Zuschnitt 250mm; Wulst und Falz, mit Rinnenhalter					
	m **€ brutto**	**36**	**44**	**48**	**52**	**61**
	KG 363 € netto	30	37	41	44	51
8	**Dachrinne, Titanzink, Z 400** Hängedachrinne, halbrund; Titanzink; Zuschnitt 400mm; Wulst und Falz, mit Rinnenhalter					
	m **€ brutto**	**48**	**57**	**60**	**65**	**77**
	KG 363 € netto	41	48	51	55	65

Kosten: Stand 3.Quartal 2025, Bundesdurchschnitt

LB 022						**Preise €**
Nr.	**Kurztext** / Stichworte			**brutto ø**		
	Einheit / Kostengruppe	►	▷	netto ø	◁	◄
9	**Dachrinne, Titanzink, Kastenrinne, bis Z 333**					
	Hängedachrinne, kastenförmig; Titanzink; Zuschnitt bis 333mm; Wulst und Falz, mit Rinnenhalter					
	m **€ brutto**	**45**	**53**	**56**	**63**	**80**
	KG 363 € netto	38	45	47	53	67
10	**Dachrinne, Kupfer, bis Z 333**					
	Hängedachrinne, halbrund; Kupfer; Zuschnitt bis 333mm; Wulst und Falz, mit Rinnenhalter					
	m **€ brutto**	**46**	**56**	**61**	**63**	**71**
	KG 363 € netto	39	47	51	53	60
11	**Dachrinne, Aluminium, bis Z 333**					
	Hängedachrinne, halbrund; Aluminium; Zuschnitt 333mm; Wulst und Falz, mit Rinnenhalter					
	m **€ brutto**	**49**	**56**	**59**	**63**	**72**
	KG 363 € netto	41	47	50	53	60
12	**Rinnenstutzen, Titanzink**					
	Rinnenstutzen, halbrund; Titanzink; in Dachrinne und Fallrohr eingepasst					
	St **€ brutto**	**22**	**34**	**38**	**43**	**57**
	KG 363 € netto	19	28	32	36	48
13	**Rinnenstutzen, Kupfer**					
	Rinnenstutzen, halbrund; Kupfer; in Dachrinne und Fallrohr eingepasst					
	St **€ brutto**	**32**	**51**	**52**	**58**	**71**
	KG 363 € netto	27	43	44	49	60
14	**Wasserfangkasten, Titanzink**					
	Rinnenkessel, rund/kastenförmig; Titanzink; Ornament ein-/ausgeschwungen					
	St **€ brutto**	**115**	**163**	**182**	**220**	**305**
	KG 363 € netto	97	137	153	185	256
15	**Wasserfangkasten, Kupfer**					
	Rinnenkessel, rund/kastenförmig; Kupfer; Ornament ein-/ausgeschwungen					
	St **€ brutto**	**129**	**243**	**270**	**305**	**477**
	KG 363 € netto	108	204	227	256	401
16	**Wasserspeier, bis DN100**					
	Wasserspeier; Kupfer/Zink/Edelstahl/Alu; bis DN100; Dachrinne/Attikablech					
	St **€ brutto**	**126**	**188**	**214**	**259**	**360**
	KG 363 € netto	106	158	180	218	302

LB 022 **Preise €**

Nr.	Kurztext / Stichworte Einheit / Kostengruppe		►	▷	brutto ø netto ø	◁	◄
17	**Rinnenendstück, Titanzink** Rinnenendstück, halbrund/kastenförmig; Titanzink; in Rinne eingepasst, eingelötet						
	St	**€ brutto**	**7,6**	**12,3**	**14,6**	**17,8**	**24,0**
	KG 363	€ netto	6,4	10,3	12,3	15,0	20,2
18	**Rinnenendstück, Kupfer** Rinnenendstück, halbrund/kastenförmig; Kupfer; in Rinne eingepasst, eingelötet						
	St	**€ brutto**	**8,3**	**13,2**	**15,1**	**21,7**	**31,8**
	KG 363	€ netto	7,0	11,1	12,7	18,2	26,7
19	**Eckausbildung Dachrinne** Eckausbildung Dachrinne; Innen- und Außenecke						
	St	**€ brutto**	**44**	**60**	**66**	**80**	**106**
	KG 363	€ netto	37	50	56	67	89
20	**Außenecke Dachrinne, Titanzink** Rinnenwinkel, Außenecke; Titanzink; 90°; Halbrundrinne, mit Wulst und Falz						
	St	**€ brutto**	**39**	**50**	**54**	**62**	**76**
	KG 363	€ netto	33	42	45	52	64
21	**Rinnenwinkel außen, Dachrinne, Kupfer** Rinnenwinkel, Außenecke; Kupfer; 90°; Halbrundrinne, mit Wulst und Falz						
	St	**€ brutto**	**38**	**58**	**66**	**82**	**106**
	KG 363	€ netto	32	49	56	69	89
22	**Rinnenwinkel innen, Dachrinne, Titanzink** Rinnenwinkel, Innenecke; Titanzink; 90°; Halbrundrinne, mit Wulst und Falz						
	St	**€ brutto**	**39**	**48**	**52**	**59**	**71**
	KG 363	€ netto	32	40	43	50	60
23	**Rinnenwinkel innen, Dachrinne, Kupfer** Rinnenwinkel, Innenecke; Kupfer; 90°; Halbrundrinne, mit Wulst und Falz						
	St	**€ brutto**	**38**	**61**	**68**	**84**	**106**
	KG 363	€ netto	32	51	57	71	89
24	**Fallrohr, Titanzink, DN100** Regenfallrohr, rund; Titanzink; DN100						
	m	**€ brutto**	**31**	**42**	**46**	**52**	**72**
	KG 363	€ netto	26	35	39	44	60

Kosten: Stand 3.Quartal 2025, Bundesdurchschnitt

LB 022						**Preise €**
Nr.	**Kurztext** / Stichworte **Einheit** / Kostengruppe	►	▷	**brutto ø** netto ø	◁	◄
25	**Fallrohr, Kupfer, DN100** Regenfallrohr, rund; Kupfer; DN60/DN80/DN100					
	m **€ brutto**	**38**	**61**	**64**	**70**	**92**
	KG 363 € netto	32	52	54	59	78
26	**Fallrohr, Aluminium, DN100** Regenfallrohr, rund; Aluminium; DN100					
	m **€ brutto**	**43**	**56**	**58**	**70**	**92**
	KG 363 € netto	36	47	49	59	77
27	**Fallrohrabzweig, Titanzink, DN80/DN100** Fallrohrabzweig, rund; Titanzink; DN100/80; gelötet					
	St **€ brutto**	**39**	**55**	**61**	**64**	**75**
	KG 363 € netto	33	47	51	53	63
28	**Fallrohrbogen, Titanzink, bis DN100** Fallrohrbogen; Titanzink; DN80/DN100					
	St **€ brutto**	**14**	**22**	**25**	**30**	**42**
	KG 363 € netto	12	19	21	25	35
29	**Fallrohrbogen, Kupfer, bis DN100** Fallrohrbogen; Kupfer; DN80/DN100					
	St **€ brutto**	**21**	**36**	**38**	**45**	**63**
	KG 363 € netto	18	30	32	38	53
30	**Etagen-/Sockelknie, Regenfallrohr** Sockelknie; Metall; DN80/DN87/DN100,					
	St **€ brutto**	**30**	**39**	**42**	**46**	**55**
	KG 363 € netto	25	32	35	38	46
31	**Standrohrkappe, Fallrohr, Titanzink/Kupfer** Standrohrkappe; Titanzink/Kupfer					
	St **€ brutto**	**5,2**	**10,0**	**12,0**	**15,0**	**21,4**
	KG 363 € netto	4,4	8,4	10,1	12,6	18,0
32	**Fallrohrklappe, Fallrohr, Titanzink/Kupfer** Fallrohrklappe; Titanzink/Kupfer					
	St **€ brutto**	**41**	**60**	**67**	**71**	**90**
	KG 363 € netto	35	50	56	60	75
33	**Fallrohrschelle, WDVS** Fallrohrschelle, WDVS; DN100; inkl. Schraubstift					
	St **€ brutto**	**11**	**16**	**19**	**23**	**31**
	KG 363 € netto	9,3	13,8	16,2	19,5	26,0
34	**Laubfangkorb, Abläufe, Titanzink/Kupfer** Laubfangkorb; Titanzink/Kupfer; Dachrinnenablauf					
	St **€ brutto**	**7,4**	**10,3**	**11,8**	**15,4**	**21,8**
	KG 363 € netto	6,2	8,7	9,9	12,9	18,3

LB 022						Preise €
Nr.	**Kurztext** / Stichworte			**brutto ø**		
	Einheit / Kostengruppe	►	▷	netto ø	◁	◄
35	**Standrohr, Guss/SML**					
	Standrohr; Gusseisen/SML-Rohr; DN60/DN80/DN100; Sockelbereich; inkl. Anschluss an Rohrleitungsnetz.					
	St **€ brutto**	**84**	**99**	**106**	**115**	**139**
	KG 363 € netto	71	83	89	97	116
36	**Standrohr, Titanzink/Kupfer**					
	Standrohr, rund/rechteckig; Titanzink/Kupfer 0,8mm; Gebäudesockel; inkl. Revisionsöffnung					
	St **€ brutto**	**91**	**130**	**138**	**163**	**213**
	KG 363 € netto	77	109	116	137	179
37	**Notüberlauf, Flachdach**					
	Notüberlauf, Flachdach; Zuschnitt 500mm; halbrund/rechteckig					
	St **€ brutto**	**138**	**226**	**273**	**356**	**516**
	KG 363 € netto	116	190	229	299	434
38	**Traufstreifen, Kupfer, Z 333**					
	Traufstreifen; Kupfer; Zuschnitt 333mm; dreifach gekantet					
	m **€ brutto**	**22**	**39**	**43**	**52**	**70**
	KG 363 € netto	19	32	36	44	59
39	**Traufstreifen, Titanzink, Z 333**					
	Traufstreifen; Titanzink; Zuschnitt 333mm; dreifach gekantet					
	m **€ brutto**	**20**	**30**	**33**	**43**	**59**
	KG 363 € netto	17	25	28	36	50
40	**Traufe, Verbundblech, bis 500mm**					
	Verbundblech; Stahl, folienkaschiert, verzinkt; Zuschnitt 500mm; Dachrinne/Kehlblech					
	m **€ brutto**	**46**	**66**	**75**	**90**	**114**
	KG 363 € netto	38	56	63	76	96
41	**Kiesfangleiste, Lochblech**					
	Kiesfangleiste; Stahl/Aluminium/Edelstahl, gelocht; Anschluss, Dachdichtbahn					
	m **€ brutto**	**21**	**33**	**37**	**41**	**55**
	KG 363 € netto	17	28	31	35	46
42	**Blechkehle, Titanzink, bis Z 667**					
	Kehlblech; Titanzink; Zuschnitt 400/500/667mm; auf Holzunterkonstruktion					
	m **€ brutto**	**39**	**53**	**59**	**78**	**119**
	KG 363 € netto	33	45	50	66	100

Kosten: Stand 3.Quartal 2025, Bundesdurchschnitt

LB 022 **Preise €**

Nr.	Kurztext / Stichworte Einheit / Kostengruppe		►	▷	brutto ø netto ø	◁	◄
43	**Blechkehle, Kupfer, bis Z 667** Kehlblech; Kupfer; Zuschnitt 400/500/667mm; auf Holzunterkonstruktion						
	m	**€ brutto**	**47**	**79**	**87**	**142**	**205**
	KG 363	€ netto	39	66	73	119	172
44	**Ortgangblech, Titanzink, Z 500** Ortgangblech; Titanzink, 0,7mm; Zuschnitt 500mm; gefalzt/glatt, gekantet; auf Holzunterkonstruktion						
	m	**€ brutto**	**33**	**52**	**61**	**74**	**113**
	KG 363	€ netto	28	44	51	62	95
45	**Ortgangblech, Kupfer, Z 333** Ortgangblech; Kupfer, 0,7mm; Zuschnitt 333mm; gefalzt/glatt, gekantet; auf Holzunterkonstruktion						
	m	**€ brutto**	**37**	**54**	**64**	**106**	**151**
	KG 363	€ netto	31	45	54	89	127
46	**Ortgangblech, Verbundblech, Z 500** Ortgangblech; Verbundblech, folienkaschiert; Zuschnitt 500mm; mehrfach gekantet; auf Holzunterkonstruktion						
	m	**€ brutto**	**27**	**42**	**48**	**69**	**114**
	KG 363	€ netto	23	35	40	58	96
47	**Attika-/Dachrand-UK, Holzbohle, Holzschutz** Unterkonstruktion, Attika-/Mauerabdeckung; Nadelholz, S13, scharfkantig, mit Holzschutz GK 3.2; Dicke 40mm						
	m	**€ brutto**	**14**	**27**	**31**	**37**	**47**
	KG 363	€ netto	12	22	26	31	39
48	**Attika-UK, Mehrschichtplatte** Unterkonstruktion, Attika-/Mauerabdeckung; Furnierholzplatte; Dicke 20/26mm; Außenbereich						
	m	**€ brutto**	**31**	**39**	**42**	**45**	**61**
	KG 363	€ netto	26	32	35	38	52
49	**Attikaabdeckung, Titanzink, bis Z 700** Attika/Mauerabdeckung; Titanzink, 0,7mm; Zuschnitt 700mm; gekantet; Stahlbeton/Mauerwerk						
	m	**€ brutto**	**47**	**79**	**94**	**118**	**183**
	KG 363	€ netto	39	66	79	99	154
50	**Attikaabdeckung, Kupfer, bis Z 700** Attika-/Mauerabdeckung; Kupfer, 0,7mm; Zuschnitt 700mm; gekantet; Stahlbeton/Mauerwerk						
	m	**€ brutto**	**99**	**124**	**136**	**149**	**185**
	KG 363	€ netto	83	104	114	125	155

LB 022							Preise €
Nr.	Kurztext / Stichworte		brutto ø				
	Einheit / Kostengruppe		▶	▷	netto ø	◁	◀
51	**Attikaabdeckung, Aluminium, bis Z 700** Attika-/Mauerabdeckung; Aluminium, 0,7mm; Zuschnitt 700mm; gekantet; Stahlbeton/Mauerwerk						
	m	€ brutto	**55**	**86**	**101**	**124**	**182**
	KG 363	€ netto	46	72	85	105	153
52	**Firstanschlussblech, Titanzink, gekantet, Z 500** Firstanschlussblech; Titanzink, 0,7mm; Zuschnitt 500mm; mehrfach gekantet; Auf Holzunterkonstruktion						
	m	€ brutto	**51**	**69**	**78**	**99**	**131**
	KG 363	€ netto	43	58	66	83	110
53	**Wandanschlussblech, Titanzink, Z 500** Wandanschluss; Titanzink, 0,7mm; Zuschnitt 500mm; mehrfach gekantet						
	m	€ brutto	**31**	**47**	**54**	**66**	**99**
	KG 363	€ netto	26	40	45	56	83
54	**Wandanschlussblech, Kupfer, Z 500** Wandanschluss; Kupfer, 0,7mm; Zuschnitt 500mm; mehrfach gekantet						
	m	€ brutto	**35**	**68**	**78**	**102**	**144**
	KG 363	€ netto	29	57	66	86	121
55	**Firsthaube, mehrfach gekantet** Firstabdeckung; mehrfach gekantet; auf Holzunterkonstruktion						
	m	€ brutto	**44**	**89**	**109**	**136**	**190**
	KG 363	€ netto	37	75	91	115	160
56	**Überhangblech, Titanzink/Kupfer, bis Z 200** Überhangblech; Titanzink/Kupfer, 0,7mm; Zuschnitt 200mm; mit Tropfkante						
	m	€ brutto	**17**	**29**	**36**	**43**	**61**
	KG 363	€ netto	14	24	30	36	51
57	**Überhangblech, Titanzink/Kupfer, bis Z 400** Überhangblech; Titanzink/Kupfer, 0,7mm; Zuschnitt 400mm; mehrfach gekantet; Stahlbeton/Mauerwerk						
	m	€ brutto	**28**	**38**	**42**	**49**	**67**
	KG 363	€ netto	24	32	35	41	56
58	**Wandanschluss, Verbundblech, Z 500** Wandanschluss; Verbundblech, folienkaschiert, vorbewittert; Zuschnitt 500mm; mehrfach gekantet						
	m	€ brutto	**40**	**60**	**67**	**89**	**128**
	KG 363	€ netto	33	50	57	75	107

Kosten: Stand 3.Quartal 2025, Bundesdurchschnitt

LB 022 **Preise €**

Nr.	Kurztext / Stichworte Einheit / Kostengruppe		►	▷	brutto ø netto ø	◁	◄
59	**Fassadenrinne, Stahlblech** Fassadenrinne; Stahlblech, verzinkt, beidseitige Kiesleise; Dränschlitze 3-5mm; begehbar, rollstuhlbefahrbar						
	m	**€ brutto**	**160**	**221**	**250**	**301**	**400**
	KG 363	€ netto	135	186	210	253	336
60	**Wandanschluss, Nocken, Titanzink** Nockenblech, Wandanschluss; Titanzink						
	m	**€ brutto**	**34**	**48**	**56**	**69**	**86**
	KG 363	€ netto	28	41	47	58	72
61	**Fensterbankabdeckung, Titanzink, Z 250** Fensterbankabdeckung; Titanzink; Zuschnitt 250mm; gekantet, Tropfkante mit/ohne Wulst						
	m	**€ brutto**	**42**	**60**	**66**	**78**	**107**
	KG 334	€ netto	35	51	56	66	90
62	**Fensterbankabdeckung, Kupfer, Z 250** Fensterbankabdeckung; Kupfer; Zuschnitt 250mm; gekantet, Tropfkante mit/ohne Wulst						
	m	**€ brutto**	**48**	**66**	**71**	**91**	**123**
	KG 334	€ netto	40	55	59	77	103
63	**Schornsteinbekleidung, Winkel-/Stehfalzdeckung, Titanzink** Schornsteinbekleidung; Titanzink; Breite 720mm Achsmaß 600/ Breite 620mm für Achsmaß 500mm; Winkel-Stehfalzdeckung als hinterlüftete Konstruktion						
	m²	**€ brutto**	**177**	**218**	**239**	**254**	**335**
	KG 363	€ netto	149	183	201	213	281
64	**Schornsteinverwahrung, Kupfer** Schornsteinverwahrung; Kupfer; Anschlusshöhe 150mm; Überhangblech mit elastischer Fugenabdichtung						
	St	**€ brutto**	**182**	**272**	**319**	**333**	**423**
	KG 363	€ netto	153	229	268	280	356
65	**Dachfenster /-oberlicht einfassen** Dachfenster, Einfassung; Metallblech; Dachneigung 7°; überlappend verlegt, inkl. Befestigungsmittel						
	St	**€ brutto**	**440**	**512**	**537**	**616**	**758**
	KG 362	€ netto	369	430	452	518	637
66	**Walzbleianschluss, Blechstreifen** Walzbleianschluss; Zuschnitt 250/400mm, Anschlusshöhe 150mm; aufgehende Bauteile; inkl. verzinkter Kappleiste						
	m²	**€ brutto**	**54**	**73**	**91**	**99**	**114**
	KG 363	€ netto	46	61	76	83	96

LB 022 **Preise €**

Nr.	Kurztext / Stichworte Einheit / Kostengruppe		►	▷	brutto ø netto ø	◁	◄
67	**Trennlage, Blechflächen, V13** Trennlage Blechfläche; Bitumen-Dachdichtungsbahn V13, besandet; auf Holzschalung						
	m²	**€ brutto**	**6,2**	**12,0**	**14,5**	**17,1**	**23,4**
	KG 363	€ netto	5,2	10,1	12,1	14,3	19,7
68	**Trennlage, Kunststoffbahn, Gespinstlage** Trennlage, Metall-Stehfalzdeckung; Kunststoff-Faservlies mit Kunststoffgespinst, diffusionsoffen, Klasse E; überlappend, selbstklebend, auf Holzschalung; unter Blechdach						
	m²	**€ brutto**	**13**	**16**	**18**	**20**	**24**
	KG 363	€ netto	11	14	15	17	20
69	**Gaubendeckung, Doppelstehfalz, Titanzink/Kupfer** Doppelstehfalzdecke Gaube/Erker; Titanzink/Kupfer; Untergrund Holzschalung mit Trennlage						
	m²	**€ brutto**	**101**	**155**	**182**	**236**	**326**
	KG 363	€ netto	85	130	153	198	274
70	**Gaubendeckung, Doppelstehfalz, Edelstahl** Doppelstehfalzdecke Gaube/Erker; Edelstahl; Untergrund Holzschalung mit Trennlage						
	m²	**€ brutto**	**151**	**156**	**195**	**215**	**292**
	KG 363	€ netto	127	131	164	180	246
71	**Dachdeckung, Doppelstehfalz, Titanzink** Doppelstehfalzdeckung Dach; Titanzink; Untergrund Holzschalung mit Trennlage						
	m²	**€ brutto**	**94**	**142**	**161**	**186**	**236**
	KG 363	€ netto	79	120	136	157	198
72	**Dachdeckung, Doppelstehfalz, Kupfer** Doppelstehfalzdeckung Dach; Kupfer; Untergrund Holzschalung mit Trennlage						
	m²	**€ brutto**	**109**	**176**	**194**	**204**	**253**
	KG 363	€ netto	91	148	163	172	213
73	**Dachdeckung, Bandblech, Aluminium** Dachdeckung, Bandblechelemente; Aluminium, gefalzt; auf Holzpfetten						
	m²	**€ brutto**	**62**	**103**	**104**	**120**	**141**
	KG 363	€ netto	52	87	88	100	118
74	**Anschluss Blechdach, Titanzink** Anschluss Blechdachdeckung; Titanzink; Untergrund Holzschalung mit Trennlage; aufgehende Bauteile						
	m	**€ brutto**	**57**	**75**	**86**	**94**	**106**
	KG 363	€ netto	48	63	72	79	89

Kosten: Stand 3.Quartal 2025, Bundesdurchschnitt

LB 022							**Preise €**
Nr.	**Kurztext** / Stichworte				**brutto ø**		
	Einheit / Kostengruppe		►	▷	netto ø	◁	◄
75	**Anschluss Blechdach, Kupfer**						
	Anschluss Blechdachdeckung; Titanzink; Untergrund Holzschalung mit Trennlage; aufgehende Bauteile						
	m	**€ brutto**	**–**	**87**	**98**	**107**	**–**
	KG 363	€ netto	–	73	82	90	–
76	**Traufe, Blechdach, Titanzink**						
	Traufe, Blechdachdeckung; Titanzink; Untergrund Holzschalung mit Trennlage						
	m	**€ brutto**	**27**	**44**	**49**	**62**	**85**
	KG 363	€ netto	23	37	41	52	71
77	**Traufe, Blechdach, Kupfer**						
	Traufe, Blechdachdeckung; Kupfer; Untergrund Holzschalung mit Trennlage						
	m	**€ brutto**	**–**	**55**	**68**	**92**	**–**
	KG 363	€ netto	–	46	57	77	–
78	**Ortgang, Blechdach, Titanzink**						
	Ortgang, Blechdachdeckung; Titanzink; Untergrund Holzschalung mit Trennlage						
	m	**€ brutto**	**35**	**53**	**71**	**79**	**92**
	KG 363	€ netto	30	45	60	67	77
79	**Ortgang, Blechdach, Kupfer**						
	Ortgang, Blechdachdeckung; Kupfer; Untergrund Holzschalung mit Trennlage						
	m	**€ brutto**	**–**	**86**	**98**	**108**	**–**
	KG 363	€ netto	–	73	82	91	–
80	**Fassadenbekleidung, Bandblechscharen, Titanzink**						
	Fassadenbekleidung; Titanzink; Untergrund Holzschalung mit Trennlage						
	m²	**€ brutto**	**96**	**135**	**153**	**161**	**192**
	KG 363	€ netto	81	114	128	135	161
81	**Fassadenbekleidung, Bandblechscharen, Kupfer**						
	Fassadenbekleidung; Kupfer; Untergrund Holzschalung mit Trennlage						
	m²	**€ brutto**	**–**	**194**	**217**	**262**	**–**
	KG 363	€ netto	–	163	182	220	–
82	**Schneefangrohr, Stehfalzdeckung**						
	Schneefangrohr; auf Stehfalzdeckung; inkl. Halteprofilen, geklemmt						
	m	**€ brutto**	**36**	**60**	**70**	**76**	**89**
	KG 369	€ netto	30	51	59	64	75
83	**Schneefangrohr, Rundprofil**						
	Schneefangrohr; Stahlrohr; Befestigungsabstand 80cm						
	m	**€ brutto**	**48**	**67**	**75**	**99**	**140**
	KG 369	€ netto	40	57	63	84	118

LB 022							Preise €
Nr.	**Kurztext** / Stichworte **Einheit** / Kostengruppe		►	▷	**brutto ø** netto ø	◁	◄
84	**Schneefanggitter, Titanzink** Schneefanggitter; Titanzink; Höhe 200mm; Steildach						
	m	**€ brutto**	**44**	**53**	**56**	**68**	**88**
	KG 369	€ netto	37	44	47	57	74
85	**Schneefanggitter, Kupfer** Schneefanggitter; Kupfer; Höhe 200mm; Steildach						
	m	**€ brutto**	**65**	**85**	**93**	**127**	**167**
	KG 369	€ netto	54	72	78	107	141
86	**Sicherheitsdachhaken, verzinkt** Leiterhaken, Dachsicherung; Stahl, verzinkt; 25x6mm						
	St	**€ brutto**	**18**	**25**	**28**	**32**	**41**
	KG 369	€ netto	15	21	24	27	34
87	**Sicherheitstritt, Standgitter** Sicherheitstritt; PVC-Standziegel; Trittlänge 41cm						
	St	**€ brutto**	**91**	**123**	**136**	**145**	**168**
	KG 369	€ netto	76	103	115	122	141
88	**Dachleiter, Aluminium** Dachleiter; Aluminium; Breite 350mm; mit Sicherheitshaken						
	St	**€ brutto**	**145**	**343**	**416**	**519**	**710**
	KG 369	€ netto	122	288	350	436	597
89	**Stundensatz, Facharbeiter/-in** Stundenlohnarbeiten Vorarbeiter/-in, Facharbeiter/-in und Gleichgestellte; Klempnerarbeiten						
	h	**€ brutto**	**75**	**85**	**88**	**94**	**105**
		€ netto	63	71	74	79	88
90	**Stundensatz, Helfer/in** Stundenlohnarbeiten für Werker/-in, Helferin und Gleichgestellte; Klempnerarbeiten						
	h	**€ brutto**	**60**	**70**	**75**	**81**	**95**
		€ netto	50	59	63	68	80

B

Ausbau

023
Putz- und Stuckarbeiten, Wärmedämmsysteme

LB 023 **Preise €**

Nr.	Kurztext / Stichworte Einheit / Kostengruppe		►	▷	brutto ø netto ø	◁	◄
1	**Schutzabdeckung** Fenster abkleben; vorhalten, nach Beendigung entfernen, entsorgen						
	m²	**€ brutto**	**2,9**	**5,5**	**6,7**	**8,1**	**11,7**
	KG 397	€ netto	2,4	4,6	5,6	6,8	9,9
2	**Untergrund prüfen** Untergrund prüfen; Klopfprobe/Hohlstellensonde; verputzte Wandflächen						
	m²	**€ brutto**	**0,3**	**1,0**	**1,2**	**1,6**	**2,5**
	KG 335	€ netto	0,3	0,8	1,0	1,3	2,1
3	**Haftbrücke, Betonfläche, für Gipsputze** Haftbrücke; organisch gebundenen, quarzgefüllt, wasserverdünnbar; für Gipsputze; Betonflächen						
	m²	**€ brutto**	**2,0**	**5,1**	**6,1**	**9,2**	**15,5**
	KG 336	€ netto	1,7	4,3	5,1	7,8	13,0
4	**Haftbrücke, Betonfläche, für Kalk-/Kalkzementputz** Haftbrücke; mineralisch, kunststoffvergütet; für Kalk- und Kalkzementputze; Betonflächen						
	m²	**€ brutto**	**2,6**	**7,3**	**9,3**	**11,2**	**15,3**
	KG 336	€ netto	2,2	6,1	7,8	9,4	12,9
5	**Installationsschlitz schließen, spachteln** Installationsschlitz schließen; Mineralwolle, verzinkter Putzträger, Grundputz; Spachteln; Wand						
	m	**€ brutto**	**6,9**	**16,4**	**19,8**	**28,3**	**49,5**
	KG 345	€ netto	5,8	13,8	16,7	23,7	41,6
6	**Putzarmierung, Glasfasergewebe, innen, Teilbereich** Putzarmierung, Innenwand; Glasfasergewebe; Breite bis 200mm; in Teilbereichen einbetten						
	m	**€ brutto**	**2,4**	**3,4**	**4,1**	**4,6**	**5,5**
	KG 345	€ netto	2,0	2,8	3,5	3,9	4,6
7	**Putzträger, Metallgittergewebe** Putzträger; Metallgittergewebe; nachträglich verschlossener Schlitze; Beton- und Mauerwerk						
	m²	**€ brutto**	**10**	**18**	**22**	**27**	**40**
	KG 345	€ netto	8,8	15,0	18,1	22,5	33,2
8	**Putzträger verzinkt, Fachwerk** Putzträger; Verzinkt; mit Bitumenbahn; Fachwerk-Holzbalken						
	m	**€ brutto**	**4,7**	**11,8**	**15,2**	**16,8**	**22,8**
	KG 345	€ netto	3,9	9,9	12,7	14,1	19,1
9	**Ausgleichsputz, bis 10mm** Ausgleichsputz; MG P II; Dicke 5-10mm, Höhe bis 3,00m						
	m²	**€ brutto**	**7,0**	**13,7**	**17,0**	**20,6**	**30,0**
	KG 345	€ netto	5,9	11,5	14,3	17,3	25,2

LB 023						**Preise €**
Nr.	**Kurztext** / Stichworte			**brutto ø**		
	Einheit / Kostengruppe	►	▷	netto ø	◁	◄
10	**Ausgleichsputz, bis 20mm**					
	Ausgleichsputz; MG P II; Dicke 10-20mm					
	m² € brutto	**10**	**20**	**23**	**27**	**36**
	KG 345 € netto	8,4	17,0	19,2	22,4	30,6
11	**Unterputzprofil, verzinkt, innen**					
	Unterputzprofil; Stahl, verzinkt; Putzdicke bis 15mm; Innenraum					
	m € brutto	**4,6**	**8,3**	**9,9**	**11,5**	**16,3**
	KG 345 € netto	3,8	6,9	8,3	9,7	13,7
12	**Unterputzprofil, nichtrostender Stahl, innen**					
	Unterputzprofil; Edelstahl; Putzdicke bis 15mm; Innenraum					
	m € brutto	**9,5**	**12,5**	**13,9**	**16,0**	**19,0**
	KG 345 € netto	8,0	10,5	11,7	13,4	16,0
13	**Kantenprofil, verzinkt**					
	Kantenprofil; Stahl, verzinkt					
	m € brutto	**2,8**	**6,0**	**7,5**	**9,1**	**12,9**
	KG 345 € netto	2,4	5,0	6,3	7,6	10,8
14	**Kantenprofil, Aluminium**					
	Kantenprofil; Aluminium					
	m € brutto	**4,5**	**8,5**	**10,3**	**12,0**	**15,5**
	KG 345 € netto	3,8	7,2	8,7	10,1	13,0
15	**Kantenprofil , Kunststoff**					
	Kantenprofil; Kunststoff; anbringen mit Ansetzmörtel					
	m € brutto	**4,1**	**8,6**	**11,2**	**12,8**	**17,7**
	KG 345 € netto	3,4	7,2	9,4	10,7	14,9
16	**Kantenprofil, nichtrostender Stahl**					
	Kantenprofil; nichtrostender Stahl					
	m € brutto	**5,6**	**12,9**	**15,0**	**16,9**	**21,2**
	KG 345 € netto	4,7	10,9	12,6	14,2	17,8
17	**Abschlussprofil, innen, verzinkt**					
	Abschlussprofil; Stahl, verzinkt; Dicke bis 15mm; Innenwand					
	m € brutto	**3,0**	**8,7**	**10,9**	**12,9**	**16,7**
	KG 345 € netto	2,5	7,3	9,1	10,9	14,1
18	**Abschlussprofil, innen, nichtrostender Stahl**					
	Abschlussprofil; Edelstahl; Dicke bis 15mm; Innenwand					
	m € brutto	**9,5**	**15,1**	**16,1**	**21,0**	**29,2**
	KG 345 € netto	8,0	12,7	13,5	17,6	24,5
19	**Kalkzementputz, Innenwand, einlagig, Q3, abgezogen**					
	Innenputz, einlagig; Dicke 10mm; Q3-abgezogen; Innenwand					
	m² € brutto	**22**	**27**	**29**	**31**	**36**
	KG 345 € netto	19	23	24	26	31

LB 023							Preise €
Nr.	Kurztext / Stichworte				brutto ø		
	Einheit / Kostengruppe		►	▷	netto ø	◁	◄
20	**Gipskalkputz, Innenwand, einlagig, Q3, gefilzt**						
	Innenputz, einlagig; Dicke 10mm; Q3-gefilzt; Innenwand						
	m²	**€ brutto**	**21**	**25**	**27**	**30**	**35**
	KG 345	€ netto	17	21	23	25	30
21	**Mehrdicke, 5mm, Putz**						
	Mehrdicke, Innenputz, einlagig; Dicke bis 5mm; Innenwand						
	m²	**€ brutto**	**3,6**	**6,8**	**8,5**	**10,0**	**12,8**
	KG 345	€ netto	3,0	5,7	7,1	8,4	10,8
22	**Mehrdicke, 10mm, Putz**						
	Mehrdicke, Innenputz, einlagig; Dicke bis 10mm; Innenwand						
	m²	**€ brutto**	**5,2**	**10,5**	**10,7**	**13,0**	**17,7**
	KG 345	€ netto	4,4	8,9	9,0	10,9	14,9
23	**Laibung, Putz, innen, bis 150mm**						
	Laibungen verputzen; Innenputz; Tiefe bis 150mm; Oberfläche Q2-abgezogen						
	m	**€ brutto**	**5,7**	**10,0**	**11,8**	**15,6**	**23,7**
	KG 336	€ netto	4,8	8,4	9,9	13,1	19,9
24	**Laibung, Putz, innen, 250-400mm**						
	Laibungen verputzen; Innenputz; Tiefe über 250-400mm; Q2-abgezogen						
	m	**€ brutto**	**12**	**21**	**25**	**29**	**36**
	KG 336	€ netto	10	18	21	24	30
25	**Ebenheit, Mehrpreis Q3**						
	Mehrpreis, Innenputz; erhöhte Anforderung an Ebenheit, Q3-geglättet/gefilzt						
	m²	**€ brutto**	**4,9**	**6,0**	**6,0**	**6,4**	**7,3**
	KG 345	€ netto	4,1	5,0	5,0	5,4	6,1
26	**Gipsputz, Innenwand, einlagig, Q3**						
	Innenputz, einlagig; Gipsputz; Dicke bis 15mm; Q3-geglättet/gefilzt; Innenwand						
	m²	**€ brutto**	**18**	**24**	**27**	**30**	**35**
	KG 345	€ netto	15	20	23	25	30
27	**Gipsputz, Innenwand, Dünnlage, Q3, geglättet**						
	Innenputz, einlagig; Gips-Dünnputz, C6/20/2; Dicke 3-5mm; Q3-geglättet						
	m²	**€ brutto**	**13**	**20**	**25**	**28**	**34**
	KG 345	€ netto	11	17	21	23	29
28	**Gipsputz B1, innen, Q2, geglättet, längenorientiert**						
	Laibungen verputzen, innen; Gipsmörtel B1; Dicke 15mm; Q2-geglättet						
	m	**€ brutto**	**5,5**	**12,1**	**14,7**	**17,6**	**26,0**
	KG 336	€ netto	4,6	10,2	12,4	14,8	21,8

Kosten: Stand 3.Quartal 2025, Bundesdurchschnitt

LB 023							Preise €
Nr.	**Kurztext** / Stichworte				**brutto ø**		
	Einheit / Kostengruppe		►	▷	netto ø	◁	◀
29	**Lehmputz, Innenwand, einlagig, gefilzt**						
	Innenputz; Lehmputz bis 1,2mm; Dicke 10mm; Maschinenputz, einlagig; Innenwand/Decke						
	m²	**€ brutto**	**31**	**38**	**40**	**41**	**47**
	KG 345	€ netto	26	32	33	35	39
30	**Lehmputz, Innenwand, zweilagig**						
	Innenputz; Lehmputz 3mm; Dicke 10mm; zweilagig, gerieben; Innenwand						
	m²	**€ brutto**	**53**	**68**	**70**	**73**	**79**
	KG 345	€ netto	45	57	59	61	67
31	**Beiputzen, Tür-/Türzarge**						
	Stahlzarge nachträglich beiputzen; Gipsputz/Gips-Kalkputz; Dicke 15mm						
	m	**€ brutto**	**8,2**	**14,6**	**16,6**	**19,9**	**29,1**
	KG 345	€ netto	6,9	12,3	14,0	16,7	24,4
32	**Stuckprofil, innen**						
	Stuckprofil innen; poliert, mehrfach profiliert; Breite bis 150mm; als Gesims						
	m	**€ brutto**	**57**	**85**	**100**	**146**	**198**
	KG 345	€ netto	48	71	84	123	166
33	**Putzbänder, Faschen, Putzdekor**						
	Putzfaschen herstellen; Breite 100mm; Fensteröffnungen, außen						
	m	**€ brutto**	**10**	**20**	**23**	**30**	**40**
	KG 335	€ netto	8,8	16,7	19,4	25,0	33,6
34	**Trennschnitt, Wand/Deckenübergang**						
	Kellenschnitt; zwischen Wand und Decke						
	m	**€ brutto**	**1,2**	**2,3**	**3,0**	**3,8**	**4,9**
	KG 335	€ netto	1,0	2,0	2,5	3,2	4,1
35	**Kalk-Gipsputz, Decken, einlagig, Q3, geglättet**						
	Innenputz, einlagig; Kalk-Gipsputz; Dicke 15mm; Q3-geglättet; Decke						
	m²	**€ brutto**	**22**	**29**	**32**	**37**	**49**
	KG 354	€ netto	18	24	27	31	41
36	**Gipsputz, Decken, einlagig, Q2, geglättet**						
	Innenputz, einlagig; Gipsputz; Dicke 10mm; Q2-geglättet; Decke						
	m²	**€ brutto**	**21**	**24**	**27**	**27**	**32**
	KG 354	€ netto	18	20	22	23	27
37	**Gipsputz, Decken, einlagig, Q3, geglättet**						
	Innenputz, einlagig; Gipsputz; Dicke 10mm; Q3-geglättet; Decke						
	m²	**€ brutto**	**21**	**27**	**30**	**32**	**36**
	KG 354	€ netto	18	23	25	27	30

LB 023 **Preise €**

Nr.	**Kurztext** / Stichworte **Einheit** / Kostengruppe		►	▷	**brutto ø** netto ø	◁	◄
38	**WDVS, MW 035, 120mm, Silikat-Reibeputz** Wärmedämm-Verbundsystem; Mineralwolle-Platte, WLG 035, A1, Silikat-Reibeputz, Körnung 3mm; 120mm; Wand						
	m²	**€ brutto**	**115**	**126**	**131**	**138**	**150**
	KG 335	€ netto	97	106	110	116	126
39	**WDVS, MW 035, 180mm, Silikat-Reibeputz** Wärmedämm-Verbundsystem; Mineralwolle-Platte, WLG 035, A1, Silikat-Reibeputz, Körnung 3mm; 180mm; Wand						
	m²	**€ brutto**	**136**	**149**	**160**	**170**	**181**
	KG 335	€ netto	114	125	134	142	152
40	**WDVS, EPS, 120mm, Silikat-Reibeputz** Wärmedämm-Verbundsystem; Polystyrol-Hartschaumplatte, WLG 035, schwer entflammbar, Silikatputz-Reibeputz, Körnung 3mm; bis 120mm, Putz 6-8mm; Wand; inkl. Armierungsgewebe						
	m²	**€ brutto**	**109**	**117**	**119**	**124**	**135**
	KG 335	€ netto	92	98	100	104	113
41	**WDVS, EPS, 180mm, Silikat-Reibeputz** Wärmedämm-Verbundsystem; Polystyrol-Hartschaumplatte, WLG 035, schwer entflammbar, Silikatputz-Reibeputz, Körnung 3mm; 180mm, 6-8mm; Wand; inkl. Armierungsgewebe						
	m²	**€ brutto**	**136**	**145**	**151**	**166**	**179**
	KG 335	€ netto	114	122	127	140	150
42	**WDVS, Wärmedämmung, EPS 035, 100mm** WDVS-Wärmedämmung; Polystyrol-Hartschaumplatte, expandiert, WLG 035; 100mm; WAP; Wand						
	m²	**€ brutto**	**33**	**48**	**56**	**60**	**68**
	KG 335	€ netto	28	40	47	51	57
43	**WDVS, Wärmedämmung, EPS 035, 180mm** WDVS-Wärmedämmung; Polystyrol-Hartschaumplatte, expandiert, WLG 035; 180mm; WAP; Wand						
	m²	**€ brutto**	**66**	**73**	**78**	**83**	**87**
	KG 335	€ netto	56	62	66	70	73
44	**WDVS, Wärmedämmung, EPS 035, 300mm** WDVS-Wärmedämmung; Polystyrol-Hartschaumplatte, expandiert, WLG 035; 300mm; WAP; Wand						
	m²	**€ brutto**	**102**	**126**	**132**	**143**	**155**
	KG 335	€ netto	86	106	111	120	130

Kosten: Stand 3.Quartal 2025, Bundesdurchschnitt

LB 023 **Preise €**

Nr.	Kurztext / Stichworte Einheit / Kostengruppe		►	▷	brutto ø netto ø	◁	◄
45	**WDVS, Wärmedämmung, MW 035, 160mm** WDVS-Wärmedämmung; Mineralwolle-Platte, WLG 035, nicht brennbar; 160mm; WAP; Wand						
	m²	**€ brutto**	**82**	**94**	**100**	**106**	**118**
	KG 335	€ netto	69	79	84	89	99
46	**WDVS, Wärmedämmung, MW 035, 200mm** WDVS-Wärmedämmung; Mineralwolle-Platte, WLG 035, nicht brennbar; 200mm; WAP; Wand						
	m²	**€ brutto**	**93**	**107**	**114**	**121**	**134**
	KG 335	€ netto	78	90	96	101	113
47	**WDVS, Brandbarriere, 200mm** WDVS-Brandriegel; Mineralwolle, WLG 035/040, A1, Flächendämmung EPS; 200mm; Sturzbereich						
	m	**€ brutto**	**8,7**	**14,3**	**17,4**	**22,0**	**34,1**
	KG 335	€ netto	7,3	12,0	14,6	18,5	28,7
48	**WDVS, Montagequader, Druckplatte** WDVS, Montagequader; PUR-Hartschaum; 140mm, 198x198mm						
	St	**€ brutto**	**38**	**76**	**95**	**125**	**201**
	KG 335	€ netto	32	64	80	105	169
49	**WDVS, Dübelung, Wärmedämmung** WDVS-Wärmedämmung, Dübelung; Polystyrol-Hartschaumplatten						
	m²	**€ brutto**	**8,0**	**17,7**	**20,6**	**23,6**	**33,3**
	KG 335	€ netto	6,8	14,9	17,3	19,8	27,9
50	**WDVS, Armierungsputz, Glasfasereinlage** WDVS-Armierungsputz, Glasfasergewebe; Putzdicke 6-8mm						
	m²	**€ brutto**	**22**	**28**	**31**	**33**	**41**
	KG 335	€ netto	19	24	26	28	35
51	**WDVS, Kantenausbildung, Profil** WDVS-Kantenausbildung; Eckprofil, Kunststoff-/Leichtmetallprofil; in Armierungsschicht einbetten						
	m	**€ brutto**	**6,1**	**10,1**	**11,9**	**14,3**	**21,2**
	KG 335	€ netto	5,1	8,5	10,0	12,0	17,8
52	**WDVS, Sockeldämmung, XPS** WDVS, Sockeldämmung; extrudierten Polystyrol-Hartschaumplatten						
	m²	**€ brutto**	**54**	**67**	**75**	**88**	**110**
	KG 335	€ netto	46	56	63	74	93
53	**WDVS, Sockelprofil** WDVS-Sockelabschlussprofil; Kunststoff; Sockeldämmung XPS						
	m	**€ brutto**	**11**	**19**	**22**	**25**	**32**
	KG 335	€ netto	9,6	16,0	18,1	21,2	27,2

LB 023						Preise €
Nr.	Kurztext / Stichworte Einheit / Kostengruppe		▶	▷	brutto ø netto ø	◁	◀

Nr.	Kurztext / Stichworte / Einheit / Kostengruppe		▶	▷	ø	◁	◀
54	**WDVS, Fensteranschluss**						
	WDVS-Fensteranschlussprofil; Kunststoff/Leichtmetall						
	m	**€ brutto**	**5,2**	**8,5**	**9,9**	**11,8**	**15,1**
	KG 334	€ netto	4,4	7,1	8,4	9,9	12,7
55	**WDVS, Laibungsausbildung**						
	WDVS-Laibung; Mineralwolle/Polystyrol expandiert, WLG 035; Fenster						
	m	**€ brutto**	**23**	**29**	**33**	**34**	**39**
	KG 334	€ netto	19	24	28	29	33
56	**WDVS, Kompriband BG1**						
	WDVS, Kompriband; Klasse BG1; Maße 2-6/3-9mm; Anschlussfugen						
	m	**€ brutto**	**3,9**	**5,7**	**6,2**	**8,0**	**11,5**
	KG 335	€ netto	3,2	4,8	5,2	6,7	9,7
57	**Mineralischer Oberputz, WDVS**						
	Oberputz, Wärmedämmverbundsystem; mineralisch, Körnung 3mm; gerieben, auf Armierungsputz; Wand						
	m2	**€ brutto**	**19**	**23**	**25**	**26**	**29**
	KG 335	€ netto	16	19	21	22	25
58	**Oberputz, Dispersions-Silikatputz, WDVS**						
	Oberputz; Dispersions-Silikatputz , Körnung 3mm; gerieben, auf Armierungsputz; Wand						
	m2	**€ brutto**	**26**	**33**	**34**	**38**	**44**
	KG 335	€ netto	22	27	29	32	37
59	**Organischer Oberputz, Silikonharz, WDVS**						
	Oberputz, Wärmedämmverbundsystem; organisch, Körnung 3mm; gerieben, auf Armierungsputz; Wand						
	m2	**€ brutto**	**18**	**25**	**29**	**31**	**36**
	KG 335	€ netto	15	21	24	26	31
60	**Sockelputz, zweilagig, Kalkzementmörtel CS III - wasserhemmend**						
	Sockelputz; Kalkzement-Mörtel; Sockelbereich/Stahlbetonwände						
	m2	**€ brutto**	**30**	**46**	**54**	**58**	**81**
	KG 335	€ netto	25	39	45	48	68
61	**Außenputz, zweilagig, Wand, mineralisch**						
	Außenputz, zweilagig; Normalmörtel GP, CS I, Normalmörtel GP, Körnung 3mm; Unterputz 20mm; gerieben; Ziegelmauerwerk						
	m2	**€ brutto**	**33**	**47**	**53**	**55**	**61**
	KG 335	€ netto	28	39	44	46	52

Kosten: Stand 3.Quartal 2025, Bundesdurchschnitt

LB 023 **Preise €**

Nr.	Kurztext / Stichworte Einheit / Kostengruppe		▶	▷	brutto ø netto ø	◁	◀
62	**Außenputz, zweilagig, Wand, organischer Oberputz** Außenputz; Kunstharzputz organisch, Körnung 2mm; Kratz-/Rillenputz-struktur						
	m²	**€ brutto**	**25**	**28**	**31**	**36**	**44**
	KG 335	€ netto	21	24	26	30	37
63	**Schlämmputz, außen, einlagig, Kalkzementmörtel** Schlämmputz, Außenwand; Kalk-Zementputz P II; Dicke 20mm, Höhe 4,00m; Ziegelmauerwerk						
	m²	**€ brutto**	**15**	**21**	**25**	**29**	**34**
	KG 335	€ netto	12	18	21	24	28
64	**Außenputz, zweilagig, Laibungen** Außenputz, zweilagig, Laibungen; MG P II, CS II, mineralischer Edelputz 2,5mm; Unterputz 20mm, Breite 300mm						
	m	**€ brutto**	**12**	**23**	**27**	**31**	**40**
	KG 335	€ netto	10	19	22	26	34
65	**Abschlussprofil, Außenputz 15mm, verzinkter Stahl** Putzabschlussprofil; Stahl verzinkt; Putzdicke 15mm; Außenputz						
	m	**€ brutto**	**9,5**	**12,1**	**13,3**	**14,7**	**17,0**
	KG 335	€ netto	8,0	10,2	11,2	12,3	14,3
66	**Verblendmauerwerk, Klinkerriemchen** Sparverblendung, Klinkerriemchen; VMz/KMz; im Verband, geklebt, inkl. Verfugen						
	m²	**€ brutto**	**181**	**205**	**219**	**234**	**255**
	KG 335	€ netto	152	173	184	196	214
67	**Fensteranschluss, Putzprofil** Fensteranschlussprofil; Kunststoff; Putzdicke 15mm						
	m	**€ brutto**	**6,4**	**9,4**	**10,5**	**11,8**	**15,1**
	KG 335	€ netto	5,4	7,9	8,8	9,9	12,7
68	**Dämmung, Kellerdecke, EPS 040, bis 140mm** Wärmedämmung, Kellerdecke; Polystyrol-Hartschaumplatte, WLG 040; bis 140mm						
	m²	**€ brutto**	**71**	**75**	**82**	**89**	**106**
	KG 354	€ netto	60	63	69	75	89
69	**Dämmung, Kellerdecke, MW 035, bis 140mm** Wärmedämmung, Kellerdecke; Mineralwolle-Platte, WLG 035; bis 140mm						
	m²	**€ brutto**	**90**	**96**	**103**	**113**	**140**
	KG 354	€ netto	76	80	86	95	117

LB 023						Preise €
Nr.	Kurztext / Stichworte			brutto ø		
	Einheit / Kostengruppe	►	▷	netto ø	◁	◄
70	**Mehrschichtplatte WW-C, EPS, Decke, 50mm** Wärmedämmung; Holzwolle-Mehrschichtplatte mit PS-Dämmkern, WLG 040, E; 50mm; Stb-Bauteile					
	m² **€ brutto**	**33**	**50**	**55**	**66**	**86**
	KG 335 € netto	28	42	46	55	72
71	**Mehrschichtplatte WW-C, EPS, Decke, 75mm** Wärmedämmung; Holzwolle-Mehrschichtplatte mit PS-Dämmkern, WLG 040, E; 75mm; Stb-Bauteile					
	m² **€ brutto**	**43**	**61**	**69**	**83**	**108**
	KG 335 € netto	36	51	58	70	91
72	**Gerüstankerlöcher schließen** Gerüstankerlöcher schließen; Oberfläche angleichen					
	St **€ brutto**	**1,8**	**4,8**	**5,9**	**8,2**	**11,8**
	KG 335 € netto	1,5	4,0	4,9	6,9	9,9
73	**Stundensatz, Facharbeiter/-in** Stundenlohnarbeiten für Vorarbeiter/-in, Facharbeiter/-in, Gleichgestellte; Putzarbeiten					
	h **€ brutto**	**67**	**79**	**84**	**88**	**99**
	€ netto	57	67	71	74	83
74	**Stundensatz, Helfer/-in** Stundenlohnarbeiten für Werker/-in, Helfer/-in und Gleichgestellte; Putzarbeiten					
	h **€ brutto**	**53**	**69**	**76**	**79**	**86**
	€ netto	45	58	64	67	73

024
Fliesen- und Plattenarbeiten

LB 024 **Preise €**

Nr.	Kurztext / Stichworte Einheit / Kostengruppe		►	▷	brutto ø netto ø	◁	◄
1	**Feuchtemessung** Feuchtemessung, Fliesenuntergrund; Messung mit CM-Prüfinstrument						
	St	**€ brutto**	**45**	**57**	**61**	**67**	**77**
	KG 353	€ netto	38	48	51	56	65
2	**Untergrund prüfen, Haftzugfestigkeit** Fliesenuntergrund prüfen; Haftzugfestigkeit; inkl. Protokollierung						
	St	**€ brutto**	**31**	**38**	**40**	**46**	**51**
	KG 353	€ netto	26	32	34	38	43
3	**Untergrund reinigen, Boden** Untergrund reinigen; Staub, Schmutz; abkehren, entsorgen						
	m²	**€ brutto**	**1,1**	**1,9**	**2,1**	**2,9**	**4,7**
	KG 353	€ netto	0,9	1,6	1,8	2,5	4,0
4	**Haftbrücke, Fliesenbelag** Haftbrücke, Fliesenbelag; Wand-/Bodenfläche; für Fliesenbelag						
	m²	**€ brutto**	**2,4**	**4,9**	**5,3**	**6,8**	**10,3**
	KG 353	€ netto	2,0	4,1	4,4	5,8	8,6
5	**Voranstrich, Fliesenbelag** Grundierung, Fliesenbelag; Voranstrich; für Fliesenbelag						
	m²	**€ brutto**	**1,5**	**3,0**	**3,6**	**4,6**	**7,3**
	KG 353	€ netto	1,2	2,5	3,0	3,8	6,1
6	**Verbundabdichtung, Wand** Verbundabdichtung, Wand; Kunstharz, Polymerdispersion; Einwirkungsklasse: W1-I; zweilagig streichen; inkl. Untergrundvorbereitung						
	m²	**€ brutto**	**14**	**22**	**25**	**29**	**40**
	KG 345	€ netto	12	18	21	25	34
7	**Verbundabdichtung, Boden** Verbundabdichtung, Boden; Kunstharz, Polymerdispersion; Einwirkungsklasse W1-I; zweilagig streichen; inkl. Untergrundvorbereitung						
	m²	**€ brutto**	**12**	**20**	**25**	**28**	**37**
	KG 353	€ netto	10	17	21	24	31
8	**Verbundabdichtung, Kunststoffbahn, Boden** Verbundabdichtung, Boden; Kunststoffbahn, beidseitig vlieskaschiert; Einwirkungsklasse W2-I; Boden						
	m²	**€ brutto**	**18**	**21**	**24**	**27**	**30**
	KG 353	€ netto	15	18	20	22	25
9	**Verbundabdichtung, Kunststoffbahn, Wand** Verbundabdichtung, Wand; Kunststoffbahn, beidseitig vlieskaschiert; Einwirkungsklasse W2-I; Wand						
	m²	**€ brutto**	**19**	**24**	**26**	**29**	**33**
	KG 345	€ netto	16	20	22	25	27

Kosten: Stand 3.Quartal 2025, Bundesdurchschnitt

LB 024						**Preise €**
Nr.	**Kurztext** / Stichworte			**brutto ø**		
	Einheit / Kostengruppe	▶	▷	netto ø	◁	◀
10	**Verbundabdichtung, Reaktionsharz**					
	Abdichtung; Kunstharz; Einwirkungsklasse W3-I; Wand-/Bodenfläche					
	m² € brutto	**31**	**38**	**44**	**51**	**55**
	KG 353 € netto	26	32	37	43	46
11	**Verbundabdichtung, Dichtungsschlämme**					
	Verbundabdichtung; Dichtungsschlämme; Einwirkungsklasse: W0-I; Wand-/Bodenfläche					
	m² € brutto	**22**	**27**	**31**	**36**	**39**
	KG 353 € netto	19	22	26	30	33
12	**Innenecken, Verbundabdichtung, Dichtband**					
	Abdichtung, Übergang Wand/Boden; Dichtband mit Randgewebe; Breite 12cm					
	m € brutto	**6,2**	**11,3**	**13,0**	**15,1**	**22,6**
	KG 353 € netto	5,2	9,5	10,9	12,7	19,0
13	**Dichtmanschette, Rohre**					
	Abdichtung, Rohrdurchdringung; Durchmesser bis 42mm; Wand-/Bodenbereich					
	St € brutto	**6,3**	**10,9**	**12,6**	**15,3**	**20,9**
	KG 353 € netto	5,3	9,2	10,6	12,9	17,6
14	**Dichtmanschette, Bodenablauf**					
	Abdichtung, Bodenablauf; Dichtmanschetten; Durchmesser bis 100mm					
	St € brutto	**17**	**27**	**33**	**39**	**54**
	KG 324 € netto	14	23	28	33	45
15	**Revisionstür, 20x20**					
	Revisionstür; Aluminiumrahmen; 20x20cm; Aussparung herstellen					
	St € brutto	**27**	**46**	**56**	**73**	**108**
	KG 345 € netto	23	38	47	61	91
16	**Revisionstür, 30x30**					
	Revisionsöffnung; Aluminiumrahmen; 30x30cm; Aussparung herstellen					
	St € brutto	**28**	**55**	**67**	**89**	**127**
	KG 345 € netto	24	46	56	75	107
17	**Trennschiene, Aluminium**					
	Trennschiene; Aluminium; Höhe 6mm; in Fliesenbelag; Abschluss/Übergang					
	m € brutto	**14**	**19**	**21**	**25**	**34**
	KG 353 € netto	11	16	18	21	29
18	**Trennschiene, Messing**					
	Trennschiene; Messing; Höhe 6mm; in Fliesenbelag; Abschluss/Übergang					
	m € brutto	**16**	**24**	**27**	**31**	**41**
	KG 353 € netto	14	20	23	26	35

LB 024 **Preise €**

Nr.	Kurztext / Stichworte Einheit / Kostengruppe		►	▷	brutto ø netto ø	◁	◄
19	**Trennschiene, nichtrostender Stahl** Trennschiene; Edelstahl; Höhe 6mm; in Fliesenbelag; Abschluss/ Übergang						
	m	**€ brutto**	**18**	**26**	**30**	**38**	**58**
	KG 353	€ netto	15	22	25	32	49
20	**Eckschutzschiene, Aluminium** Eckschutzschiene; Aluminium; Höhe 6mm; in Wandfliesenbelag; Außenecken						
	m	**€ brutto**	**19**	**22**	**23**	**27**	**34**
	KG 345	€ netto	16	18	20	23	28
21	**Eckschutzschiene, nichtrostender Stahl** Eckschutzschiene; Edelstahl; in Wandfliesenbelag; Außenecken						
	m	**€ brutto**	**14**	**25**	**30**	**37**	**55**
	KG 345	€ netto	12	21	25	31	46
22	**Eckschutzschiene, Kunststoff** Fliesenschiene; Kunststoff; in Wandfliesenbelag; Außenecken						
	m	**€ brutto**	**9,6**	**14,1**	**15,3**	**17,9**	**26,7**
	KG 345	€ netto	8,1	11,8	12,8	15,0	22,4
23	**Wandfliesen, 10x10** Wandbelag, Fliesen; Steinzeug/Feinsteinzeug; 10x10cm; Dünnbett-verfahren, inkl. Verfugung						
	m²	**€ brutto**	**71**	**90**	**98**	**106**	**132**
	KG 345	€ netto	59	75	83	89	111
24	**Wandfliesen, 10x20** Wandbelag, Fliesen; Steinzeug/Feinsteinzeug; 10x20cm; Dünnbett-verfahren, inkl. Verfugung						
	m²	**€ brutto**	**91**	**105**	**116**	**127**	**146**
	KG 345	€ netto	77	88	97	107	122
25	**Wandfliesen, 15x15** Wandbelag, Fliesen; Steinzeug/Feinsteinzeug; 15x15cm; Dünnbett-verfahren, inkl. Verfugung						
	m²	**€ brutto**	**84**	**96**	**107**	**118**	**134**
	KG 345	€ netto	71	81	90	99	113
26	**Wandfliesen, 15x20** Wandbelag, Fliesen; Steinzeug/Feinsteinzeug; 15x20cm; Dünnbett-verfahren, inkl. Verfugung						
	m²	**€ brutto**	**88**	**104**	**110**	**121**	**139**
	KG 345	€ netto	74	87	93	102	117

Kosten: Stand 3.Quartal 2025, Bundesdurchschnitt

LB 024							Preise €
Nr.	**Kurztext** / Stichworte				**brutto ø**		
	Einheit / Kostengruppe		►	▷	netto ø	◁	◄
27	**Wandfliesen, 20x20**						
	Wandbelag, Fliesen; Steinzeug/Feinsteinzeug; 20x20cm; Dünnbettverfahren, inkl. Verfugung						
	m²	**€ brutto**	**69**	**81**	**88**	**100**	**136**
	KG 345	€ netto	58	68	74	84	114
28	**Wandfliesen, 25x20**						
	Wandbelag, Fliesen; Steinzeug/Feinsteinzeug; 25x20cm; Dünnbettverfahren, inkl. Verfugung						
	m²	**€ brutto**	**70**	**81**	**89**	**103**	**119**
	KG 345	€ netto	59	68	75	86	100
29	**Wandfliesen, 25x33**						
	Wandbelag, Fliesen; Steinzeug/Feinsteinzeug; 25x33cm; Dünnbettverfahren, inkl. Verfugung						
	m²	**€ brutto**	**75**	**84**	**87**	**99**	**112**
	KG 345	€ netto	63	71	73	83	94
30	**Wandfliesen, 30x30**						
	Wandbelag, Fliesen; Steingut/Steinzeug/Feinsteinzeug; 30x30cm; Dünnbettverfahren, inkl. Verfugung						
	m²	**€ brutto**	**88**	**103**	**106**	**112**	**129**
	KG 345	€ netto	74	86	89	94	108
31	**Wandfliesen, 30x60**						
	Wandbelag, Fliesen; Steinzeug/Feinsteinzeug; 30x60cm; Dünnbettverfahren, inkl. Verfugung						
	m²	**€ brutto**	**93**	**114**	**123**	**130**	**148**
	KG 345	€ netto	78	95	103	110	124
32	**Wandfliesen, 60x60**						
	Wandbelag, Fliesen; Steinzeug/Feinsteinzeug; 60x60cm; Dünnbettverfahren, inkl. Verfugung						
	m²	**€ brutto**	**141**	**160**	**167**	**180**	**205**
	KG 345	€ netto	119	134	140	151	173
33	**Sockelfliesen, Fliesenbelag**						
	Sockelfliesenbelag; Steinzeug/Feinsteinzeug, glasiert/unglasiert; Dünnbettverfahren, inkl. Verfugung						
	m	**€ brutto**	**15**	**23**	**27**	**30**	**40**
	KG 353	€ netto	12	20	23	26	33
34	**Kehlsockel, Fliesenbelag**						
	Hohlkehlsockel, Fliesenbelag; Steinzeug/Feinsteinzeug; Dünnbettverfahren, inkl. Verfugung						
	m	**€ brutto**	**23**	**39**	**46**	**50**	**62**
	KG 353	€ netto	19	33	38	42	52

LB 024 **Preise €**

Nr.	Kurztext / Stichworte Einheit / Kostengruppe		►	▷	brutto ø netto ø	◁	◄
35	**Bordüre, Fliesen** Wandbelag, Bordüre; Steinzeug/Feinsteinzeug; Dünnbettverfahren, inkl. Verfugung						
	m	**€ brutto**	**16**	**27**	**31**	**36**	**46**
	KG 345	€ netto	14	23	26	30	39
36	**Bodenfliesen, 10x10** Bodenbelag, Fliesen; Steinzeug/Feinsteinzeug; 10x10cm; Dünnbettverfahren; inkl. Verfugung						
	m²	**€ brutto**	**82**	**120**	**139**	**155**	**188**
	KG 353	€ netto	69	101	117	130	158
37	**Bodenfliesen, 15x15** Bodenbelag, Fliesen; Steinzeug/Feinsteinzeug; 15x15cm; eben/im Gefälle/Fugenschnitt/beiliegendem Fliesenspiegel						
	m²	**€ brutto**	**79**	**104**	**117**	**134**	**174**
	KG 353	€ netto	66	87	99	113	147
38	**Bodenfliesen, 20x20** Bodenbelag, Fliesen; Steinzeug/Feinsteinzeug; 20x20cm; Dünnbettverfahren; inkl. Verfugung						
	m²	**€ brutto**	**76**	**98**	**108**	**121**	**149**
	KG 353	€ netto	64	82	91	102	125
39	**Bodenfliesen, 30x30** Bodenbelag, Fliesen; Steinzeug/Feinsteinzeug; 30x30cm; Dünnbettverfahren; inkl. Verfugung						
	m²	**€ brutto**	**70**	**93**	**101**	**114**	**142**
	KG 353	€ netto	59	78	85	96	120
40	**Bodenfliesen, 40x40** Bodenbelag, Fliesen; Steinzeug/Feinsteinzeug; 40x40cm; Dünnbettverfahren; inkl. Verfugung						
	m²	**€ brutto**	**67**	**87**	**93**	**107**	**119**
	KG 353	€ netto	56	73	78	90	100
41	**Bodenfliesen, 30x60** Bodenbelag, Fliesen; Steinzeug/Feinsteinzeug; 30x60cm; Dünnbettverfahren; inkl. Verfugung						
	m²	**€ brutto**	**78**	**94**	**100**	**117**	**126**
	KG 353	€ netto	66	79	84	99	106
42	**Bodenfliesen, 60x60** Bodenbelag, Fliesen; Steinzeug/Feinsteinzeug; 60x60cm; Dünnbettverfahren; inkl. Verfugung						
	m²	**€ brutto**	**99**	**137**	**156**	**166**	**230**
	KG 353	€ netto	83	115	131	140	193

LB 024 **Preise €**

Nr.	Kurztext / Stichworte Einheit / Kostengruppe		►	▷	brutto ø netto ø	◁	◄
43	**Bodenfliesen, 20x20, strukturiert** Bodenbelag, Fliesen; Steinzeug/Feinsteinzeug, strukturiert, frostbeständig; 20x20cm; Dünnbettverfahren; inkl. Verfugung						
	m²	**€ brutto**	**93**	**107**	**121**	**140**	**150**
	KG 353	€ netto	78	90	102	118	126
44	**Bodenfliesen, 30x30, strukturiert** Bodenbelag, Fliesen; Steingut/Steinzeug/Feinsteinzeug, strukturiert ,frostbeständig; 30x30cm; Dünnbettverfahren; inkl. Verfugung						
	m²	**€ brutto**	**97**	**110**	**123**	**142**	**156**
	KG 353	€ netto	81	93	103	120	131
45	**Bodenfliesen, 30x30, R11** Bodenbelag, Fliesen, Großküche; Feinsteinzeug/Keramik, Ia, unglasiert, profiliert, R12, frostbeständig; 30x30cm; Dünnbettverfahren, inkl. öl- und säurebeständiger Verfugung						
	m²	**€ brutto**	**104**	**121**	**130**	**134**	**146**
	KG 353	€ netto	88	102	109	113	123
46	**Bodenfliesen, Großküche, 20x20, R12** Bodenbelag, Fliesen; Feinsteinzeug/Keramik, unglasiert, profiliert, R12, frostbeständig; 20x20cm; Dünnbettverfahren, öl- und säurebeständige Verfugung						
	m²	**€ brutto**	**79**	**96**	**109**	**123**	**135**
	KG 353	€ netto	67	80	91	103	113
47	**Bodenfliesen, Großküche, 30x30, R12, V4** Bodenbelag, Fliesen; Feinsteinzeug/Keramik, unglasiert, profiliert, R12, frostbeständig; 30x30cm; Dünnbettverfahren, öl- und säurebeständige Verfugung						
	m²	**€ brutto**	**112**	**139**	**147**	**163**	**191**
	KG 353	€ netto	94	117	123	137	160
48	**Treppenbelag, Tritt- und Setzstufe** Stufenbelag, Fliesen; Feinsteinzeug/Keramik, BIa, frostbeständig; Trittstufe im Dünnbettmörtel inkl. Verfugung						
	m	**€ brutto**	**152**	**184**	**189**	**201**	**224**
	KG 353	€ netto	128	154	159	169	188
49	**Sockelfliesenbeläge, Treppen** Sockelfliesen, Treppe; Feinsteinzeug/Keramik, frostbeständig; Dickbett-/Dünnbettmörtel, inkl. Verfugung						
	m	**€ brutto**	**24**	**33**	**38**	**43**	**54**
	KG 353	€ netto	20	28	32	36	45

LB 024						Preise €
Nr.	**Kurztext** / Stichworte			**brutto ø**		
	Einheit / Kostengruppe	►	▷	netto ø	◁	◄
50	**Bodenfliesen, BIa-Feinsteinzeug, bis 20x20**					
	Wand-/Bodenbelag, Fliesen; Feinsteinzeug, BIas, frostbeständig; bis 20x20cm; Dünnbettmörtel, inkl. Verfugung; Innen-/Außenbereich					
	m² **€ brutto**	**76**	**94**	**102**	**120**	**149**
	KG 353 € netto	64	79	86	100	125
51	**Bodenfliesen, BIIa/BIIb-Steinzeug, glasiert, bis 20x20**					
	Wand-/Bodenbelag, Fliesen; Steinzeug, frostbeständig; bis 20x20cm; Dünnbettmörtel, inkl. Verfugung; Innen-/Außenbereich					
	m² **€ brutto**	**68**	**96**	**111**	**121**	**152**
	KG 353 € netto	57	81	93	102	127
52	**Bodenfliesen, AI/AII-Spaltplatte, frostsicher, bis 20x20**					
	Boden-/Wandbelag, Spaltplatte; AI/AII, frostbeständig; bis 20x20cm; inkl. Verfugung; Außenbereich					
	m² **€ brutto**	**85**	**115**	**121**	**138**	**175**
	KG 353 € netto	71	97	102	116	147
53	**Bodenfliesen, AI/AII-Klinker, frostsicher, bis 20x20**					
	Bodenbelag, Klinkerplatte; AI/AII, frostbeständig; bis 20x20cm; inkl. Verfugung; Außenbereich					
	m² **€ brutto**	**88**	**107**	**113**	**135**	**175**
	KG 353 € netto	74	90	95	114	147
54	**Begleitstreifen, Kontraststreifen, Steinzeug, innen**					
	Begleitstreifen, kontrastreich; Steinzeug, R11; 300x300mm, Dicke 12mm; zum Leitsystem, im Dünnbett; Innenbereich					
	m **€ brutto**	**–**	**88**	**99**	**126**	**–**
	KG 353 € netto	–	74	83	106	–
55	**Aufmerksamkeitsfeld, Noppenfliesen, Steinzeug, innen**					
	Bodenindikator, Noppenfliese; Steinzeug, R10; 300x300mm, Dicke 14mm, Feldfläche 900x900mm; als taktiles Aufmerksamkeitsfeld, im Dünnbett					
	St **€ brutto**	**–**	**297**	**341**	**426**	**–**
	KG 353 € netto	–	249	287	358	–
56	**Leitsystem, Rippenfliesen, Steinzeug, innen**					
	Bodenindikator, Rippenfliese; Steinzeug, R11; 300x300mm, Dicke 14mm; als taktiles Blindenleitsystem, im Dünnbett in Reihe verlegen; Innenbereich					
	m **€ brutto**	**–**	**109**	**126**	**161**	**–**
	KG 353 € netto	–	91	106	135	–

LB 024							Preise €
Nr.	**Kurztext** / Stichworte				**brutto ø**		
	Einheit / Kostengruppe		►	▷	netto ø	◁	◄
57	**Wandfliesen, BIII-Steingut, glasiert, bis 20x20**						
	Wandbelag, Fliesen; Steingut, BIII, nicht frostbeständig; bis 20x20cm; Dünnbettmörtel, inkl. Verfugung						
	m²	**€ brutto**	**72**	**91**	**104**	**111**	**130**
	KG 345	€ netto	60	76	87	93	109
58	**Wandfliesen, BIIa/BIIb-Steinzeug, glasiert, bis 20x20**						
	Wand-/Bodenbelag, Fliesen; Steinzeug, BIIa/BIIb frostbeständig; bis 20x20cm; Dünnbettmörtel, inkl. Verfugung; Innen-/Außenbereich						
	m²	**€ brutto**	**74**	**104**	**115**	**124**	**141**
	KG 345	€ netto	62	87	97	104	119
59	**Duschwannenträger einfliesen**						
	Duschwannenträger einfliesen; Wandfliesen; inkl. Zuschnitt, Verfugung						
	St	**€ brutto**	**46**	**60**	**70**	**90**	**130**
	KG 345	€ netto	39	50	59	75	109
60	**Badewannenträger einfliesen**						
	Badewannenträger einfliesen; Wandfliesen; inkl. Zuschnitt, Verfugung						
	St	**€ brutto**	**99**	**119**	**130**	**170**	**214**
	KG 345	€ netto	83	100	109	143	180
61	**Gehrungsschnitt, Fliesen**						
	Gehrungsschnitt; Fliesen; alle Winkel						
	m	**€ brutto**	**8,0**	**16,1**	**18,6**	**23,1**	**32,7**
	KG 353	€ netto	6,7	13,5	15,6	19,4	27,5
62	**Mattenrahmen, Edelstahl, 1.500x1.200mm**						
	Fußabstreifer, Einbaurahmen; Edelstahl; Stegbreite 5mm, 1.500x1.200mm; höhen-/fluchtgenau eingepasst						
	St	**€ brutto**	**492**	**569**	**702**	**836**	**1.004**
	KG 353	€ netto	413	478	590	702	844
63	**Mattenrahmen, Edelstahl, 2.000x2.000nm**						
	Fußabstreifer, Einbaurahmen; Edelstahl; Stegbreite 5mm, 2.000x2.000mm; höhen-/fluchtgenau eingepasst						
	St	**€ brutto**	**503**	**790**	**939**	**1.047**	**1.635**
	KG 353	€ netto	423	664	789	880	1.374
64	**Sauberlaufsystem, Rahmen, bis 2,00m²**						
	Fußabstreiferanlage; Rahmen Aluminium/Messing, Reinstreifen Gummiprofil; Anlagengröße bis 2,00m²; Innen-/Außenbereich						
	St	**€ brutto**	**403**	**813**	**988**	**1.273**	**1.709**
	KG 353	€ netto	339	683	830	1.070	1.436

LB 024						Preise €
Nr.	**Kurztext** / Stichworte			**brutto ø**		
	Einheit / Kostengruppe	►	▷	netto ø	◁	◄
65	**Sauberlaufsystem, Rahmen, über 2,00m**					
	Fußabstreiferanlage; Rahmen Aluminium/Messing, Reinstreifen Gummiprofil; Anlagengröße über 2,00m²; Innen-/Außenbereich					
	St	**€ brutto**	**1.578**	**2.263**	**2.721**	**2.828**	**3.111**
	KG 353	€ netto	1.326	1.902	2.286	2.376	2.614
66	**Elastische Verfugung, Fliesen, Silikon**					
	Fuge, elastisch, Fliesenbelag; Silikon; hinterlegen der Hohlräume					
	m	**€ brutto**	**5,5**	**7,7**	**8,7**	**10,0**	**15,0**
	KG 345	€ netto	4,6	6,5	7,3	8,4	12,6
67	**Elastoplastische Verfugung, Fliesen, Acryl**					
	Fuge, elastoplastisch, Fliesenbelag; Acryl-Dichtstoff; hinterlegen der Hohlräume					
	m	**€ brutto**	**8,2**	**11,2**	**11,9**	**15,6**	**17,3**
	KG 345	€ netto	6,9	9,4	10,0	13,1	14,5
68	**Elastische Verfugung, Fliesen, chemisch beständig**					
	Fuge, elastisch, Fliesenbelag; chemisch beständig; hinterlegen der Hohlräume					
	m	**€ brutto**	**10**	**13**	**13**	**17**	**19**
	KG 345	€ netto	8,6	10,6	11,1	14,6	15,8
69	**Bewegungsfugen, Fliesenbelag, Profil**					
	Bewegungsfuge, Fliesenbelag; PVC					
	m	**€ brutto**	**28**	**34**	**38**	**43**	**47**
	KG 345	€ netto	24	28	32	36	40
70	**Randstreifen abschneiden**					
	Randdämmstreifen abschneiden; entsorgen; Bodenbelag					
	m	**€ brutto**	**0,5**	**1,4**	**1,8**	**2,5**	**4,1**
	KG 353	€ netto	0,4	1,2	1,5	2,1	3,5
71	**Fliesen anarbeiten, Stützen**					
	Fliesen an Stützen anarbeiten; Bauschutt entsorgen					
	m	**€ brutto**	**31**	**38**	**40**	**46**	**50**
	KG 353	€ netto	26	32	33	38	42
72	**Stundensatz, Facharbeiter/-in**					
	Stundenlohnarbeiten für Vorarbeiter/-in, Facharbeiter/-in, und Gleichgestellte; Fliesenarbeiten					
	h	**€ brutto**	**73**	**84**	**89**	**92**	**101**
		€ netto	61	71	74	78	85
73	**Stundensatz, Helfer/-in**					
	Stundenlohnarbeiten für Werker/-in, Helfer/-in und Gleichgestellte; Fliesenarbeiten					
	h	**€ brutto**	**54**	**68**	**74**	**80**	**94**
		€ netto	46	57	62	67	79

LB 025						Preise €
Nr.	Kurztext / Stichworte Einheit / Kostengruppe	►	▷	brutto ø netto ø	◁	◄
1	**Untergrundreinigung, Estricharbeiten** Untergrund reinigen; Staub, grobe Verschmutzungen, lose Teile; abkehren, aufnehmen, entsorgen					
	m² € brutto	**0,7**	**1,3**	**1,7**	**2,4**	**3,8**
	KG 353 € netto	0,6	1,1	1,4	2,0	3,2
2	**Estrich abstellen, bis 70mm** Estrich abstellen; Dicke bis 70mm					
	m € brutto	**6,0**	**10,2**	**11,6**	**14,4**	**22,7**
	KG 353 € netto	5,1	8,5	9,8	12,1	19,1
3	**Bodenabdichtung, Bodenfeuchte, Bitumenbahn** Bodenabdichtung, gegen Bodenfeuchte; Bitumenschweißbahn G 200 S4+Al; vollflächig verkleben; Betonbodenplatten					
	m² € brutto	**12**	**17**	**19**	**21**	**25**
	KG 324 € netto	10	14	16	17	21
4	**Ausgleichsschüttung gebunden, 10mm** Ausgleichsschüttung; gebundene Form; Dicke 10mm; Rohdecke					
	m² € brutto	**4,8**	**5,6**	**6,0**	**6,1**	**7,1**
	KG 353 € netto	4,1	4,7	5,1	5,1	6,0
5	**Ausgleichsschüttung gebunden, bis 30mm** Ausgleichsschüttung; gebundene Form; bis 30mm; Rohdecke					
	m² € brutto	**6,9**	**13,1**	**16,8**	**18,3**	**21,6**
	KG 353 € netto	5,8	11,0	14,1	15,4	18,1
6	**Ausgleichsschüttung gebunden, Rohdecke** Ausgleichsschüttung gebunden; erdfeucht, druckstabil und selbstklebend; zwischen Versorgungsleitungen					
	m³ € brutto	**131**	**168**	**201**	**221**	**247**
	KG 353 € netto	110	141	169	186	207
7	**Trittschalldämmung MW 15-5mm DES** Trittschalldämmung, DES; Mineralwolle; Dicke 15-5mm; unter Estrich					
	m² € brutto	**5,1**	**7,5**	**8,4**	**9,7**	**14,1**
	KG 353 € netto	4,3	6,3	7,0	8,2	11,8
8	**Trittschalldämmung MW 30-5mm DES** Trittschalldämmung, DES; Mineralwolle; Dicke 30-5mm; unter Estrich					
	m² € brutto	**7,4**	**12,3**	**14,0**	**16,8**	**22,2**
	KG 353 € netto	6,2	10,4	11,8	14,1	18,6
9	**Trittschalldämmung EPS 20-2mm 045 DES sm** Trittschalldämmung, DES; EPS-Hartschaumplatte; Dicke 20-2mm; unter Estrich					
	m² € brutto	**4,0**	**6,1**	**6,9**	**11,5**	**18,0**
	KG 353 € netto	3,3	5,1	5,8	9,6	15,1

Kosten: Stand 3.Quartal 2025, Bundesdurchschnitt

LB 025 **Preise €**

Nr.	Kurztext / Stichworte				brutto ø		
	Einheit / Kostengruppe		►	▷	netto ø	◁	◄
10	**Trittschalldämmung EPS 30-3mm 045 DES sm**						
	Trittschalldämmung, DES; EPS-Hartschaumplatte; Dicke 30-3mm; unter Estrich						
	m²	**€ brutto**	**4,6**	**7,8**	**9,0**	**15,6**	**24,2**
	KG 353	€ netto	3,9	6,5	7,6	13,1	20,3
11	**Wärmedämmung, Estrich EPS 40mm DEO**						
	Wärmedämmung, DEO; EPS-Hartschaumplatte; Dicke 40mm; unter Estrich						
	m²	**€ brutto**	**8,9**	**11,5**	**14,3**	**16,1**	**20,5**
	KG 353	€ netto	7,5	9,7	12,1	13,6	17,3
12	**Wärmedämmung, Estrich EPS 60mm DEO**						
	Wärmedämmung, DEO; EPS-Hartschaumplatte; Dicke 60mm; unter Estrich						
	m²	**€ brutto**	**9,6**	**13,5**	**15,3**	**17,6**	**24,2**
	KG 353	€ netto	8,1	11,4	12,8	14,8	20,4
13	**Wärmedämmung, Estrich EPS 100mm DEO**						
	Wärmedämmung, DEO; EPS-Hartschaumplatte; Dicke 100mm; unter Estrich						
	m²	**€ brutto**	**14**	**18**	**20**	**23**	**29**
	KG 353	€ netto	12	15	16	19	24
14	**Wärmedämmung, Estrich EPS 200mm DEO**						
	Wärmedämmung, DEO; EPS-Hartschaumplatte; Dicke 100mm; zweilagig; unter Estrich						
	m²	**€ brutto**	**34**	**44**	**45**	**51**	**64**
	KG 353	€ netto	29	37	38	43	54
15	**Wärmedämmung, Estrich PUR 20mm DEO**						
	Wärmedämmung, DEO; PUR-Hartschaumplatte, alukaschiert; Dicke 20mm; unter Estrich						
	m²	**€ brutto**	**12**	**15**	**18**	**20**	**24**
	KG 353	€ netto	10	12	15	17	20
16	**Wärmedämmung, Estrich PUR 60mm DEO**						
	Wärmedämmung, DEO; PUR-Hartschaumplatte, alukaschiert; Dicke 60mm; unter Estrich						
	m²	**€ brutto**	**21**	**26**	**32**	**35**	**45**
	KG 353	€ netto	17	22	27	30	38
17	**Wärmedämmung, Estrich PUR 80mm DEO**						
	Wärmedämmung, DEO; PUR-Hartschaumplatte, alukaschiert; Dicke 80mm; unter Estrich						
	m²	**€ brutto**	**23**	**29**	**37**	**41**	**52**
	KG 353	€ netto	20	25	31	34	44

LB 025							Preise €
Nr.	**Kurztext** / Stichworte				**brutto ø**		
	Einheit / Kostengruppe		►	▷	netto ø	◁	◄
18	**Wärmedämmung, Estrich EPB bis 40mm DEO**						
	Wärmedämmung; expandierte Perlite; 80mm; zweilagig; unter Estrich						
	m²	**€ brutto**	**19**	**23**	**23**	**25**	**29**
	KG 353	€ netto	16	19	20	21	24
19	**Wärmedämmung, Estrich CG bis 70mm DEO**						
	Wärmedämmung, DEO; Schaumglas-Dämmplatte; Dicke 70mm; vollflächig eingebettet in Heißbitumen; unter Estrich						
	m²	**€ brutto**	**38**	**66**	**73**	**78**	**88**
	KG 353	€ netto	32	56	61	65	74
20	**Trennlage, Dämmung, Estrich**						
	Trennlage; PE-Folie 0,8mm; auf Dämmschicht						
	m²	**€ brutto**	**1,0**	**1,6**	**1,8**	**2,7**	**4,6**
	KG 353	€ netto	0,8	1,3	1,5	2,3	3,8
21	**Trennlage, Dämmung, Gussasphalt**						
	Trennlage; Rippen-/Rohfilzpappe; auf Dämmschicht						
	m²	**€ brutto**	**1,1**	**2,0**	**2,4**	**2,9**	**3,9**
	KG 353	€ netto	1,0	1,7	2,0	2,4	3,3
22	**Randdämmstreifen, Polystyrol**						
	Randdämmstreifen; Polystyrol; Höhe 40mm, Tiefe 12mm; an Wänden						
	m	**€ brutto**	**0,8**	**1,6**	**2,0**	**3,2**	**5,4**
	KG 353	€ netto	0,7	1,4	1,7	2,7	4,5
23	**Randdämmstreifen, PE-Schaum**						
	Randdämmstreifen; PE-Schaum; Höhe 40mm, Tiefe 10mm; an Wänden						
	m	**€ brutto**	**0,7**	**1,4**	**1,7**	**2,6**	**5,1**
	KG 353	€ netto	0,6	1,1	1,4	2,2	4,3
24	**Estrich, CT C25 F4 S45**						
	Estrich; Zementestrich C25 F4 S45; Dicke 45mm; schwimmend; auf Dämmschicht						
	m²	**€ brutto**	**21**	**25**	**26**	**28**	**33**
	KG 353	€ netto	18	21	22	24	28
25	**Estrich, CT C25 F4 S70**						
	Estrich; Zementestrich C25 F4 S70; Dicke 45mm; schwimmend; auf Dämmschicht						
	m²	**€ brutto**	**30**	**33**	**35**	**37**	**43**
	KG 353	€ netto	25	28	29	31	36
26	**Heizestrich, CT C25 F4 S65 H45**						
	Heizestrich; Zementestrich C25 F4-S65 H45; Dicke 65mm; schwimmend; auf Dämmschicht						
	m²	**€ brutto**	**23**	**29**	**31**	**33**	**39**
	KG 353	€ netto	20	24	26	28	33

Kosten: Stand 3.Quartal 2025, Bundesdurchschnitt

LB 025 **Preise €**

Nr.	Kurztext / Stichworte Einheit / Kostengruppe		▶	▷	brutto ø netto ø	◁	◀
27	**Estrich, CT C40 F7, modifiziert** Estrich, kunststoffmodifiziert; Zementestrich C40 F7 S45; Dicke 45mm; schwimmend; auf Dämmschicht						
	m²	**€ brutto**	**34**	**39**	**43**	**46**	**52**
	KG 353	€ netto	28	33	36	39	44
28	**Estrich, CA C25 S45** Estrich; Calciumsulfatestrich C25 F4 S45; Dicke 45mm; schwimmend; auf Dämmschicht						
	m²	**€ brutto**	**22**	**27**	**29**	**31**	**36**
	KG 353	€ netto	18	22	24	26	30
29	**Heizestrich, CA C25 S65 H45** Heizestrich; Calciumsulfatestrich C25 F4 S65 H45; Dicke 65mm; schwimmend; auf Dämmschicht						
	m²	**€ brutto**	**27**	**31**	**33**	**35**	**41**
	KG 353	€ netto	23	26	28	29	34
30	**Estrich, CAF C25 F4 S45** Estrich; Calciumsulfat-Fließestrich C25 F4 S50; Dicke 50mm; schwimmend; auf Dämmschicht						
	m²	**€ brutto**	**22**	**26**	**28**	**31**	**38**
	KG 353	€ netto	18	22	23	26	32
31	**Heizestrich, CAF C25 F4 S65 H45** Heizestrich; Calciumsulfat-Fließestrich C25 F4 S65 H45; Dicke 65mm; schwimmend; auf Dämmschicht; inkl. Auf- und Abheizen						
	m²	**€ brutto**	**24**	**31**	**33**	**34**	**39**
	KG 353	€ netto	20	26	28	29	32
32	**Estrich, AS IC10 S25** Estrich; Gussasphalt IC10 S25; Dicke 25mm; schwimmend; auf Dämmschicht						
	m²	**€ brutto**	**41**	**51**	**56**	**61**	**71**
	KG 353	€ netto	34	43	47	51	60
33	**Estrich, CT C25 F4 V45** Verbundestrich; Zementestrich C25 F4 V45; Dicke 45mm						
	m²	**€ brutto**	**21**	**24**	**27**	**27**	**30**
	KG 353	€ netto	17	20	22	23	25
34	**Estrich glätten, maschinell** Estrichoberfläche, glätten; Abscheiben, Flügelglätten; maschinell						
	m²	**€ brutto**	**2,0**	**4,3**	**6,0**	**7,4**	**10,1**
	KG 324	€ netto	1,7	3,6	5,1	6,2	8,5

LB 025 **Preise €**

Nr.	Kurztext / Stichworte Einheit / Kostengruppe		►	▷	brutto ø netto ø	◁	◄
35	**Sinterschicht abschleifen, Boden** Estrichoberfläche, schleifen; Calciumsulfatestrich; abschleifen, absaugen, abfahren, entsorgen						
	m²	**€ brutto**	**2,0**	**3,0**	**3,2**	**4,0**	**5,3**
	KG 353	€ netto	1,7	2,5	2,7	3,3	4,4
36	**Scheinfugen schneiden, schließen** Scheinfuge; Kunstharz, 2-Komponenten-Polyurethan-Masse; 1/3 Estrichtiefe, Fugenbreite 5mm						
	m	**€ brutto**	**12**	**17**	**17**	**21**	**30**
	KG 353	€ netto	10	14	15	18	25
37	**Bewegungsfuge, elastische Dichtmasse** Bewegungsfuge, Estrich; Dichtstoff, plastoelastisch, öl-,säurebeständig						
	m	**€ brutto**	**5,8**	**9,8**	**11,4**	**12,7**	**19,4**
	KG 353	€ netto	4,9	8,2	9,6	10,7	16,3
38	**Bewegungsfuge, Metallprofil** Bewegungsfugenprofil, Fliesenbelag; Aluminium, elastische Kunststoffeinlage						
	m	**€ brutto**	**45**	**80**	**92**	**99**	**165**
	KG 353	€ netto	38	67	77	83	139
39	**Aussparung, Mattenrahmen** Aussparung, Fußmatte; Größe bis 1.000/1.200mm, Höhe 15-20mm						
	St	**€ brutto**	**37**	**85**	**123**	**127**	**161**
	KG 353	€ netto	31	72	103	107	136
40	**Markierung, Messstellen** Estrich-Messstelle; für Restfeuchtigkeitsprüfung/Höhenkontrolle						
	St	**€ brutto**	**4,4**	**7,8**	**8,9**	**10,8**	**13,8**
	KG 353	€ netto	3,7	6,6	7,5	9,1	11,6
41	**Messung, Feuchte, Estrich** Restfeuchtemessung, Estrich; Calciumcarbid-Messgerät						
	St	**€ brutto**	**40**	**59**	**62**	**74**	**91**
	KG 353	€ netto	34	49	52	62	76
42	**Stundensatz, Facharbeiter/-in** Stundenlohnarbeiten für Vorarbeiter/-in, Facharbeiter/-in und Gleichgestellte; Estricharbeiten						
	h	**€ brutto**	**71**	**82**	**86**	**92**	**106**
		€ netto	60	69	72	77	89
43	**Stundensatz, Helfer/-in** Stundenlohnarbeiten für Werker/-in, Helfer/-in und Gleichgestellte; Estricharbeiten						
	h	**€ brutto**	**62**	**69**	**72**	**76**	**85**
		€ netto	52	58	61	64	71

LB 026 **Preise €**

Nr.	Kurztext / Stichworte Einheit / Kostengruppe		►	▷	brutto ø netto ø	◁	◄
1	**Haustürelement, Holz, einflüglig** Holzaußentürelement; Holz, Ud=1,3W/(m²K); einflüglig						
	St	**€ brutto**	**2.572**	**3.756**	**4.179**	**4.714**	**6.147**
	KG 334	€ netto	2.162	3.156	3.511	3.962	5.165
2	**Haustürelement, Holz, einflüglig, Seitenteil** Haustürelement, mit Glasfüllung; Holz, Ud=1,3 W/(m²K), zweifach Isolierverglasung; bis 500x2.200mm; einflüglig						
	St	**€ brutto**	**3.333**	**4.999**	**5.675**	**6.427**	**8.360**
	KG 334	€ netto	2.801	4.201	4.769	5.401	7.025
3	**Haustürelement, Holz, mehrteilig** Außentürelement mehrteilig; Nadelholz, Ud=1,3W(m²K); zweiflüglig, Geh- und Stand-Türflügel						
	St	**€ brutto**	**4.766**	**6.680**	**7.489**	**8.887**	**11.752**
	KG 334	€ netto	4.005	5.614	6.293	7.468	9.875
4	**Haustürelement, Kunststoff, einflüglig** Haustürelement; Kunststoff, Ud=1,3W(m²K); einflüglig						
	St	**€ brutto**	**–**	**2.781**	**4.072**	**4.991**	**–**
	KG 334	€ netto	–	2.337	3.422	4.194	–
5	**Haustürelement, Kunststoff, einflüglig, Seitenteil** Haustürelement, mit Glasfüllung; Kunststoff, Ud=1,3W(m²K), Seitenteil Sicherheitsglas; bis 500x2.200mm						
	St	**€ brutto**	**–**	**4.055**	**5.560**	**6.943**	**–**
	KG 334	€ netto	–	3.408	4.672	5.835	–
6	**Haustürelement, Kunststoff, mehrteilig** Haustürelement; Kunststoff, Isolierglas, 2x VSG/2x ESG, Ud=1,3W(m²K); mit Rahmenelement mit Fest-Verglasung						
	St	**€ brutto**	**4.540**	**5.570**	**6.098**	**6.872**	**9.112**
	KG 334	€ netto	3.815	4.681	5.124	5.775	7.657
7	**Haustürelement, Holz, Passivhaus, einflüglig** Haustürelement, Passivhaus; Holz, Ud=0,8W/(m²K); einflüglig mit Rahmen						
	St	**€ brutto**	**4.082**	**4.887**	**5.299**	**5.588**	**6.088**
	KG 334	€ netto	3.430	4.107	4.453	4.696	5.116
8	**Haustürelement, Passivhaus, zweiflüglig** Haustürelement, Passivhaus; Kunststoff/Holz, Ud=0,8W/(m²K); zweiflüglig, Geh- und Standtürflügel						
	St	**€ brutto**	**–**	**9.543**	**10.892**	**14.498**	**–**
	KG 334	€ netto	–	8.019	9.153	12.183	–

Kosten: Stand 3.Quartal 2025, Bundesdurchschnitt

LB 026 **Preise €**

Nr.	**Kurztext** / Stichworte **Einheit** / Kostengruppe		▶	▷	**brutto ø** netto ø	◁	◀
9	**Seitenteil, Holz, verglast, Haustür** Seitenteil, Haustür; Holz, Isolierverglasung; bis 500x2.200mm; Klimaklasse III, mech. Beanspruchung M						
	St	**€ brutto**	**1.191**	**1.429**	**1.588**	**1.810**	**1.985**
	KG 334	€ netto	1.001	1.201	1.334	1.521	1.668
10	**Seitenteil, Kunststoff, verglast, Haustür** Seitenteil, Haustür; Kunststoffprofile, Isolierverglasung; bis 500x2.200mm; Klimaklasse III, mech. Beanspruchung M						
	St	**€ brutto**	**947**	**1.149**	**1.262**	**1.388**	**1.553**
	KG 334	€ netto	796	965	1.061	1.167	1.305
11	**Metall-Türelement, einflüglig** Kellereingangstürelement mit Glasausschnitt; Metall, Isolierverglasung, ESG; einflüglig						
	St	**€ brutto**	**1.326**	**2.832**	**3.519**	**4.140**	**5.562**
	KG 334	€ netto	1.114	2.380	2.957	3.479	4.674
12	**Holzfenster, einflüglig, zweischeibig, bis 0,70m^2** Holzfenster; Zweifach-Isolierglas, Uw bis 1,3W/m^2K; Fläche bis 0,70m^2; einflüglig, DK						
	St	**€ brutto**	**500**	**544**	**562**	**641**	**734**
	KG 334	€ netto	420	457	473	538	617
13	**Holzfenster, einflüglig, zweischeibig, über 0,70m^2** Holzfenster; Zweifach-Isolierglas, Uw=1,3W/m^2K; Fläche über 0,70m^2; einflüglig, DK						
	St	**€ brutto**	**761**	**839**	**884**	**898**	**951**
	KG 334	€ netto	640	705	743	754	799
14	**Holzfenster, einflüglig, dreischeibig, über 1,0-3,0m^2** Holzfenster; Dreifach-Isolierglas, Uw bis 1,3W/m^2K; Fläche über 1,0-3,0m^2; einflüglig, DK						
	St	**€ brutto**	**671**	**835**	**893**	**965**	**1.097**
	KG 334	€ netto	564	701	750	811	922
15	**Holzfenster, einflüglig, dreischeibig, Passivhaus, bis 1,0m^2** Holzfenster; Dreifach-Isolierglas, Uw=0,8W/m^2K; Fläche bis 1,00m^2; einflüglig, DK/FV						
	St	**€ brutto**	**971**	**1.140**	**1.215**	**1.285**	**1.457**
	KG 334	€ netto	816	958	1.021	1.080	1.224
16	**Holzfenster, mehrteilig, dreischeibig, Passivhaus, über 2,50m^2** Holzfensterelement; Dreifach-Isolierglas, Uw=0,8W/m^2K; Fläche über 2,50m^2; mehrteilig						
	St	**€ brutto**	**1.923**	**2.802**	**3.221**	**3.581**	**4.586**
	KG 334	€ netto	1.616	2.355	2.707	3.010	3.854

LB 026 **Preise €**

Nr.	Kurztext / Stichworte Einheit / Kostengruppe		▶	▷	brutto ø netto ø	◁	◀
17	**Holz-Alu-Fenster, einflüglig, zweischeibig, bis 0,70m²** Holz-Alu-Fenster; Holz und Alu beschichtet, Zweifach-Isolierglas; Fläche bis 0,70m²; einflüglig, DK						
	St	**€ brutto**	**709**	**830**	**901**	**972**	**1.130**
	KG 334	€ netto	596	697	757	817	949
18	**Holz-Alu-Fenster, einflüglig, zweischeibig, bis 2,00m²** Holz-Alu-Fenster; Holz und Alu beschichtet, Zweifach-Isolierglas; Fläche 0,70-1,70m²; einflüglig, DK						
	St	**€ brutto**	**1.025**	**1.145**	**1.209**	**1.261**	**1.364**
	KG 334	€ netto	861	962	1.016	1.059	1.146
19	**Holz-Alu-Fenster, einflüglig, dreischeibig, bis 0,70m²** Holz-Alu-Fenster; Rahmen beschichtet, Holzprofil beschichtet, Dreifach-Isolierglas; Fläche bis 0,70m²; einflüglig, DK						
	St	**€ brutto**	**888**	**993**	**1.034**	**1.098**	**1.259**
	KG 334	€ netto	747	834	869	923	1.058
20	**Holz-Alu-Fenster, einflüglig, dreischeibig, bis 2,00m²** Holz-Alu-Fenster; Rahmen beschichtet, Holzprofil beschichtet, Dreifach-Isolierglas; A bis 2,0m²; einflüglig, DK						
	St	**€ brutto**	**891**	**1.208**	**1.353**	**1.443**	**1.646**
	KG 334	€ netto	749	1.015	1.137	1.212	1.384
21	**Holz-Alu-Fenstertür, einflüglig, zweischeibig** Holz-Alu-Fenstertür; Rahmen beschichtet, Holzprofil beschichtet, Zweifach-Isolierglas; einflüglig, DK						
	St	**€ brutto**	**1.292**	**1.868**	**2.039**	**2.190**	**2.755**
	KG 334	€ netto	1.086	1.570	1.713	1.840	2.315
22	**Fenstertür, einflüglig, dreischeibig, Passivhaus, bis 2,50m²** Fenstertür, zweiteilig, Dreifach-Isolierglas; bis 2,5m²; einflüglig, DK						
	St	**€ brutto**	**1.930**	**2.375**	**2.626**	**3.040**	**3.575**
	KG 334	€ netto	1.622	1.996	2.207	2.555	3.004
23	**Holz-Alu-Fenster, zweiflüglig, zweischeibig, bis 4,5m²** Holz-Alu-Fenster; Rahmen beschichtet, Holzprofil beschichtet, Zweifach-Isolierglas; zweiflüglig, DK						
	St	**€ brutto**	**1.918**	**2.925**	**3.332**	**4.008**	**5.559**
	KG 334	€ netto	1.611	2.458	2.800	3.368	4.671
24	**Kunststofffenster, einflüglig, dreischeibig, bis 0,7m²** Kunststofffenster; PVC-U, Dreifach-Isolierglas, Uw=1,3W/(m²K); A bis 0,70m²; einflüglig, DK						
	St	**€ brutto**	**468**	**503**	**518**	**552**	**620**
	KG 334	€ netto	393	423	436	464	521

Kosten: Stand 3.Quartal 2025, Bundesdurchschnitt

LB 026 **Preise €**

Nr.	Kurztext / Stichworte Einheit / Kostengruppe		►	▷	brutto ø netto ø	◁	◄
25	**Kunststofffenster, einflüglig, dreischeibig, bis 1,70m²** Kunststofffenster; PVC-U, Dreifach-Isolierglas, Uw=1,3W/(m²K); A bis 1,90m²; einflüglig, DK						
	St	**€ brutto**	**555**	**624**	**655**	**761**	**990**
	KG 334	€ netto	467	524	550	639	832
26	**Kunststofffenster, mehrteilig, zweischeibig, bis 1,70m²** Kunststofffensterelement; PVC-U, Zweifach-Isolierglas, Uw=1,3W/(m²K); Fläche 1,70m²; mehrflüglig						
	St	**€ brutto**	**707**	**873**	**982**	**1.029**	**1.138**
	KG 334	€ netto	594	734	825	865	956
27	**Kunststofffenster, mehrteilig, zweischeibig, über 1,70m²** Kunststofffenster; PVC-U, Zweifach-Isolierglas, Uw=1,3W/(m²K); Fläche über 1,70m²; mehrflüglig, DK						
	St	**€ brutto**	**818**	**1.229**	**1.465**	**1.670**	**2.140**
	KG 334	€ netto	688	1.033	1.231	1.404	1.798
28	**Kunststofffenster, einflüglig, zweischeibig, bis 0,70m²** Kunststofffenster; PVC-U, Zweifach-Isolierglas, Uw=1,3W/(m²K); Fläche bis 0,70m²; einflüglig, DK						
	St	**€ brutto**	**347**	**435**	**471**	**514**	**610**
	KG 334	€ netto	291	366	396	432	512
29	**Kunststofffenster, einflüglig, zweischeibig, bis 1,70m²** Kunststofffenster; PVC-U, Zweifach-Isolierglas, Uw=1,3W/(m²K); Fläche 0,70-1,70m²; einflüglig, DK						
	St	**€ brutto**	**409**	**526**	**573**	**591**	**644**
	KG 334	€ netto	344	442	481	496	541
30	**Kunststofffenster, mehrteilig, dreischeibig, über 1,70m²** Kunststofffenster; PVC-U, Dreifach-Isolierglas, Uw=1,3 W/(m²K); Fläche über 1,70m²; mehrflüglig, DK						
	St	**€ brutto**	**1.399**	**1.653**	**1.816**	**1.865**	**2.042**
	KG 334	€ netto	1.175	1.389	1.526	1.567	1.716
31	**Kunststofffenster, einflüglig, dreischeibig, Passivhaus** Kunststofffenster; PVC-U, Dreifach-Isolierglas, Uw=0,8W/(m²K); einflüglig, DK						
	St	**€ brutto**	**688**	**760**	**999**	**1.028**	**1.550**
	KG 334	€ netto	578	639	839	863	1.303
32	**Holzfenster, mehrteilig, über 2,50m²** Holzfensterelement; Isolierverglasung, Uw bis 1,1W/m²K; Fläche über 2,50m²; vierteilig, 2x DK, 2x K						
	St	**€ brutto**	**1.319**	**2.178**	**2.448**	**3.249**	**5.208**
	KG 334	€ netto	1.109	1.831	2.057	2.730	4.376

LB 026							Preise €
Nr.	**Kurztext** / Stichworte **Einheit** / Kostengruppe		►	▷	**brutto ø** netto ø	◁	◄
33	**Holz-Alu-Fenster, einflüglig, dreischeibig, Passivhaus, bis 1,70m²** Holz-Alu-Fenster; Rahmen beschichtet, Holzlasierend/deckend beschichtet, Dreifach-Isolierglas; einflüglig, DK						
	St	**€ brutto**	**–**	**1.279**	**1.498**	**1.895**	**–**
	KG 334	€ netto	–	1.075	1.259	1.592	–
34	**Metall-Glas-Fenster, einflüglig, zweischeibig, bis 2,00m²** Metallfensterelement; Aluminium, Zweifach-Isolierglas, Uw=1,3W/(m²K); Fläche bis 2,0m²; einflüglig, DK						
	St	**€ brutto**	**769**	**1.257**	**1.417**	**1.741**	**2.365**
	KG 334	€ netto	646	1.056	1.191	1.463	1.987
35	**Metall-Glas-Fenster, zweiflüglig, zweischeibig, bis 4,5m²** Metallfenster; Aluminium, Zweifach-Isolierglas, Uw=1,3W/(m²K); Fläche bis 4,5m²; zweiflüglig, 1x DK, 1x Dreh mit Anschlag						
	St	**€ brutto**	**1.597**	**2.750**	**3.187**	**3.946**	**5.421**
	KG 334	€ netto	1.342	2.311	2.678	3.316	4.555
36	**Metall-Glas-Fenster, mehrteilig, zweischeibig außen, 5,00m²** Metallfenster; Aluminium, Isolierverglasung, Uw=1,3W/(m²K); Fläche 5,00m²; mehrteilig						
	St	**€ brutto**	**2.936**	**4.254**	**4.816**	**7.255**	**11.342**
	KG 334	€ netto	2.467	3.575	4.047	6.097	9.531
37	**Metall-Glas-Fenstertür, einflüglig, zweischeibig** Metallfenstertür; Aluminium, Zweifach-Isolierglas, Uw=1,3W/(m²K); einflüglig, DK						
	St	**€ brutto**	**1.546**	**3.476**	**4.392**	**5.210**	**6.498**
	KG 334	€ netto	1.299	2.921	3.691	4.378	5.461
38	**Pfosten-Riegel-Fassade, Holz/Holz-Aluminium** Pfosten-Riegel-Konstruktion mit Glasfüllung; Nadelholz, Isolierverglasung/Wärmeschutzverglasung; selbsttragend, Zweifachverglasung						
	m²	**€ brutto**	**617**	**996**	**1.142**	**1.367**	**1.876**
	KG 334	€ netto	519	837	960	1.149	1.577
39	**Pfosten-Riegel-Fassade, Metall** Pfosten-Riegel-Konstruktion mit Glasfüllung; Isolierverglasung/Wärmeschutzverglasung, Stahl/Aluminium, Nasslackierung/Pulverbeschichtung; Profilbreite 50/60mm; selbsttragend, wärmegedämmt						
	m²	**€ brutto**	**678**	**1.085**	**1.284**	**1.614**	**2.275**
	KG 334	€ netto	570	912	1.079	1.356	1.912
40	**Einsatzelement, Türe, PR-Fassade** Einsatzmetalltürelement mit Glasfüllung; Isolierverglasung/Wärmeschutzverglasung; einflüglig/zweiflüglig; Pfosten-Riegel-Konstruktion						
	St	**€ brutto**	**1.416**	**2.689**	**3.255**	**4.141**	**5.963**
	KG 334	€ netto	1.190	2.260	2.735	3.480	5.011

Kosten: Stand 3.Quartal 2025, Bundesdurchschnitt

LB 026 **Preise €**

Nr.	Kurztext / Stichworte Einheit / Kostengruppe		►	▷	brutto ø netto ø	◁	◄
41	**Einsatzelement, Fenster, PR-Fassade** Einsatzfensterelement; Holz/Metall, Uw=1,3W(m²K); einflüglig, DK; Pfosten-Riegel-Fassade						
	St	**€ brutto**	**497**	**931**	**1.165**	**1.378**	**1.918**
	KG 334	€ netto	417	782	979	1.158	1.611
42	**Einsatzelement, Paneel, PR-Fassade** Paneel, Metall-/Glas-Metall; Aluminium/Stahlblech, Füllung Vakuum/Mineralwolle/Steinwolle/Polyurethan; Pfosten-Riegel-Fassade						
	m²	**€ brutto**	**126**	**302**	**347**	**372**	**444**
	KG 334	€ netto	106	254	291	312	373
43	**Sicherheitsglas, Mehrpreis, PR-Fassade** Sicherheitsverglasung; ESG/VSG; Pfosten-Riegel-Konstruktion						
	m²	**€ brutto**	**41**	**88**	**105**	**126**	**175**
	KG 334	€ netto	35	74	88	106	147
44	**Kunststofffenster, einflüglig, 750x500mm, wasserdicht** Kunststofffenster, zweifachverglast; Ug-Wert 1,1W/(m²K); Größe 750x500mm; einflüglig, DK						
	St	**€ brutto**	**1.714**	**1.862**	**2.116**	**2.455**	**2.793**
	KG 334	€ netto	1.440	1.565	1.778	2.063	2.347
45	**Kunststofffenster, einflüglig, 800x600mm, wasserdicht** Kunststofffenster, zweifachverglast; Ug-Wert 1,1W/(m²K); Größe 750x500mm; einflüglig, DK						
	St	**€ brutto**	**2.168**	**2.356**	**2.677**	**3.105**	**3.533**
	KG 334	€ netto	1.822	1.979	2.249	2.609	2.969
46	**Fensterbank, außen, Aluminium, beschichtet** Fensterbank, außen; Aluminium-Strangpressprofil, farbig beschichtet/anodisch oxidiert; Gefälle mind. 8%; entdröhnt						
	m	**€ brutto**	**27**	**51**	**59**	**70**	**93**
	KG 334	€ netto	23	43	50	59	78
47	**Türschwelle, außen, Aluminium, rutschsicher** Türschwellenabdeckung, außen; Aluminium, eloxiert; rutschsicher						
	m	**€ brutto**	**–**	**93**	**109**	**139**	**–**
	KG 334	€ netto	–	78	92	117	–
48	**Abdichtung, Fensteranschluss** Fensteranschluss; dampfdichtes Klebeband; luftdicht und schlagregendicht						
	m	**€ brutto**	**5,9**	**12,3**	**16,3**	**27,2**	**41,2**
	KG 334	€ netto	5,0	10,3	13,7	22,8	34,6

LB 026 **Preise €**

Nr.	Kurztext / Stichworte Einheit / Kostengruppe		►	▷	brutto ø netto ø	◁	◄
49	**RAL-Anschluss, Fenster** RAL-Anschluss, Fenster; Laibungsmontage, stumpfer Anschluss; Massivwand						
	m	**€ brutto**	**–**	**36**	**45**	**58**	**–**
	KG 334	€ netto	–	30	38	48	–
50	**Stundensatz, Facharbeiter/-in** Stundenlohnarbeiten für Vorarbeiter/-in, Facharbeiter/-in und Gleichgestellte; Fensterbauarbeiten						
	h	**€ brutto**	**77**	**87**	**91**	**98**	**111**
		€ netto	65	73	76	82	93
51	**Stundensatz, Helfer/-in** Stundenlohnarbeiten für Werker/-in, Helfer/-in und Gleichgestellte; Fensterbauarbeiten						
	h	**€ brutto**	**65**	**75**	**77**	**82**	**90**
		€ netto	55	63	65	69	76

LB 027 **Preise €**

Nr.	Kurztext / Stichworte Einheit / Kostengruppe		►	▷	brutto ø netto ø	◁	◄
1	**Türblatt, einflüglig, Röhrenspan, HPL, 750x2.000/2.125** Türblatt; Röhrenspan, Schichtpressstoffplatten; 750x2.000/2.125mm, Dicke 42mm; einflüglig; Klimaklasse II						
	St	**€ brutto**	**228**	**299**	**511**	**594**	**753**
	KG 344	€ netto	191	251	429	499	633
2	**Türblatt, einflüglig, Röhrenspan, HPL, 875x2.000/2.125** Türblatt; Röhrenspan, Schichtpressstoffplatten; 875x2.000/2.125mm, Dicke 42mm; einflüglige; Klimaklasse II						
	St	**€ brutto**	**248**	**346**	**552**	**627**	**858**
	KG 344	€ netto	208	291	464	527	721
3	**Türblatt, einflüglig, Röhrenspan, HPL, 1.000x2.000/2.125** Türblatt; Röhrenspan, Schichtpressstoffplatten; 1.000x2.000/2.125mm, Dicke 42mm; einflüglig; Klimaklasse II						
	St	**€ brutto**	**277**	**395**	**620**	**636**	**893**
	KG 344	€ netto	233	332	521	534	751
4	**Innentür, rauchdicht, S200-C5, einflüglig, 875x2.000/2.125** Rauchschutztürelement; Holztüre, Stahlumfassungszarge; 875x2.000/2.125mm; einflüglig; Klimaklasse II						
	St	**€ brutto**	**557**	**901**	**1.024**	**1.326**	**1.754**
	KG 344	€ netto	468	757	860	1.114	1.474
5	**Innentür, rauchdicht, S200-C5, einflüglig, 1.000x2.000/2.125** Rauchschutztürelement; Holztüre, Stahlumfassungszarge; 1.000x2.000/2.125mm; einflüglig; Klimaklasse II						
	St	**€ brutto**	**1.061**	**1.423**	**1.537**	**1.735**	**3.040**
	KG 344	€ netto	892	1.196	1.292	1.458	2.554
6	**Innentür, EI2 30-SaC5, einflüglig, 750x2.000/2.125** Brandschutztürelement, EI2 30-SaC5; Holztüre, Stahlumfassungszarge; 750x2.000/2.125mm; einflüglig; Klimaklasse II						
	St	**€ brutto**	**1.346**	**1.996**	**2.202**	**2.440**	**4.321**
	KG 344	€ netto	1.131	1.678	1.850	2.051	3.631
7	**Innentür, EI2 30-SaC5, einflüglig, 875x2.000/2.125** Brandschutztürelement, EI2 30-SaC5; Holztüre, Stahlumfassungszarge; 875x2.000/2.125mm; einflüglig; Klimaklasse II						
	St	**€ brutto**	**1.460**	**2.226**	**2.463**	**3.263**	**4.880**
	KG 344	€ netto	1.227	1.871	2.069	2.742	4.101
8	**Innentür, EI2 30-SaC5, einflüglig 1.000x2.000/2.125** Brandschutztürelement, EI2 30-SaC5; Holztüre, Stahlumfassungszarge; 1.000x2.000/2.125mm; einflüglig; Klimaklasse II						
	St	**€ brutto**	**1.851**	**2.820**	**3.044**	**3.610**	**5.197**
	KG 344	€ netto	1.555	2.370	2.558	3.034	4.367

LB 027 **Preise €**

Nr.	Kurztext / Stichworte Einheit / Kostengruppe		►	▷	brutto ø netto ø	◁	◄
9	**Innentür, Röhrenspan, einflüglig, 750x2.000/2.125** Innentürelement; Röhrenspan; 750x2.000/2.125mm; einflüglig; Klimaklasse I						
	St	**€ brutto**	**465**	**645**	**765**	**935**	**1.303**
	KG 344	€ netto	391	542	643	785	1.095
10	**Innentür, Röhrenspan, einflüglig, 875x2.000/2.125** Innentürelement; Röhrenspan; 875x2.000/2.125mm; einflüglig; Klimaklasse I						
	St	**€ brutto**	**530**	**793**	**891**	**1.093**	**1.492**
	KG 344	€ netto	445	666	748	919	1.254
11	**Innentür, Röhrenspan, einflüglig, 1.000x2.000/2.125** Innentürelement; Röhrenspan; 1.000x2.000/2.125mm; einflüglig; Klimaklasse I						
	St	**€ brutto**	**586**	**883**	**995**	**1.252**	**1.718**
	KG 344	€ netto	493	742	836	1.052	1.443
12	**Innentür, zweiflüglig, Röhrenspan** Innentürelement; Holzwerkstoff, Röhrenspan; Türblattdicke 40mm; zweiflüglig; Klimaklasse I						
	St	**€ brutto**	**1.912**	**2.865**	**3.182**	**3.944**	**5.279**
	KG 344	€ netto	1.607	2.408	2.674	3.314	4.436
13	**Türblatt, einflüglig, Vollspan, 750x2.000/2.125** Türblatt; Vollspan, Schichtpressstoffplatten; 750x2.000/2.125mm, Dicke 50mm; einflüglig; Klimaklasse II						
	St	**€ brutto**	**358**	**460**	**511**	**568**	**660**
	KG 344	€ netto	301	387	430	477	554
14	**Türblatt, einflüglig, Vollspan, 875x2.000/2.125** Türblatt; Vollspan, Schichtpressstoffplatten; 875x2.000/2.125mm, Dicke 50 mm; einflüglig; Klimaklasse II						
	St	**€ brutto**	**333**	**554**	**654**	**786**	**983**
	KG 344	€ netto	280	465	550	660	826
15	**Türblatt, einflüglig, Vollspan, 1.000x2.000/2.125** Türblatt; Vollspan, Schichtpressstoffplatten; 1.000x2.000/2.125mm, Dicke 50mm; einflüglig; Klimaklasse II						
	St	**€ brutto**	**375**	**575**	**713**	**925**	**1.185**
	KG 344	€ netto	316	484	599	777	996
16	**Türblatt, Vollspan, zweiflüglig** Türblatt; Vollspan, Schichtpressstoffplatten; 1.125x2.000/2.125mm; zweiflüglig; Klimaklasse II						
	St	**€ brutto**	**1.199**	**1.516**	**1.710**	**1.728**	**2.291**
	KG 344	€ netto	1.007	1.274	1.437	1.452	1.925

LB 027							Preise €
Nr.	**Kurztext** / Stichworte		**brutto ø**				
	Einheit / Kostengruppe	►	▷	netto ø	◁	◄	
17	**Schiebetürelement, innen, einflüglig, 1.510x2.135** Schiebetürelement; Holztür-/Glastürblatt; Wanddicke 100-150mm, Ständertiefe 75-100mm; einflüglig						
	St	**€ brutto**	**1.013**	**1.619**	**1.835**	**2.240**	**3.212**
	KG 344	€ netto	851	1.361	1.542	1.883	2.699
18	**Ganzglas-Türblatt, innen** Ganzglastürblatt; ESG; Türblattdicke 8-10mm; Einbau in bauseitige Zarge						
	St	**€ brutto**	**629**	**963**	**1.149**	**1.521**	**2.164**
	KG 344	€ netto	528	809	966	1.278	1.819
19	**Stahleckzarge, innen, 750x2.000/2.125** Stahleckzarge; 750x2.000/2.125mm; einflüglig; Mauerwerkswand						
	St	**€ brutto**	**178**	**211**	**232**	**265**	**298**
	KG 344	€ netto	149	177	195	223	250
20	**Stahleckzarge, innen, 875x2.000/2.125** Stahleckzarge; 875x2.000/2.125mm; einflüglig; Mauerwerkswand						
	St	**€ brutto**	**195**	**231**	**249**	**281**	**323**
	KG 344	€ netto	164	194	209	236	272
21	**Stahleckzarge, innen, 1.000x2.000/2.125** Stahleckzarge; 1.000x2.000/2.125mm; einflüglig; Mauerwerkswand						
	St	**€ brutto**	**197**	**233**	**261**	**297**	**326**
	KG 344	€ netto	166	196	219	250	274
22	**Stahl-Umfassungszarge, innen, 750x2.000/2.125** Stahlumfassungszarge; 750x2.000/2.125mm; einflüglig; KS-Mauerwerkswand						
	St	**€ brutto**	**214**	**295**	**347**	**368**	**405**
	KG 344	€ netto	179	248	291	309	341
23	**Stahl-Umfassungszarge, innen, 1.000x2.000/2.125** Stahlumfassungszarge; 1.000x2.000/2.125mm; einflüglig; KS-Mauerwerkswand						
	St	**€ brutto**	**281**	**402**	**450**	**495**	**606**
	KG 344	€ netto	236	337	378	416	509
24	**Holz-Umfassungszarge, innen, 750x2.000/2.125** Holzumfassungszarge; 750x2.000/2.125mm; einflüglig; Innenwand						
	St	**€ brutto**	**239**	**307**	**335**	**393**	**494**
	KG 344	€ netto	201	258	281	330	416
25	**Holz-Umfassungszarge, innen, 1.000x2.000/2.125** Holzumfassungszarge; 1.000x2.000/2.125mm; einflüglig; Innenwand						
	St	**€ brutto**	**465**	**527**	**577**	**591**	**652**
	KG 344	€ netto	391	443	485	497	548

LB 027							**Preise €**
Nr.	**Kurztext** / Stichworte **Einheit** / Kostengruppe		►	▷	**brutto ø** netto ø	◁	◄
26	**Anschlussdichtung, Tür** Anschlussdichtung, Tür; komprimiertem Dichtband; Breite bis 10mm						
	St	**€ brutto**	**7,4**	**9,2**	**10,2**	**11,7**	**13,4**
	KG 344	€ netto	6,2	7,7	8,6	9,8	11,3
27	**Anschlagschiene, Aluminium, Tür** Anschlagschiene, Tür; Aluminium; bis 40x40x3mm; inkl. Abstandhalter, Klemmanker und Dichtungsprofil						
	St	**€ brutto**	**36**	**42**	**47**	**51**	**58**
	KG 344	€ netto	31	35	39	43	49
28	**Anschlagschiene, Messing, Tür** Anschlagschiene, Tür; Messing; bis 40x40x3mm; inkl. Abstandhalter, Klemmanker und Dichtungsprofil						
	St	**€ brutto**	**48**	**58**	**64**	**71**	**81**
	KG 344	€ netto	40	49	53	60	68
29	**Fensterbank, innen, Holz, bis 875mm** Fensterbank, innen; Holz; Länge bis 875mm						
	St	**€ brutto**	**81**	**105**	**119**	**132**	**163**
	KG 344	€ netto	68	88	100	111	137
30	**Fensterbank, innen, Holz, über 875 bis 1.500mm** Fensterbank, innen; Holz; Länge über 875 bis 1.500mm						
	St	**€ brutto**	**112**	**150**	**169**	**205**	**264**
	KG 344	€ netto	94	126	142	172	222
31	**Fensterbank, innen, Holz, über 1.500 bis 2.500mm** Fensterbank, innen; Holz; Länge über 1.500 bis 2.500mm						
	St	**€ brutto**	**194**	**274**	**326**	**353**	**411**
	KG 344	€ netto	163	230	274	296	346
32	**Holz-/Abdeckleisten, Fichte** Deckleisten; Fichte, Klasse J2; 20x50mm, Länge 2,80m; unsichtbar befestigen; gehobelt, feingeschliffen, Kanten gefast						
	m	**€ brutto**	**23**	**37**	**45**	**55**	**80**
	KG 344	€ netto	19	31	37	46	67
33	**Verfugung, elastisch** Verfugung, elastisch; Silikon-/Acryldichtmasse; glattgestrichen						
	m	**€ brutto**	**8,2**	**10,1**	**11,3**	**13,6**	**22,1**
	KG 344	€ netto	6,9	8,5	9,5	11,4	18,6
34	**Bodentreppe, gedämmt** Bodentreppe Holz, gedämmt; Hartholzstufen; einschiebbar, mit/ohne Handlauf, gedämmt						
	St	**€ brutto**	**770**	**1.018**	**1.130**	**1.465**	**2.009**
	KG 359	€ netto	647	855	949	1.231	1.688

LB 027							Preise €
Nr.	Kurztext / Stichworte Einheit / Kostengruppe		►	▷	brutto ø netto ø	◁	◄
35	**Bodentreppe, EI30** Einschubtreppe, EI30; Hartholzstufen; einschiebbar, mit/ohne Handlauf, von oben und unten zu öffnen; Decke						
	St	**€ brutto**	**1.840**	**2.170**	**2.892**	**3.748**	**5.539**
	KG 359	€ netto	1.546	1.824	2.430	3.149	4.654
36	**Unterkonstruktion, Innenwandbekleidung** Unterkonstruktion Innenwandbekleidung; Nadelholz, S10; 50x30mm; Mauerwerk						
	m²	**€ brutto**	**41**	**50**	**64**	**70**	**97**
	KG 345	€ netto	34	42	54	59	82
37	**Innenwandbekleidung, Sperrholz** Innenwandbekleidung; Sperrholzplatte, Sichtseite A-Qualität; Dicke 15mm; sichtbar verschrauben; Auf Holzunterkonstruktion						
	m²	**€ brutto**	**137**	**231**	**256**	**288**	**396**
	KG 345	€ netto	115	194	215	242	333
38	**Innenwandbekleidung, Sperrholzplatten, mit UK** Innenwandbekleidung; Sperrholzplatten, Stahlblechstütze, verzinkt; sichtbar verschrauben; inkl. Holzunterkonstruktion						
	m²	**€ brutto**	**155**	**296**	**369**	**423**	**601**
	KG 345	€ netto	131	249	310	355	505
39	**Innenwandbekleidung, Dekorspanplatte, mit UK** Innenwandbekleidung; Holzspanplatten V 100, E1, Stahlblechstütze, verzinkt; sichtbar verschrauben; inkl. Holzunterkonstruktion						
	m²	**€ brutto**	**190**	**267**	**267**	**294**	**336**
	KG 345	€ netto	159	224	224	247	283
40	**Schalung, Spanplatten** Schalung; Spanplatten, P7; Dicke 22mm; NF-Profil						
	m²	**€ brutto**	**43**	**101**	**123**	**142**	**204**
	KG 344	€ netto	36	85	103	119	171
41	**Unterkonstruktion, Trennwand** Unterkonstruktion Trennwand; Stahlblechstützen, verzinkt; Höhe bis 3,00m, Dicke 100mm; für einlagige/zweilagige Beplankung						
	m²	**€ brutto**	**–**	**122**	**141**	**164**	**–**
	KG 346	€ netto	–	103	118	138	–
42	**Büro-Trennwand, Tragprofile/Paneele** Trennwand mit Glasfüllung, EI30, E30; Dekorspanplatte/beschichtete Stahlblechpaneele; Breite 900/1.200mm						
	m²	**€ brutto**	**206**	**249**	**313**	**421**	**712**
	KG 346	€ netto	173	209	263	354	598

Kosten: Stand 3.Quartal 2025, Bundesdurchschnitt

LB 027							**Preise €**
Nr.	**Kurztext** / Stichworte				**brutto ø**		
	Einheit / Kostengruppe		►	▷	netto ø	◁	◄
43	**Trennwand, Spanplatten/HPL, Rahmen**						
	Sanitärtrennwand; Metallrohr, Holzspanplatten, wasserfest, fäulnissicher; Dicke 40mm						
	m²	**€ brutto**	**–**	**284**	**323**	**366**	**–**
	KG 346	€ netto	–	238	271	308	–
44	**Trennwandanlage, Spanplatten/Melamin**						
	Sanitärtrennwand; Holzspanplatten, melaminharzbeschichtet, Aluminium; Dicke 28mm; sichtbare Rahmenkonstruktion; inkl. Türen						
	m²	**€ brutto**	**–**	**269**	**310**	**329**	**–**
	KG 346	€ netto	–	226	260	276	–
45	**Trennwandanlage, HPL-Kompaktplatten**						
	Sanitärtrennwand; Metallrohr, Verbundplatten; Raumhöhe 2,15m, Dicke 30mm; wasserfest, fäulnissicher						
	m²	**€ brutto**	**132**	**243**	**291**	**363**	**499**
	KG 346	€ netto	111	204	245	305	419
46	**WC-Schamwand Urinale**						
	WC-Schamwand; Ausführung und Oberflächen im System der WC-Trennwandanlagen						
	St	**€ brutto**	**178**	**287**	**337**	**549**	**852**
	KG 346	€ netto	150	241	283	461	716
47	**Prallwand-Unterkonstruktion**						
	Unterkonstruktion, Prallwand; Massivholzriegel, GKL I/II; 40x60mm; an Metallwinkelaufständerung montieren						
	m²	**€ brutto**	**45**	**70**	**77**	**84**	**102**
	KG 346	€ netto	38	59	64	71	85
48	**Prallwandbekleidung, ballwurfsicher**						
	Prallwandbekleidung, ballwurfsicher; Furnierschichtholzplatte; Dicke 20/26/.....mm; sichtbar verschrauben; inkl. Gerüststellung						
	m²	**€ brutto**	**69**	**131**	**160**	**181**	**226**
	KG 345	€ netto	58	110	134	152	190
49	**Akustikvlies-Abdeckung, schwarz**						
	Akustikvlies-Abdeckung; Glasfaser, A2; Gewicht 75-80g/m², Luftdurchlässigkeit 2.300l/m²s						
	m²	**€ brutto**	**7,1**	**10,9**	**12,9**	**15,5**	**20,6**
	KG 345	€ netto	6,0	9,1	10,8	13,0	17,3
50	**Geräteraum-Schwingtor, Metall/Holz**						
	Schwingtor; Stahlrechteckrohr, Fichte; Breite 4,50m, Höhe 2,85m, Dicke 56mm; Holzrahmenkonstruktion						
	St	**€ brutto**	**3.124**	**5.238**	**5.893**	**6.916**	**9.264**
	KG 344	€ netto	2.625	4.401	4.952	5.812	7.785

LB 027							Preise €
Nr.	Kurztext / Stichworte Einheit / Kostengruppe		►	▷	brutto ø netto ø	◁	◄
51	**Sporthallentür, zweiflüglig** Sporthallentürelement, zweiflüglig; MDF-Platte, Sperrholzplatte; Breite 2,50m, Höhe 2,35m						
	St	**€ brutto**	**6.584**	**8.606**	**9.466**	**12.366**	**16.311**
	KG 344	€ netto	5.533	7.232	7.954	10.392	13.707
52	**Garderobenleiste** Garderobenleiste; Holz/Stahl, Einzel-/Doppelhaken; Durchmesser 42mm						
	m	**€ brutto**	**80**	**171**	**211**	**233**	**328**
	KG 381	€ netto	67	143	178	195	276
53	**Garderobenschrank** Garderobenschrank-Wertschrank; HPL-Vollkernplatten, Türbänder aus Edelstahl; Tiefe 525mm, Breite 300mm; Sicherheits-Zylinder-Hebel-Schloss/Münzpfandschloss als Hauptschließanlage						
	St	**€ brutto**	**443**	**680**	**788**	**865**	**1.096**
	KG 381	€ netto	372	571	663	727	921
54	**Einbauküche, melaminharzbeschichtet** Einbaumöblierung, Küche; Spanplatte, beschichtet; Höhe 860mm, Tiefe 630mm, Arbeitsplatte 3000x630mm; Unterschränke, Oberschränke						
	St	**€ brutto**	**2.240**	**4.833**	**5.967**	**7.111**	**9.535**
	KG 381	€ netto	1.883	4.061	5.015	5.976	8.013
55	**Teeküche, melaminharzbeschichtet** Einbaumöblierung, Teeküche; Spanplatte, beschichtet; Höhe 860mm, Tiefe 630mm, Arbeitsplatte 2.400x630mm; Unterschränke, Oberschränke						
	St	**€ brutto**	**2.543**	**5.677**	**6.697**	**8.999**	**13.617**
	KG 381	€ netto	2.137	4.771	5.628	7.563	11.443
56	**Unterschrank, Küche, bis 600mm** Einbaumöblierung, Unterschrank; Spanplatte, beschichtet; 600x600mm, Höhe 860mm; melaminharzbeschichtet; Kochfeld						
	St	**€ brutto**	**294**	**585**	**722**	**888**	**1.256**
	KG 381	€ netto	247	491	607	746	1.055
57	**Oberschrank, Küche** Einbaumöblierung, Oberschrank; Spanplatte, beschichtet; 600x450mm, Höhe 700mm; melaminharzbeschichtet						
	St	**€ brutto**	**236**	**378**	**405**	**470**	**593**
	KG 381	€ netto	198	318	340	395	498
58	**Treppenstufe, Holz** Treppenstufe/Tritt- und Setzstufe; Eiche massiv, gehobelt, geschliffen; 42mm; schallentkoppelt						
	St	**€ brutto**	**110**	**208**	**257**	**360**	**664**
	KG 353	€ netto	93	175	216	302	558

Kosten: Stand 3.Quartal 2025, Bundesdurchschnitt

LB 027 **Preise €**

Nr.	Kurztext / Stichworte Einheit / Kostengruppe		►	▷	brutto ø netto ø	◁	◄
59	**Handlauf-Profil, Holz** Handlauf; Massivholz, geschliffen, poliert, natur/transparent lackiert; Durchmesser 30/40mm						
	m	**€ brutto**	**47**	**79**	**88**	**111**	**155**
	KG 359	€ netto	39	67	74	93	131
60	**Geländer, gerade, Rundstabholz** Geländer; Hartholz, Rundstab, geschliffen, poliert, lackiert; Durchmesser 42,4mm						
	m	**€ brutto**	**326**	**518**	**571**	**671**	**910**
	KG 359	€ netto	274	436	480	564	765
61	**Stundensatz, Facharbeiter/-in** Stundenlohnarbeiten für Vorarbeiter/-in, Facharbeiter/-in und Gleichgestellte; Tischlerarbeiten						
	h	**€ brutto**	**73**	**88**	**95**	**100**	**112**
		€ netto	62	74	80	84	94
62	**Stundensatz, Helfer/-in** Stundenlohnarbeiten für Werker/-in, Helfer/-in und Gleichgestellte; Tischlerarbeiten						
	h	**€ brutto**	**55**	**66**	**72**	**78**	**89**
		€ netto	46	56	61	66	75

LB 028							Preise €
Nr.	Kurztext / Stichworte				brutto ø		
	Einheit / Kostengruppe		►	▷	netto ø	◁	◄
1	**Untergrund reinigen** Untergrund, reinigen; Staub, Verschmutzungen, lose Teile; abkehren, entsorgen; inkl. Deponiegebühr						
	m²	**€ brutto**	**0,6**	**1,2**	**1,4**	**2,2**	**3,9**
	KG 353	€ netto	0,5	1,0	1,2	1,9	3,3
2	**Sinterschicht abschleifen** Sinterschicht abschleifen; Calciumsulfatestrich; Staub absaugen und entsorgen						
	m²	**€ brutto**	**1,2**	**2,4**	**2,9**	**3,8**	**5,8**
	KG 353	€ netto	1,0	2,0	2,4	3,2	4,8
3	**Zementestrich anschleifen** Estrich anschleifen; Zementestrich; Schleifgut sammeln, aufnehmen und entsorgen						
	m²	**€ brutto**	**1,2**	**2,5**	**2,9**	**3,9**	**6,3**
	KG 353	€ netto	1,0	2,1	2,4	3,3	5,3
4	**Untergrund prüfen, Haftzugfestigkeit** Untergrund prüfen; Estrich, Decke; Haftzugfestigkeit; inkl. Protokollierung						
	St	**€ brutto**	**32**	**39**	**41**	**46**	**52**
	KG 353	€ netto	27	33	34	39	44
5	**Untergrund vorstreichen, Haftgrund** Untergrund vorstreichen; vollflächig; inkl. Reinigung						
	m²	**€ brutto**	**1,8**	**3,3**	**4,0**	**4,7**	**6,3**
	KG 353	€ netto	1,5	2,8	3,4	3,9	5,3
6	**Trennlage, Baumwollfilz** Trittschallunterlage; Baumwollfilz; 5mm; einlagig						
	m²	**€ brutto**	**2,4**	**4,2**	**5,4**	**6,2**	**8,2**
	KG 353	€ netto	2,0	3,6	4,5	5,2	6,9
7	**Unterlage, Rippenpappe** Trittschallunterlage; Wellpappe, 5mm; einlagig						
	m²	**€ brutto**	**3,1**	**4,9**	**5,8**	**6,6**	**9,2**
	KG 353	€ netto	2,6	4,1	4,9	5,6	7,7
8	**Unterlage, Korkschrotpappe** Trenn-/Unterlage; Korkschrotpappe, 3mm; einlagig						
	m²	**€ brutto**	**–**	**9,8**	**14,6**	**17,7**	**–**
	KG 353	€ netto	–	8,2	12,3	14,9	–
9	**Unterboden, Holzspanplatte P2, 28mm** Unterboden; Holzspanplatte, P2; Dicke 28mm; NF-Profil						
	m²	**€ brutto**	**–**	**43**	**51**	**67**	**–**
	KG 353	€ netto	–	36	43	57	–

Kosten: Stand 3.Quartal 2025, Bundesdurchschnitt

LB 028						**Preise €**
Nr.	**Kurztext** / Stichworte			**brutto ø**		
	Einheit / Kostengruppe	►	▷	netto ø	◁	◄
10	**Blindboden, Nadelholz**					
	Blindboden; Nadelholz, S10, einseitig gehobelt; Dicke 24mm; gespundete Schalung; inkl. chemischem Holzschutz					
	m² € brutto	**34**	**54**	**68**	**69**	**80**
	KG 353 € netto	29	45	57	58	68
11	**Dielenbodenbelag, Fichte, 24mm**					
	Dielenbodenbelag, Massivholz; Fichte, künstlich getrocknet; Dicke 24mm; gehobelt, geschliffen					
	m² € brutto	**227**	**251**	**273**	**298**	**319**
	KG 353 € netto	190	211	229	250	268
12	**Dielenbodenbelag, Lärche, 24mm**					
	Dielenbodenbelag, Massivholz; Lärche, künstlich getrocknet; Dicke 24mm; gehobelt, geschliffen					
	m² € brutto	**229**	**254**	**279**	**301**	**324**
	KG 353 € netto	192	213	235	253	272
13	**Dielenbodenbelag, Ahorn, 22mm**					
	Dielenbodenbelag, Massivholz; Ahorn, künstlich getrocknet; Dicke 22mm; gehobelt, geschliffen					
	m² € brutto	**251**	**272**	**303**	**330**	**354**
	KG 353 € netto	211	229	254	277	298
14	**Dielenbodenbelag, Esche, 22mm**					
	Dielenbodenbelag, Massivholz; Esche, künstlich getrocknet; Dicke 22mm; gehobelt, geschliffen					
	m² € brutto	**206**	**223**	**251**	**271**	**294**
	KG 353 € netto	173	188	211	228	247
15	**Dielenbodenbelag, Eiche, 22mm**					
	Dielenbodenbelag, Massivholz; Eiche, künstlich getrocknet; Dicke 22mm; gehobelt, geschliffen					
	m² € brutto	**193**	**209**	**235**	**254**	**277**
	KG 353 € netto	162	176	197	213	233
16	**Stabparkett, Eiche, 22mm**					
	Vollholz, Stabparkett; Eiche, künstlich getrocknet; Dicke 14-22mm; NF-Profil, verkleben, schleifen					
	m² € brutto	**122**	**144**	**158**	**170**	**194**
	KG 353 € netto	102	121	133	143	163
17	**Stabparkett, Buche, 22mm**					
	Vollholz, Stabparkett; Buche, künstlich getrocknet; Dicke 14-22mm; NF-Profil, verkleben, schleifen					
	m² € brutto	**115**	**154**	**162**	**179**	**217**
	KG 353 € netto	97	130	136	150	183

LB 028							Preise €
Nr.	Kurztext / Stichworte Einheit / Kostengruppe		►	▷	brutto ø netto ø	◁	◄
18	**Vollholzparkett, Hochkantlamellen, Eiche, bis 12 mm** Lamellenparkett; Eiche, künstlich getrocknet; Dicke 10-12mm; NF-Profil, verkleben, schleifen						
	m²	**€ brutto**	**80**	**94**	**101**	**107**	**117**
	KG 353	€ netto	67	79	85	90	98
19	**Fertigparkett, Ahorn, 14mm, versiegelt** Fertigparkett, werksseitig versiegelt; Ahorn; Dicke 14mm; verkleben						
	m²	**€ brutto**	**89**	**115**	**128**	**132**	**145**
	KG 353	€ netto	75	97	108	111	122
20	**Fertigparkett, Eiche 14mm, versiegelt** Fertigparkett, werksseitig versiegelt; Eiche; Dicke 14mm; verkleben						
	m²	**€ brutto**	**121**	**134**	**148**	**171**	**186**
	KG 353	€ netto	102	113	124	144	156
21	**Fertigparkett, Esche, 14mm, versiegelt** Fertigparkett, werksseitig versiegelt; Esche; Dicke 14mm; verkleben						
	m²	**€ brutto**	**114**	**127**	**138**	**158**	**175**
	KG 353	€ netto	96	106	116	133	147
22	**Fertigparkett, Buche, 14mm, versiegelt** Fertigparkett, werksseitig versiegelt; Buche; Dicke 14mm; verkleben						
	m²	**€ brutto**	**109**	**121**	**133**	**151**	**167**
	KG 353	€ netto	92	102	112	127	141
23	**Lamparkett, Eiche, 10mm** Lamparkett; Eiche, künstlich getrocknet; Dicke 10mm; verkleben, schleifen						
	m²	**€ brutto**	**89**	**133**	**180**	**203**	**255**
	KG 353	€ netto	75	111	152	171	214
24	**Lamparkett, Ahorn, 10mm** Lamparkett; Ahorn, künstlich getrocknet; Dicke 10mm; verkleben, schleifen						
	m³	**€ brutto**	**–**	**132**	**187**	**210**	**–**
	KG 353	€ netto	–	111	157	176	–
25	**Lamparkett, Esche, 10mm** Lamparkett; Esche, künstlich getrocknet; Dicke 10mm; verkleben, schleifen						
	m²	**€ brutto**	**–**	**126**	**177**	**200**	**–**
	KG 353	€ netto	–	106	149	168	–
26	**Mosaikparkett, Eiche, 8mm** Mosaikparkett; Eiche, künstlich getrocknet; Dicke 8mm; verkleben, schleifen						
	m²	**€ brutto**	**66**	**84**	**95**	**104**	**137**
	KG 353	€ netto	55	70	80	88	115

Kosten: Stand 3.Quartal 2025, Bundesdurchschnitt

LB 028							Preise €
Nr.	**Kurztext** / Stichworte **Einheit** / Kostengruppe		►	▷	**brutto ø** netto ø	◁	◄
27	**Mosaikparkett, Esche, 8mm** Mosaikparkett; Buche, künstlich getrocknet; Dicke 8mm; verkleben, schleifen						
	m²	**€ brutto**	**–**	**109**	**127**	**138**	**–**
	KG 353	€ netto	–	91	107	116	–
28	**Mosaikparkett, Buche, 8mm** Mosaikparkett; Buche, künstlich getrocknet; Dicke 8mm; verkleben, schleifen						
	m²	**€ brutto**	**–**	**108**	**119**	**137**	**–**
	KG 353	€ netto	–	91	100	116	–
29	**Holzpflaster, bis 50mm** Holzpflasterbelag; parallel zu den Längswänden, inkl. schleifen, verlegen; auf Zementestrich						
	m²	**€ brutto**	**115**	**136**	**138**	**145**	**155**
	KG 353	€ netto	97	114	116	122	130
30	**Vollholzparkett schleifen** Oberflächenbearbeitung, schleifen; Vollholzparkett; Schleifkörnung bis 180						
	m²	**€ brutto**	**14**	**19**	**21**	**23**	**29**
	KG 353	€ netto	11	16	18	19	24
31	**Vollholzparkett beschichten** Oberflächenbearbeitung; Öl-Kunstharzsiegel/Wasserlack/PU-Wassersiegel; imprägnieren, antirutschend wachsen, inkl Zwischenschliff						
	m²	**€ brutto**	**16**	**22**	**25**	**30**	**40**
	KG 353	€ netto	14	18	21	25	34
32	**Randstreifen abschneiden** Randstreifen abschneiden; Rippenpappe/Mineralwolle/Polystyrol; aufnehmen, laden, entsorgen; inkl. Deponiegebühr						
	m	**€ brutto**	**0,5**	**0,7**	**0,8**	**1,0**	**1,5**
	KG 353	€ netto	0,4	0,6	0,6	0,8	1,2
33	**Randabschluss, Korkstreifen, Dehnfuge** Randabschluss; Korkstreifen; Breite 10mm; oberflächengleich						
	m	**€ brutto**	**5,2**	**9,4**	**10,9**	**13,5**	**19,5**
	KG 353	€ netto	4,4	7,9	9,1	11,3	16,4
34	**Sockelleiste, Buche** Sockelleiste; Buche, lackiert, Viertelstab-Profil, gerundet; 16x16mm; befestigen mit Nägeln						
	m	**€ brutto**	**12**	**16**	**17**	**21**	**26**
	KG 353	€ netto	10,0	13,2	14,5	17,3	22,0

LB 028							Preise €
Nr.	Kurztext / Stichworte Einheit / Kostengruppe		►	▷	brutto ø netto ø	◁	◄
35	**Sockelleiste, Eiche** Sockelleiste; Eiche, Rechteckprofil, lackiert; Ecken mit Gehrungsschnitt, befestigt mit Senkkopf-Schrauben						
	m	€ brutto	12	18	20	23	31
	KG 353	€ netto	10	15	17	19	26
36	**Sockelleiste, Ahorn** Sockelleiste; Ahorn, Schmetterlingsprofil, gerundet, lackiert; 25x25mm; befestigt mit Nägeln						
	m	€ brutto	14	18	20	22	28
	KG 353	€ netto	12	15	16	19	23
37	**Eckausbildung, vorgefertigt, Sockelleiste** Sockelleiste, Eckausbildung; mit vorgefertigten Innen- und Außenecken						
	St	€ brutto	0,6	2,3	2,9	3,8	5,3
	KG 353	€ netto	0,5	2,0	2,4	3,2	4,5
38	**Parkettbelag anarbeiten, gerade** Parkettbelag anarbeiten; Stabparkett/Fertigparkett; sichtbare Fuge; angrenzenden gerade Bauteile, Randfries, raumhohes Fenster, Treppenauge						
	m	€ brutto	8,3	15,5	18,4	19,9	28,0
	KG 353	€ netto	7,0	13,0	15,4	16,8	23,5
39	**Parkettbelag anarbeiten, schräg** Parkettbelag anarbeiten; Stabparkett/Fertigparkett; Schrägschnitt; schräg angrenzende lineare Bauteile						
	m	€ brutto	12	18	19	22	29
	KG 353	€ netto	10	15	16	19	25
40	**Aussparung, Parkett** Öffnung/Aussparung herstellen; Parkett; rechteckig						
	St	€ brutto	25	44	52	60	78
	KG 353	€ netto	21	37	43	50	66
41	**Trennschiene, Metall** Trennschiene; Metall; Material-Übergang; in Holz-Bodenbelag						
	m	€ brutto	19	27	31	37	53
	KG 353	€ netto	16	23	26	31	45
42	**Übergangsprofil/Abdeckschiene, nichtrostender Stahl** Übergangsprofil; Edelstahl; Belagwechsel						
	m	€ brutto	21	31	36	39	50
	KG 353	€ netto	17	26	30	33	42
43	**Übergangsprofil/Abdeckschiene, Aluminium** Übergangsprofil; Aluminium; Belagwechsel						
	m	€ brutto	20	30	35	40	49
	KG 353	€ netto	17	26	29	34	41

Kosten: Stand 3.Quartal 2025, Bundesdurchschnitt

LB 028 **Preise €**

Nr.	Kurztext / Stichworte Einheit / Kostengruppe		►	▷	brutto ø netto ø	◁	◄
44	**Übergangsprofil/Abdeckschiene; Messing** Übergangsprofil; Messing; Belagwechsel						
	m	**€ brutto**	**20**	**33**	**39**	**47**	**64**
	KG 353	€ netto	17	28	32	39	54
45	**Verfugung, elastisch, Silikon** Fuge, elastisch; Silikondichtstoff; glattgestrichen; inkl. Anschlussarbeiten, Hinterstopfmaterial						
	m	**€ brutto**	**6,9**	**9,7**	**10,6**	**12,7**	**15,5**
	KG 353	€ netto	5,8	8,1	8,9	10,7	13,1
46	**Erstpflege, Parkettbelag** Erstpflege, Parkett; Pflegemittel Oberflächeneigenschaft R9/R11						
	m²	**€ brutto**	**2,8**	**5,3**	**6,3**	**8,7**	**13,6**
	KG 353	€ netto	2,3	4,4	5,3	7,3	11,5
47	**Schutzabdeckung, Platten/Folie** Schutzabdeckung; vollflächig abdecken; Bodenfläche; inkl. entfernen und entsorgen						
	m²	**€ brutto**	**3,9**	**5,8**	**6,9**	**7,7**	**9,1**
	KG 353	€ netto	3,3	4,9	5,8	6,5	7,6
48	**Stundensatz, Facharbeiter/-in** Stundenlohnarbeiten für Vorarbeiter/-in, Facharbeiter/-in und Gleichgestellte; Parkettarbeiten						
	h	**€ brutto**	**74**	**82**	**86**	**90**	**97**
		€ netto	62	69	73	75	82
49	**Stundensatz, Helfer/-in** Stundenlohnarbeiten für Werker/-in, Helfer/-in und Gleichgestellte; Parkettarbeiten						
	h	**€ brutto**	**59**	**67**	**71**	**76**	**83**
		€ netto	49	56	60	64	69

LB 029 **Preise €**

Nr.	Kurztext / Stichworte Einheit / Kostengruppe		▶	▷	brutto ø netto ø	◁	◀
1	**Fenstergriff, Aluminium** Fensterolive; Aluminium; Vier-Punkt-Kugelrastung, unsichtbar befestigt; Verschraubung M5						
	St	**€ brutto**	**23**	**39**	**44**	**51**	**68**
	KG 334	€ netto	19	33	37	43	57
2	**Fenstergriff, Aluminium, abschließbar** Fenstergriff, abschließbar; Aluminium, naturfarbig; Dreh-Kipp-Griff; inkl. Rosette, 3 Schlüssel						
	St	**€ brutto**	**35**	**77**	**95**	**115**	**176**
	KG 334	€ netto	30	65	80	96	148
3	**Drückergarnitur, Wohnungstür, Metall** Drückergarnitur; Edelstahl/Aluminium; Rosette oval/eckig, mit Hochhaltefeder; innen; Normalgarnitur/Wechselgarnitur						
	St	**€ brutto**	**191**	**273**	**301**	**334**	**415**
	KG 344	€ netto	161	230	253	281	349
4	**Drückergarnitur, Wohnungstür, Stahl-Nylon** Rosettengarnitur; Stahlkern, Oberfläche Nylon; Rosette oval/eckig mit Hochhaltefeder; innen; Normalgarnitur/Wechselgarnitur						
	St	**€ brutto**	**46**	**76**	**91**	**110**	**155**
	KG 344	€ netto	39	64	76	93	130
5	**Drückergarnitur, Objekttür, Aluminium** Drückergarnitur; Aluminium; Rosette oval/eckig mit Hochhaltefeder; Feuer-/Rauchschutztür; Normalgarnitur/Wechselgarnitur						
	St	**€ brutto**	**75**	**110**	**130**	**153**	**198**
	KG 344	€ netto	63	92	109	129	166
6	**Drückergarnitur, niro** Drückergarnitur Objektbereich; Edelstahl, matt, gebürstet/spiegelpoliert; Rosette oval/eckig, mit Hochhaltefeder; für Feuer-/Rauchschutztür						
	St	**€ brutto**	**125**	**246**	**293**	**370**	**524**
	KG 344	€ netto	105	207	246	311	441
7	**Drückergarnitur, Objekttür, niro, barrierefrei** Wechselgarnitur; Edelstahl, gebürstet/spiegelpoliert; Anordnung unten, für Handbetätigung Rollstuhl; Langschild						
	St	**€ brutto**	**–**	**492**	**553**	**680**	**–**
	KG 344	€ netto	–	413	465	571	–
8	**Drückergarnitur, Objekttür, niro, Ellenbogenbetätigung** Drückergarnitur; Edelstahl, gebürstet/spiegelpoliert; Hand-und Ellenbogenbetätigung						
	St	**€ brutto**	**–**	**530**	**609**	**737**	**–**
	KG 344	€ netto	–	445	512	619	–

Kosten: Stand 3.Quartal 2025, Bundesdurchschnitt

LB 029						Preise €
Nr.	**Kurztext** / Stichworte			**brutto ø**		
	Einheit / Kostengruppe	►	▷	netto ø	◁	◄
9	**Bad-/WC-Garnitur, Objektbereich, Aluminium**					
	Bad-WC-Garnitur, beidseitiger Drücker; Aluminium, eloxiert/anodisiert; Rosette oval/eckig; inkl. beidseitiger Drücker					
	St € brutto	**45**	**88**	**108**	**127**	**168**
	KG 344 € netto	38	74	91	107	141
10	**Bad-/WC-Garnitur, Objektbereich, Edelstahl**					
	Bad-WC-Garnitur; Edelstahl matt gebürstet/Spiegelpoliert; Türdicke 42mm; Metallrosette mit/ohne Hochhaltefeder; inkl. beidseitiger Drücker					
	St € brutto	**73**	**194**	**216**	**255**	**360**
	KG 344 € netto	62	163	181	214	303
11	**Stoßgriff, Tür, Aluminium**					
	Türstange; Aluminium; Durchmesser 200mm; verdeckt verschraubt					
	St € brutto	**183**	**389**	**491**	**703**	**1.056**
	KG 344 € netto	154	327	413	591	887
12	**Obentürschließer, einflüglige Tür**					
	Obentürschließer; einflüglige Tür; Basisschließer, Normalgestänge; für Rauch-/Feuerschutztür					
	St € brutto	**310**	**445**	**481**	**617**	**978**
	KG 344 € netto	260	374	404	519	822
13	**Obentürschließer, zweiflüglige Tür**					
	Obentürschließer; zweiflüglige Türanlage; Größe 2-6; für zweiflügliges Türblatt, Normalmontage Türblatt/Bandseite; Schließgeschwindigkeit und Endschlag regulierbar, inkl. Montageplatte					
	St € brutto	**630**	**975**	**1.187**	**1.443**	**1.933**
	KG 344 € netto	530	819	998	1.213	1.625
14	**Bodentürschließer, einflüglige Tür**					
	Bodentürschließer; Edelstahl/Aluminium, eloxiert/Messing, matt; Größe 3, Bauhöhe 42mm; einflüglige Pendel- und Anschlagtür, Schließgeschwindigkeit einstellbar; innen					
	St € brutto	**659**	**715**	**798**	**889**	**1.001**
	KG 344 € netto	554	601	671	747	841
15	**Obentürschließer Innentür ohne Anforderung**					
	Obentürschließer, Innentür; Geschwindigkeit einstellbar, Gleitschiene					
	St € brutto	**243**	**285**	**313**	**317**	**393**
	KG 344 € netto	204	239	263	267	330
16	**Türantrieb, kraftbetätigte Tür, einflüglig**					
	Türantrieb, automatisch; für einflüglige Tür, barrierefrei, geräuscharm; Innen- und Außentüren					
	St € brutto	**4.020**	**5.827**	**6.619**	**7.707**	**9.834**
	KG 344 € netto	3.378	4.897	5.562	6.477	8.263

LB 029							Preise €
Nr.	Kurztext / Stichworte Einheit / Kostengruppe		►	▷	brutto ø netto ø	◁	◄
17	**Türantrieb, kraftbetätigte Tür, zweiflüglig** Türantrieb, automatisch; für zweiflüglige Tür, barrierefrei, geräuscharm; Innen- und Außentüren						
	St	€ brutto	**4.174**	**7.241**	**8.515**	**10.025**	**13.054**
	KG 344	€ netto	3.508	6.085	7.155	8.425	10.969
18	**Elektrischer Türantrieb** Türantrieb elektrisch; für einflüglige Tür; mit Bewegungsmeldern						
	St	€ brutto	**3.894**	**4.641**	**5.334**	**5.867**	**6.828**
	KG 344	€ netto	3.272	3.900	4.482	4.931	5.737
19	**Sensorleiste, Türblatt** Sensorleiste, Türflügel; Türflügelbreite 1.125mm, je Flügel 2 Sensorleisten; Absicherung des Schwenkbereich						
	St	€ brutto	**712**	**960**	**1.051**	**1.204**	**1.563**
	KG 344	€ netto	598	807	883	1.012	1.314
20	**Fingerschutz, Türkante** Fingerschutz Türkante; Aluminium, eloxiert/farbbeschichtet RAL-....., feuerhemmend; Länge bis 2500mm						
	St	€ brutto	**129**	**241**	**288**	**352**	**468**
	KG 344	€ netto	108	203	242	295	393
21	**Türöffner elektrisch** Türöffner elektrisch; mit Riegelschaltkontakt für Antriebsabschaltung						
	St	€ brutto	**122**	**221**	**245**	**335**	**618**
	KG 344	€ netto	102	185	206	282	519
22	**Fluchttürsicherung, elektrische Verriegelung** Fluchttürsicherung; Steuerung beleuchteter Nottaste für Betriebszustand Tür, Alarm, Voralarm, Störung						
	St	€ brutto	**1.182**	**1.671**	**1.996**	**2.058**	**2.591**
	KG 344	€ netto	993	1.404	1.677	1.730	2.177
23	**Türstopper, Wandmontage** Türstopper, Wandmontage; Metall, poliert/gebürstet mit Gummipuffer; rund/eckig, geschraubt; Außen-/Innenbereich						
	St	€ brutto	**26**	**48**	**55**	**66**	**97**
	KG 344	€ netto	22	40	46	56	82
24	**Türstopper, Bodenmontage** Türstopper, Bodenmontage; Metall, poliert/gebürstet mit Gummipuffer; rund/eckig, geschraubt; Außen-/Innenbereich						
	St	€ brutto	**21**	**41**	**46**	**61**	**95**
	KG 344	€ netto	18	34	39	51	79

Kosten: Stand 3.Quartal 2025, Bundesdurchschnitt

LB 029 **Preise €**

Nr.	Kurztext / Stichworte Einheit / Kostengruppe		►	▷	brutto ø netto ø	◁	◄
25	**Türspion, Aluminium** Türspion; Aluminium; Durchmesser 15mm; inkl. Deckklappe						
	St	**€ brutto**	**18**	**38**	**46**	**74**	**109**
	KG 344	€ netto	15	32	38	62	92
26	**Lüftungsprofil, Fenster** Lüftungsprofil; Aluminium und Kunststoff, G2; schallgedämmt; Voll-/Hohlprofil-Fensterrahmen						
	St	**€ brutto**	**131**	**250**	**295**	**330**	**478**
	KG 334	€ netto	110	210	248	278	402
27	**Lüftungsgitter, Türblatt** Lüftungsgitter; Aluminium u. Kunststoff; stufenlos regulierbar, verschließbar; Holztürblatt; inkl. beidseitiger Verfugung						
	St	**€ brutto**	**42**	**66**	**78**	**100**	**173**
	KG 344	€ netto	35	55	66	84	146
28	**Halb-Schließzylinder** Profil-Halbzylinder; Messing, matt vernickelt; verschieden-/gleich-schließend						
	St	**€ brutto**	**35**	**71**	**87**	**113**	**171**
	KG 344	€ netto	29	60	73	95	144
29	**Doppel-Schließzylinder** Profil-Doppelzylinder; Messing, matt vernickelt; verschieden-/gleich-schließend						
	St	**€ brutto**	**41**	**87**	**103**	**138**	**239**
	KG 344	€ netto	35	73	87	116	201
30	**Profilzylinderverlängerung, je 5mm** Profilzylinder, Verlängerung; je Seite und angefangene 5mm						
	St	**€ brutto**	**3,5**	**7,2**	**8,5**	**10,3**	**13,8**
	KG 344	€ netto	2,9	6,1	7,1	8,7	11,6
31	**Profilzylinderverlängerung, je 10mm** Profil-Zylinder, Verlängerung; je angefangene 10mm						
	St	**€ brutto**	**3,9**	**7,2**	**8,7**	**11,5**	**17,3**
	KG 344	€ netto	3,3	6,1	7,4	9,7	14,5
32	**Profilblindzylinder** Profil-Blindzylinder; Messing, matt vernickelt; inkl. Stulpschraube M5 vernickelt						
	St	**€ brutto**	**16**	**26**	**30**	**44**	**69**
	KG 344	€ netto	13	22	25	37	58
33	**Generalhaupt-, Generalschlüssel** Generalhauptschlüssel; Profilzylinder; Schließanlage						
	St	**€ brutto**	**10**	**18**	**21**	**28**	**44**
	KG 344	€ netto	8,6	15,0	17,5	23,5	36,7

LB 029 **Preise €**

Nr.	Kurztext / Stichworte Einheit / Kostengruppe		▶	▷ brutto ø netto ø		◁	◀
34	**Gruppen-, Hauptschlüssel** Gruppen-, Hauptschlüssel; Profilzylinder; für Schließanlage						
	St	**€ brutto**	**6,2**	**11,8**	**14,3**	**19,2**	**28,2**
	KG 344	€ netto	5,2	9,9	12,0	16,1	23,7
35	**Schlüssel, Buntbart** Schlüssel, Buntbart; Messing, verchromt, poliert; gleichschließend						
	St	**€ brutto**	**9,8**	**16,4**	**18,4**	**21,8**	**31,8**
	KG 344	€ netto	8,3	13,8	15,5	18,3	26,7
36	**Schlüsselschrank, wandhängend** Schlüsselschrank, wandhängend; Aluminium/Kunststoff; Türöffnung über 90°; inkl. zwei Schlüssel						
	St	**€ brutto**	**138**	**373**	**507**	**594**	**1.174**
	KG 344	€ netto	116	314	426	499	986
37	**Riegelschloss** Riegelschloss; vorgerichtet für Profil-Halbzylinder; inkl. Bohr- und Fräsarbeiten						
	St	**€ brutto**	**94**	**185**	**237**	**252**	**311**
	KG 344	€ netto	79	156	199	211	262
38	**Absenkdichtung, Tür** Bodendichtung; Druckplatte, PVC-Dichtprofil, Befestigungswinkel						
	St	**€ brutto**	**91**	**170**	**199**	**302**	**459**
	KG 344	€ netto	77	143	167	254	386
39	**Hausbriefkasten, Aufputz** Briefkasten mit/ohne Zeitungsfach; Edelstahl; inkl. 2 Schlüssel						
	St	**€ brutto**	**1.830**	**2.010**	**2.151**	**2.187**	**2.270**
	KG 610	€ netto	1.538	1.689	1.808	1.837	1.908
40	**WC-Schild, taktil, Kunststoff** WC-Schild, taktil; Polyamid; 200x100, Dicke 3mm; Brailleschrift						
	St	**€ brutto**	**–**	**65**	**75**	**94**	**–**
	KG 344	€ netto	–	55	63	79	–
41	**WC-Schild, taktil, Aluminium** WC-Schild, taktil; Aluminium, eloxiert; 150x150mm; Brailleschrift						
	St	**€ brutto**	**–**	**88**	**99**	**125**	**–**
	KG 344	€ netto	–	74	83	105	–
42	**Handlaufbeschriftung, taktil, Alu, 36,5/43, Blinden-/Profilschrift** Handlaufbeschriftung taktil; Aluminium, eloxiert; HxL 36,5x43mm, bis 5 Zeichen; mit Braille, Profilschrift, geklebt; Innen-/Außenbereich						
	St	**€ brutto**	**–**	**68**	**79**	**98**	**–**
	KG 359	€ netto	–	57	67	83	–

Kosten: Stand 3.Quartal 2025, Bundesdurchschnitt

LB 029						**Preise €**
Nr.	**Kurztext** / Stichworte			**brutto ø**		
	Einheit / Kostengruppe	►	▷	netto ø	◁	◄
43	**Handlaufbeschriftung, taktil, Alu, 36,5/173, Blinden-/Profilschrift** Handlaufbeschriftung taktil; Aluminium, eloxiert; HxL 36,5x173mm, bis 12 Zeichen; mit Braille, Profilschrift, geklebt; Innen-/Außenbereich					
	St **€ brutto**	**–**	**117**	**134**	**169**	**–**
	KG 359 € netto	–	98	113	142	–

030
Rollladenarbeiten

LB 030						Preise €
Nr.	**Kurztext** / Stichworte **Einheit** / Kostengruppe	►	▷	**brutto ø** netto ø	◁	◄
1	**Rollladenkasten** Rollladenkasten; Leichtbeton/PS-Kunststoff, PUR, WLG 025; gurtbetrieben; außen					
	m **€ brutto**	**87**	**105**	**110**	**114**	**136**
	KG 338 € netto	73	88	92	96	115
2	**Deckel, Rollladenkasten** Rollladenkastendeckel; PVC-U, PUR, WLG 025; als sichtbare, revisionierbare Abdeckung					
	m **€ brutto**	**32**	**42**	**45**	**50**	**60**
	KG 338 € netto	27	35	38	42	51
3	**Vorbaurollladen, Führungsschiene, Gurtwickler** Vorbau-Rollladen; Aluminiumkasten, Ecken gerundet/scharfkantig, Aluminiumschiene; Profil HxB 50x35-50mm, WK 1/2					
	St **€ brutto**	**267**	**496**	**554**	**700**	**1.037**
	KG 338 € netto	224	416	465	588	872
4	**Rollladen, Führungsschiene, Gurtwickler** Rollladen; Kunststoff/Aluminiumschiene, Abdeckplatte Kunststoff/ Aluminium; WK 1/2; Arbeitshöhe bis 3,50m					
	St **€ brutto**	**184**	**322**	**374**	**448**	**655**
	KG 338 € netto	155	271	314	376	550
5	**Elektromotor, Rollladen** Elektromotor, Rollladen; Arbeitshöhe bis 3,50m; Entfall von Gurt und Gurtwickler einrechnen					
	St **€ brutto**	**204**	**279**	**293**	**347**	**455**
	KG 338 € netto	171	234	246	292	382
6	**Jalousie/Raffstore/Lamellen, außen, elektrisch** Außenjalousie; Aluminiumlamellen, Aluminium-/Edelstahlschiene; Lamellen 35mm, Dicke 0,22-0,30mm; elektrisch betrieben					
	St **€ brutto**	**485**	**757**	**858**	**979**	**1.308**
	KG 338 € netto	408	636	721	823	1.099
7	**Fallarmmarkise, Acrylgarngewebe, 3,0m²** Fallarmmarkise; Acrylgarngewebe, Aluminium; BxH 1.200x2.500mm, Länge 100-125cm; Kurbelantrieb, Windklasse 1/2					
	St **€ brutto**	**753**	**846**	**922**	**988**	**1.077**
	KG 338 € netto	632	711	774	830	905
8	**Gelenkarmmarkise, Terrassenmarkise, bis 15m²** Gelenkarmmarkise; korrosionsgeschützte Konsolen, Gelenkarme Aluminium, Behang aus Acrylfaser/Polyester; Einbauhöhe bis 3,00m					
	St **€ brutto**	**3.457**	**4.287**	**4.604**	**4.866**	**5.422**
	KG 338 € netto	2.905	3.602	3.869	4.089	4.556

Kosten: Stand 3.Quartal 2025, Bundesdurchschnitt

LB 030 **Preise €**

Nr.	Kurztext / Stichworte Einheit / Kostengruppe		►	▷	brutto ø netto ø	◁	◄
9	**Verdunkelung, innen, bis 3,50m²** Verdunkelungsanlage; Abdeckplatte Kunststoff/Aluminium, Welle Stahlrohr, Einfallschiene Stahl/Aluminium						
	St	**€ brutto**	**225**	**335**	**375**	**453**	**580**
	KG 338	€ netto	189	281	315	381	487
10	**Schiebeladen, zweiteilig, Metall/Holz, manuell, bis 4m²** Schiebeladen; Rohrprofil Aluminium/Stahl, Füllung Stahlblech/Lamellen aus Nadelholz; Breite 45mm, Dicke 20-25mm; Trag-/Führungsschiene						
	St	**€ brutto**	**1.196**	**1.727**	**1.871**	**2.113**	**2.724**
	KG 338	€ netto	1.005	1.451	1.572	1.776	2.289
11	**Fensterladen, Holz, zweiteilig** Klappladen; Nadelholz/Eiche, S10, Aluminium-/Edelstahlschiene; Lamellen 45mm, Dicke 20-25mm						
	St	**€ brutto**	**455**	**991**	**1.167**	**1.474**	**2.256**
	KG 338	€ netto	382	832	981	1.239	1.896
12	**Windwächter-Anlage, Sonnenschutz** Windwarnanlage; pulverbeschichtet/einbrennlackiert; Außenwand; inkl. Steuerung						
	St	**€ brutto**	**707**	**1.247**	**1.465**	**1.678**	**2.266**
	KG 338	€ netto	594	1.048	1.231	1.410	1.905
13	**Sonnenschutz-Wetterstation** Sonnenschutz-Wetterstation; Kunststoff, witterungsbeständig, UV-beständig						
	St	**€ brutto**	**1.049**	**1.760**	**2.176**	**2.474**	**2.925**
	KG 338	€ netto	881	1.479	1.829	2.079	2.458
14	**Rollgitteranlage, elektrisch** Rollgitteranlage; Flachstahl/Aluminium, Führungsschiene Aluminium; WK 1						
	St	**€ brutto**	**7.332**	**8.993**	**10.130**	**10.997**	**12.416**
	KG 334	€ netto	6.161	7.557	8.513	9.241	10.434
15	**Rolltoranlage, elektrisch** Rolltor, elektrisch; Aluminiumpanzer, Rolltorkasten Aluminium/Stahlblech; Dicke 14/18mm, WK 1; mehrfach gekantet						
	St	**€ brutto**	**5.504**	**13.466**	**14.458**	**15.993**	**20.990**
	KG 334	€ netto	4.625	11.316	12.149	13.440	17.639
16	**Stundensatz, Facharbeiter/-in** Stundenlohnarbeiten für Vorarbeiter/-in, Facharbeiter/-in und Gleichgestellte; Rollladenarbeiten						
	h	**€ brutto**	**85**	**92**	**93**	**95**	**101**
		€ netto	71	78	78	80	84

LB 030						Preise €
Nr.	**Kurztext** / Stichworte			**brutto ø**		
	Einheit / Kostengruppe	►	▷	netto ø	◁	◄
17	**Stundensatz, Helfer/-in** Stundenlohnarbeiten für Werker/-in, Helfer/-in und Gleichgestellte; Rollladenarbeiten					
	h **€ brutto**	**53**	**65**	**71**	**75**	**83**
	€ netto	45	55	59	63	69

LB 031							Preise €
Nr.	**Kurztext** / Stichworte **Einheit** / Kostengruppe		►	▷	**brutto ø** netto ø	◁	◄
1	**Handlauf, Stahl, außen, verzinkt, Rundrohr: 33,7** Handlauf; Stahl S 235 JR+AR 2,0mm; Durchmesser 33,7mm; Wandmontage; Außenbereich						
	m	**€ brutto**	**54**	**71**	**75**	**83**	**97**
	KG 359	€ netto	46	60	63	70	82
2	**Handlauf, Stahl, außen, verzinkt, Rundrohr: 42,4** Handlauf; Stahl S 235 JR+AR 2,0mm; Durchmesser 42,4mm; Wandmontage; Außenbereich						
	m	**€ brutto**	**69**	**95**	**104**	**119**	**142**
	KG 359	€ netto	58	80	87	100	119
3	**Handlauf, nichtrostend, Rundrohr 33,7** Handlauf; Edelstahl 2,0mm; Durchmesser 33,7mm; Wandmontage; Außenbereich						
	m	**€ brutto**	**66**	**116**	**162**	**178**	**238**
	KG 359	€ netto	56	98	136	150	200
4	**Handlauf, nichtrostend, Rundrohr 42,4** Handlauf; Edelstahl 2,0mm; Durchmesser 42,4mm; Wandmontage; Außenbereich						
	m	**€ brutto**	**77**	**142**	**170**	**187**	**233**
	KG 359	€ netto	64	120	143	157	196
5	**Handlauf, nichtrostend, Rundrohr 48,3** Handlauf; Edelstahl 2,0mm; Durchmesser 48,3mm; Wandmontage; Außenbereich						
	m	**€ brutto**	**109**	**157**	**196**	**254**	**325**
	KG 359	€ netto	91	132	165	213	273
6	**Handlauf, Stahl, gebogen** Handlauf gebogen, komplett; Stahl S235JR+AR, verzinkt; Durchmesser 25/33,7/42,4/60mm; Außen-/Innenbereich						
	m	**€ brutto**	**169**	**206**	**228**	**257**	**290**
	KG 359	€ netto	142	173	192	216	244
7	**Handlauf, Holz, rund** Handlauf; Eiche, geschliffen, poliert; Durchmesser 25-60mm; Innenbereich						
	m	**€ brutto**	**54**	**112**	**132**	**147**	**202**
	KG 359	€ netto	46	95	111	124	170
8	**Handlaufhalter, Stahl, Wand** Handlaufhalter, Flachstahl; Stahl S235JR, beschichtet/feuerverzinkt; Durchmesser 12/16mm; Wandmontage						
	St	**€ brutto**	**53**	**83**	**102**	**127**	**163**
	KG 359	€ netto	45	70	86	107	137

Kosten: Stand 3.Quartal 2025, Bundesdurchschnitt

LB 031						Preise €
Nr.	**Kurztext** / Stichworte			**brutto ø**		
	Einheit / Kostengruppe	►	▷	netto ø	◁	◄
9	**Handlauf, Enden** Handlauf-Endstück; Stahl/Edelstahl; Durchmesser 25/33,7/42,4/60mm; flache Kappe/gewölbte Kappe/gekröpfte 90°					
	St **€ brutto**	**21**	**35**	**39**	**40**	**55**
	KG 359 € netto	18	29	33	34	47
10	**Handlauf, Bogenstück** Handlaufbogen, Eck-/Übergangswinkel; Stahl/Edelstahl/Holz; 30/45/90°					
	St **€ brutto**	**37**	**67**	**82**	**83**	**110**
	KG 359 € netto	31	56	69	70	92
11	**Handlauf, Ecken/Gehrungen** Handlauf-Eckstück; Stahl/Edelstahl/Holz; 30/45/90°					
	St **€ brutto**	**35**	**58**	**69**	**73**	**83**
	KG 359 € netto	29	49	58	61	70
12	**Brüstungsgeländer, Fenstertür** Brüstungsgeländer; Flachstahl/Breitflachstahl; in Fensterlaibung/auf vorgerichtetem Fensterprofil; Fenstertür					
	St **€ brutto**	**460**	**712**	**802**	**902**	**1.097**
	KG 359 € netto	386	598	674	758	922
13	**Schutzgitter, Fenster** Fenstergitter; Rundstahl/Flachstahl, S 235 JR AR; als Einbruchsschutz					
	St **€ brutto**	**375**	**498**	**498**	**564**	**659**
	KG 334 € netto	315	419	419	474	554
14	**Brüstungs-/Treppengeländer, Flachstahlfüllung** Treppengeländer; Stahlkonstruktion, Handlauf Rundrohr, Flachstabstahl; Gesamthöhe 1,10m, Handlauf 42,4mm; Innenbereich					
	m **€ brutto**	**396**	**551**	**626**	**713**	**935**
	KG 359 € netto	333	463	526	599	785
15	**Brüstungs-/Treppengeländer, Lochblechfüllung** Treppengeländer; Stahlkonstruktion, Rundrohr, Flachstabstahl; Gesamthöhe 1,10m, Handlauf 33,7mm; Normalraum/Nassraum					
	m **€ brutto**	**366**	**453**	**502**	**554**	**658**
	KG 359 € netto	308	381	422	465	553
16	**Geländerausfachung, Stahlseil, nichtrostend** Geländerausfachung; Edelstahlseil; Durchmesser 4mm; Spiralseil/Litzenseil; inkl. Spannschloss und Seilfixierung					
	m **€ brutto**	**18**	**28**	**36**	**37**	**44**
	KG 359 € netto	15	23	30	31	37

LB 031							Preise €
Nr.	Kurztext / Stichworte Einheit / Kostengruppe		►	▷	brutto ø netto ø	◁	◄
17	**Brüstung, VSG-Ganzglas/Edelstahl** Brüstung; VSG, Edelstahlhandlauf gebürstet, Edelstahlklemmen; Höhe 1200mm						
	m	**€ brutto**	**1.417**	**1.705**	**1.890**	**1.894**	**2.177**
	KG 359	€ netto	1.191	1.433	1.588	1.591	1.829
18	**Stahl-Umfassungszarge, 750x2.000/2.125** Stahlumfassungszarge; brandverzinkt/grundiert; 750x2.000/2.125mm, MW 145mm, Tiefe 115mm						
	St	**€ brutto**	**268**	**341**	**371**	**431**	**539**
	KG 344	€ netto	226	286	312	362	453
19	**Stahl-Umfassungszarge, 875x2.000/2.125** Stahlumfassungszarge; brandverzinkt/grundiert; 875x2.000/2.125mm, MW 145mm, Tiefe 115mm						
	St	**€ brutto**	**270**	**347**	**395**	**455**	**572**
	KG 344	€ netto	227	292	332	383	480
20	**Stahl-Umfassungszarge, 1.000x2.000/2.125** Stahlumfassungszarge; brandverzinkt/grundiert; 1.000x2.000/2.125mm, MW 145mm, Tiefe 115mm						
	St	**€ brutto**	**297**	**463**	**544**	**619**	**767**
	KG 344	€ netto	249	389	457	520	645
21	**Stahltür, einflüglig, 1.000x2.130** Metalltürelement; Stahl; 1.000x2.130mm, Dicke 50mm; einflüglig, gefalzt/flächenbündig; Normalraum/Nassraum						
	St	**€ brutto**	**787**	**1.461**	**1.746**	**2.470**	**3.710**
	KG 344	€ netto	661	1.227	1.467	2.076	3.118
22	**Stahltür, zweiflüglig** Metalltürelement; Stahl; Dicke 50mm; zweiflüglig, gefalzt/flächenbündig; Normalraum/Nassraum						
	St	**€ brutto**	**2.124**	**3.263**	**3.899**	**4.969**	**7.439**
	KG 344	€ netto	1.785	2.742	3.276	4.176	6.251
23	**Stahltür, Rauchschutz, 875x2.000/2.125** Rauchschutztürelement; Stahl; 875x2.000/2.125mm, MW 230mm, Türblattdicke 50mm; einflüglig						
	St	**€ brutto**	**1.705**	**2.065**	**2.771**	**3.433**	**3.712**
	KG 344	€ netto	1.433	1.735	2.328	2.885	3.120
24	**Stahltür, Rauchschutz, 1.000x2.000/2.125** Rauchschutztürelement; Stahl; 1.000x2.000/2.125mm, MW 230mm, Türblattdicke 50mm; einflüglig						
	St	**€ brutto**	**1.926**	**2.477**	**3.275**	**3.441**	**3.839**
	KG 344	€ netto	1.618	2.082	2.752	2.892	3.226

Kosten: Stand 3.Quartal 2025, Bundesdurchschnitt

LB 031							Preise €
Nr.	**Kurztext** / Stichworte **Einheit** / Kostengruppe		►	▷	**brutto ø** netto ø	◁	◄
25	**Stahltür, Rauchschutz, 1.250x2.000/2.125** Rauchschutztürelement; Stahl; 1.250x2.000/2.125mm, MW 230mm, Türblattdicke 50mm; einflüglig						
	St	**€ brutto**	**2.662**	**3.477**	**4.141**	**4.720**	**5.535**
	KG 344	€ netto	2.237	2.921	3.479	3.967	4.651
26	**Stahltür, Rauchschutz, zweiflüglig** Rauchschutztürelement; Stahl; 2.100x2.130mm, Türblattdicke 50mm, MW 230mm; zweiflüglig, gefalzt/flächenbündig						
	St	**€ brutto**	**6.690**	**8.425**	**9.293**	**11.524**	**15.124**
	KG 344	€ netto	5.622	7.080	7.809	9.684	12.709
27	**Stahltür, Brandschutz, EI2 30, 875x2.125** Rauchschutztürelement, EI2 30; Stahl; 875x2.000/2.125mm, MW 230mm, Türdicke 50mm; einflüglig						
	St	**€ brutto**	**1.032**	**1.409**	**1.582**	**1.983**	**2.588**
	KG 344	€ netto	868	1.184	1.330	1.666	2.175
28	**Stahltür, Brandschutz, EI2 30, 1.000x2.125** Brandschutztürelement, EI2 30; Stahl; 1.000x2.000/2.125mm, MW 230mm, Türblattdicke 50mm; einflüglig						
	St	**€ brutto**	**1.251**	**1.620**	**1.784**	**2.111**	**2.754**
	KG 344	€ netto	1.051	1.361	1.499	1.774	2.314
29	**Stahltür, Brandschutz, EI2 30, 1.250x2.125** Brandschutztürelement, EI2 30; Stahl; 1.250x2.000/2.125mm, MW 230mm, Türdicke 50mm; einflüglig						
	St	**€ brutto**	**1.765**	**2.441**	**2.653**	**3.411**	**4.893**
	KG 344	€ netto	1.483	2.052	2.229	2.867	4.112
30	**Stahltür, Brandschutz, EI2 90, 875x2.125** Brandschutztürelement, EI 90; Stahl; 875x2.000/2.125mm, MW 230mm, Türdicke 50mm; einflüglig						
	St	**€ brutto**	**–**	**2.206**	**2.618**	**3.039**	**–**
	KG 344	€ netto	–	1.853	2.200	2.554	–
31	**Stahltür, Brandschutz, EI2 90, 1.000x2.125** Brandschutztürelement, EI2 90; Stahl; 1.000x2.000/2.125mm, MW 230mm, Türdicke 50mm; einflüglig						
	St	**€ brutto**	**2.330**	**3.138**	**4.123**	**4.691**	**4.981**
	KG 344	€ netto	1.958	2.637	3.465	3.942	4.186
32	**Stahltür, Brandschutz, EI2 90, zweiflüglig** Brandschutztürelement, EI2 90; Stahl, verzinkt; 2.100x2.013mm, Türblattdicke 50mm, MW230mm; zweiflüglig						
	St	**€ brutto**	**5.239**	**6.492**	**6.991**	**7.357**	**8.217**
	KG 344	€ netto	4.403	5.456	5.875	6.182	6.905

LB 031							Preise €
Nr.	Kurztext / Stichworte Einheit / Kostengruppe		►	▷	brutto ø netto ø	◁	◄
33	**Stahltür, Brandschutz, EI2 30, zweiflüglig** Brandschutztürelement, EI2 30; Stahl; 2.100x2.130mm, Türblattdicke 50mm, MW230mm; zweiflüglig						
	St	**€ brutto**	**2.778**	**4.097**	**4.681**	**5.181**	**6.776**
	KG 344	€ netto	2.334	3.443	3.934	4.354	5.694
34	**Rohrrahmentür, Glasfüllung, EI2 30-S200C5, zweiflüglig, mehrteilig** Brandschutztür EI2 30, mit Glasfüllung; Stahl, Verglasung T-30 RS; 2.100x2.130mm; zweiflüglig; Innenraum						
	St	**€ brutto**	**8.485**	**13.201**	**14.905**	**16.907**	**20.811**
	KG 344	€ netto	7.130	11.093	12.525	14.207	17.489
35	**Stahlrahmen, Rolltor, grundiert** Stahlrahmen, Rolltor; Rostschutz, grundiert; einteilig						
	St	**€ brutto**	**3.211**	**3.804**	**4.071**	**4.562**	**5.156**
	KG 334	€ netto	2.698	3.197	3.421	3.834	4.332
36	**Rolltor, Leichtmetall, außen** Rolltor, außen; Leichtmetall, wärmegedämmt; elektromechanischer Antrieb; inkl. Verkabelungen						
	St	**€ brutto**	**5.609**	**12.867**	**15.644**	**17.555**	**22.711**
	KG 334	€ netto	4.713	10.812	13.146	14.752	19.085
37	**Rollgitteranlage, elektrisch** Rollgitteranlage; Flachstahl/Aluminium, Führungsschiene Aluminium; WK 1; elektromechanischer Antrieb						
	St	**€ brutto**	**7.332**	**9.307**	**10.154**	**11.394**	**13.491**
	KG 334	€ netto	6.161	7.821	8.533	9.575	11.337
38	**Sektional-/Falttor, Leichtmetall, Hallentor, gedämmt** Sektionaltor, außen; Leichtmetall, PUR-Schaum; elektromechanischer Antrieb; Hallentor; inkl. Verkabelungen						
	St	**€ brutto**	**2.417**	**5.074**	**5.885**	**7.326**	**10.215**
	KG 334	€ netto	2.031	4.264	4.946	6.156	8.584
39	**Garagen-Schwingtor, hand-/kraftbetätigt** Schwingtor, Garage; Beplankung Fichte, gehobelt, geschliffen; handbetätigt/kraftbetätigt						
	St	**€ brutto**	**1.619**	**3.759**	**4.806**	**6.542**	**9.139**
	KG 334	€ netto	1.360	3.158	4.038	5.497	7.680
40	**Außenwandbekleidung, Wellblech, MW, UK** Fassadenbekleidung; Wellblech, Mineralfaserdämmung WLG 035, Aluminium-Unterkonstruktion; Außenwand bis 7,00m						
	m²	**€ brutto**	**125**	**182**	**211**	**279**	**363**
	KG 335	€ netto	105	153	177	234	305

Kosten: Stand 3.Quartal 2025, Bundesdurchschnitt

LB 031							**Preise €**
Nr.	**Kurztext** / Stichworte				**brutto ø**		
	Einheit / Kostengruppe		▶	▷	netto ø	◁	◀
41	**Außenwandbekleidung, Glattblech, beschichtet** Fassadenbekleidung; Stahl-Glattblech, verzinkt; 1.250x2.500mm, 3mm; vertikal/horizontal; Außenwand bis 5,00m						
	m²	**€ brutto**	**143**	**306**	**347**	**413**	**535**
	KG 335	€ netto	120	257	292	347	450
42	**Vordach, Trägerprofile/VSG** Vordachkonstruktion, für ESG-Verglasung; zwei Konsolen, zwei Hohlprofil-Querträger, vier Neoprenlager, punktförmige Halterung; mit Edelstahlschrauben; Mauerwerk/Stahlbeton						
	St	**€ brutto**	**2.030**	**4.353**	**5.017**	**6.027**	**7.568**
	KG 339	€ netto	1.706	3.658	4.216	5.065	6.360
43	**Deckenabschluss, Flachstahl** Deckenabschluss; Flachstahl; verschraubt; schützend grundiert/verzinkt						
	m	**€ brutto**	**78**	**136**	**155**	**182**	**242**
	KG 353	€ netto	65	114	130	153	203
44	**Estrichabschluss, Winkelstahl** Randabschlusswinkel; Flachstahl; verschraubt; Stahlbetondeckenrand; schützend beschichtet						
	m	**€ brutto**	**81**	**137**	**161**	**181**	**231**
	KG 353	€ netto	68	115	136	152	194
45	**Aluminiumprofile, Stahlkonstruktion** Winkelprofil; Aluminium, natur/eloxiert; 40x60mm; L-/T-Profil; auf Stahlkonstruktion						
	m	**€ brutto**	**30**	**46**	**57**	**68**	**85**
	KG 335	€ netto	25	39	48	57	72
46	**Auflagerwinkel, Gitterroste, Stahl, außen** Auflagerwinkel Gitterrost; Stahl, feuerverzinkt, Schrauben M8; Lichtschacht						
	m	**€ brutto**	**27**	**44**	**55**	**58**	**70**
	KG 353	€ netto	22	37	46	49	59
47	**Gitterroste, Stahl, verzinkt** Gitterrost; Stahl, feuerverzinkt, R9/R10/R11; Maschenteilung 33,3x11,1mm						
	m²	**€ brutto**	**120**	**253**	**300**	**354**	**468**
	KG 353	€ netto	101	212	252	298	393
48	**Trittstufe, Gitterrost, Außenbereich** Trittstufe; Stahlrahmen, Gitterroststufe, feuerverzinkt; 1.000x280mm						
	St	**€ brutto**	**72**	**109**	**131**	**165**	**239**
	KG 351	€ netto	60	91	110	139	201

LB 031						Preise €
Nr.	**Kurztext** / Stichworte **Einheit** / Kostengruppe	►	▷	**brutto ø** netto ø	◁	◄
49	**Stahltreppe, gerade, einläufig, innen, Trittbleche** Stahltreppe, einläufig; S235JR, verzinkt; 17,2x28cm, 16 Stufen; freitragend					
	St **€ brutto**	**2.450**	**5.459**	**6.964**	**8.702**	**12.345**
	KG 351 € netto	2.059	4.588	5.852	7.312	10.374
50	**Stahltreppe, gerade, mehrläufig, innen, Trittbleche** Stahltreppe, mehrläufig; S235JR+AR; 16 Stufen, Stg 17,2x28cm; freitragend; 1 Geschoss					
	St **€ brutto**	**5.475**	**11.081**	**12.896**	**13.689**	**17.492**
	KG 351 € netto	4.601	9.312	10.837	11.503	14.699
51	**Spindeltreppe, Stahl, 100cm, innen, Trittroste** Spindeltreppe; Stahlrohr, feuerverzinkt; inkl. Bohrungen, verzinkte Verbindungsmittel; 1 Geschoss					
	St **€ brutto**	**5.614**	**6.933**	**7.495**	**7.957**	**9.884**
	KG 351 € netto	4.718	5.826	6.298	6.687	8.306
52	**Steigleiter, Stahl, verzinkt, bis 5,00m** Steigleiter inkl. Seitenholm; Stahl, verzinkt; Breite 500mm, Holm Durchmesser 48,3mm, Sprossen 25x25x1,5mm; Außenbereich					
	St **€ brutto**	**272**	**690**	**836**	**1.283**	**2.025**
	KG 339 € netto	229	580	703	1.078	1.702
53	**Steigleiter, Seitenholm, Rückenschutz** Steigleiter mit Rückenschutz; Stahl, feuerverzinkt; Breite 500mm, Durchmesser 48,3mm, Sprossen 25x25x1,5mm; Außenbereich					
	St **€ brutto**	**1.419**	**2.752**	**3.502**	**4.733**	**6.753**
	KG 339 € netto	1.192	2.312	2.943	3.977	5.674
54	**Kellertrennwandsystem, verzinkte Metalllamellen** Kellertrennwandsystem; Stahlprofile, feuerverzinkt; Lamelle 110mm, Blechdicke 0,63mm, L-Profil 40x40mm; 50mm Bodenabstand; Raumhöhe bis 2,70m					
	m² **€ brutto**	**44**	**58**	**65**	**70**	**80**
	KG 346 € netto	37	49	55	59	67
55	**Kellertrennwandsystem, Gittergewebe** Kellertrennwandsystem; Stahlgitter, feuerverzinkt; Teleskopstützen 30x30mm; Raumhöhe bis 2,70m					
	m² **€ brutto**	**115**	**132**	**149**	**159**	**176**
	KG 346 € netto	96	111	125	134	148
56	**Briefkastenanlage, freistehend, bis 8 WE** Briefkastenanlage; Stahlblech, verzinkt; bis acht Wohneinheiten; beleuchtete Klingeltaster mit Namensschild, Sprechstelle					
	St **€ brutto**	**2.084**	**3.384**	**4.177**	**4.947**	**6.231**
	KG 561 € netto	1.752	2.844	3.510	4.157	5.236

Kosten: Stand 3.Quartal 2025, Bundesdurchschnitt

LB 031							Preise €
Nr.	**Kurztext** / Stichworte **Einheit** / Kostengruppe		►	▷	**brutto ø** netto ø	◁	◄
57	**Briefkasten, Stahlblech, Wand** Briefkasten; Stahlblech, verzinkt; Klappe LxT 230-280x30-35m; Wandeinbau; inkl. Klingel, Beleuchtung, Rufstelle						
	St	**€ brutto**	**783**	**839**	**960**	**1.076**	**1.367**
	KG 561	€ netto	658	705	806	904	1.149
58	**Stundensatz, Facharbeiter/-in** Stundenlohnarbeiten für Vorarbeiter/-in, Facharbeiter/-in und Gleichgestellte; Metallbauarbeiten						
	h	**€ brutto**	**79**	**87**	**91**	**94**	**102**
		€ netto	67	73	76	79	85
59	**Stundensatz, Helfer/-in** Stundenlohnarbeiten Werker/-in, Helfer/-in und Gleichgestellte; Metallbauarbeiten						
	h	**€ brutto**	**59**	**68**	**73**	**76**	**87**
		€ netto	49	57	61	64	73

LB 032						Preise €
Nr.	**Kurztext** / Stichworte **Einheit** / Kostengruppe		►	▷	**brutto ø** netto ø	◁	◄

Nr.	Kurztext / Einheit		►	▷	ø	◁	◄
1	**Verglasung, Floatglas, 6mm** Einscheiben-Verglasung; Floatglas; Dicke 6mm; beidseitig versiegeln						
	m²	**€ brutto**	**95**	**101**	**104**	**110**	**121**
	KG 334	€ netto	80	85	88	92	101
2	**Verglasung, Floatglas, 8mm** Einscheiben-Verglasung; Floatglas; Dicke 8mm; beidseitig versiegeln						
	m²	**€ brutto**	**113**	**127**	**131**	**140**	**169**
	KG 334	€ netto	95	106	110	118	142
3	**Verglasung, ESG-Glas, 4mm** Sicherheitsverglasung; Einscheiben-Verglasung; Dicke 4mm; inkl. Glasabdichtung, Glashalteleisten; Innenbereich						
	m²	**€ brutto**	**121**	**147**	**156**	**189**	**223**
	KG 334	€ netto	102	124	131	159	187
4	**Verglasung, ESG-Glas, 6mm** Sicherheitsverglasung; Einscheiben-Verglasung; Dicke 6mm; inkl. Glasabdichtung, Glashalteleisten; Innenbereich						
	m²	**€ brutto**	**143**	**156**	**164**	**172**	**185**
	KG 334	€ netto	120	131	138	145	156
5	**Verglasung, ESG-Glas, 8mm** Sicherheitsverglasung; Einscheiben-Verglasung; Dicke 8mm; inkl. Glasabdichtung, Glashalteleisten; Innenbereich						
	m²	**€ brutto**	**141**	**185**	**202**	**216**	**241**
	KG 334	€ netto	119	155	170	181	202
6	**Verglasung, ESG-Glas,10mm** Sicherheitsverglasung; Einscheiben-Verglasung; Dicke 10mm; inkl. Glasabdichtung, Glashalteleisten; Innenbereich						
	m²	**€ brutto**	**212**	**245**	**273**	**276**	**309**
	KG 334	€ netto	178	206	229	232	260
7	**Verglasung, VSG-Glas, 8mm** Verbundsicherheitsverglasung; Widerstandsklasse A 1; Größe 1,0-2,0m², Dicke 8mm; zweiseitige Befestigung; inkl. Glashalteleisten, Dichtstoff						
	m²	**€ brutto**	**121**	**174**	**206**	**238**	**293**
	KG 334	€ netto	101	146	173	200	246
8	**Verglasung, VSG-Glas, 10mm** Verbundsicherheitsverglasung; Widerstandsklasse A 1; Größe 1,0-2,0m², Dicke 10mm; zweiseitige Befestigung; inkl. Glashalteleisten, Dichtstoff						
	m²	**€ brutto**	**200**	**222**	**250**	**285**	**320**
	KG 334	€ netto	168	187	210	239	269

Kosten: Stand 3.Quartal 2025, Bundesdurchschnitt

LB 032						Preise €
Nr.	**Kurztext** / Stichworte			**brutto ø**		
	Einheit / Kostengruppe	►	▷	netto ø	◁	◄
9	**Isolierverglasung, Pfosten-Riegel-Fassade**					
	Isolierverglasung; Floatglas, Ug=0,5/0,6/0,7/1,1; Dicke 4/6mm; zwei-/dreifach Verglasung; Pfosten-Riegelverglasung; SKL 2 30-34dB					
	m² € brutto	**312**	**461**	**517**	**552**	**635**
	KG 337 € netto	262	388	434	464	533
10	**Zweifach-Isolierverglasung, 0,9W/(m²K), Einzelfenster**					
	Zweifachisolierverglasung; Ug-Wert 0,9 W/(m²K); inkl. Befestigung, beidseitige Versiegelung; Außenfenster					
	m² € brutto	**–**	**251**	**267**	**313**	**–**
	KG 334 € netto	–	211	225	263	–
11	**Zweifach-Isolierverglasung, 1,1W/(m²K), Einzelfenster**					
	Zweifachisolierverglasung; Ug-Wert 1,1 W/(m²K); inkl. Befestigung, beidseitige Versiegelung; Außenfenster					
	m² € brutto	**162**	**193**	**197**	**207**	**234**
	KG 334 € netto	136	162	166	174	197
12	**Zweifach-Isolierverglasung, 1,1W/(m²K), Türen**					
	Zweifachisolierverglasung; Ug-Wert: 1,1 W/(m²K), Schallschutz 30-34dB; inkl. Befestigung und beidseitige Versiegelung; Außentür					
	m² € brutto	**–**	**219**	**233**	**285**	**–**
	KG 334 € netto	–	184	196	239	–
13	**Zweifach-Isolierverglasung, 0,9W/(m²K), Türen**					
	Zweifachisolierverglasung; Ug-Wert: 0,9 W/(m²K), Schallschutz 30-34dB; inkl. Befestigung und beidseitige Versiegelung; Türen					
	m² € brutto	**–**	**255**	**274**	**329**	**–**
	KG 334 € netto	–	214	230	276	–
14	**Dreifach-Isolierverglasungen, 0,7W/(m²K), 4/12/4/12/4**					
	Isolierverglasung; dreifach, Innen-/Außenscheibe Floatglas, Ug-Wert 0,7W/(m²K); 4x14x4x14x4mm					
	m² € brutto	**201**	**241**	**265**	**312**	**331**
	KG 334 € netto	169	202	222	262	278
15	**Dreifach-Isolierverglasungen, 0,6W/(m²K), 4/14/4/14/4**					
	Isolierverglasung; dreifach Innen-/Außenscheibe Floatglas, Ug-Wert 0,7W/(m²K); 4x14x4x14x4mm					
	m² € brutto	**–**	**292**	**328**	**387**	**–**
	KG 334 € netto	–	246	276	326	–
16	**Duschabtrennung, Glas**					
	Duschwand; ESG; bis 12mm; Seitenteil und Drehtür; in Aluprofil					
	St € brutto	**1.769**	**2.335**	**2.542**	**2.827**	**3.207**
	KG 412 € netto	1.486	1.963	2.136	2.376	2.695

LB 032						Preise €
Nr.	**Kurztext** / Stichworte			**brutto ø**		
	Einheit / Kostengruppe	►	▷	netto ø	◁	◄
17	**Ganzglastürblatt, bis 2,2m²**					
	Ganzglastür; ESG, Klarglas/satiniert; Dicke 10/12mm; in bauseitige Spezialzarge/ohne Zarge					
	St	**€ brutto**	**764**	**1.073**	**1.301**	**1.469**	**1.833**
	KG 344	€ netto	642	902	1.093	1.234	1.540
18	**Brandschutzverglasung, Innenwände**					
	Brandschutzverglasung, EI30/EI60/EI90; Verbundglas; innen					
	m²	**€ brutto**	**274**	**603**	**650**	**701**	**922**
	KG 346	€ netto	230	507	546	589	775
19	**Brandschutzglas, EI30 Fenster**					
	Brandschutzglas, EI30 Fenster; Verbundglas, mehrschichtig; Dicke 16mm; innen/außen; inkl. Glashalteleiste, Glasdichtung					
	m²	**€ brutto**	**612**	**627**	**702**	**783**	**987**
	KG 344	€ netto	514	527	590	658	829
20	**Profilbauverglasung, einschalig**					
	Profilbauverglasung; U-förmig, Klar-/Ornamentglas; Dicke 6/7mm; einschalig; Innenbereich					
	m²	**€ brutto**	**111**	**126**	**133**	**138**	**158**
	KG 332	€ netto	93	106	112	116	133
21	**Profilbauverglasung, zweischalig**					
	Profilbauverglasung; U-förmig, Klar-/Wärmeschutz- und Sonnenschutzglas, Ug 1,8 W/m²K; Dicke 7mm; Isolierverglasung zweischalig; Außenwand					
	m²	**€ brutto**	**206**	**300**	**322**	**345**	**442**
	KG 332	€ netto	173	252	271	290	372
22	**Vordachverglasung, Sicherheitsglas**					
	Vordachverglasung; TVG/ESG, Alu-/Stahlrahmen; gem. Zulassung und statischen Erfordernissen; Scheiben vorgebohrt, punktförmige Halterung					
	St	**€ brutto**	**209**	**333**	**388**	**422**	**519**
	KG 362	€ netto	176	280	326	355	436
23	**Geländerfüllung, VSG-Glas**					
	Sicherheitsverglasung; VSG, Rahmen: Aluminium/Stahl; nach TRAV oder Zulassung; zweiseitige Befestigung; inkl. Befestigung mit Glashalteleisten, Dichtstoff					
	m²	**€ brutto**	**202**	**329**	**371**	**408**	**537**
	KG 359	€ netto	170	277	312	342	451

Kosten: Stand 3.Quartal 2025, Bundesdurchschnitt

LB 032 **Preise €**

Nr.	Kurztext / Stichworte				brutto ø		
	Einheit / Kostengruppe		►	▷	netto ø	◁	◄
24	**Sichtschutzfolie, geklebt** Sichtschutzfolie; PVC, matt, UV- und kratzbeständig; Dicke 80nm; innen aufkleben						
	m²	**€ brutto**	**59**	**97**	**115**	**151**	**202**
	KG 334	€ netto	50	82	97	127	170
25	**Stundensatz, Facharbeiter/-in** Stundenlohnarbeiten für Vorarbeiter/-in, Facharbeiter/-in und Gleichgestellte; Verglasungsarbeiten						
	h	**€ brutto**	**70**	**86**	**91**	**95**	**104**
		€ netto	59	72	77	80	87

033
Baureinigungsarbeiten

LB 033 **Preise €**

Nr.	Kurztext / Stichworte Einheit / Kostengruppe		►	▷	brutto ø netto ø	◁	◄
1	**Baureinigung, während Bauzeit** Bauzwischenreinigung; entfernen, grober Bauverschmutzung; inkl. Entsorgung						
	m²	**€ brutto**	**1,1**	**2,4**	**3,0**	**3,3**	**5,0**
	KG 397	€ netto	0,9	2,0	2,5	2,8	4,2
2	**Treppen/Podeste reinigen** Treppen reinigen; Beton-/Malerrückstände; mit Spatel, abkehren, saugen, mit Reinigungsmittel abschrubben; inkl. Nachwischen Treppengeländer, Brüstung, Handläufe						
	m²	**€ brutto**	**0,7**	**1,8**	**2,3**	**2,8**	**4,0**
	KG 397	€ netto	0,6	1,5	1,9	2,3	3,3
3	**Bodenbelag reinigen, Hartbeläge** Bodenbelag reinigen; Hartbelag; mit Reinigungs- und Pflegemitteln; inkl. Sockelleisten						
	m²	**€ brutto**	**0,8**	**1,6**	**2,0**	**2,9**	**4,3**
	KG 397	€ netto	0,7	1,4	1,7	2,4	3,6
4	**Bodenbelag reinigen, Betonflächen** Bodenbelag reinigen; Betonbelag beschichtet; mit Reinigungs- und Pflegemitteln; inkl. Sockelleisten						
	m²	**€ brutto**	**0,8**	**1,8**	**2,1**	**3,0**	**5,0**
	KG 397	€ netto	0,7	1,5	1,8	2,6	4,2
5	**Bodenbelag reinigen, Parkett, Holzdielen** Bodenbelag reinigen; Parkett beschichtet; mit Reinigungs- und Pflegemitteln; inkl. Sockelleisten						
	m²	**€ brutto**	**0,6**	**1,8**	**2,3**	**3,5**	**6,6**
	KG 397	€ netto	0,5	1,5	1,9	2,9	5,5
6	**Bodenbelag reinigen, Fliesen/Platten** Bodenbelag reinigen; Fliesen/Platten; mit Reinigungsmittel wischen; inkl. Sockelleisten						
	m²	**€ brutto**	**1,0**	**1,8**	**2,2**	**3,9**	**7,0**
	KG 397	€ netto	0,8	1,5	1,9	3,3	5,9
7	**Bodenbelag reinigen, Teppich** Bodenbelag reinigen; Teppich; mit Vakuum-/Bürstsaugen; inkl. Sockel						
	m²	**€ brutto**	**0,4**	**1,5**	**1,6**	**2,5**	**4,2**
	KG 397	€ netto	0,3	1,2	1,3	2,1	3,5
8	**Fassade reinigen, Hochdruckreiniger** Wandbelag hochdruckreinigen; Fassade; inkl. erf. Schutz und Abdeckarbeiten, Passantenschutz ja/nein						
	m²	**€ brutto**	**13**	**24**	**30**	**33**	**44**
	KG 397	€ netto	11	20	25	27	37

Kosten: Stand 3.Quartal 2025, Bundesdurchschnitt

LB 033							Preise €
Nr.	**Kurztext** / Stichworte **Einheit** / Kostengruppe		►	▷	**brutto ø** netto ø	◁	◄
9	**Decke reinigen, Metalldecke** Decke reinigen; Metall; mit/ohne Akustiklochung; Innenbereich; inkl. Einbauleuchten, Rauchmelder						
	m²	**€ brutto**	**0,8**	**2,1**	**2,8**	**3,4**	**4,9**
	KG 397	€ netto	0,7	1,8	2,4	2,8	4,1
10	**Decke reinigen, Gipsplatten, beschichtet** Decke reinigen; Gipsplatten; beschichtet; inkl. Einbauleuchten, Rauchmelder						
	m²	**€ brutto**	**1,5**	**3,0**	**3,4**	**3,9**	**5,5**
	KG 397	€ netto	1,3	2,5	2,9	3,3	4,6
11	**Glasflächen reinigen, Fassadenelemente** Glasflächen reinigen; Fassadenelement; nass wischen, trocken ledern, polieren; außen/innen; inkl. Schutz- und Abdeckblechen						
	m²	**€ brutto**	**2,5**	**5,1**	**6,1**	**9,9**	**14,5**
	KG 397	€ netto	2,1	4,3	5,1	8,3	12,2
12	**Wandflächen reinigen, beschichtet** Wandbelag reinigen; Gipskarton; gestrichen; Innenbereich						
	m²	**€ brutto**	**1,3**	**2,7**	**3,2**	**3,7**	**5,0**
	KG 397	€ netto	1,1	2,3	2,7	3,1	4,2
13	**Wandbelag reinigen, Fliesen** Wandbelag reinigen; Fliesen/Platten; mit Reinigungsmitteln; entfernen von Zementschleier, Aufklebern						
	m²	**€ brutto**	**0,6**	**1,4**	**1,7**	**3,2**	**6,6**
	KG 397	€ netto	0,5	1,2	1,4	2,7	5,5
14	**Wandbelag reinigen, Hartbeläge; Holz, Schichtstoff** Wandbelag reinigen; Hartbelag/Holz/Schichtstoff; mit Reinigungs- und Pflegemitteln; Entfernen von Verunreinigungen und Aufklebern						
	m²	**€ brutto**	**0,7**	**1,6**	**1,8**	**2,5**	**3,9**
	KG 397	€ netto	0,6	1,3	1,5	2,1	3,3
15	**Türen reinigen** Türen reinigen; Metall/Holz/Schichtstoff; mit Reinigungs- und Pflegemitteln; Entfernen von Verunreinigungen und Aufklebern						
	St	**€ brutto**	**1,5**	**4,8**	**5,8**	**8,1**	**13,3**
	KG 397	€ netto	1,2	4,1	4,8	6,8	11,2
16	**Heizkörper reinigen** Einrichtung reinigen; Heizkörper; mit Reinigungs- und Pflegemitteln; inkl. Armaturen, Zuleitungen						
	m²	**€ brutto**	**1,1**	**2,2**	**2,8**	**3,2**	**4,1**
	KG 397	€ netto	0,9	1,8	2,4	2,7	3,5

LB 033							Preise €
Nr.	**Kurztext** / Stichworte				brutto ø		
	Einheit / Kostengruppe		▶	▷	netto ø	◁	◀
17	**Waschtisch/Duschwanne reinigen** Einrichtung reinigen; Waschtisch/Duschwanne; mit Reinigungs- und Pflegemitteln; inkl. Armaturen, Zu- und Abläufen						
	St	**€ brutto**	**1,1**	**4,4**	**5,2**	**7,6**	**11,1**
	KG 397	€ netto	0,9	3,7	4,4	6,3	9,3
18	**WC-Schüssel/Urinal reinigen** Einrichtung reinigen; WC-Schüssel/Urinal, Keramik; mit Reinigungs- und Pflegemitteln; inkl. Armaturen, Zu- und Abläufen						
	St	**€ brutto**	**2,1**	**4,8**	**5,3**	**6,9**	**10,6**
	KG 397	€ netto	1,7	4,0	4,4	5,8	8,9
19	**Handläufe reinigen** Einrichtung reinigen; Rohrleitungen/Handläufe; mit Reinigungs- und Pflegemitteln						
	m	**€ brutto**	**0,4**	**1,0**	**1,2**	**1,6**	**2,3**
	KG 397	€ netto	0,4	0,8	1,0	1,3	1,9
20	**Geländer reinigen** Einrichtung reinigen; Geländer, Stahl/Holz; mit Reinigungs- und Pflegemitteln						
	m	**€ brutto**	**0,7**	**1,9**	**2,4**	**3,2**	**5,1**
	KG 397	€ netto	0,6	1,6	2,0	2,7	4,3
21	**Teeküche reinigen** Einbaumöblierung reinigen; Teeküche; innen und außen; inkl. Elektrogeräten, Belägen, Griffen						
	St	**€ brutto**	**35**	**54**	**60**	**85**	**119**
	KG 397	€ netto	30	45	50	71	100
22	**Einbauschrank reinigen** Einbaumöblierung reinigen; Einbauschränke; innen und außen						
	St	**€ brutto**	**12**	**14**	**19**	**24**	**29**
	KG 397	€ netto	10	12	16	20	24
23	**Einzelfenster reinigen** Fenster reinigen; nass wischen mit Reinigungsmitteln, trocken ledern; Innen-/Außenflächen; inkl. Entfernen aller Aufkleber						
	St	**€ brutto**	**1,4**	**6,2**	**7,8**	**10,5**	**16,8**
	KG 397	€ netto	1,2	5,2	6,5	8,9	14,1
24	**Sonnenschutz reinigen** Sonnenschutz reinigen; Raffstore/Markisen; mit Reinigungs- und Pflegemitteln; außenliegend						
	m²	**€ brutto**	**–**	**4,7**	**4,8**	**5,5**	**–**
	KG 397	€ netto	–	4,0	4,0	4,7	–

Kosten: Stand 3.Quartal 2025, Bundesdurchschnitt

LB 033						Preise €
Nr.	**Kurztext** / Stichworte **Einheit** / Kostengruppe	►	▷	**brutto ø** netto ø	◁	◄
25	**Aufzugsanlage reinigen** Aufzugsanlage einigen; Reinigungsmittel; bis zur vollständigen schmutzfreie Oberfläche; inkl. Haltestellen					
	St **€ brutto**	**41**	**58**	**72**	**85**	**104**
	KG 397 € netto	35	49	60	71	87
26	**Technikraum reinigen** Technikraum reinigen; Reinigungsmittel; Böden, Wände und Decken inkl. Ausstattung, Beschläge; Feinreinigung/Unterhaltsreinigung					
	m² **€ brutto**	**1,0**	**2,7**	**3,4**	**4,3**	**5,9**
	KG 397 € netto	0,8	2,2	2,9	3,6	5,0
27	**Baureinigung, Außenbereich** Außenanlagen reinigen; Isolierungen, Belagsreste, Müll; aufsammeln, in bauseitigen Container deponieren					
	m² **€ brutto**	**0,5**	**1,0**	**1,2**	**1,4**	**2,1**
	KG 397 € netto	0,4	0,8	1,0	1,2	1,8
28	**Stundensatz, Facharbeiter/-in** Stundenlohnarbeiten für Vorarbeiter/-in, Facharbeiter/-in und Gleichgestellte; Baureinigungsarbeiten					
	h **€ brutto**	**45**	**53**	**56**	**65**	**76**
	€ netto	38	44	47	54	64
29	**Stundensatz, Helfer/-in** Stundenlohnarbeiten Werker/-in, Helfer/-in und Gleichgestellte; Baureinigungsarbeiten					
	h **€ brutto**	**35**	**44**	**47**	**51**	**59**
	€ netto	29	37	39	43	49

LB 034							Preise €
Nr.	**Kurztext** / Stichworte **Einheit** / Kostengruppe		▶	▷	**brutto ø** netto ø	◁	◀
1	**Bauteile abdecken, abkleben** Bauteile; Folie; abdecken und abkleben						
	m²	**€ brutto**	**1,7**	**3,4**	**4,1**	**5,9**	**10,1**
	KG 397	€ netto	1,4	2,9	3,5	5,0	8,5
2	**Boden abdecken, Vlies** Abdeckarbeiten; Vlies; vollflächig abdecken und abkleben; Boden						
	m²	**€ brutto**	**0,7**	**2,2**	**2,9**	**3,9**	**6,2**
	KG 397	€ netto	0,6	1,9	2,4	3,3	5,2
3	**Boden abdecken, Platten** Abdeckarbeiten; Hartfaserplatte; vollflächig abdecken; Boden						
	m²	**€ brutto**	**2,0**	**4,1**	**5,0**	**6,0**	**10,4**
	KG 397	€ netto	1,6	3,5	4,2	5,0	8,7
4	**Untergrund reinigen** Untergrund reinigen; Staub, Schmutz, lose Teile; abkehren, entsorgen; Wand-, Deckenfläche						
	m²	**€ brutto**	**0,6**	**1,7**	**2,2**	**3,0**	**5,5**
	KG 345	€ netto	0,5	1,4	1,9	2,5	4,6
5	**Stoßfuge schließen, Fertigteildecke** Stoßfuge schließen; Zementmörtel kunststoffmodifiziert; auffüllen, beispachteln; Betonfertigteildecke						
	m	**€ brutto**	**5,3**	**8,0**	**9,5**	**12,0**	**16,3**
	KG 354	€ netto	4,4	6,7	8,0	10,1	13,7
6	**Spachtelung, Gipsplatten** Spachtelung; Fugen füllen, spachteln, schleifen; Gipsfaser-/Gipskartonflächen						
	m²	**€ brutto**	**4,9**	**8,0**	**10,1**	**11,2**	**13,9**
	KG 345	€ netto	4,1	6,8	8,5	9,4	11,6
7	**Spachtelung, Betonflächen** Spachtelung; vollflächig; Decken-/Wandflächen; Q3						
	m²	**€ brutto**	**5,3**	**10,6**	**13,2**	**15,9**	**22,9**
	KG 345	€ netto	4,4	8,9	11,1	13,4	19,3
8	**Grundierung, Gipsplatten** Grundierung Haftgrund; Gipsfaser-/Gipskarton-/Wand-/Deckenflächen						
	m²	**€ brutto**	**1,2**	**2,2**	**2,6**	**3,3**	**4,5**
	KG 345	€ netto	1,0	1,9	2,2	2,8	3,7
9	**Grundierung, Betonflächen, innen** Grundierung Haftgrund; Grundbeschichtungsstoff, wasserverdünnbar; Betonflächen innen						
	m²	**€ brutto**	**0,8**	**2,9**	**3,7**	**4,4**	**6,9**
	KG 345	€ netto	0,7	2,4	3,1	3,7	5,8

Kosten: Stand 3.Quartal 2025, Bundesdurchschnitt

LB 034 **Preise €**

Nr.	Kurztext / Stichworte Einheit / Kostengruppe		►	▷	brutto ø netto ø	◁	◄
10	**Erstbeschichtung, innen, Dispersion, sb** Erstbeschichtung; Dispersionsfarbe, lösemittel-/weichmacherfrei; auf mineralischer Untergrund; Decken-/Wandflächen, innen; weiß						
	m²	**€ brutto**	**3,9**	**6,9**	**7,9**	**9,4**	**13,3**
	KG 345	€ netto	3,3	5,8	6,6	7,9	11,2
11	**Erstbeschichtung, innen, Putz rau, Dispersion sb** Erstbeschichtung; Dispersionsfarbe, lösemittel-/weichmacherfrei; Putzuntergrund; Decken-/Wandflächen, innen; weiß						
	m²	**€ brutto**	**5,6**	**8,4**	**9,3**	**11,4**	**15,8**
	KG 345	€ netto	4,7	7,0	7,8	9,6	13,3
12	**Erstbeschichtung, innen, Dispersion, wb** Erstbeschichtung; Dispersionsfarbe, lösemittel-/weichmacherfrei; auf Beton/Putz/Tapete; Decken-/Wandflächen, innen; Nassabriebklasse 3, weiß						
	m²	**€ brutto**	**5,1**	**7,6**	**8,4**	**10,5**	**16,1**
	KG 345	€ netto	4,3	6,4	7,1	8,8	13,5
13	**Erstbeschichtung, innen, Putz rau, Dispersion wb** Erstbeschichtung; Dispersionsfarbe, lösemittel-/weichmacherfrei; auf Beton/Putz/Tapete; Decken-/Wandflächen, innen; weiß						
	m²	**€ brutto**	**6,2**	**8,9**	**9,9**	**12,1**	**16,9**
	KG 345	€ netto	5,2	7,5	8,3	10,2	14,2
14	**Erstbeschichtung, Raufasertapete, Dispersion wb** Erstbeschichtung; Dispersionsfarbe, lösemittel-/weichmacherfrei, Nassabriebbeständigkeit Klasse 2/3; weiß; streichen, rollen; Wand-/Deckenfläche						
	m²	**€ brutto**	**4,5**	**6,0**	**6,8**	**7,6**	**9,2**
	KG 345	€ netto	3,8	5,1	5,7	6,4	7,7
15	**Erstbeschichtung, Raufasertapete, Dispersion sb** Erstbeschichtung; Dispersionsfarbe, lösemittel-/weichmacherfrei, Nassabriebbeständigkeit Klasse 2/3; weiß; streichen, rollen; Wand-/Deckenfläche						
	m²	**€ brutto**	**3,9**	**5,2**	**6,0**	**7,2**	**10,1**
	KG 345	€ netto	3,3	4,4	5,0	6,0	8,5
16	**Erstbeschichtung, Glasgewebe, Dispersion** Erstbeschichtung; Dispersionsfarbe, lösemittel-/weichmacherfrei, Nassabriebbeständigkeit Klasse 2/3; Wand-/Deckenfläche						
	m²	**€ brutto**	**7,6**	**9,2**	**9,7**	**10,0**	**12,3**
	KG 345	€ netto	6,4	7,7	8,2	8,4	10,3

LB 034 **Preise €**

Nr.	Kurztext / Stichworte Einheit / Kostengruppe		▶	▷	brutto ø netto ø	◁	◀
17	**Erstbeschichtung, Dispersions-Silikatfarbe, innen, weiß** Erstbeschichtung; Dispersions-Silikatfarbe, lösemittel-/weichmacher-frei; Grund-, Zwischen-, Schlussbeschichtung; Wandfläche; weiß						
	m²	**€ brutto**	**4,7**	**8,0**	**8,9**	**10,8**	**15,3**
	KG 345	€ netto	4,0	6,7	7,5	9,1	12,9
18	**Erstbeschichtung, Silikatfarbe, Putzflächen, innen** Erstbeschichtung; Silikatfarbe, pigmentiert, mineralisch; Grund-, Zwischen-, Schlussbeschichtung; Wand-/Deckenfläche; Nassabrieb-beständigkeit 3						
	m²	**€ brutto**	**6,4**	**9,0**	**10,5**	**13,2**	**18,5**
	KG 345	€ netto	5,4	7,6	8,8	11,1	15,5
19	**Erstbeschichtung, Silikatfarbe, innen, linear** Erstbeschichtung; Silikatfarbe, pigmentiert, mineralisch, Körnung fein; Grund-, Zwischen-, Schlussbeschichtung; weiß/farbig						
	m	**€ brutto**	**1,9**	**3,1**	**3,5**	**3,9**	**4,7**
	KG 345	€ netto	1,6	2,6	2,9	3,2	4,0
20	**Erstbeschichtung, Dispersions-Silikatfarbe, Sichtbeton innen, linear** Erstbeschichtung; Dispersion-Silikatfarbe, lösemittel-/weichmacherfrei; Breite bis 15/30/60cm; Grund-, Zwischen-, Schlussbeschichtung; Laibungen, Pfeiler, Stützen						
	m	**€ brutto**	**2,4**	**3,2**	**3,5**	**3,6**	**4,1**
	KG 345	€ netto	2,0	2,7	2,9	3,1	3,4
21	**Erstbeschichtung, Dispersion, Sichtmauerwerk, innen** Erstbeschichtung; Dispersionsfarbe, lösemittel-/weichmacherfrei; weiß/farbig; Grund-, Zwischen-, Schlussbeschichtung; KS-/Ziegel-Sicht-mauerwerk						
	m²	**€ brutto**	**4,8**	**7,7**	**8,2**	**9,2**	**11,5**
	KG 345	€ netto	4,0	6,4	6,9	7,7	9,7
22	**Erstbeschichtung, Kalkfarbe, innen** Erstbeschichtung; Kalkfarbe; Grund-, Zwischen-, Schlussbeschichtung; Wand-/Deckenflächen						
	m²	**€ brutto**	**6,6**	**13,0**	**13,2**	**16,1**	**21,2**
	KG 345	€ netto	5,6	10,9	11,1	13,5	17,8
23	**Streichputz, innen** Streichputz, innen; einkörnig/grobkörnig; Zwischen- und Schluss-beschichtung						
	m²	**€ brutto**	**8,4**	**14,9**	**17,5**	**19,0**	**22,8**
	KG 345	€ netto	7,1	12,5	14,7	16,0	19,2

Kosten: Stand 3.Quartal 2025, Bundesdurchschnitt

LB 034 | **Preise €**

Nr.	Kurztext / Stichworte Einheit / Kostengruppe		▶	▷	brutto ø netto ø	◁	◀
24	**Erstbeschichtung, Silikatfarbe, Außenputz** Erstbeschichtung; Silikatfarbe; Grund-, Zwischen-, Schlussbeschichtung; Außenfassade						
	m²	**€ brutto**	**11**	**17**	**19**	**22**	**29**
	KG 335	€ netto	9,6	13,9	16,2	18,5	24,3
25	**Erstbeschichtung, Dispersionsfarbe, Außenputz** Erstbeschichtung; Grundbeschichtungsstoff, Dispersionsfarbe; Grund-, Zwischen-, Schlussbeschichtung; Außenfassade						
	m²	**€ brutto**	**9,6**	**14,9**	**16,8**	**19,1**	**25,3**
	KG 335	€ netto	8,1	12,5	14,1	16,0	21,3
26	**Erstbeschichtung, Silikonharz, Außenbauteil** Erstbeschichtung; Silikonharz, W3, V1, G3-matt; Grund-, Zwischen-, Schlussbeschichtung; Außenwand						
	m²	**€ brutto**	**–**	**22**	**26**	**30**	**–**
	KG 335	€ netto	–	19	22	26	–
27	**Imprägnierung, Sichtbetonwand, außen** Imprägnierung; Beton-Hydrophobierung, farblos; Flutverfahren; Betonwandflächen						
	m²	**€ brutto**	**5,1**	**9,1**	**12,4**	**13,9**	**16,4**
	KG 335	€ netto	4,3	7,6	10,4	11,7	13,8
28	**Graffiti-Schutz, Wand** Graffiti-Schutz; Wandflächen; inkl. Reinigung der Flächen						
	m²	**€ brutto**	**22**	**39**	**47**	**76**	**133**
	KG 335	€ netto	19	33	40	64	111
29	**Bodenbeschichtung, innen, Beton, Acryl** Bodenbeschichtung; Acryllack, Grundierung; inkl. Versiegelung						
	m²	**€ brutto**	**16**	**21**	**23**	**26**	**33**
	KG 324	€ netto	13	18	20	22	28
30	**Bodenbeschichtung, innen, Beton, Epoxid** Bodenbeschichtung; Zwei-Komponenten Epoxidharz; inkl. Versiegelung						
	m²	**€ brutto**	**16**	**28**	**32**	**45**	**66**
	KG 324	€ netto	14	24	27	38	55
31	**Erstbeschichtung, Holzleisten** Erstbeschichtung, Holzleisten; Acrylharzlack						
	m	**€ brutto**	**5,7**	**9,2**	**11,7**	**11,7**	**16,8**
	KG 364	€ netto	4,8	7,7	9,8	9,8	14,1
32	**Erstbeschichtung, Stützen/Balken** Erstbeschichtung, Holzstützen/Balken; Acrylharzlack						
	m	**€ brutto**	**13**	**18**	**18**	**19**	**23**
	KG 364	€ netto	11	15	15	16	19

LB 034 **Preise €**

Nr.	Kurztext / Stichworte Einheit / Kostengruppe		►	▷	brutto ø netto ø	◁	◄
33	**Erstbeschichtung, Laibung/Bretter** Erstbeschichtung, Laibung/Bretter; Acrylharzlack; First-/Ortgangbrett						
	m	€ brutto	13	16	16	17	20
	KG 364	€ netto	11	13	13	14	17
34	**Erstbeschichtung, Geländer, Holz** Erstbeschichtung, Holzgeländer; Acrylharzlack; Holzleisten						
	m	€ brutto	11	18	21	26	37
	KG 364	€ netto	9,3	15,4	17,7	21,4	30,8
35	**Erstbeschichtung, Holzfenster, deckend** Beschichtung; Acrylharzlackfarbe; Zwischen-, Schlussbeschichtung, allseitig; Holzfenster-/-türen; inkl. Untergrundvorbereitung						
	m²	€ brutto	32	40	44	50	62
	KG 334	€ netto	27	34	37	42	52
36	**Schlussbeschichtung, Holzfenster/Tür** Schlussbeschichtung; Acrylharzlackfarbe; Schlussbeschichtung innen und außen; Holzfenster-/Tür						
	m²	€ brutto	13	17	21	23	27
	KG 334	€ netto	11	15	17	19	23
37	**Holzimprägnierung, holzverfärbende Pilze** Imprägnierung; Holzimprägniermittel, bläueschützend; allseitig aufbringen; Holzbauteile im Außenbereich						
	m²	€ brutto	2,5	4,9	6,0	7,9	10,1
	KG 335	€ netto	2,1	4,1	5,0	6,6	8,5
38	**Erstbeschichtung, Lasur, Holzbauteil außen** Erstbeschichtung, Lasur; Acrylfarbe; Zwischen-, Schlussbeschichtung allseitig/einseitig aufbringen; Holzbauteil im Außenbereich						
	m²	€ brutto	11	23	27	31	48
	KG 364	€ netto	8,9	19,0	22,8	26,4	40,3
39	**Erstbeschichtung, Lasur, Holzbauteil maßhaltig, innen** Erstbeschichtung; Alkydharzlasur, Holzbauteil maßhaltig; d=20cm						
	m²	€ brutto	14	20	23	27	35
	KG 345	€ netto	12	17	19	22	29
40	**Erstbeschichtung, Holzbauteil, außen, deckend** Erstbeschichtung; Dispersions-Lackfarbe; deckend; Außenbereich; inkl. Untergrundvorbereitung						
	m²	€ brutto	32	38	40	46	58
	KG 335	€ netto	27	32	33	39	49

Kosten: Stand 3.Quartal 2025, Bundesdurchschnitt

LB 034 **Preise €**

Nr.	Kurztext / Stichworte Einheit / Kostengruppe		►	▷	brutto ø netto ø	◁	◄
41	**Erstbeschichtung, Stahlflächen, außen** Erstbeschichtung Stahlflächen; Alkydharzlack; Grund-, Zwischen- und Schlussbeschichtung; außen						
	m²	**€ brutto**	**19**	**31**	**44**	**52**	**67**
	KG 359	€ netto	16	26	37	44	56
42	**Erstbeschichtung, Stahlprofil verzinkt, innen** Erstbeschichtung; Grundbeschichtungsstoff, Alkydharzlack; Grund-, und Schlussbeschichtung; Geländerprofile im Innenbereich						
	m²	**€ brutto**	**18**	**30**	**34**	**51**	**55**
	KG 359	€ netto	15	25	29	43	46
43	**Erstbeschichtung, Stahlprofil, außen** Erstbeschichtung; Grundbeschichtungsstoff, Alkydharzlack; Grund- und Schlussbeschichtung						
	m	**€ brutto**	**9,4**	**13,8**	**15,7**	**17,9**	**24,5**
	KG 359	€ netto	7,9	11,6	13,2	15,0	20,6
44	**Erstbeschichtung, Metallgeländer, innen** Erstbeschichtung, Stahlgeländer; Alkydharzlack; Grund-, Zwischen- und Schlussbeschichtung; innen						
	m	**€ brutto**	**22**	**40**	**46**	**53**	**72**
	KG 359	€ netto	18	33	39	44	60
45	**Erstbeschichtung, Metallgeländer, außen** Erstbeschichtung, Stahlgeländer; Alkydharzlack; Grund-, Zwischen- und Schlussbeschichtung; außen						
	m	**€ brutto**	**34**	**50**	**57**	**82**	**138**
	KG 359	€ netto	29	42	48	69	116
46	**Schlussbeschichtung, grundierter Röhrenheizkörper** Schlussbeschichtung, Heizkörper; Alkydharzlack; inkl. Halterungen, Anschlussleitungen						
	m²	**€ brutto**	**14**	**21**	**22**	**24**	**30**
	KG 423	€ netto	12	18	18	20	25
47	**Erstbeschichtung, Heizungsrohrleitung** Erstbeschichtung, Metallrohre/Heizungsrohre; Grundbeschichtungsstoff, Heizkörperlack; deckend beschichten						
	m	**€ brutto**	**3,9**	**6,7**	**7,7**	**12,0**	**25,6**
	KG 422	€ netto	3,3	5,6	6,4	10,1	21,5
48	**Erstbeschichtung, Stahlblech, längenorientiert** Erstbeschichtung, Profilstahl; Alkydharzlack; Abwicklung bis 500mm; Grund-, Zwischen- und Schlussbeschichtung; Innenbereich						
	m	**€ brutto**	**8,9**	**14,2**	**17,0**	**24,4**	**37,3**
	KG 461	€ netto	7,5	11,9	14,3	20,5	31,4

LB 034 **Preise €**

Nr.	Kurztext / Stichworte Einheit / Kostengruppe		►	▷	brutto ø netto ø	◁	◄
49	**Erstbeschichtung, Stahlblech, flächig** Beschichtung, Stahlflächen; Alkydharzlack; Grund-, Zwischen- und Schlussbeschichtung; Innenbereich						
	m²	**€ brutto**	**23**	**35**	**40**	**53**	**79**
	KG 345	€ netto	19	29	33	45	66
50	**Erstbeschichtung, Lüftungsrohr, Stahl** Erstbeschichtung, Lüftungsrohr; Alkydharzlack; Grund-, Zwischen- und Schlussbeschichtung						
	m²	**€ brutto**	**22**	**29**	**35**	**46**	**62**
	KG 431	€ netto	18	24	30	38	52
51	**Erstbeschichtung, Stahlzarge** Erstbeschichtung, Stahlzargen; Alkydharzlack; Schlussbeschichtung; Innenbereich						
	m	**€ brutto**	**8,2**	**15,5**	**17,7**	**22,7**	**32,4**
	KG 344	€ netto	6,9	13,0	14,8	19,0	27,2
52	**Brandschutzbeschichtung, R30, Stahlbauteile** Brandschutzbeschichtung EI30; Grundbeschichtung, Decklack; Grund-, Zwischen- und Schlussbeschichtung; Stahlkonstruktionen, innen						
	m²	**€ brutto**	**35**	**86**	**103**	**126**	**176**
	KG 361	€ netto	29	73	86	106	148
53	**Decklack, Brandschutzbeschichtungen, Stahlteile** Brandschutzbeschichtung; Decklack; Stahlträger/Fachwerkbinder/Stützen						
	m²	**€ brutto**	**16**	**18**	**21**	**27**	**34**
	KG 333	€ netto	13	16	17	23	29
54	**Brandschutzbeschichtung Rund-/Profilstahl** Brandschutzbeschichtung; Grundbeschichtung, Schutzlack; Grund-, Zwischen- und Schlussbeschichtung; Stahlbauteile						
	m	**€ brutto**	**34**	**63**	**68**	**76**	**96**
	KG 345	€ netto	29	53	57	64	81
55	**Fugenabdichtung, Acryl** Verfugung, plastoelastisch; Ein-Komponenten Acryldichtstoff; Fugenbreite bis 8/12mm; Hinterfüllen						
	m	**€ brutto**	**1,9**	**3,9**	**4,6**	**6,4**	**12,5**
	KG 345	€ netto	1,6	3,3	3,8	5,4	10,5
56	**Fugenabdichtung elastisch, Silikon** Verfugung, elastisch; Ein-Komponenten Silikondichtstoff; Fugenbreite bis 8/12mm; Hinterfüllen						
	m	**€ brutto**	**3,2**	**5,8**	**7,3**	**8,2**	**10,2**
	KG 345	€ netto	2,7	4,9	6,2	6,9	8,5

Kosten: Stand 3.Quartal 2025, Bundesdurchschnitt

LB 034							Preise €
Nr.	**Kurztext** / Stichworte				**brutto ø**		
	Einheit / Kostengruppe		►	▷	netto ø	◁	◄
57	**Folienbeschriftung, geklebt**						
	Beschriftung; selbstklebende Folie; geklebt; Türblatt/Glaswände/Wandfläche mit Farbbeschichtung						
	St	**€ brutto**	**13**	**17**	**20**	**24**	**30**
	KG 345	€ netto	11	15	17	20	25
58	**Markierung, Kunststofffolie**						
	Markierung; Kunststofffolie, rutschhemmend, UV-beständig; Innenbereich						
	m	**€ brutto**	**5,9**	**9,5**	**11,8**	**16,6**	**23,7**
	KG 353	€ netto	5,0	8,0	9,9	13,9	19,9
59	**Pkw-Stellplatzmarkierung, Farbe**						
	Stellplatzmarkierung; Zwei-Komponenten-Markierungsfarbe; Breite 120mm; Beton-/Gussasphaltbelag						
	m	**€ brutto**	**6,6**	**11,3**	**16,7**	**22,4**	**31,1**
	KG 324	€ netto	5,5	9,5	14,0	18,9	26,1
60	**Stundensatz, Facharbeiter/-in**						
	Stundenlohnarbeiten für Vorarbeiter/-in, Facharbeiter/-in und Gleichgestellte; Maler- und Lackierarbeiten						
	h	**€ brutto**	**68**	**80**	**86**	**90**	**98**
		€ netto	57	67	72	75	82
61	**Stundensatz, Helfer/-in**						
	Stundenlohnarbeiten für Werker/-in, Helfer/-in und Gleichgestellte; Maler- und Lackierarbeiten						
	h	**€ brutto**	**43**	**60**	**65**	**71**	**85**
		€ netto	36	50	54	60	71

LB 036						Preise €
Nr.	**Kurztext** / Stichworte			**brutto ø**		
	Einheit / Kostengruppe	►	▷	netto ø	◁	◄
1	**Randstreifen abschneiden**					
	Randstreifen abschneiden; Rippenpappe/Mineralwolle/Polystyrol; aufnehmen, laden, entsorgen					
	m **€ brutto**	**0,4**	**0,6**	**0,7**	**1,1**	**1,9**
	KG 353 € netto	0,3	0,5	0,6	1,0	1,6
2	**Untergrund prüfen, Oberflächenzugfestigkeit**					
	Fliesenuntergrund prüfen; Haftzugfestigkeit; inkl. Protokollierung					
	St **€ brutto**	**32**	**38**	**42**	**46**	**51**
	KG 353 € netto	27	32	35	39	43
3	**Sinterschicht abschleifen, Calciumsulfatestrich**					
	Sinterschicht abschleifen; Calciumsulfatestrich; schleifen, absaugen, entsorgen					
	m² **€ brutto**	**1,1**	**2,5**	**3,1**	**4,0**	**5,8**
	KG 353 € netto	0,9	2,1	2,6	3,4	4,8
4	**Untergrund reinigen**					
	Untergrund reinigen; Staub, Verschmutzungen, lose Teile; reinigen, Schutt aufnehmen, entsorgen					
	m² **€ brutto**	**0,5**	**1,1**	**1,4**	**2,1**	**3,6**
	KG 353 € netto	0,4	0,9	1,2	1,8	3,0
5	**Boden kugelstrahlen**					
	Boden kugelstrahlen; Zementestrich; inkl. Absaugen					
	m² **€ brutto**	**3,4**	**5,2**	**6,3**	**8,5**	**12,2**
	KG 353 € netto	2,8	4,3	5,3	7,2	10,3
6	**Voranstrich, Bodenbelag**					
	Voranstrich; Haftgrund; vollflächig aufbringen für Bodenbelag					
	m² **€ brutto**	**1,0**	**2,6**	**3,1**	**4,2**	**7,0**
	KG 353 € netto	0,8	2,2	2,6	3,6	5,9
7	**Sportboden, Doppelschwinger, Holz**					
	Sportboden, Zwischenschicht; Gesamtaufbau 38mm; flächenelastisch					
	m² **€ brutto**	**44**	**65**	**76**	**87**	**109**
	KG 324 € netto	37	55	64	73	92
8	**Sportboden, Nutzschicht, Linoleum**					
	Sportboden, Nutzschicht; Linoleum, geklebt; Linoleum 3mm, Nutzschicht 2,4mm; Sporthalle					
	m² **€ brutto**	**42**	**47**	**50**	**54**	**59**
	KG 324 € netto	35	40	42	45	50
9	**Gerätehülsenabdeckung, mit Rahmen/Deckel**					
	Gerätehülsenabdeckung; Alu-/Rotguss-Rahmen, Sicherheitsdeckel; mit Deckelbelag, bündig in Boden					
	St **€ brutto**	**57**	**86**	**92**	**101**	**128**
	KG 324 € netto	48	72	77	85	107

Kosten: Stand 3.Quartal 2025, Bundesdurchschnitt

LB 036							**Preise €**
Nr.	**Kurztext** / Stichworte **Einheit** / Kostengruppe		►	▷	**brutto ø** netto ø	◁	◄
10	**Spielfeldmarkierung** Spielfeldmarkierung; PUR-Spielfeldfarbe						
	m	**€ brutto**	**4,9**	**5,7**	**6,0**	**6,8**	**8,7**
	KG 324	€ netto	4,1	4,8	5,1	5,7	7,4
11	**Textiler Belag, Nadelvlies** Textilbelag; Nadelvlies, feinfasrig meliert, B1; Dicke 6mm; geklebt; Calciumsulfatestrich						
	m²	**€ brutto**	**38**	**46**	**49**	**58**	**75**
	KG 353	€ netto	32	39	41	48	63
12	**Textiler Belag, Kugelgarn** Textilbelag; Kugelgarn - Struktur 21; Dicke 5,5mm; vollflächig geklebt; Anwendungsbereich gewerblich						
	m²	**€ brutto**	**49**	**64**	**69**	**91**	**127**
	KG 353	€ netto	41	54	58	77	107
13	**Textiler Belag, Naturhaar-Polyamidgemisch** Textilbelag; Natur-Kunstfasergemisch; Dicke 5mm; vollflächig geklebt; Anwendungsbereich privat						
	m²	**€ brutto**	**52**	**69**	**72**	**78**	**97**
	KG 353	€ netto	43	58	61	66	82
14	**Textiler Belag, Tuftingteppich** Textilbelag; Velour, vollsynthetisch, B1; Dicke 4mm; geklebt; Calciumsulfatestrich						
	m²	**€ brutto**	**62**	**68**	**71**	**78**	**97**
	KG 353	€ netto	52	57	60	66	82
15	**Textiler Belag, Kunstfaser/Web-Teppich** Textilbelag; Tuftingteppich, vollsynthetisch, feinfasrig meliert; Dicke 8mm; geklebt; Calciumsulfatestrich						
	m²	**€ brutto**	**49**	**58**	**61**	**65**	**79**
	KG 353	€ netto	41	49	51	55	66
16	**Textiler Belag, Naturfaser/Wolle/Sisal** Textilbelag; Wolle, E; geklebt; Calciumsulfatestrich						
	m²	**€ brutto**	**89**	**97**	**101**	**108**	**116**
	KG 353	€ netto	75	81	85	90	98
17	**Korkunterlage, Linoleum** Dämmunterlage; Kork; Dicke 2mm; verkleben; auf Zementestrich						
	m²	**€ brutto**	**21**	**25**	**27**	**29**	**35**
	KG 353	€ netto	17	21	23	24	29

LB 036	Preise €

Nr.	Kurztext / Stichworte Einheit / Kostengruppe		►	▷	brutto ø netto ø	◁	◄
18	**Linoleumbelag, 2,5mm** Bodenbelag; Linoleum, Cfl-s1; Dicke 2,5mm; verklebt; auf Calciumsulfatestrich						
	m²	**€ brutto**	**33**	**48**	**53**	**60**	**80**
	KG 353	€ netto	27	40	44	51	67
19	**Linoleumbelag, 3,2/4,0mm** Bodenbelag; Linoleum, Cfl-s1; Dicke 3,2/4,0mm; verklebt						
	m²	**€ brutto**	**43**	**55**	**59**	**66**	**81**
	KG 353	€ netto	36	46	50	55	68
20	**Linoleumbahnen verschweißen** Linoleumbelag verschweißen; Schweißschnur; Dicke 4mm; fräsen, thermisch verschweißen						
	m²	**€ brutto**	**1,4**	**3,4**	**3,9**	**5,4**	**8,1**
	KG 353	€ netto	1,2	2,9	3,3	4,6	6,8
21	**Bodenbelag, PVC, 2,0mm** Bodenbelag; PVC-Bahnen, gewerblich geeignet, Bfl-s1; Dicke 2,0mm; mit Dispersionskleber verlegen; auf Zementestrich						
	m²	**€ brutto**	**31**	**42**	**46**	**54**	**70**
	KG 353	€ netto	26	36	39	46	59
22	**Bodenbelag, PVC, 2,5mm** Bodenbelag; PVC-Bahnen, gewerblich geeignet, Bfl-s1; Dicke 2,5mm; mit Dispersionskleber verlegen; auf Zementestrich						
	m²	**€ brutto**	**37**	**54**	**56**	**65**	**86**
	KG 353	€ netto	31	45	47	54	72
23	**Bodenbelag, PVC, 3,0mm** Bodenbelag; PVC-Bahnen, gewerblich geeignet, Bfl-s1; Dicke 3mm; mit Dispersionskleber; auf Zementestrich						
	m²	**€ brutto**	**40**	**57**	**64**	**71**	**90**
	KG 353	€ netto	34	48	54	60	76
24	**Bodenbelag, PVC, Schaumstoff, 4,0 bis 4,5mm** Bodenbelag; PVC-Bahnen, Stuhlrolleneignung Typ W; Dicke 4,0 bis 4,5mm; Fußbodenheizung geeignet						
	m²	**€ brutto**	**43**	**60**	**69**	**79**	**97**
	KG 353	€ netto	36	50	58	66	82
25	**PVC-Bahnen verschweißen** PVC-Belag verschweißen; Schweißschnur; Dicke 4,0mm; fräsen, thermisch verschweißen						
	m²	**€ brutto**	**1,4**	**2,5**	**2,9**	**3,1**	**4,2**
	KG 353	€ netto	1,2	2,1	2,4	2,6	3,5

Kosten: Stand 3.Quartal 2025, Bundesdurchschnitt

LB 036						**Preise €**
Nr.	**Kurztext** / Stichworte			**brutto ø**		
	Einheit / Kostengruppe	►	▷	netto ø	◁	◄
26	**Bodenbelag, Kautschuk, 2,0mm** Bodenbelag; Kautschuk, gewerblich geeignet, Bfl-s1; Dicke 2,0mm; mit Dispersionskleber; Stuhlrollen geeignet, Fußbodenheizung geeignet					
	m² € brutto	**53**	**71**	**78**	**84**	**100**
	KG 353 € netto	45	60	66	70	84
27	**Bodenbelag, Kautschukplatten, bis 3,2mm** Bodenbelag; Kautschukplatten, gewerblich geeignet, Bfl-s1; Dicke 2,7-3,2 mm; mit Dispersionskleber; Zementestrich					
	m² € brutto	**73**	**91**	**99**	**115**	**147**
	KG 353 € netto	62	77	83	96	124
28	**Bodenbelag, Naturkorkparkett, 12mm** Bodenbelag; Naturkork, Wohnraum geeignet, E; Dicke 12mm; mit Dispersionskleber; auf Zementestrich					
	m² € brutto	**53**	**69**	**77**	**87**	**102**
	KG 353 € netto	44	58	65	73	86
29	**Bodenbelag, Laminat, schwimmend, 7,2mm** Bodenbelag; Laminat; Dicke 7,2mm; schwimmend, kleben, Stuhlrollen-geeignet, Zigarettenglutbeständig; auf Zementestrich					
	m² € brutto	**42**	**51**	**58**	**65**	**76**
	KG 353 € netto	35	43	49	55	64
30	**Bodenbelag, Laminat, schwimmend 8,3mm** Bodenbelag; Laminat; Dicke 8,3mm; schwimmend, kleben, Stuhlrollen-geeignet, Zigarettenglutbeständig; auf Zementestrich					
	m² € brutto	**46**	**60**	**61**	**68**	**82**
	KG 353 € netto	38	51	52	57	69
31	**Bodenbeläge verlegen** Bodenbelag verlegen, bauseitig gestellt; verkleben; auf Zementestrich					
	m² € brutto	**17**	**22**	**24**	**26**	**38**
	KG 353 € netto	14	18	20	22	32
32	**Treppenstufe, elastischer Bodenbelag** Treppenstufenbelag, elastisch; Stg 17,5x28,0cm; verkleben, inkl. Kantenschutzprofil; auf Stahlbeton					
	St € brutto	**33**	**66**	**74**	**82**	**128**
	KG 353 € netto	28	56	62	69	108
33	**Treppenstufe, textiler Belag** Treppenstufenbelag; Textil; Stg 17,5x28,0cm; verkleben, inkl. Kantenschutzprofil; auf Stahlbeton					
	St € brutto	**38**	**58**	**64**	**72**	**96**
	KG 353 € netto	32	48	54	61	81

LB 036							Preise €
Nr.	Kurztext / Stichworte Einheit / Kostengruppe		►	▷	brutto ø netto ø	◁	◄
34	**Treppenstufe, Laminat** Treppenstufenbelag; Laminat; Stufe 17,5cm; verkleben, inkl. Kantenschutzprofil; auf Stahlbeton						
	St	**€ brutto**	**–**	**40**	**47**	**52**	**–**
	KG 353	€ netto	–	34	40	43	–
35	**Treppenkante, Kunststoffprofil** Treppenkantenprofil; Kunststoff; Schenkellänge bis 45mm; verkleben						
	m	**€ brutto**	**20**	**28**	**30**	**33**	**41**
	KG 353	€ netto	17	23	25	28	34
36	**Treppenkante, Aluminiumprofil** Treppenkantenprofil; Aluminium; Schenkellänge bis 45mm; verkleben						
	m	**€ brutto**	**–**	**31**	**39**	**48**	**–**
	KG 353	€ netto	–	26	32	40	–
37	**Treppenkante, Messingprofil** Treppenkantenprofil; Messing; Schenkellänge bis 45mm; verkleben						
	m	**€ brutto**	**38**	**54**	**61**	**76**	**87**
	KG 353	€ netto	32	45	51	64	73
38	**Fußabstreifer, Reinstreifen** Fußabstreiferanlage; Reinstreifen Gummiprofil, Aluminiumrahmen; dämmend; aufrollbar						
	St	**€ brutto**	**832**	**1.494**	**1.826**	**2.020**	**2.850**
	KG 324	€ netto	700	1.256	1.534	1.697	2.395
39	**Fußabstreifer, Kokosfasermatte** Fußabstreifer; Kokosmatte, PVC-kaschiert; in Aussparung						
	m^2	**€ brutto**	**173**	**278**	**283**	**304**	**383**
	KG 324	€ netto	146	233	238	256	321
40	**Rohrdurchführung anarbeiten, Bodenbelag** Rohrdurchführung, anarbeiten; Rohrdimension DN42						
	St	**€ brutto**	**3,1**	**6,5**	**7,0**	**9,2**	**13,4**
	KG 353	€ netto	2,6	5,5	5,9	7,8	11,2
41	**Bodenbelag anarbeiten, Stützen** Bodenbelag anarbeiten, Stützen						
	St	**€ brutto**	**–**	**9,9**	**15,7**	**20,3**	**–**
	KG 353	€ netto	–	8,3	13,2	17,0	–
42	**Trennschiene, Aluminium** Trennschiene Bodenbelag; Aluminium; Material-Übergang						
	m	**€ brutto**	**16**	**19**	**20**	**21**	**24**
	KG 353	€ netto	14	16	17	18	20

Kosten: Stand 3.Quartal 2025, Bundesdurchschnitt

LB 036						**Preise €**
Nr.	**Kurztext** / Stichworte **Einheit** / Kostengruppe				**brutto ø**	
		►	▷	netto ø	◁	◄
43	**Trennschiene, nichtrostender Stahl** Trennschiene Bodenbelag; Edelstahl; Material-Übergang					
	m **€ brutto**	**20**	**26**	**28**	**30**	**36**
	KG 353 € netto	17	22	24	25	30
44	**Übergangsprofil, Aluminium** Übergangsprofil; Metall; Belagwechsel unter Türe					
	m **€ brutto**	**14**	**20**	**23**	**24**	**29**
	KG 353 € netto	12	17	19	20	25
45	**Dehnfugenprofil, Aluminium** Bewegungsfugenprofil; Aluminium; bündig anarbeiten					
	m **€ brutto**	**26**	**42**	**49**	**61**	**88**
	KG 353 € netto	22	35	41	52	74
46	**Verfugung, elastisch, Silikon** Fuge, elastisch; Silikon-Dichtstoff; hinterlegen der Hohlräume					
	m **€ brutto**	**3,6**	**5,9**	**6,7**	**8,8**	**13,7**
	KG 353 € netto	3,0	4,9	5,6	7,4	11,5
47	**Sockelausbildung, Holzleiste** Sockelleiste; Holzprofil, stoßfest farblos lackiert; 60x16mm; Senkkopfschraube					
	m **€ brutto**	**9,6**	**15,4**	**17,6**	**21,3**	**33,2**
	KG 353 € netto	8,0	12,9	14,8	17,9	27,9
48	**Sockelausbildung, textiler Belag** Sockelleiste, textiler Belag; PVC-Profil, Nadelvlies/Velours/Bouclé; Höhe 60mm; Senkkopfschraube					
	m **€ brutto**	**5,6**	**8,5**	**9,6**	**13,2**	**20,1**
	KG 353 € netto	4,7	7,1	8,0	11,1	16,9
49	**Sockelausbildung, Sporthalle** Sockelleiste, Sportbodenbelag; Eiche, transparent beschichtet; 70x30mm; Senkkopfschraube					
	m **€ brutto**	**–**	**73**	**87**	**112**	**–**
	KG 353 € netto	–	62	73	94	–
50	**Sockelausbildung, PVC** Sockelleiste; PVC, weich; Höhe 60mm; Senkkopfschraube					
	m **€ brutto**	**4,9**	**7,8**	**8,7**	**10,8**	**16,0**
	KG 353 € netto	4,1	6,6	7,3	9,0	13,4
51	**Sockelausbildung, Lino-/Kautschuk** Sockelleiste; Linoleum; Höhe 60mm; Senkkopfschraube					
	m **€ brutto**	**7,5**	**14,1**	**16,5**	**24,4**	**39,3**
	KG 353 € netto	6,3	11,8	13,9	20,5	33,0

LB 036							Preise €
Nr.	Kurztext / Stichworte Einheit / Kostengruppe		►	▷	brutto ø netto ø	◁	◄
52	**Sockelausbildung, Aluminiumprofil** Sockelleiste; Aluminium; Höhe 70mm; Senkkopfschraube						
	m	**€ brutto**	**19**	**24**	**26**	**32**	**39**
	KG 324	€ netto	16	20	22	27	33
53	**Erstpflege, Bodenbelag** Erstpflege Bodenbelag; Pflegemittel						
	m²	**€ brutto**	**1,4**	**3,2**	**4,2**	**7,4**	**14,8**
	KG 324	€ netto	1,1	2,7	3,5	6,3	12,4
54	**Schutzabdeckung, Bodenbelag, Hartfaserplatte** Schutzabdeckung Bodenbelag; Hartfaserplatte; vollflächig abdecken, abkleben; inkl. Entfernen, Entsorgen						
	m²	**€ brutto**	**7,1**	**8,6**	**9,4**	**10,2**	**12,1**
	KG 397	€ netto	6,0	7,2	7,9	8,5	10,2
55	**Schutzabdeckung, Kunststofffolie** Schutzabdeckung Bodenbelag; PE-Folie, 0,5mm; vollflächig abdecken; inkl. Entfernen, Entsorgen						
	m²	**€ brutto**	**3,3**	**4,1**	**4,4**	**4,9**	**5,9**
	KG 397	€ netto	2,8	3,5	3,7	4,1	4,9
56	**Stundensatz, Facharbeiter/-in** Stundenlohnarbeiten für Vorarbeiter/-in, Facharbeiter/-in und Gleichgestellte; Bodenbelagarbeiten						
	h	**€ brutto**	**71**	**83**	**88**	**90**	**100**
		€ netto	60	70	74	76	84
57	**Stundensatz, Helfer/-in** Stundenlohnarbeiten für Werker/-in, Helfer/-in und Gleichgestellte; Bodenbelagarbeiten						
	h	**€ brutto**	**58**	**67**	**70**	**73**	**80**
		€ netto	49	56	59	61	67

LB 037							Preise €
Nr.	Kurztext / Stichworte Einheit / Kostengruppe		►	▷	brutto ø netto ø	◁	◄
1	**Schutzabdeckung, Inneneinrichtung** Abdeckarbeiten; Textil/Folie; überlappt, staubdicht abkleben; Inneneinrichtung						
	m²	€ brutto	2,2	3,1	3,5	4,7	6,0
	KG 397	€ netto	1,8	2,6	2,9	3,9	5,0
2	**Schutzabdeckung, Boden, Hartfaserplatte** Schutzabdeckung; Hartfaserplatte; überlappt, staubdicht abkleben; Boden						
	m²	€ brutto	2,4	6,0	7,8	8,6	10,5
	KG 397	€ netto	2,0	5,0	6,6	7,2	8,8
3	**Schutzabdeckung, Boden, Folie** Bodenflächen abdecken; Folie; überlappt, staubdicht abkleben						
	m²	€ brutto	2,0	2,7	3,2	3,4	4,0
	KG 397	€ netto	1,7	2,3	2,7	2,8	3,4
4	**Schutzabdeckung, Boden, Vlies** Bodenflächen abdecken; Vlies; überlappt, staubdicht abkleben						
	m²	€ brutto	2,3	3,9	4,4	4,8	5,7
	KG 397	€ netto	1,9	3,2	3,7	4,1	4,8
5	**Schutzabdeckung, Boden, Pappe** Bodenflächen abdecken; Pappe/Karton; überlappt, staubdicht abkleben						
	m²	€ brutto	3,0	4,5	4,8	5,8	9,2
	KG 397	€ netto	2,5	3,8	4,1	4,9	7,7
6	**Gipsplattenflächen vorbehandeln, spachteln/grundieren** Wand-/Deckenfläche vorbehandeln, Tapezierung; GK-Platten; spachteln, schleifen						
	m²	€ brutto	0,9	1,9	2,0	2,5	3,6
	KG 345	€ netto	0,8	1,6	1,7	2,1	3,0
7	**Vorbehandlung Untergrund, Fluat** Untergrundvorbehandlung; Fluat; für Wandbespannung; Putzflächen						
	m²	€ brutto	1,1	3,2	4,1	4,9	7,5
	KG 345	€ netto	1,0	2,7	3,4	4,1	6,3
8	**Grundbeschichtung, Gipsplattenflächen** Grundbeschichtung; vorbereiten, grundieren; Decke, Wand aus Gipsbau						
	m²	€ brutto	0,8	2,5	3,2	6,2	9,5
	KG 345	€ netto	0,6	2,1	2,7	5,2	8,0
9	**Raufasertapete, fein/weiß, Decke** Tapezieren; Raufasertapete, Körnung fein, weiß; Decke						
	m²	€ brutto	5,5	7,8	8,8	10,3	14,5
	KG 345	€ netto	4,7	6,5	7,4	8,6	12,2

Kosten: Stand 3.Quartal 2025, Bundesdurchschnitt

LB 037 **Preise €**

Nr.	**Kurztext** / Stichworte **Einheit** / Kostengruppe		►	▷	**brutto ø** netto ø	◁	◄
10	**Raufasertapete, grob/weiß, Decke** Tapezieren; Raufasertapete, Körnung grob, weiß; Decke						
	m²	**€ brutto**	**6,9**	**9,5**	**10,7**	**13,9**	**17,6**
	KG 345	€ netto	5,8	7,9	9,0	11,7	14,8
11	**Raufasertapete, fein/weiß, Wand** Tapezieren; Raufasertapete, Körnung fein, weiß; Wand						
	m²	**€ brutto**	**5,5**	**8,8**	**10,1**	**13,3**	**19,5**
	KG 345	€ netto	4,7	7,4	8,5	11,2	16,4
12	**Raufasertapete, grob/weiß, Wand** Tapezieren; Raufasertapete, Körnung grob, weiß; Wand						
	m²	**€ brutto**	**6,1**	**9,0**	**10,3**	**13,9**	**20,2**
	KG 345	€ netto	5,1	7,6	8,7	11,6	17,0
13	**Raufasertapete, lineare Bauteile** Tapezieren, lineare Bauteile; Raufasertapete; Breite bis 15/30/60cm; Laibungen/Pfeiler/Stützen/Lisenen						
	m	**€ brutto**	**1,4**	**2,4**	**2,8**	**3,3**	**5,1**
	KG 345	€ netto	1,2	2,0	2,3	2,8	4,3
14	**Raufasertapete, Dispersion** Tapezieren, Beschichtung; Raufasertapete, Dispersionsfarbe; Körnung fein/mittel/grob; Wand/Decke bis 2,75m						
	m²	**€ brutto**	**10**	**13**	**14**	**16**	**21**
	KG 345	€ netto	8,8	10,6	11,5	13,7	18,1
15	**Glasgewebe, fein, Wand** Tapezieren; Glasgewebe, fein; Wand						
	m²	**€ brutto**	**7,8**	**12,1**	**13,9**	**14,9**	**17,4**
	KG 345	€ netto	6,5	10,1	11,7	12,5	14,7
16	**Glasgewebe, grob, Wand** Tapezieren; Glasgewebe, grob; Wand						
	m²	**€ brutto**	**9,2**	**13,6**	**15,6**	**17,4**	**20,9**
	KG 345	€ netto	7,7	11,4	13,1	14,6	17,6
17	**Glasgewebe, fein, Decke** Tapezieren; Glasgewebe, fein; Decke						
	m²	**€ brutto**	**9,8**	**14,3**	**17,0**	**17,8**	**21,7**
	KG 354	€ netto	8,2	12,0	14,3	15,0	18,3
18	**Glasgewebe, grob, Decke** Tapezieren; Glasgewebe, grob; Decke						
	m²	**€ brutto**	**9,8**	**14,0**	**16,1**	**18,3**	**21,6**
	KG 354	€ netto	8,2	11,7	13,5	15,4	18,2

LB 037 **Preise €**

Nr.	Kurztext / Stichworte Einheit / Kostengruppe		►	▷	brutto ø netto ø	◁	◄
19	**Glasgewebe, lineare Bauteile** Tapezieren, Kleinflächen; Glasgewebe, fein/mittel/grob; Laibungen/Pfeiler/Stützen/Lisenen						
	m	**€ brutto**	**3,4**	**5,6**	**6,7**	**7,0**	**8,5**
	KG 345	€ netto	2,8	4,7	5,6	5,9	7,1
20	**Glasgewebe, Dispersion** Tapezieren, Beschichtung; Glasgewebe fein/mittel/grob, Dispersionsfarbe; inkl. Grundierung; Wand/Decke						
	m²	**€ brutto**	**16**	**22**	**24**	**28**	**35**
	KG 345	€ netto	14	18	20	23	29
21	**Prägetapete, Wand** Tapezieren; Prägetapete; Wand						
	m²	**€ brutto**	**17**	**25**	**30**	**38**	**48**
	KG 345	€ netto	15	21	25	32	40
22	**Fugenabdichtung, Acryl, anstrichverträglich** Dehnungsfuge; Acryldispersionsdichtstoff; inkl. Flankenvorbehandlung, Hinterfüllung						
	m	**€ brutto**	**2,1**	**3,7**	**4,2**	**6,7**	**10,2**
	KG 345	€ netto	1,8	3,1	3,6	5,6	8,6

LB 038							Preise €
Nr.	Kurztext / Stichworte Einheit / Kostengruppe		►	▷	brutto ø netto ø	◁	◄
1	**Unterkonstruktion, Holzlattung** Unterkonstruktion, Traglattung; Nadelholz, S10; 30x50/40x60mm; Außenwandbekleidung						
	m²	€ brutto	9,2	12,8	14,5	16,6	21,2
	KG 335	€ netto	7,7	10,8	12,2	14,0	17,8
2	**Unterkonstruktion, Holz, zweilagig, 30x50mm** Unterkonstruktion, Traglattung; Nadelholz, S10; 2x50x30mm; senkrecht, waagrecht; Außenwandbekleidung						
	m²	€ brutto	13	22	24	32	45
	KG 335	€ netto	11	18	20	27	37
3	**Unterkonstruktion, Holz, 2x80/40mm** Unterkonstruktion, Traglattung; Nadelholz, S10; 2x80x40mm; senkrecht, waagrecht; Außenwandbekleidung						
	m²	€ brutto	45	51	53	59	70
	KG 335	€ netto	37	43	44	50	59
4	**Unterkonstruktion, Rauspund** Unterkonstruktion Schalung; Nadelholz; Dicke 24mm; Rauspund, senkrecht, waagrecht; Außenwandbekleidung						
	m²	€ brutto	35	44	48	52	74
	KG 335	€ netto	29	37	40	44	62
5	**Unterkonstruktion, Aluminium, VHF** Unterkonstruktion; Aluminium; Wandwinkel, Tragprofile						
	m²	€ brutto	72	89	99	128	185
	KG 335	€ netto	61	75	83	107	155
6	**Fassadendämmung, MW 035, 120mm, kaschiert** Fassadendämmung, VHF; Mineralwolle, A1; 120mm; einlagig; zwischen Kanthölzern/Aluminium UK						
	m²	€ brutto	28	37	40	45	60
	KG 335	€ netto	24	31	33	38	51
7	**Fassadendämmung, MW 035, 160mm, kaschiert** Fassadendämmung, VHF; Mineralwolle, A1/A2; 160mm; einlagig; zwischen Kanthölzern/Aluminium UK						
	m²	€ brutto	33	47	53	64	85
	KG 335	€ netto	27	39	45	54	71
8	**Fassadendämmung, Brandbarriere** Brandbarriere; Mineralwolle, WLG 038, Klasse A1; Außenwand						
	m²	€ brutto	33	38	40	48	55
	KG 335	€ netto	28	32	34	40	46

Kosten: Stand 3.Quartal 2025, Bundesdurchschnitt

LB 038 **Preise €**

Nr.	Kurztext / Stichworte Einheit / Kostengruppe		►	▷	brutto ø netto ø	◁	◄
9	**Winddichtung, Polyestervlies** Abdichtung, Fassade; Polyestervlies, UV-beständig, diffusionsoffen; winddicht; Außenwandbekleidung						
	m²	**€ brutto**	**11**	**15**	**17**	**18**	**21**
	KG 335	€ netto	9,3	12,4	13,9	15,1	17,6
10	**Fassadenbekleidung, Holz, Fasenbretter, Feder** Fassadenbekleidung; Fasenbretter, Nadelholz, gehobelt; Dicke 24mm; waagerechte Bekleidung						
	m²	**€ brutto**	**117**	**134**	**144**	**163**	**200**
	KG 335	€ netto	98	113	121	137	168
11	**Fassadenbekleidung, Holz, Boden-Deckelschalung** Fassadenbekleidung; Nadelholz, sägerau/gehobelt; befestigt sichtbar mit Nägeln/Schrauben						
	m²	**€ brutto**	**128**	**150**	**162**	**175**	**197**
	KG 335	€ netto	108	126	136	147	166
12	**Fassadenbekleidung, Holz, Stülpschalung** Fassadenbekleidung; Nadelholz, dreiseitig gehobelt/sägerau natur; als Stülpschalung, befestigt mit Nägeln/Schrauben sichtbar						
	m²	**€ brutto**	**102**	**119**	**126**	**144**	**175**
	KG 335	€ netto	86	100	106	121	147
13	**Fassadenbekleidung, HPL-Platte** Fassadenbekleidung; HPL-Platten; Dicke 8mm; mit Klammern/Schrauben						
	m²	**€ brutto**	**213**	**237**	**248**	**256**	**280**
	KG 335	€ netto	179	199	209	215	235
14	**Fassadenbekleidung, Harzkompositplatten** Fassadenbekleidung; Harzkompositplatten; mit Klammern/Schrauben						
	m²	**€ brutto**	**274**	**286**	**322**	**363**	**462**
	KG 335	€ netto	230	240	271	305	388
15	**Fassadenbekleidung, zementgebundene Spanplatte** Fassadenbekleidung; zementgebundene Spanplatte; mit Klammern/Schrauben						
	m²	**€ brutto**	**185**	**203**	**226**	**260**	**301**
	KG 335	€ netto	156	171	190	218	253
16	**Fassadenbekleidung, Faserzementplatten** Fassadenbekleidung; Faserzementplatten, A1; kleinformatig; geschraubt, kopfbeschichtet						
	m²	**€ brutto**	**87**	**95**	**104**	**122**	**140**
	KG 335	€ netto	73	80	87	103	118

LB 038 **Preise €**

Nr.	Kurztext / Stichworte Einheit / Kostengruppe		▶	▷	brutto ø netto ø	◁	◀
17	**Fassadenbekleidung, Faserzement-Tafeln** Fassadenbekleidung; Faserzementtafeln, A1; 3.100x1.500/1.250mm; geschraubt, kopfbeschichtet						
	m²	€ brutto	**189**	**210**	**220**	**233**	**266**
	KG 335	€ netto	159	176	185	196	223
18	**Fassadenbekleidung, Faserzement-Stülpdeckung** Fassadenbekleidung; Faserzementtafeln, A1; Dicke 10mm; genagelt/geklammert/geschraubt/Hinterschnittdübel						
	m²	€ brutto	**171**	**196**	**206**	**214**	**234**
	KG 335	€ netto	144	165	173	180	197
19	**Fassadenbekleidung, Metall, Bandblech** Fassadenbekleidung; Titanzink walzblank/vorbewittert; unsichtbar befestigt; inkl. Schneide- und Bohrarbeiten						
	m²	€ brutto	**96**	**135**	**149**	**158**	**192**
	KG 335	€ netto	81	114	125	132	161
20	**Fassadenbekleidung, Metall, Wellblech** Fassadenbekleidung; Wellblech, feuerverzinkt, Sichtseite Kunststoff-farbbeschichtet; vertikal verlegen, befestigt sichtbar mit Schrauben; inkl. Schneide- und Bohrarbeiten						
	m²	€ brutto	**77**	**92**	**98**	**101**	**113**
	KG 335	€ netto	65	77	82	85	95
21	**Fassadenbekleidung, Aluminiumverbundplatten** Fassadenbekleidung; Aluminiumverbundplatten; hinterlüftete Fassade, inkl. zweilagige Unterkonstruktion, Befestigung						
	m²	€ brutto	**214**	**275**	**310**	**397**	**541**
	KG 335	€ netto	179	231	260	333	455
22	**Fassadenbekleidung, Schindeln** Fassadenbekleidung; Schindeln, Schiefer/gespaltene Holzschindeln; Segmentbogen/rechteckig, Einfach-/Doppel-/Dreifachdeckung; inkl. nichtrostenden Befestigungsmitteln						
	m²	€ brutto	**123**	**166**	**205**	**217**	**242**
	KG 335	€ netto	103	140	172	182	203
23	**Fassadenbekleidung, Ziegelplatten** Fassadenbekleidung; Ziegelplatten, Aluminium-Federprofil; waagrecht, verdeckt montieren						
	m²	€ brutto	**157**	**238**	**269**	**285**	**325**
	KG 335	€ netto	132	200	226	240	273

Kosten: Stand 3.Quartal 2025, Bundesdurchschnitt

LB 038 **Preise €**

Nr.	Kurztext / Stichworte Einheit / Kostengruppe		►	▷	brutto ø netto ø	◁	◄
24	**Fensterbank, Aluminium, außen** Gesims/Fensterbank; Aluminiumprofil; im Gefälle mind. 8%; mit Bewegungsausgleich, entdröhnt; außen; inkl. Abhebeschutz						
	St	**€ brutto**	**43**	**70**	**80**	**88**	**105**
	KG 334	€ netto	36	58	67	74	88
25	**Laibungsbekleidung, Fenster/Tür** Laibungsbekleidung; hinterlüfteten Fassade, inkl. Aluminium-UK; Fenster-/Türlaibung						
	m	**€ brutto**	**42**	**64**	**70**	**78**	**105**
	KG 334	€ netto	35	53	59	66	89
26	**Außeneck, Aluprofil** Außeneckausbildung; Aluminiumformteil; sichtbar bleibend						
	m	**€ brutto**	**17**	**43**	**58**	**72**	**95**
	KG 335	€ netto	14	36	49	60	80
27	**Attikaabdeckung, Aluminiumblech** Attikaabdeckung; Aluminiumblech; inkl. erf. Stoßverbinder und Unterkonstruktionen						
	m	**€ brutto**	**54**	**117**	**152**	**175**	**261**
	KG 335	€ netto	45	99	128	147	219
28	**Dauergerüstanker, Fassade** Dauergerüstanker; nichtrostend, Lasche/Ringschraube abnehmbar; nicht sichtbar; mehrschalige Fassade; inkl. Anker-Protokoll						
	St	**€ brutto**	**36**	**61**	**65**	**67**	**102**
	KG 392	€ netto	31	51	54	57	86
29	**Stundensatz, Facharbeiter/-in** Stundenlohnarbeiten für Vorarbeiter/-in, Facharbeiter/-in und Gleichgestellte; vorgehängte Fassaden						
	h	**€ brutto**	**86**	**95**	**99**	**102**	**108**
		€ netto	72	80	83	86	91
30	**Stundensatz, Helfer/in** Stundenlohnarbeiten für Werker/-in, Helfer/-in und Gleichgestellte; vorgehängte Fassaden						
	h	**€ brutto**	**57**	**70**	**80**	**83**	**90**
		€ netto	48	59	68	69	75

LB 039						Preise €
Nr.	Kurztext / Stichworte Einheit / Kostengruppe	►	▷	brutto ø netto ø	◁	◄
1	**Unterdecke, abgehängt, Mineralfaserplatte 15mm** Rasterdecke, abgehängt; Mineralfaserplatten, glatt/gelocht; Dicke 15mm, 62,5x62,5cm; verschrauben					
	m² € brutto	**34**	**49**	**56**	**62**	**81**
	KG 354 € netto	29	41	47	52	68
2	**Wandanschluss, Decke, Mineralplatte** Randanschluss, Rasterdecke; Wandwinkel, L-förmig, beschichtet; 25x20mm; sichtbar; Stahlbeton/Mauerwerk					
	m € brutto	**5,9**	**7,8**	**8,3**	**8,8**	**10,2**
	KG 354 € netto	5,0	6,5	7,0	7,4	8,6
3	**Anschnitt, schräg, Mineralplatte** Randausbildung, Zuschnitt, Mineralwolledecke; Mineralwolleplatte; gerade/schräge					
	m € brutto	**9,5**	**14,1**	**16,0**	**21,8**	**30,4**
	KG 354 € netto	8,0	11,8	13,4	18,3	25,5
4	**Metall-Kassettendecke, abgehängt** Metallkassettendecke, abgehängt; Metall, einbrennlackiert; 312,5x312,5mm/600x600mm/625x625mm, Blechdicke 0,6mm, MW 40mm; abklappbar/abnehmbar; Abhanghöhe bis 1,00m					
	m² € brutto	**87**	**101**	**107**	**114**	**126**
	KG 354 € netto	73	85	90	96	106
5	**Metall-Paneeldecke, abgehängt** Metallpaneeldecke, abgehängt; Metall, einbrennlackiert, Mineralwolle, A1; Modulbreite 200mm, Blech 0,6mm, MW 40mm; abklappbar/abnehmbar; Abhanghöhe bis 1,00m					
	m² € brutto	**82**	**104**	**109**	**116**	**137**
	KG 354 € netto	69	87	92	98	115
6	**Deckenbekleidung Gipsplatte, einlagig, Federschiene** Decke abgehängt; Gipsplatte Typ A, UK Federschiene, Stahlprofile, ohne Dämmung/akustische Mineralwolle; Platte 12,5mm; Oberfläche Q2; Stahlbetondecke					
	m² € brutto	**64**	**68**	**69**	**74**	**79**
	KG 354 € netto	54	57	58	62	67
7	**Unterdecke, abgehängt, Gipsplatten, einlagig** Decke abgehängt; Gipsplatte Typ A , Metallunterkonstruktion, ohne Dämmung/Mineralwolle; Platte 12,5mm; Oberfläche Q2; Stahlbetondecke; Abhanghöhe bis 0,50m					
	m² € brutto	**52**	**65**	**70**	**76**	**98**
	KG 354 € netto	44	55	59	64	82

Kosten: Stand 3.Quartal 2025, Bundesdurchschnitt

LB 039 **Preise €**

Nr.	Kurztext / Stichworte				brutto ø		
	Einheit / Kostengruppe		►	▷	netto ø	◁	◄
8	**Unterdecke, abgehängt, Gips-Lochplatten** Akustikdecke, abgehängt; Gipsplatte Typ A gelocht, Metallunterkonstruktion; Platte 12,5mm; Oberfläche Q2; Stahlbetondecke; Abhanghöhe bis 0,50m						
	m²	**€ brutto**	**83**	**101**	**109**	**114**	**126**
	KG 354	€ netto	70	85	91	96	106
9	**Unterdecke, abgehängt, GK/GF, zweilagig** Decke, abgehängt; Gipsplatte, Trägerrost; 12,5mm, Mineralwolle 40mm; zweilagig, Oberfläche Q2; Stahlbetondecke; Abhanghöhe bis 0,50m						
	m²	**€ brutto**	**72**	**96**	**103**	**120**	**150**
	KG 354	€ netto	61	81	87	101	126
10	**Unterdecke, abgehängt, F90A/EI90, selbsttragend** Unterdecke F90A/EI90; Brandschutz-Bauplatten; selbsttragende abgehängte Decke, Oberfläche Q2; innen						
	m²	**€ brutto**	**130**	**184**	**210**	**252**	**344**
	KG 354	€ netto	110	154	176	211	289
11	**Verstärkung, Unterkonstruktion, Unterdecke** Verstärkung, Unterkonstruktion; OSB-Holzplattenstreifen						
	m²	**€ brutto**	**9,5**	**14,4**	**16,1**	**22,7**	**29,5**
	KG 354	€ netto	8,0	12,1	13,5	19,0	24,8
12	**Unterkonstruktion, Federschiene, Unterdecke** Unterkonstruktion, Federschiene; Stahlblechprofil, verzinkt, Hutprofil 98x15mm						
	m²	**€ brutto**	**13**	**19**	**26**	**32**	**42**
	KG 354	€ netto	11	16	22	27	35
13	**Weitspannträger, Unterdecke** Decke, Weitspannträger; Unterkonstruktion, freitragende Decke						
	m²	**€ brutto**	**24**	**28**	**31**	**32**	**38**
	KG 354	€ netto	20	24	26	27	32
14	**Wandanschluss, Schattennutprofil, Unterdecke** Randanschluss; Schattennut-Profil; Breite 15mm, Tiefe 12,5mm; anspachteln, feinschleifen; Abgehängte Decke						
	m	**€ brutto**	**7,9**	**16,6**	**19,2**	**22,8**	**33,5**
	KG 354	€ netto	6,7	14,0	16,2	19,2	28,2
15	**Verblendung, Deckensprung, Unterdecke** Deckensprung-Verblendung; GK-Platten; Höhe 400-800mm, Dicke 12,5mm; Oberfläche Q2						
	m	**€ brutto**	**32**	**52**	**61**	**74**	**99**
	KG 354	€ netto	27	44	51	62	83

LB 039						Preise €
Nr.	**Kurztext** / Stichworte			**brutto ø**		
	Einheit / Kostengruppe	►	▷	netto ø	◁	◄
16	**Öffnungen/Ausschnitte, bis DN200, Unterdecke**					
	Aussparung, Einbauleuchten; GP-/GF-/Mineralfaser-Decke; DN200; Abgehängte Decke					
	St **€ brutto**	**8,0**	**15,1**	**19,5**	**22,4**	**27,4**
	KG 354 € netto	6,7	12,7	16,4	18,8	23,0
17	**Aussparung, Langfeldleuchte, Unterdecke**					
	Aussparung, Langfeldleuchte; Breite 150mm, Länge 2.000mm; abgehängte Decke					
	m **€ brutto**	**12**	**27**	**32**	**38**	**53**
	KG 354 € netto	10	23	27	32	45
18	**Bekleidung, Dachgeschoss, Gipsplatten, einlagig, Holz-UK**					
	Bekleidung, Dachschräge; Gipsplatten; Platte 12,5mm; Oberfläche Q2					
	m² **€ brutto**	**58**	**63**	**71**	**86**	**93**
	KG 354 € netto	49	53	59	73	78
19	**Bekleidung, Dachgeschoss, Gipsplatten, zweilagig, Holz-UK**					
	Bekleidung, Dachgeschoss; Gipsplatten; 2x12,5mm; Oberfläche Q2					
	m² **€ brutto**	**72**	**78**	**88**	**107**	**116**
	KG 354 € netto	60	65	74	90	97
20	**Bekleidung Dachschräge, Gipsplatte, MW-Dämmung**					
	Bekleidung, Dachgeschoss; Gipsplatten; Platte 12,5mm, Mineralwolle bis 180mm; Oberfläche Q2					
	m² **€ brutto**	**84**	**93**	**105**	**126**	**136**
	KG 354 € netto	70	78	88	106	114
21	**Bekleidung Dachschräge, Gipsfaserplatte, Holz-UK**					
	Bekleidung Dachgeschoss; Gipsfaserplatte; Platte 12,5mm; Oberfläche Q2					
	m² **€ brutto**	**65**	**72**	**82**	**99**	**107**
	KG 354 € netto	54	61	69	83	90
22	**Bekleidung DG, Zementplatte, Feuchtraum, Holz-UK**					
	Bekleidung, Dachgeschoss; Zementplatte; Platte 12,5mm; Oberfläche Q2; Feuchtraum					
	m² **€ brutto**	**111**	**122**	**138**	**165**	**176**
	KG 354 € netto	94	103	116	139	148
23	**Montagewand, Holz-UK, 110mm, Gipsplatten, zweilagig, MW 40mm, EI30**					
	Montagewand, EI30; Holz, GK, Mineralwolle; Dicke 110mm, Plattendicke 12,5mm, MW 40mm; beidseitig doppelt beplankt, Oberfläche Q2					
	m² **€ brutto**	**109**	**119**	**125**	**136**	**159**
	KG 342 € netto	92	100	105	114	134

Kosten: Stand 3.Quartal 2025, Bundesdurchschnitt

LB 039 **Preise €**

Nr.	Kurztext / Stichworte Einheit / Kostengruppe		►	▷	brutto ø netto ø	◁	◄
24	**Montagewand, Metall-UK, 100mm, Gipsplatten, einlagig, MW 40mm** Montagewand, EI 0; Stahl, GK, Mineralwolle; Dicke 100mm, Plattendicke 12,5mm, Mineralwolle 40mm; beidseitig einfach beplankt, Oberfläche Q2						
	m²	**€ brutto**	**78**	**92**	**100**	**111**	**143**
	KG 342	€ netto	66	78	84	93	120
25	**Montagewand, Metall-UK, 150mm, Gipsplatten zweilagig, MW 40mm, EI30** Montagewand, EI 30; Stahl, Gipsplatten; Dicke 150mm, Plattendicke 12,5mm, Mineralwolle 40mm; beidseitig doppelt beplankt, Oberfläche Q2						
	m²	**€ brutto**	**82**	**110**	**118**	**135**	**171**
	KG 342	€ netto	69	93	99	113	143
26	**Montagewand, Metall-UK, 100mm, Gipsplatten DF zweilagig, MW 50mm, EI90** Montagewand, EI 90; Stahl, GKF/GKFi; Dicke 100mm, Plattendicke 12,5mm, Mineralwolle 50mm; beidseitig doppelt beplankt, Oberfläche Q2						
	m²	**€ brutto**	**89**	**116**	**129**	**148**	**191**
	KG 342	€ netto	75	98	108	124	161
27	**Montagewand, Gipsplatten, Brandwand, 100mm** Montagewand, Brandwand, tragend; Gipsplatte, Stahlblech, F90A/EI 90-M; Wanddicke 166mm, Platte 20+12,5mm, Mineralwolle 80mm; beidseitig, doppelt beplankt, Oberfläche Q2						
	m²	**€ brutto**	**–**	**237**	**282**	**324**	**–**
	KG 342	€ netto	–	199	237	272	–
28	**Montagewand, Metall-UK, 200mm, Gips doppellagig, doppeltes Ständerwerk** Montagewand, EI 90; Stahl, Gipsplatten, Mineralwolle; Dicke 200mm, Plattendicke 12,50, MW 40; doppeltes Ständerwerk, beidseitig, Oberfläche Q2; verschrauben, verfugen						
	m²	**€ brutto**	**114**	**138**	**146**	**160**	**193**
	KG 342	€ netto	96	116	123	135	162
29	**Montagewand, Metall-UK, 125mm, Gips einlagig, doppeltes Ständerwerk, MW80mm** Montagewand, EI 30; Stahl, Gipsplatten, Mineralwolle; Dicke 125mm, Plattendicke 12,5mm, MW 80mm; beidseitig, einlagig beplankt, Oberfläche Q2						
	m²	**€ brutto**	**110**	**121**	**126**	**129**	**138**
	KG 342	€ netto	93	101	106	108	116

LB 039						Preise €
Nr.	**Kurztext** / Stichworte			**brutto ø**		
	Einheit / Kostengruppe	►	▷	netto ø	◁	◄
30	**Innenwand, Gipswandbauplatte, Mauerwerk**					
	Innenwandmauerwerk, nichttragend; GK-Platten, A1; Dicke 80/100mm					
	m² € brutto	**84**	**97**	**100**	**106**	**118**
	KG 342 € netto	70	81	84	89	99
31	**Anschluss, Montagewand, Dachschräge**					
	Randanschluss, Montagewand; GK-Platten; GK-Platte 12,5mm					
	m € brutto	**11**	**14**	**16**	**17**	**19**
	KG 342 € netto	9,5	11,4	13,0	14,3	16,1
32	**Anschluss, gleitend, Montagewand**					
	Wandanschluss, gleitend; Montagewand; bis 20mm; inkl. Profilschienen					
	m € brutto	**11**	**23**	**26**	**29**	**40**
	KG 342 € netto	9,7	19,3	21,8	24,7	33,5
33	**Ecken, Kantenprofil, Montagewand**					
	Eckausbildung; Eck-/Kantenprofil; rechtwinklig; Montagewand					
	m € brutto	**7,9**	**11,5**	**12,8**	**16,4**	**24,5**
	KG 342 € netto	6,7	9,7	10,7	13,8	20,6
34	**Montagewand, freies Wandende**					
	Montagewand freie Wandenden; Oberfläche Q2; Leichtbauwand; inkl. der Eck-/Kantenprofile					
	m € brutto	**11**	**22**	**26**	**33**	**46**
	KG 342 € netto	9,4	18,2	22,1	27,7	38,9
35	**Montagewand, T-Anschluss**					
	T-Anschluss, Montagewand; mit starrer Verbindung und Beplankung					
	m € brutto	**9,9**	**14,8**	**16,9**	**21,4**	**29,6**
	KG 342 € netto	8,3	12,4	14,2	18,0	24,9
36	**Montagewand, Sockelunterschnitt**					
	Sockelunterschnitt zweilagig beplankte Montagewand; Sockelprofil Hohe OK FFB 80mm, Tiefe 12,5mm					
	m € brutto	**5,2**	**10,4**	**11,6**	**15,0**	**22,7**
	KG 342 € netto	4,4	8,7	9,7	12,6	19,1
37	**Türöffnung, Montagewand**					
	Öffnungen herstellen; Ständerwand, GK-Platten; BxH 750x2.000mm/ 1.000x2.125mm, Dicke 75-150mm; Montagewand; als Türöffnung					
	St € brutto	**47**	**79**	**93**	**116**	**167**
	KG 344 € netto	39	66	79	97	141
38	**Fensteröffnung, Montagewand**					
	Öffnung herstellen; GK-Platten; BxH 750x2.000mm/1.000x2.125mm, Dicke 75-150mm; Montagewand; als Fensteröffnung					
	St € brutto	**43**	**93**	**115**	**164**	**236**
	KG 344 € netto	36	78	97	138	198

LB 039 | **Preise €**

Nr.	**Kurztext** / Stichworte **Einheit** / Kostengruppe		►	▷	**brutto ø** netto ø	◁	◄
39	**Türzargen, Aluminium beschichtet** Umfassungszarge; Aluminium, E6/C00/PUR-beschichtet; Breite 625-1.000mm, Höhe 2.130mm; ein-/dreiteilig, nachträglich einbauen						
	St	**€ brutto**	**169**	**252**	**280**	**368**	**611**
	KG 344	€ netto	142	212	235	309	514
40	**Türzargen, Umfassungszarge, einbauen** Umfassungszarge; Stahl/Aluminium; Breite 625-1.000mm, Höhe 2.130mm; ein-/dreiteilig, nachträglich einbauen						
	St	**€ brutto**	**56**	**90**	**103**	**143**	**208**
	KG 344	€ netto	47	76	87	120	175
41	**Revisionsklappe 15x15** Revisionsöffnung; Einbau- und Klapprahmen aus Aluminium, F0; 15x15cm; einlagig/zweilagig beplankt, GK/GF; inkl. Herstellen der Aussparung und flächenbündiger Beplankung und Verspachtelung						
	St	**€ brutto**	**37**	**69**	**79**	**100**	**127**
	KG 345	€ netto	31	58	66	84	106
42	**Revisionsklappe 30x30** Revisionsöffnung; Einbau- und Klapprahmen aus Aluminium; 30x30cm; einlagig/zweilagig beplankt, GK/GF; inkl. Herstellen der Aussparung und flächenbündiger Beplankung und Verspachtelung						
	St	**€ brutto**	**50**	**92**	**105**	**131**	**173**
	KG 345	€ netto	42	77	88	110	145
43	**Revisionsklappe 40x60** Revisionsöffnung; Einbau- und Klapprahmen aus Aluminium, F0; 40x60cm; einlagig/zweilagig beplankt, GK/GF						
	St	**€ brutto**	**75**	**105**	**120**	**160**	**219**
	KG 345	€ netto	63	88	101	134	184
44	**Revisionsöffnung/-klappe, eckig, Brandschutz EI90** Revisionsklappe, EI 90; Aluminium; HxB 500x500mm; Beplankung und Verspachtelung; Wand; EI 90						
	St	**€ brutto**	**360**	**530**	**585**	**676**	**873**
	KG 345	€ netto	302	445	491	568	734
45	**Montagewand, Verstärkung UK, Mehrschichtholz-Plattenstreifen** Unterkonstruktion, Verstärkung , Traverse; OSB-Holzplattenstreifen; Breite 250mm; Oberschrankhöhe						
	m	**€ brutto**	**12**	**24**	**27**	**32**	**46**
	KG 342	€ netto	10	20	23	27	38

LB 039 **Preise €**

Nr.	Kurztext / Stichworte Einheit / Kostengruppe		►	▷	brutto ø netto ø	◁	◄
46	**Montagewand, Verstärkung UK, CW-Profile** Unterkonstruktion, Verstärkung, Traverse; CW-Profilen; Dicke 0,6mm; Ständerwand						
	m	**€ brutto**	**8,9**	**16,7**	**18,9**	**21,5**	**28,6**
	KG 342	€ netto	7,5	14,0	15,9	18,1	24,1
47	**Tragständer/Traverse, wandhängende Lasten** Tragständer/Traverse; Stahl, verzinkt; Lasten bis 1,5kN/m; befestigen mit Gewindestangen, U-Scheibe, Stahlmutter M12 selbstschneidende Schrauben; Wandhohlraum						
	St	**€ brutto**	**49**	**76**	**84**	**85**	**130**
	KG 342	€ netto	41	64	71	71	109
48	**Vorsatzschale, GK/GF** Vorsatzschale; GK-/GF-Platten; Platten d=12,5mm; ein-/zweilagig beplankt, Oberfläche Q2						
	m²	**€ brutto**	**57**	**69**	**74**	**88**	**130**
	KG 345	€ netto	48	58	62	74	109
49	**Vorsatzschale, Feuchträume** Vorsatzschale; Stahlblechprofile, Mineralfaser, WLG 040, GK-Platten; Höhe 2,75m, d=62,5/75/87,5/112,5mm, Platte d=12,5m, Dämmung 40mm; freistehend, einseitig, ein-/zweilagig beplankt, Oberfläche Q2; Nassbereich						
	m²	**€ brutto**	**68**	**84**	**88**	**103**	**133**
	KG 345	€ netto	57	70	74	86	112
50	**Vorsatzschale, GK/GF, Schallschutz, R>50dB** Vorsatzschale; GK-/GF-Platten, Schall-und Dämmplatten, WLG 040; ein-/zweilagig beplankt, Oberfläche Q2; frei gespannt						
	m²	**€ brutto**	**55**	**77**	**83**	**101**	**129**
	KG 345	€ netto	46	64	70	85	108
51	**Schachtwand, Gipsplatten, EI 90** Schachtwand, nicht tragend; Stahlprofilen, GK-Brandschutzplatten; Oberfläche Q2; verschraubt, verspachteln, schleifen						
	m²	**€ brutto**	**76**	**97**	**108**	**135**	**184**
	KG 342	€ netto	64	82	90	114	155
52	**Verkofferung/Bekleidung, Rohrleitungen, Abw. 800mm** Rohrbekleidung; Metall-/Holzunterkonstruktion, GK/GF Platten, Mineralfaser; Platte 12,5mm; Oberfläche Q2						
	m	**€ brutto**	**70**	**90**	**100**	**117**	**160**
	KG 345	€ netto	59	76	84	98	134

LB 039 **Preise €**

Nr.	Kurztext / Stichworte Einheit / Kostengruppe		►	▷	brutto ø netto ø	◁	◄
53	**Trockenputz, Gipsverbundplatte** Innenwandbekleidung; GK-Verbundplatte mit Wärmedämmung, Mineralwolle/Polystyrol; Plattendicke 12,5mm, Dämmung 40/60/80mm; Oberfläche Q2						
	m2	€ brutto	51	68	74	86	107
	KG 345	€ netto	43	57	62	72	90
54	**Trockenputz, Gipsbauplatte A/H2** Trockenputz; Gipsplatte; Plattendicke 12,5mm, Einbauhöhe bis 3,50m; Oberfläche Q2; Mauerwerk/Stahlbeton						
	m2	€ brutto	33	45	51	60	89
	KG 345	€ netto	27	38	43	50	75
55	**Gipsplatten-/Gipsfaser-Bekleidung, einlagig, auf UK** Bekleidung einlagig; Dicke 12,5mm; Oberfläche Q2; sichtbar befestigen						
	m2	€ brutto	27	38	39	43	53
	KG 364	€ netto	23	32	33	36	45
56	**Gipskarton-/Gipsfaserplatten-Bekleidung, doppelt, auf UK** Bekleidung zweilagig; GF-Platten/GK-Platten; Dicke 2x 12,5mm, Einbauhöhe bis 3,00m; Oberfläche Q2; sichtbare Befestigungsmittel						
	m2	€ brutto	60	71	75	80	89
	KG 364	€ netto	51	59	63	67	75
57	**Gipsplatten-Bekleidung, EI90, einseitig, auf UK** Bekleidung; GF-Platten/GK-Platten; Dicke 12,5mm; Oberfläche Q2; sichtbar befestigen, F90-B						
	m2	€ brutto	77	128	154	168	240
	KG 364	€ netto	65	107	129	141	202
58	**Gipskarton-/Gipsfaserplatten-Bekleidung, Lüftungskanal** Bekleidung; GK-/GF-Platten; Einbauhöhe 3,50m, Abhanghöhe 0,25m; einfach/doppelt je Seite, Oberfläche Q2; Lüftungskanal						
	m2	€ brutto	72	108	120	123	151
	KG 354	€ netto	61	91	101	103	127
59	**Laibung, Fenster, Gipsfaserplatte** Laibungen Fenster; GF-Platten; Dicke 12,5mm; Oberfläche Q2						
	m	€ brutto	24	29	31	36	46
	KG 336	€ netto	20	24	26	30	39
60	**Laibung, Fenster, Gipskartonplatte Typ A** Laibungen Fenster; GK-Platten, Typ A; Dicke 12,5mm; Oberfläche Q2						
	m	€ brutto	16	27	30	33	40
	KG 336	€ netto	14	23	25	28	34

LB 039							Preises €
Nr.	**Kurztext** / Stichworte				**brutto ø**		
	Einheit / Kostengruppe		►	▷	netto ø	◁	◄
61	**Laibung, Dachfenster, Gipsverbundplatte, 20mm** Laibungsbekleidung; Verbundplatte, Gips/Polystyrol-Hartschaum; Dicke 20cm; Oberfläche Q2; Dachfenster						
	m	**€ brutto**	**38**	**58**	**69**	**95**	**126**
	KG 364	€ netto	32	48	58	79	106
62	**Imprägnierung, Gipskartonplatte** Gipskartonplatte imprägniert, GKBi; Typ H2; 12,5mm; imprägniert; Nassräume						
	m²	**€ brutto**	**3,2**	**5,0**	**5,7**	**7,2**	**11,3**
	KG 342	€ netto	2,7	4,2	4,8	6,0	9,5
63	**Dampfsperre, Trockenbau** Dampfbremse; Dampfbremsbahn; sd bis 2,30m; verlegen, wind-/und luftdicht mit Klebeband abdichten						
	m²	**€ brutto**	**6,8**	**10,4**	**12,2**	**18,0**	**32,8**
	KG 364	€ netto	5,8	8,7	10,2	15,1	27,6
64	**Mineralwolledämmung, zwischen Sparren** Wärmedämmung; Mineralwolle, WLG 035, A1; einlagig, stumpf gestoßen; zwischen Sparren						
	m²	**€ brutto**	**22**	**31**	**35**	**42**	**54**
	KG 364	€ netto	18	26	30	35	45
65	**Dämmschicht, bis 60mm, zwischen UK** Wärmedämmung; Mineralwolle/Zellulosedämmplatte, WLG 035; bis 60mm; einlagig; zwischen Holzkonstruktion						
	m²	**€ brutto**	**11**	**15**	**16**	**22**	**32**
	KG 342	€ netto	8,9	12,2	13,6	18,6	26,8
66	**Doppelboden, Plattenbelag/Unterkonstruktion** Doppelboden; Mineralfaserplatten/Stahlwanne, Füllung aus Leichtbeton/Stahlprofilen; LxB 600x600mm; mit nivellierbaren Stahlstützen						
	m²	**€ brutto**	**143**	**240**	**268**	**328**	**493**
	KG 353	€ netto	120	202	225	275	414
67	**Revisionsöffnung, Doppelboden** Revisionsöffnungen; 600x600mm; fußbodeneben einbauen; für Doppelboden-System						
	St	**€ brutto**	**66**	**114**	**120**	**147**	**189**
	KG 353	€ netto	55	96	101	123	159
68	**Trockenestrich, Spanplatten, 25mm, einlagig** Trockenestrich; Spanplatten, zementgebunden; Dicke 25 mm; einlagig; unter Belag						
	m²	**€ brutto**	**41**	**56**	**59**	**69**	**84**
	KG 353	€ netto	35	47	50	58	70

Kosten: Stand 3.Quartal 2025, Bundesdurchschnitt

LB 039							Preise €
Nr.	**Kurztext** / Stichworte **Einheit** / Kostengruppe		►	▷	**brutto ø** netto ø	◁	◄
69	**Trockenestrich, GF-Platten, 18mm, einlagig** Trockenestrich; GF-Platten, Klasse A1; Dicke 18; einlagig einbauen; Beton/Holzbalkendecke/Fußbodenheizung						
	m²	**€ brutto**	**38**	**48**	**54**	**62**	**72**
	KG 353	€ netto	32	41	45	52	61
70	**Trockenestrich, GF-Platten, 12,5mm, zweilagig** Trockenestrich; GF-Platten, Klasse A1; Dicke 2x12,5mm; einlagig einbauen; Beton/Holzbalkendecke/Fußbodenheizung						
	m²	**€ brutto**	**–**	**52**	**62**	**78**	**–**
	KG 353	€ netto	–	44	52	66	–
71	**Ausgleichsschicht, Mineralstoff, Trockenestrich** Ausgleichsschüttung, Nivellierschicht; Mineralstoff 0/2, gebrochen; Dicke bis 30cm; einbauen, verdichten; unter Trockenestrich						
	m²	**€ brutto**	**18**	**25**	**29**	**33**	**43**
	KG 353	€ netto	15	21	25	28	36
72	**WC-Trennwandanlage, HPL-Kompaktplatten** WC-Trennwand; HPL-Kompaktplatten, wasserfest, Aluminium-Profile; Plattendicke 13mm; Bodenabstand 15cm, je Kabine inkl. Kleiderhaken und Türpuffer						
	m²	**€ brutto**	**251**	**296**	**313**	**341**	**400**
	KG 346	€ netto	211	249	263	287	336
73	**Urinaltrennwand, Schichtstoff-Verbundelemente** Urinaltrennwand, wandhängend; HPL-Vollkernplatten/ESG-Sicherheitsglas mit Siebdruck-Oberfläche; 900x450mm; beidseitig beplankt						
	St	**€ brutto**	**178**	**305**	**374**	**399**	**547**
	KG 342	€ netto	150	256	314	335	460
74	**Montagewand, Waschbecken-Tragständer** Trägerelement, Waschtisch; Stahlprofile, verzinkt; belastbar bis 200kg; einseitig anschließen, höhen-/seitenverstellbar; Wand; inkl. Halterungen, Wandbatterie						
	St	**€ brutto**	**164**	**232**	**260**	**319**	**524**
	KG 342	€ netto	138	195	218	268	441
75	**Verfugung, Acryl-Dichtstoff überstreichbar** Fugenabdichtung, überstreichbar; Acryldispersionsdichtstoff; inkl. Flankenvorbehandlung; Gipsplatten/Gipsfaserplatten						
	m	**€ brutto**	**2,0**	**4,5**	**5,5**	**7,9**	**16,2**
	KG 342	€ netto	1,7	3,8	4,6	6,6	13,6
76	**Spachtelung, Gipsplatten, erhöhte Qualität Q3** Spachtelung Q3; GK-Platten; Wand						
	m²	**€ brutto**	**6,3**	**11,1**	**13,3**	**16,3**	**22,1**
	KG 345	€ netto	5,3	9,3	11,2	13,7	18,6

LB 039						Preise €
Nr.	**Kurztext** / Stichworte			brutto ø		
	Einheit / Kostengruppe	►	▷	netto ø	◁	◄
77	**Gipsplatten-Bekleidung anarbeiten, Installationsdurchführung**					
	Anarbeiten, Bekleidung; GK-Platten; bis 0,10/0,50m²; rechteckig/rund					
	St **€ brutto**	**9,8**	**22,7**	**28,2**	**37,1**	**55,1**
	KG 342 € netto	8,3	19,1	23,7	31,1	46,3
78	**Stundensatz, Facharbeiter/-in**					
	Stundenlohnarbeiten für Vorarbeiter/-in, Facharbeiter/-in und Gleichgestellte; Trockenbau					
	h **€ brutto**	**65**	**82**	**89**	**97**	**120**
	€ netto	55	69	75	82	101
79	**Stundensatz, Helfer/-in**					
	Stundenlohnarbeiten für Werker/-in, Helfer/-in und Gleichgestellte; Trockenbau					
	h **€ brutto**	**58**	**70**	**76**	**80**	**91**
	€ netto	49	59	64	67	76

C

Gebäudetechnik

LB 040							Preise €
Nr.	Kurztext / Stichworte				brutto ø		
	Einheit / Kostengruppe	►	▷		netto ø	◁	◄
1	**Gas-Brennwerttherme, Wand, bis 15kW**						
	Gas-Brennwerttherme; Edelstahl/Aluminium; bis 15kW; Wandmontage						
	St	**€ brutto**	**6.408**	**7.421**	**7.841**	**8.766**	**10.436**
	KG 421	€ netto	5.385	6.236	6.589	7.366	8.770
2	**Gas-Brennwerttherme, Wand, 15 bis 25kW**						
	Gas-Brennwerttherme; Edelstahl/Aluminium; 15-25kW; Wandmontage						
	St	**€ brutto**	**6.565**	**8.135**	**9.442**	**10.007**	**11.635**
	KG 421	€ netto	5.517	6.836	7.934	8.409	9.777
3	**Gas-Brennwerttherme, Wand, 25 bis 50kW**						
	Gas-Brennwerttherme; Edelstahl/Aluminium; 25-50kW; Wandmontage						
	St	**€ brutto**	**8.866**	**10.831**	**11.856**	**13.510**	**15.476**
	KG 421	€ netto	7.450	9.102	9.963	11.353	13.005
4	**Gas-Brennwertkessel, bis 25kW**						
	Gas-Brennwertkessel; bis 25kW; Kessel wärmegedämmt						
	St	**€ brutto**	**6.252**	**7.914**	**8.689**	**9.462**	**11.375**
	KG 421	€ netto	5.254	6.650	7.302	7.951	9.559
5	**Gas-Brennwertkessel, 50 bis 70kW**						
	Gas-Brennwertkessel; 50-70kW; Kessel wärmegedämmt						
	St	**€ brutto**	**9.836**	**11.681**	**13.463**	**16.365**	**17.567**
	KG 421	€ netto	8.265	9.816	11.314	13.752	14.763
6	**Gas-Brennwertkessel, 150 bis 225kW**						
	Gas-Brennwertkessel; 150-225kW; Kessel wärmegedämmt						
	St	**€ brutto**	**17.610**	**20.756**	**21.154**	**25.402**	**30.021**
	KG 421	€ netto	14.798	17.442	17.777	21.346	25.228
7	**Gas-Brennwertkessel, 400 bis 600kW**						
	Gas-Brennwertkessel; 400-600kW; Kessel wärmegedämmt						
	St	**€ brutto**	**37.418**	**42.764**	**47.116**	**48.965**	**54.311**
	KG 421	€ netto	31.443	35.936	39.594	41.147	45.640
8	**Öl-Brennwerttherme, Wand, 15 bis 25kW**						
	Öl-Brennwerttherme; Edelstahl/Aluminium/Gusseisen; 15-25kW; wärmegedämmt; Wandmontage						
	St	**€ brutto**	**8.118**	**9.584**	**11.275**	**13.530**	**14.094**
	KG 421	€ netto	6.822	8.054	9.475	11.370	11.844
9	**Heizöltank, stehend, 5.000 Liter**						
	Heizöllagerbehälter; Stahl/GKF; 5.000l; stehende Ausführung, oberirdische Lagerung						
	St	**€ brutto**	**3.837**	**4.275**	**6.265**	**6.623**	**8.659**
	KG 421	€ netto	3.224	3.592	5.265	5.566	7.277

LB 040 — **Preise €**

Nr.	Kurztext / Stichworte Einheit / Kostengruppe		►	▷	brutto ø netto ø	◁	◄
10	**Schornsteinanlage** Schornsteinanlage; Edelstahl; doppelwandig, wärmegedämmt; Außenwandmontage/im Schacht						
	St	**€ brutto**	**5.286**	**8.222**	**9.509**	**12.390**	**16.260**
	KG 429	€ netto	4.442	6.909	7.991	10.412	13.664
11	**Abgasverbindungsleitung, Edelstahl** Abgasverbindungsleitung; Edelstahl; einschl. Befestigungs- und Dichtungsmittel						
	St	**€ brutto**	**401**	**461**	**542**	**651**	**759**
	KG 429	€ netto	337	387	456	547	638
12	**Neutralisationsanlage, Brennwertgeräte** Neutralisationsanlage, Brennwertgeräte; Kunststoffgehäuse; inkl. Neutralisationsgranulat						
	St	**€ brutto**	**428**	**682**	**752**	**975**	**1.373**
	KG 421	€ netto	360	573	632	820	1.154
13	**Neutralisationsgranulat 5kg** Neutralisationsgranulat; als Nachfüllpack/Erstbefüllung; 5kg						
	St	**€ brutto**	**95**	**144**	**176**	**215**	**273**
	KG 421	€ netto	80	121	148	181	230
14	**Heizungsverteiler, Vorlaufverteiler/Rücklaufsammler** Heizungsverteiler; Stahlblech; Doppelkammer 150x150mm^2; als Vor-und Rücklaufsammler; Wand/Bodenmontage						
	St	**€ brutto**	**2.130**	**3.961**	**4.087**	**4.993**	**6.825**
	KG 421	€ netto	1.790	3.329	3.435	4.196	5.735
15	**Holz/Pellet-Heizkessel, bis 25kW** Holz/Pellet-Heizkessel; Stahl/Guss; bis 25kW; stehende Montage						
	St	**€ brutto**	**15.225**	**17.331**	**18.114**	**20.038**	**22.601**
	KG 421	€ netto	12.794	14.564	15.222	16.838	18.992
16	**Holz/Pellet-Heizkessel, 25 bis 50kW** Holz/Pellet-Heizkessel; Stahl/Guss; 25-50kW; stehende Montage						
	St	**€ brutto**	**16.262**	**18.169**	**20.729**	**25.372**	**29.018**
	KG 421	€ netto	13.665	15.268	17.419	21.321	24.385
17	**Holz/Pellet-Heizkessel, 50 bis 120kW** Holz/Pellet-Heizkessel; Stahl/Guss; 50-120kW; stehende Montage						
	St	**€ brutto**	**30.189**	**50.266**	**56.726**	**79.239**	**107.082**
	KG 421	€ netto	25.369	42.241	47.669	66.587	89.985
18	**Pellet-Fördersystem, Förderschnecke** Pellet-Fördersystem, Förderschnecke; Stahl; Durchmesser 120mm, 5/10kg/h; Stirnradgetriebemotor						
	St	**€ brutto**	**3.413**	**4.500**	**4.798**	**5.684**	**6.913**
	KG 421	€ netto	2.868	3.781	4.032	4.776	5.809

LB 040						Preise €
Nr.	**Kurztext** / Stichworte **Einheit** / Kostengruppe	►	▷	**brutto ø** netto ø	◁	◄
19	**Pellet-Fördersystem, Saugleitung** Pellet-Fördersystem, Saugleitung; Metallgehäuse; 5/10kg/h, Länge bis 30m					
	St € brutto	**2.289**	**3.684**	**4.712**	**6.101**	**7.322**
	KG 421 € netto	1.923	3.096	3.960	5.127	6.153
20	**Brennstofflagerbehälter für Holzpellets** Brennstofflagerbehälter Holzpellets; aus Stahlgestell und flexiblen Gewebe; inkl. Anschluss; innerhalb des Gebäudes/außerhalb des Gebäudes/unterirdisch; luftdurchlässig/luftundurchlässig, Staubdicht, antistatisch, wasserdicht und frostsicher					
	St € brutto	**3.564**	**4.995**	**5.677**	**5.755**	**7.185**
	KG 421 € netto	2.995	4.198	4.771	4.836	6.038
21	**Erdgas-BHKW-Anlage, 1,0kWel, 2,5kWth** Erdgas-Blockheizkraftwerkanlage; als Kompaktmodul in Gehäuse, schallgedämmt, Viertakt-Otto-Motor; bis 2,5kWth, 1,0kWel					
	St € brutto	**28.159**	**29.134**	**34.448**	**38.362**	**39.062**
	KG 421 € netto	23.663	24.482	28.948	32.237	32.825
22	**Erdgas-BHKW-Anlage, 1,5-3,0kWel, 4-10kWth** Erdgas-Blockheizkraftwerkanlage; als Kompaktmodul in Gehäuse, schallgedämmt, Viertakt-Otto-Motor; 4-10kWth, 1,5-3,0kWel					
	St € brutto	**41.942**	**42.794**	**47.661**	**52.732**	**54.739**
	KG 421 € netto	35.245	35.961	40.051	44.312	45.999
23	**Erdgas-BHKW-Anlage, 5-20kWel, 10-45kWth** Erdgas-Blockheizkraftwerkanlage; als Kompaktmodul in Gehäuse, schallgedämmt, Viertakt-Otto-Motor; 10-45kWth, 5-20kWel					
	St € brutto	**79.959**	**83.681**	**96.401**	**109.519**	**112.269**
	KG 421 € netto	67.193	70.320	81.009	92.033	94.344
24	**Flach-Solarkollektoranlage, thermisch, bis 10m²** Flach-Solarkollektoranlage, thermisch; für Heizung und Trinkwassererwärmung; Druck max. 10bar, Aperturfläche bis 10m²; Aufdachmontage mit Verankerung, systembedingten Befestigungsmitteln; mit Solarpumpenregelgruppe					
	St € brutto	**8.098**	**11.254**	**13.277**	**14.509**	**17.499**
	KG 421 € netto	6.805	9.458	11.157	12.192	14.705
25	**Flach-Solarkollektoranlage, thermisch, 10-20m²** Flach-Solarkollektoranlage, thermisch; für Heizung und Trinkwassererwärmung; Druck max. 10bar, Aperturfläche 10-20m²; Aufdachmontage mit Verankerung, systembedingten Befestigungsmitteln; mit Solarpumpenregelgruppe					
	St € brutto	**15.117**	**18.532**	**19.966**	**21.603**	**25.794**
	KG 421 € netto	12.703	15.573	16.778	18.154	21.675

Kosten: Stand 3.Quartal 2025, Bundesdurchschnitt

LB 040							Preise €
Nr.	**Kurztext** / Stichworte **Einheit** / Kostengruppe		►	▷	**brutto ø** netto ø	◁	◄
26	**Flach-Solarkollektoranlage, thermisch, 20-30m²** Flach-Solarkollektoranlage, thermisch; für Heizung und Trinkwassererwärmung; Druck max. 10bar, Aperturfläche 20-30m²; Aufdachmontage mit Verankerung, systembedingten Befestigungsmitteln; mit Solarpumpenregelgruppe						
	St	**€ brutto**	**19.959**	**26.090**	**29.568**	**31.152**	**36.485**
	KG 421	€ netto	16.772	21.925	24.847	26.178	30.660
27	**Pufferspeicher bis 500 Liter, Heizung** Pufferspeicher, Heizung; Stahl außen beschichtet; bis 500l, Druck 6bar						
	St	**€ brutto**	**1.225**	**2.064**	**2.368**	**3.072**	**4.214**
	KG 421	€ netto	1.030	1.735	1.990	2.581	3.541
28	**Pufferspeicher bis 1.000 Liter, Heizung** Pufferspeicher, Heizung; Stahl außen beschichtet; 500l-1.000l, Druck 6bar						
	St	**€ brutto**	**2.513**	**3.899**	**4.222**	**5.192**	**7.974**
	KG 421	€ netto	2.112	3.276	3.547	4.363	6.701
29	**Pufferspeicher bis 2.000 Liter, Heizung** Pufferspeicher, Heizung; Stahl außen beschichtet; 1.000l-2.000l, Druck 6bar						
	St	**€ brutto**	**3.166**	**4.713**	**5.035**	**6.312**	**7.868**
	KG 421	€ netto	2.661	3.961	4.231	5.305	6.612
30	**Trinkwarmwasserbereiter, Durchflussprinzip, 1-15 l/min** Trinkwarmwasserbereiter, Brauchwasser; Heizung Druck 3bar, Trinkwasser Druck 6bar, 1-15l/min						
	St	**€ brutto**	**4.208**	**4.992**	**5.547**	**6.379**	**7.419**
	KG 421	€ netto	3.536	4.195	4.661	5.360	6.234
31	**Trinkwarmwasserbereiter, Durchflussprinzip, 1-30 l/min** Trinkwarmwasserbereiter, Brauchwasser; Heizung Druck 3bar, Trinkwasser Druck 6bar, 1-30l/min						
	St	**€ brutto**	**4.941**	**5.604**	**6.226**	**7.160**	**8.062**
	KG 421	€ netto	4.152	4.709	5.232	6.017	6.775
32	**Wärmepumpe, bis 15kW, Wasser** Wärmepumpe, elektrisch; Wasser/Wasser; Nennwärmeleistung bis 15kW; für Raumheizung, Trinkwassererwärmung; Innenaufstellung						
	St	**€ brutto**	**21.564**	**22.974**	**23.014**	**23.487**	**24.897**
	KG 421	€ netto	18.121	19.306	19.339	19.737	20.922
33	**Wärmepumpe, 15-25kW, Wasser** Wärmepumpe, elektrisch; Wasser/Wasser; Nennwärmeleistung 15-25kW; für Raumheizung, Trinkwassererwärmung; Innenaufstellung						
	St	**€ brutto**	**21.868**	**25.272**	**25.723**	**26.549**	**29.953**
	KG 421	€ netto	18.377	21.237	21.616	22.310	25.170

LB 040 **Preise €**

Nr.	Kurztext / Stichworte Einheit / Kostengruppe	►	▷	brutto ø netto ø	◁	◄
34	**Wärmepumpe, 25-35kW, Wasser** Wärmepumpe, elektrisch; Wasser/Wasser; Nennwärmeleistung 25-35kW; für Raumheizung, Trinkwassererwärmung; Innenaufstellung					
	St **€ brutto**	**24.062**	**26.652**	**30.675**	**34.333**	**39.002**
	KG 421 € netto	20.220	22.397	25.777	28.851	32.775
35	**Wärmepumpe, 35-50kW, Wasser** Wärmepumpe, elektrisch; Wasser/Wasser; Nennwärmeleistung 35-50kW; für Raumheizung, Trinkwassererwärmung; Innenaufstellung					
	St **€ brutto**	**27.194**	**38.473**	**40.770**	**44.830**	**56.109**
	KG 421 € netto	22.852	32.330	34.261	37.672	47.150
36	**Wärmepumpe, bis 15kW, Sole** Wärmepumpe, elektrisch; Sole/Wasser; Nennwärmeleistung bis 15kW; für Raumheizung, Trinkwassererwärmung; Innenaufstellung; über Erdsonden/Erdkollektoren					
	St **€ brutto**	**14.876**	**17.302**	**18.611**	**21.086**	**26.233**
	KG 421 € netto	12.501	14.540	15.640	17.720	22.045
37	**Wärmepumpe, 15-25kW, Sole** Wärmepumpe, elektrisch; Sole/Wasser; Nennwärmeleistung 15-25kW; für Raumheizung, Trinkwassererwärmung; Innenaufstellung; über Erdsonden/Erdkollektoren					
	St **€ brutto**	**22.022**	**25.790**	**28.318**	**29.590**	**32.733**
	KG 421 € netto	18.506	21.672	23.797	24.866	27.506
38	**Wärmepumpe, 25-35kW, Sole** Wärmepumpe, elektrisch; Sole/Wasser; Nennwärmeleistung 25-35kW; für Raumheizung, Trinkwassererwärmung; Innenaufstellung; über Erdsonden/Erdkollektoren					
	St **€ brutto**	**27.579**	**33.376**	**34.776**	**36.507**	**42.304**
	KG 421 € netto	23.176	28.047	29.224	30.678	35.550
39	**Wärmepumpe, bis 15kW, Luft** Wärmepumpe, elektrisch; Luft/Wasser; Nennwärmeleistung bis 15kW; für Raumheizung, Trinkwassererwärmung; Innen-/Außenaufstellung					
	St **€ brutto**	**14.698**	**17.854**	**19.115**	**20.585**	**24.117**
	KG 421 € netto	12.351	15.004	16.063	17.298	20.266
40	**Wärmepumpe, 15-25kW, Luft** Wärmepumpe, elektrisch; Luft/Wasser; Nennwärmeleistung 15-25kW; für Raumheizung, Trinkwassererwärmung; Innen-/Außenaufstellung					
	St **€ brutto**	**28.446**	**30.301**	**32.090**	**32.493**	**34.348**
	KG 421 € netto	23.905	25.463	26.967	27.305	28.864

Kosten: Stand 3.Quartal 2025, Bundesdurchschnitt

LB 040							**Preise €**
Nr.	**Kurztext** / Stichworte				**brutto ø**		
	Einheit / Kostengruppe		►	▷	netto ø	◁	◄
41	**Wärmepumpe, 25-35kW, Luft**						
	Wärmepumpe, elektrisch; Luft/Wasser; Nennwärmeleistung 25-35kW; für Raumheizung, Trinkwassererwärmung; Innen-/Außenaufstellung						
	St	**€ brutto**	**35.911**	**39.601**	**40.309**	**40.729**	**44.418**
	KG 421	€ netto	30.178	33.278	33.873	34.226	37.326
42	**Brunnenanlage, WP bis 15kW**						
	Brunnenanlage, Wärmepumpe; Filterrohren, Filterkies, Fertigteilschacht inkl. Steigrohren; Bohrtiefe bis 15m, Leistung bis 15kW, Förderung bis 3,5m³/h, DN1.500, Schachttiefe 1,5-2,0m						
	St	**€ brutto**	**15.566**	**16.980**	**21.224**	**25.894**	**27.248**
	KG 421	€ netto	13.081	14.269	17.836	21.759	22.897
43	**Brunnenanlage, WP 15-25kW**						
	Brunnenanlage, Wärmepumpe; Filterrohren, Filterkies, Fertigteilschacht inkl. Steigrohren; Bohrtiefe bis 15m, Leistung 15-25kW, Förderung bis 5,5m³/h, DN1.500, Schachttiefe 1,5-2,0m						
	St	**€ brutto**	**18.203**	**18.889**	**23.612**	**28.806**	**31.361**
	KG 421	€ netto	15.296	15.873	19.842	24.207	26.354
44	**Brunnenanlage, WP 25-35kW**						
	Brunnenanlage, Wärmepumpe; Filterrohren, Filterkies, Fertigteilschacht inkl. Steigrohren; Bohrtiefe bis 15m, Leistung 25-35kW, Förderung bis 7,5m³/h, DN1.500, Schachttiefe 1,5-2,0m						
	St	**€ brutto**	**21.224**	**22.543**	**28.179**	**34.378**	**35.782**
	KG 421	€ netto	17.836	18.944	23.680	28.889	30.069
45	**Brunnenanlage, WP 35-50kW**						
	Brunnenanlage, Wärmepumpe; Filterrohren, Filterkies, Fertigteilschacht inkl. Steigrohren; Bohrtiefe bis 15m, Leistung 35-50kW, Förderung bis 11,0m³/h, DN1.500, Schachttiefe 1,5-2,0m						
	St	**€ brutto**	**37.788**	**41.244**	**51.555**	**62.897**	**64.768**
	KG 421	€ netto	31.755	34.659	43.324	52.855	54.427
46	**Erdsondenanlage, Wärmepumpe**						
	Erdsondenanlage, Doppel U-Sonden; Befüllung Wasser/Wasser-Glykol; Bohrloch 160mm, Sonden 32mm inkl. Fußstück						
	m	**€ brutto**	**107**	**118**	**126**	**130**	**141**
	KG 421	€ netto	90	99	106	110	118
47	**Inbetriebnahme Wärmepumpe**						
	Inbetriebnahme Wärmepumpe; gem. der Vorgaben des Wärmepumpen-Herstellers; sowie den gesetzlichen Bestimmungen; unter Berücksichtigung der Garantie und Gewährleistung; inkl. Übergabe und Inbetriebnahmeprotokoll						
	psch	**€ brutto**	**873**	**2.219**	**2.412**	**3.877**	**6.846**
	KG 421	€ netto	734	1.865	2.027	3.258	5.753

LB 040 **Preise €**

Nr.	Kurztext / Stichworte Einheit / Kostengruppe		►	▷	brutto ø netto ø	◁	◄
48	**Wartung, Wärmepumpe** Wartung einer Luft/Wasser/Sole Wärmepumpe; gem. der Vorgaben des Wärmepumpen-Herstellers; sowie den gesetzlichen Bestimmungen; unter Berücksichtigung der Garantie und Gewährleistung						
	psch	**€ brutto**	**365**	**388**	**390**	**399**	**421**
	KG 421	€ netto	307	326	328	335	353
49	**Membran-Druckausdehnungsgefäß, bis 50 Liter** Membran-Druckausdehnungsgefäß; Stahl; bis 50l; stehende Montage						
	St	**€ brutto**	**123**	**172**	**193**	**217**	**309**
	KG 421	€ netto	104	144	162	182	260
50	**Membran-Druckausdehnungsgefäß, bis 100 Liter** Membran-Druckausdehnungsgefäß; Stahl; 50-100l; stehende Montage						
	St	**€ brutto**	**178**	**242**	**242**	**257**	**301**
	KG 421	€ netto	150	203	203	216	253
51	**Membran-Druckausdehnungsgefäß, bis 500 Liter** Membran-Druckausdehnungsgefäß; Stahl; 100-500l; stehende Montage						
	St	**€ brutto**	**388**	**609**	**664**	**900**	**1.324**
	KG 421	€ netto	326	512	558	756	1.112
52	**Membran-Druckausdehnungsgefäß, über 500 Liter** Membran-Druckausdehnungsgefäß; Stahl; über 500l; stehende Montage						
	St	**€ brutto**	**1.818**	**2.842**	**3.069**	**3.590**	**5.390**
	KG 421	€ netto	1.528	2.388	2.579	3.017	4.530
53	**Trinkwarmwasserspeicher** Trinkwarmwasserspeicher; Stahl/Edelstahl; stehende/liegende Montage						
	St	**€ brutto**	**3.048**	**4.589**	**5.242**	**6.096**	**7.637**
	KG 421	€ netto	2.562	3.857	4.405	5.123	6.418
54	**Speicher-Wassererwärmer mit Solar, bis 400 Liter** Speicher-Wassererwärmer, Trinkwasser; nichtrostendem Stahl/Stahl emailliert; bis 400l, Leistungszahl mind. NL 2,5; stehend, zwei innenliegenden Heizflächen						
	St	**€ brutto**	**1.062**	**1.919**	**2.301**	**2.936**	**3.769**
	KG 421	€ netto	893	1.613	1.934	2.467	3.167
55	**Elektro Heizeinsatz, Heizungsanlage** Elektro Heizeinsatz als Heizstab; 2,4 oder 6kW; Einsetzbar bei weichem bis mittelhartem Trinkwasser bis 2,5mol/m³; 14°dH, Härtebereich mittel; mit Sicherheitstemperaturbegrenzer und Temperaturregler						
	St	**€ brutto**	**394**	**507**	**561**	**605**	**743**
	KG 422	€ netto	331	426	471	508	624

Kosten: Stand 3.Quartal 2025, Bundesdurchschnitt

LB 040 **Preise €**

Nr.	Kurztext / Stichworte Einheit / Kostengruppe		►	▷	brutto ø netto ø	◁	◄
56	**Umwälzpumpen, bis 2,50m³/h** Umwälzpumpe, Nassläufer; Bronze/Gusseisen/Stahl; bis 2,50m³/h; inkl. Wärmedämmschalen						
	St	**€ brutto**	**439**	**655**	**749**	**808**	**1.024**
	KG 421	€ netto	369	550	629	679	860
57	**Umwälzpumpen, bis 5,00m³/h** Umwälzpumpe, Nassläufer; Bronze/Gusseisen/Stahl; bis 5,00m³/h; inkl. Wärmedämmschalen						
	St	**€ brutto**	**860**	**940**	**983**	**1.004**	**1.120**
	KG 422	€ netto	723	790	826	844	942
58	**Umwälzpumpen, ab 5,00m³/h** Umwälzpumpe, Nassläufer; Bronze/Gusseisen/Stahl; ab 5,00m³/h; inkl. Wärmedämmschalen						
	St	**€ brutto**	**1.275**	**1.509**	**1.594**	**1.899**	**2.977**
	KG 422	€ netto	1.071	1.268	1.340	1.596	2.501
59	**Absperrklappen, bis DN25** Absperrklappe; Guss/Bronze; bis DN25, PN6/10/16; Handbetätigung						
	St	**€ brutto**	**133**	**176**	**187**	**228**	**240**
	KG 422	€ netto	111	148	157	192	202
60	**Absperrklappen, DN32** Absperrklappe; Guss/Bronze; DN32, PN6/10/16; Flanschanschluss; Handbetätigung						
	St	**€ brutto**	**186**	**220**	**230**	**234**	**269**
	KG 422	€ netto	156	185	193	197	226
61	**Absperrklappen, DN65** Absperrklappe; Guss/Bronze; DN65, PN6/10/16; Flanschanschluss; Handbetätigung						
	St	**€ brutto**	**199**	**247**	**307**	**344**	**392**
	KG 422	€ netto	167	207	258	289	329
62	**Absperrklappen, DN80** Absperrklappe; Guss/Bronze; DN80, PN6/10/16; Flanschanschluss; Handbetätigung						
	St	**€ brutto**	**251**	**300**	**322**	**362**	**430**
	KG 422	€ netto	211	252	271	304	361
63	**Rückschlagventil, DN65** Rückschlagventil; DN65, PN6; Flanschanschluss						
	St	**€ brutto**	**176**	**244**	**266**	**388**	**547**
	KG 422	€ netto	148	205	223	326	460

LB 040 **Preise €**

Nr.	Kurztext / Stichworte Einheit / Kostengruppe		►	▷	brutto ø netto ø	◁	◄
64	**Dreiwegeventil, DN40** Dreiwegeventil; Grauguss; DN40, PN16; mit Verschraubungen und Dichtungen; inkl. elektr. Stellantrieb						
	St	**€ brutto**	**693**	**767**	**787**	**804**	**879**
	KG 421	€ netto	582	645	661	676	739
65	**Heizungsverteiler, Wandmontage, 3 Heizkreise** Heizungsverteiler; Stahl; drei Heizkreise; kombinierter Vor- und Rücklaufverteiler; Wandmontage						
	St	**€ brutto**	**323**	**344**	**412**	**427**	**798**
	KG 421	€ netto	272	289	347	359	671
66	**Heizungsverteiler, Wandmontage, 5 Heizkreise** Heizungsverteiler; Stahl; fünf Heizkreise; kombinierter Vor- und Rücklaufverteiler; Wandmontage						
	St	**€ brutto**	**497**	**537**	**582**	**682**	**871**
	KG 421	€ netto	418	451	489	573	732
67	**Füllarmatur, Heizung** Füllarmatur Heizung; Messing; 1/2"; flexible Schlauchanbindung; Wandbefestigung						
	St	**€ brutto**	**32**	**42**	**46**	**49**	**59**
	KG 421	€ netto	27	35	39	42	49
68	**Stundensatz, Obermonteur/-in Heizung** Stundensatz für Obermonteur/-in Heizung; Verrechnungssatz für die Arbeitskraft inkl. aller Aufwendungen; Nachweis und Anmeldung gem. VOB/B						
	h	**€ brutto**	**74**	**78**	**80**	**83**	**87**
		€ netto	62	66	67	70	73
69	**Stundensatz, Helfer/-in Heizung** Stundenlohnarbeiten für Helfer/-in Heizung; Verrechnungssatz für die Arbeitskraft inkl. aller Aufwendungen; Nachweis und Anmeldung gem. VOB/B						
	h	**€ brutto**	**50**	**59**	**62**	**65**	**75**
		€ netto	42	49	52	55	63

Nr.	Kurztext / Stichworte Einheit / Kostengruppe	►	▷	brutto ø netto ø	◁	◄
1	**Strangregulierventil, DN15** Strangregulierungsventil; Rotguss/Grauguss; PN 6/10/16, DN15					
	St € brutto	**102**	**119**	**123**	**131**	**148**
	KG 421 € netto	86	100	104	110	124
2	**Überströmventil, DN15** Überströmventil; Messing/Rotguss/Grauguss; PN 3/6/10, DN15; Eck-/gerade Ausführung					
	St € brutto	**59**	**106**	**134**	**148**	**195**
	KG 421 € netto	50	89	113	125	164
3	**Schmutzfänger, DN40** Schmutzfänger; Grauguss; DN40					
	St € brutto	**106**	**146**	**161**	**230**	**308**
	KG 421 € netto	89	123	135	193	259
4	**Schnellentlüfter, DN10** Schnellentlüfter/Schwimmerentlüfter; Messing/Grauguss; DN10					
	St € brutto	**18**	**49**	**55**	**75**	**139**
	KG 421 € netto	15	41	46	63	117
5	**Zeigerthermometer, Bimetall** Zeigerthermometer, Bimetall; Aluminium/Edelstahl; Durchmesser 63/80/100/160, Länge 63-160mm					
	St € brutto	**20**	**31**	**37**	**65**	**95**
	KG 421 € netto	17	26	31	54	80
6	**Manometer, Rohrfeder** Manometer, Rohrfeder; Messing, Stahlrohrfeder; Durchmesser 63/80/100/160mm					
	St € brutto	**59**	**89**	**107**	**116**	**146**
	KG 421 € netto	50	75	90	98	123
7	**Absperrventil, Guss, DN15** Absperrventil; Rotguss/Grauguss; DN15, PN 6/10/16					
	St € brutto	**40**	**60**	**69**	**87**	**121**
	KG 422 € netto	34	50	58	73	101
8	**Absperrventil, Guss, DN20** Absperrventil; Rotguss/Grauguss; DN20, PN 6/10/16					
	St € brutto	**66**	**87**	**90**	**103**	**132**
	KG 422 € netto	56	73	75	87	111
9	**Absperrventil, Guss, DN25** Absperrventil; Rotguss/Grauguss; DN25, PN 6/10/16					
	St € brutto	**101**	**148**	**151**	**162**	**189**
	KG 422 € netto	85	125	127	136	159

LB 041 **Preise €**

Nr.	Kurztext / Stichworte Einheit / Kostengruppe		►	▷	brutto ø netto ø	◁	◄
10	**Absperrventil, Guss, DN32** Absperrventil; Rotguss/Grauguss; DN32, PN 6/10/16						
	St	**€ brutto**	**107**	**147**	**159**	**198**	**260**
	KG 422	€ netto	90	123	134	167	219
11	**Absperrventil, Guss, DN40** Absperrventil; Rotguss/Grauguss; DN40, PN 6/10/16						
	St	**€ brutto**	**186**	**212**	**231**	**252**	**292**
	KG 422	€ netto	156	178	194	212	245
12	**Absperrventil, Guss, DN50** Absperrventil; Rotguss/Grauguss; DN50, PN 6/10/16						
	St	**€ brutto**	**222**	**263**	**280**	**333**	**389**
	KG 422	€ netto	187	221	236	280	327
13	**Absperrventil, Guss, DN65** Absperrventil; Rotguss/Grauguss; DN65, PN 6/10/16						
	St	**€ brutto**	**237**	**289**	**340**	**373**	**421**
	KG 422	€ netto	199	242	286	313	354
14	**Badheizkörper/Handtuchheizkörper, beschichtet** Badheizkörper/Handtuchheizkörper; Stahl; 1.800x600x40mm						
	St	**€ brutto**	**617**	**996**	**1.083**	**1.252**	**1.990**
	KG 423	€ netto	518	837	910	1.052	1.672
15	**Rohrleitung, Kupfer, DN15** Rohrleitung; Kupfer; DN15, Rohrstärke 1mm; inkl. Befestigung						
	m	**€ brutto**	**18**	**24**	**26**	**30**	**37**
	KG 422	€ netto	15	20	22	25	31
16	**Rohrleitung, Kupfer, DN20** Rohrleitung; Kupfer; DN20, Rohrstärke 1mm; inkl. Befestigung						
	m	**€ brutto**	**19**	**28**	**31**	**34**	**44**
	KG 422	€ netto	16	23	26	28	37
17	**Rohrleitung, Kupfer, DN25** Rohrleitung; Kupfer; DN25, Rohrstärke 1mm; inkl. Befestigung						
	m	**€ brutto**	**32**	**37**	**39**	**44**	**52**
	KG 422	€ netto	27	31	32	37	44
18	**Rohrleitung, C-Stahlrohr, DN10** Rohrleitung; C-Stahlrohr; DN10; in Stangen; inkl. Fittings						
	m	**€ brutto**	**16**	**19**	**22**	**25**	**28**
	KG 422	€ netto	14	16	19	21	24
19	**Rohrleitung, C-Stahlrohr, DN12** Rohrleitung; C-Stahlrohr; DN12; in Stangen; inkl. Fittings						
	m	**€ brutto**	**18**	**21**	**26**	**26**	**29**
	KG 422	€ netto	15	18	22	22	24

LB 041 **Preise €**

Nr.	Kurztext / Stichworte Einheit / Kostengruppe		►	▷	brutto ø netto ø	◁	◄
20	**Rohrleitung, C-Stahlrohr, DN15** Rohrleitung; C-Stahlrohr; DN15; in Stangen; inkl. Fittings						
	m	**€ brutto**	**22**	**26**	**26**	**28**	**31**
	KG 422	€ netto	18	22	22	24	26
21	**Rohrleitung, C-Stahlrohr, DN20** Rohrleitung; C-Stahlrohr; DN20; in Stangen; inkl. Fittings						
	m	**€ brutto**	**24**	**29**	**31**	**39**	**44**
	KG 422	€ netto	21	24	26	33	37
22	**Rohrleitung, C-Stahlrohr, DN25** Rohrleitung; C-Stahlrohr; DN25; in Stangen; inkl. Fittings						
	m	**€ brutto**	**31**	**36**	**38**	**41**	**46**
	KG 422	€ netto	26	30	32	34	38
23	**Rohrleitung, C-Stahlrohr, DN32** Rohrleitung; C-Stahlrohr; DN32; in Stangen; inkl. Fittings						
	m	**€ brutto**	**38**	**45**	**46**	**48**	**55**
	KG 422	€ netto	32	38	39	40	46
24	**Rohrleitung, C-Stahlrohr, DN40** Rohrleitung; C-Stahlrohr; DN40; in Stangen; inkl. Fittings						
	m	**€ brutto**	**39**	**50**	**64**	**68**	**81**
	KG 422	€ netto	33	42	54	57	68
25	**Rohrleitung, C-Stahlrohr, DN50** Rohrleitung; C-Stahlrohr; DN50; in Stangen; inkl. Fittings						
	m	**€ brutto**	**41**	**68**	**75**	**83**	**102**
	KG 422	€ netto	34	57	63	70	85
26	**Rohrleitung, C-Stahlrohr, Bogen, DN50** Formstück Bogen; C-Stahlrohr; DN50, 90°; geschweißt						
	St	**€ brutto**	**20**	**34**	**43**	**52**	**65**
	KG 422	€ netto	17	29	36	43	54
27	**Rohrleitung, Stahlrohr, DN65** Rohrleitung; Stahlrohr; DN65; inkl. Befestigung						
	m	**€ brutto**	**44**	**53**	**57**	**64**	**83**
	KG 422	€ netto	37	45	48	54	70
28	**Rohrleitung, Stahlrohr, DN80** Rohrleitung; Stahlrohr; DN80; inkl. Befestigung						
	m	**€ brutto**	**56**	**60**	**68**	**75**	**91**
	KG 422	€ netto	47	51	57	63	77
29	**Rohrleitung, Stahlrohr, DN100** Rohrleitung; Stahlrohr; DN100; inkl. Befestigung						
	m	**€ brutto**	**73**	**79**	**93**	**110**	**118**
	KG 422	€ netto	61	66	78	92	99

Kosten: Stand 3.Quartal 2025, Bundesdurchschnitt

LB 041							Preise €
Nr.	**Kurztext** / Stichworte				**brutto ø**		
	Einheit / Kostengruppe		►	▷	netto ø	◁	◄
30	**Rohrleitung, Stahlrohr, DN150**						
	Rohrleitung; Stahlrohr; DN150; inkl. Befestigung						
	m	**€ brutto**	**91**	**102**	**116**	**122**	**129**
	KG 422	€ netto	77	85	98	103	108
31	**Rohrleitung, PE-X 17mm, Fußbodenheizung**						
	Rohrleitung, Fußbodenheizung; Polyethylen PE-X, sauerstoffdicht; Außendurchmesser 17mm; Verlegesystem Typ A						
	m	**€ brutto**	**10**	**13**	**15**	**16**	**19**
	KG 422	€ netto	8,7	11,2	12,7	13,8	16,1
32	**Rohrleitung, PE-X 20mm, Fußbodenheizung**						
	Rohrleitung, Fußbodenheizung; Polyethylen PE-X, sauerstoffdicht; Außendurchmesser 20mm; Verlegesystem Typ A						
	m	**€ brutto**	**14**	**17**	**19**	**22**	**24**
	KG 422	€ netto	12	14	16	18	21
33	**Rohrleitung, PE-X 25mm, Fußbodenheizung**						
	Rohrleitung, Fußbodenheizung; Polyethylen PE-X, sauerstoffdicht; Außendurchmesser 25mm; Verlegesystem Typ A						
	m	**€ brutto**	**21**	**23**	**26**	**28**	**32**
	KG 422	€ netto	17	19	22	24	27
34	**Rohrleitung, Verbundrohr, 16mm, Fußbodenheizung**						
	Rohrleitung, Fußbodenheizung; Mehrschichtverbundwerkstoff (PE, AL,PE); Außendurchmesser 16mm; Verlegeabstand 100mm; Verlegesystem Typ A						
	m	**€ brutto**	**26**	**29**	**30**	**30**	**32**
	KG 422	€ netto	22	24	25	25	27
35	**Rohrleitung, Verbundrohr, 20mm, Fußbodenheizung**						
	Rohrleitung, Fußbodenheizung; Mehrschichtverbundwerkstoff (PE, AL,PE); Außendurchmesser 20mm; Verlegeabstand 100mm; Verlegesystem Typ A						
	m	**€ brutto**	**30**	**36**	**39**	**43**	**47**
	KG 422	€ netto	25	30	33	36	39
36	**Rohrleitung, Verbundrohr, 26mm, Fußbodenheizung**						
	Rohrleitung, Fußbodenheizung; Mehrschichtverbundwerkstoff (PE, AL,PE); Außendurchmesser 26mm; Verlegeabstand 100mm; Verlegesystem Typ A						
	m	**€ brutto**	**34**	**38**	**45**	**51**	**54**
	KG 422	€ netto	28	32	38	43	46

LB 041 **Preise €**

Nr.	Kurztext / Stichworte Einheit / Kostengruppe		▶	▷	brutto ø netto ø	◁	◀
37	**Röhrenheizkörper, Stahl, h=500** Röhrenheizkörper, 1 Glied; Stahlrohr; Höhe 500mm; inkl. Anschlussarbeiten						
	St	**€ brutto**	**12**	**13**	**19**	**23**	**24**
	KG 423	€ netto	9,7	10,7	16,1	19,3	20,4
38	**Röhrenheizkörper, Stahl, h=600** Röhrenheizkörper, 1 Glied; Stahlrohr; Höhe 600mm; inkl. Anschlussarbeiten						
	St	**€ brutto**	**19**	**21**	**27**	**29**	**35**
	KG 423	€ netto	16	17	23	24	30
39	**Röhrenheizkörper, Stahl, h=900** Röhrenheizkörper, 1 Glied; Stahlrohr; Höhe 900mm; inkl. Anschlussarbeiten						
	St	**€ brutto**	**20**	**22**	**31**	**38**	**41**
	KG 423	€ netto	17	19	26	32	34
40	**Kompaktheizkörper, Stahl, H=500, L=bis 700, Typ 11** Kompaktheizkörper; Stahl; Höhe 500mm, Länge bis 700mm; inkl. Montageset, Anschlussarbeiten						
	St	**€ brutto**	**194**	**223**	**243**	**272**	**315**
	KG 423	€ netto	163	187	204	228	265
41	**Kompaktheizkörper, Stahl, H=500, L=bis 700, Typ 22** Kompaktheizkörper; Stahl; Höhe 500mm, Länge bis 700mm; inkl. Montageset, Anschlussarbeiten						
	St	**€ brutto**	**218**	**251**	**272**	**305**	**354**
	KG 423	€ netto	183	211	229	256	297
42	**Kompaktheizkörper, Stahl, H=500, L=bis 700, Typ 33** Kompaktheizkörper; Stahl; Höhe 500mm, Länge bis 700mm; inkl. Montageset, Anschlussarbeiten						
	St	**€ brutto**	**305**	**351**	**381**	**427**	**496**
	KG 423	€ netto	256	295	321	359	417
43	**Kompaktheizkörper, Stahl, H=500, L=700-1.400, Typ 11** Kompaktheizkörper; Stahl; Höhe 500mm, Länge 700-1.400mm; inkl. Montageset, Anschlussarbeiten						
	St	**€ brutto**	**357**	**410**	**446**	**490**	**544**
	KG 423	€ netto	300	345	375	412	457
44	**Kompaktheizkörper, Stahl, H=500, L=700-1.400, Typ 22** Kompaktheizkörper; Stahl; Höhe 500mm, Länge 700-1.400mm; inkl. Montageset, Anschlussarbeiten						
	St	**€ brutto**	**381**	**439**	**477**	**534**	**620**
	KG 423	€ netto	321	369	401	449	521

LB 041 **Preise €**

Nr.	Kurztext / Stichworte Einheit / Kostengruppe		►	▷	brutto ø netto ø	◁	◄
45	**Kompaktheizkörper, Stahl, H=500, L=700-1.400, Typ 33** Kompaktheizkörper; Stahl; Höhe 500mm, Länge 700-1.400mm; inkl. Montageset, Anschlussarbeiten						
	St	**€ brutto**	**526**	**605**	**657**	**736**	**854**
	KG 423	€ netto	442	508	552	618	718
46	**Kompaktheizkörper, Stahl, H=500, L=1.400-2.100, Typ 11** Kompaktheizkörper; Stahl; Höhe 500mm, Länge 1.400-2.100mm; inkl. Montageset, Anschlussarbeiten						
	St	**€ brutto**	**489**	**563**	**611**	**685**	**795**
	KG 423	€ netto	411	473	514	576	668
47	**Kompaktheizkörper, Stahl, H=500, L=1.400-2.100, Typ 22** Kompaktheizkörper; Stahl; Höhe 500mm, Länge 1.400-2.100mm; inkl. Montageset, Anschlussarbeiten						
	St	**€ brutto**	**552**	**635**	**690**	**773**	**897**
	KG 423	€ netto	464	534	580	650	754
48	**Kompaktheizkörper, Stahl, H=500, L=1.400-2.100, Typ 33** Kompaktheizkörper; Stahl; Höhe 500mm, Länge 1.400-2.100mm; inkl. Montageset, Anschlussarbeiten						
	St	**€ brutto**	**713**	**820**	**891**	**963**	**1.070**
	KG 423	€ netto	599	689	749	809	899
49	**Kompaktheizkörper, Stahl, H=600, L=bis 700, Typ 11** Kompaktheizkörper; Stahl; Höhe 600mm, Länge bis 700mm; inkl. Montageset, Anschlussarbeiten						
	St	**€ brutto**	**219**	**252**	**274**	**306**	**356**
	KG 423	€ netto	184	212	230	258	299
50	**Kompaktheizkörper, Stahl, H=600, L=bis 700, Typ 22** Kompaktheizkörper; Stahl; Höhe 600mm, Länge bis 700mm; inkl. Montageset, Anschlussarbeiten						
	St	**€ brutto**	**245**	**282**	**307**	**344**	**399**
	KG 423	€ netto	206	237	258	289	335
51	**Kompaktheizkörper, Stahl, H=600, L=bis 700, Typ 33** Kompaktheizkörper; Stahl; Höhe 600mm, Länge bis 700mm; inkl. Montageset, Anschlussarbeiten						
	St	**€ brutto**	**328**	**378**	**410**	**460**	**534**
	KG 423	€ netto	276	317	345	386	448
52	**Kompaktheizkörper, Stahl, H=600, L=700-1.400, Typ 11** Kompaktheizkörper; Stahl; Höhe 600mm, Länge 700-1.400mm; inkl. Montageset, Anschlussarbeiten						
	St	**€ brutto**	**390**	**448**	**487**	**536**	**594**
	KG 423	€ netto	327	377	409	450	499

LB 041 **Preise €**

Nr.	Kurztext / Stichworte Einheit / Kostengruppe	►	▷	brutto ø netto ø	◁	◄
53	**Kompaktheizkörper, Stahl, H=600, L=700-1.400, Typ 22** Kompaktheizkörper; Stahl; Höhe 600mm, Länge 700-1.400mm; inkl. Montageset, Anschlussarbeiten					
	St € brutto	**448**	**515**	**560**	**627**	**728**
	KG 423 € netto	376	433	470	527	611
54	**Kompaktheizkörper, Stahl, H=600, L=700-1.400, Typ 33** Kompaktheizkörper; Stahl; Höhe 600mm, Länge 700-1.400mm; inkl. Montageset, Anschlussarbeiten					
	St € brutto	**559**	**643**	**699**	**782**	**908**
	KG 423 € netto	470	540	587	657	763
55	**Kompaktheizkörper, Stahl, H=600, L=1.400-2.100, Typ 11** Kompaktheizkörper; Stahl; Höhe 600mm, Länge 1.400-2.100mm; inkl. Montageset, Anschlussarbeiten					
	St € brutto	**506**	**582**	**632**	**708**	**822**
	KG 423 € netto	425	489	531	595	691
56	**Kompaktheizkörper, Stahl, H=600, L=1.400-2.100, Typ 22** Kompaktheizkörper; Stahl; Höhe 600mm, Länge 1.400-2.100mm; inkl. Montageset, Anschlussarbeiten					
	St € brutto	**567**	**652**	**709**	**794**	**922**
	KG 423 € netto	477	548	596	667	774
57	**Kompaktheizkörper, Stahl, H=600, L=1.400-2.100, Typ 33** Kompaktheizkörper; Stahl; Höhe 600mm, Länge 1.400-2.100mm; inkl. Montageset, Anschlussarbeiten					
	St € brutto	**738**	**849**	**922**	**996**	**1.107**
	KG 423 € netto	620	713	775	837	930
58	**Kompaktheizkörper, Stahl, H=900, L=bis 700, Typ 11** Kompaktheizkörper; Stahl; Höhe 900mm, Länge bis 700mm; inkl. Montageset, Anschlussarbeiten					
	St € brutto	**289**	**332**	**361**	**404**	**469**
	KG 423 € netto	242	279	303	339	394
59	**Kompaktheizkörper, Stahl, H=900, L=bis 700, Typ 22** Kompaktheizkörper; Stahl; Höhe 900mm, Länge bis 700mm; inkl. Montageset, Anschlussarbeiten					
	St € brutto	**322**	**370**	**402**	**450**	**523**
	KG 423 € netto	270	311	338	378	439
60	**Kompaktheizkörper, Stahl, H=900, L=bis 700, Typ 33** Kompaktheizkörper; Stahl; Höhe 900mm, Länge bis 700mm; inkl. Montageset, Anschlussarbeiten					
	St € brutto	**441**	**507**	**551**	**618**	**717**
	KG 423 € netto	371	426	463	519	602

Kosten: Stand 3.Quartal 2025, Bundesdurchschnitt

LB 041 **Preise €**

Nr.	Kurztext / Stichworte Einheit / Kostengruppe		►	▷	brutto ø netto ø	◁	◄
61	**Kompaktheizkörper, Stahl, H=900, L=1.400-2.100, Typ 11** Kompaktheizkörper; Stahl; Höhe 900mm, Länge 1.400-2.100mm; inkl. Montageset, Anschlussarbeiten						
	St	**€ brutto**	**682**	**784**	**852**	**954**	**1.108**
	KG 423	€ netto	573	659	716	802	931
62	**Kompaktheizkörper, Stahl, H=900, L=1.400-2.100, Typ 22** Kompaktheizkörper; Stahl; Höhe 900mm, Länge 1.400-2.100mm; inkl. Montageset, Anschlussarbeiten						
	St	**€ brutto**	**738**	**849**	**922**	**1.033**	**1.199**
	KG 423	€ netto	620	713	775	868	1.008
63	**Kompaktheizkörper, Stahl, H=900, L=1.400-2.100, Typ 33** Kompaktheizkörper; Stahl; Höhe 900mm, Länge 1.400-2.100mm; inkl. Montageset, Anschlussarbeiten						
	St	**€ brutto**	**929**	**1.068**	**1.161**	**1.254**	**1.358**
	KG 423	€ netto	780	897	975	1.053	1.141
64	**Radiavektoren, Profilrohre, H=140, L=bis 700** Radiavektor; Pulvereinbrennlackierung; Höhe 140mm, Länge bis 700mm; inkl. Anschlussarbeiten						
	St	**€ brutto**	**553**	**784**	**850**	**1.005**	**1.109**
	KG 423	€ netto	465	658	714	845	932
65	**Radiavektoren, Profilrohre, H=140, L=1.400-2.100** Radiavektor; Pulvereinbrennlackierung; Höhe 140mm, Länge 1.400-2.100mm; inkl. Anschlussarbeiten						
	St	**€ brutto**	**896**	**1.350**	**1.400**	**1.764**	**2.178**
	KG 423	€ netto	753	1.134	1.177	1.482	1.830
66	**Radiavektoren, Profilrohre, H=210, L=bis 700** Radiavektor; Pulvereinbrennlackierung; Höhe 210mm, Länge bis 700mm; inkl. Anschlussarbeiten						
	St	**€ brutto**	**564**	**778**	**925**	**1.116**	**1.373**
	KG 423	€ netto	474	654	777	938	1.154
67	**Radiavektoren, Profilrohre, H=210, L=1.400-2.100** Radiavektor; Pulvereinbrennlackierung; Höhe 210mm, Länge 1.400-2.100mm; inkl. Anschlussarbeiten						
	St	**€ brutto**	**1.142**	**1.720**	**1.886**	**2.114**	**2.678**
	KG 423	€ netto	960	1.446	1.585	1.777	2.251
68	**Radiavektoren, Profilrohre, H=280, L=bis 700** Radiavektor; Pulvereinbrennlackierung; Höhe 280mm, Länge bis 700mm; inkl. Anschlussarbeiten						
	St	**€ brutto**	**572**	**941**	**1.029**	**1.287**	**1.656**
	KG 423	€ netto	480	791	865	1.082	1.392

LB 041 **Preise €**

Nr.	Kurztext / Stichworte Einheit / Kostengruppe		►	▷	brutto ø netto ø	◁	◄
69	**Radiavektoren, Profilrohre, H=280, L=700-1.400** Radiavektor; Pulvereinbrennlackierung; Höhe 280mm, Länge 700-1.400mm; inkl. Anschlussarbeiten						
	St	**€ brutto**	**745**	**1.284**	**1.495**	**1.841**	**2.367**
	KG 423	€ netto	626	1.079	1.257	1.547	1.989
70	**Thermostatventil, DN15** Thermostatventil; Rotguss; DN15, PN 6/10						
	St	**€ brutto**	**17**	**25**	**31**	**37**	**46**
	KG 423	€ netto	14	21	26	31	38
71	**Heizkörperverschraubung, DN15** Heizkörperverschraubung; Anschlussmontageeinheit; DN15; Unterputz-Anschluss; inkl. Kugelhahnblock						
	St	**€ brutto**	**20**	**24**	**28**	**29**	**37**
	KG 423	€ netto	16	21	23	25	31
72	**Heizkörper ausbauen/wieder einbauen** Heizkörper ausbauen/wieder einbauen						
	St	**€ brutto**	**39**	**61**	**76**	**99**	**195**
	KG 423	€ netto	33	51	64	84	164
73	**Kappenventil, Ausdehnungsgefäß, DN20** Kappenventil; Messing; DN20; in Ausdehnungsleitung einbauen						
	St	**€ brutto**	**34**	**38**	**47**	**59**	**62**
	KG 422	€ netto	29	32	39	49	52
74	**Muffenkugelhahn, DN15** Muffenkugelhahn; Rotguss; DN15; inkl. Wärmedämmhalbschalen						
	St	**€ brutto**	**11**	**27**	**34**	**44**	**63**
	KG 422	€ netto	8,9	22,3	28,2	36,6	53,3
75	**Membran-Sicherheitsventil** Membran-Sicherheitsventil; Rotguss; Eintritt DN20, Austritt DN25						
	St	**€ brutto**	**13**	**23**	**29**	**39**	**45**
	KG 422	€ netto	11	20	25	33	38
76	**Verteiler Heizungswasser** Heizkreisverteiler; Stahl; 4/6/10/16bar; Boden-/Wandmontage; für Pumpenwarmwasserheizungen						
	St	**€ brutto**	**304**	**453**	**522**	**615**	**795**
	KG 422	€ netto	255	381	439	517	668
77	**Deckenstrahlplatte, Stahlblech beschichtet/Stahlrohre** Deckenstrahlplatte; Stahl; Wasser/Klimakaltwasser; mit Wärmedämmung; Decke; inkl. Aufhängekonstruktion						
	St	**€ brutto**	**3.263**	**4.397**	**4.660**	**5.179**	**7.785**
	KG 423	€ netto	2.742	3.695	3.916	4.352	6.542

Kosten: Stand 3.Quartal 2025, Bundesdurchschnitt

LB 041 **Preise €**

Nr.	Kurztext / Stichworte Einheit / Kostengruppe		►	▷	brutto ø netto ø	◁	◄
78	**Heizkreisverteiler, Fußbodenheizung, 5 Heizkreise** Heizkreisverteiler, Fußboden; Edelstahl/Messing; DN25, PN6/PN10						
	St	**€ brutto**	**251**	**361**	**401**	**435**	**499**
	KG 422	€ netto	211	303	337	366	420
79	**Verteilerschrank, Fußbodenheizung, Unterputz** Verteilerschrank Fußbodenheizung; Stahl, lackiert; Höhe 700-850mm, Tiefe 110-160mm; Unterputz						
	St	**€ brutto**	**674**	**684**	**765**	**819**	**881**
	KG 422	€ netto	566	575	643	688	740
80	**Verteilerschrank, Fußbodenheizung, Aufputz** Verteilerschrank Fußbodenheizung; Stahl, lackiert; Höhe 750mm, Breite 150mm; Aufputz						
	St	**€ brutto**	**655**	**661**	**703**	**746**	**750**
	KG 422	€ netto	550	556	590	627	631
81	**Umlenkungsbogen, Heizleitung** Umlenkungsbogen, Heizkreisrohre; Kunststoff; 90° Umlenkung zur Rohreinführung Verteilerkasten						
	St	**€ brutto**	**3,1**	**4,5**	**5,2**	**5,7**	**6,8**
	KG 422	€ netto	2,6	3,8	4,4	4,8	5,7
82	**Tacker/EPS-Systemträger, Fußbodenheizung** Wärmedämmung, Fußbodenheizung; Systemplatte, Polystyrol-Hartschaum, WLG 040, B1; Rohdecke						
	m²	**€ brutto**	**10,0**	**11,1**	**13,0**	**14,8**	**17,6**
	KG 422	€ netto	8,4	9,3	10,9	12,5	14,8
83	**Noppen/EPS-Systemträger, Fußbodenheizung** Wärmedämmung, Fußbodenheizung; Systemplatte, Polystyrol-Hartschaum, WLG 040, B1; Rohdecke						
	m²	**€ brutto**	**12**	**14**	**15**	**16**	**19**
	KG 422	€ netto	9,8	11,9	12,6	13,7	15,8
84	**Noppen-Systemträger, Dämmung, Fußbodenheizung** Rohrträgerplatte, Fußbodenheizung; Polystyrol Hartschaum, WLG 040, Klasse E; Unterlage für schwimmenden Estrich; inkl. Wärme- und Trittschalldämmung						
	m²	**€ brutto**	**18**	**25**	**26**	**30**	**37**
	KG 422	€ netto	15	21	22	26	31
85	**Noppen-Systemträger, Fußbodenheizung** Rohrträgerplatte, Fußbodenheizung; Kunststoff; Dicke bis 1,0mm; unter schwimmenden Estrich; ohne Dämmung						
	m²	**€ brutto**	**13**	**17**	**20**	**23**	**28**
	KG 422	€ netto	11	15	17	19	23

LB 041 **Preise €**

Nr.	Kurztext / Stichworte Einheit / Kostengruppe	►	▷	brutto ø netto ø	◁	◄
86	**Fußbodenheizung, Typ A, Träger/PE-X Rohr, 100** Fußbodenheizung, Verlegesystem Typ A; Rohrmaterial PE-X, sauerstoffdicht; Außendurchmesser 17mm, Stärke 2mm; Verlegeabstand 100mm, inkl. Trägersystem					
	m² € brutto	**38**	**41**	**42**	**45**	**50**
	KG 423 € netto	32	34	36	38	42
87	**Fußbodenheizung, Typ A, Träger/PE-X Rohr, 200** Fußbodenheizung, Verlegesystem Typ A; Rohrmaterial PE-X, sauerstoffdicht; Außendurchmesser 17mm, Stärke 2mm; Verlegeabstand 200mm, inkl. Trägersystem					
	m² € brutto	**29**	**31**	**33**	**36**	**38**
	KG 423 € netto	25	26	28	30	32
88	**Anbindeleitung, PE-X 17mm, Fußbodenheizung** Anbindeleitung Fußbodenheizung; Polyethylen PE-X, sauerstoffdicht; Außendurchmesser 17mm; Verlegesystem Typ A					
	m € brutto	**4,0**	**5,9**	**6,2**	**7,0**	**8,5**
	KG 423 € netto	3,4	5,0	5,2	5,9	7,1
89	**Schutzummantelung, Fußbodenheizrohr** Fußbodenheizrohr, Schutzummantelung; flexibel; Bereich von Dehn-/Bewegungsfugen					
	St € brutto	**2,0**	**4,1**	**4,3**	**4,6**	**6,7**
	KG 423 € netto	1,7	3,4	3,6	3,9	5,7
90	**Ummantelung, Anbindeleitung** Ummantelung, Anbindeleitung; flexibel; als Überschub, zur Reduzierung Heizleistung					
	m € brutto	**2,0**	**3,5**	**4,1**	**5,5**	**7,4**
	KG 423 € netto	1,7	2,9	3,5	4,6	6,2
91	**Funktionsheizen, Fußbodenheizung** Fußbodenheizung Auf- und Abheizen; gem. Aufheizprotokoll Estrichhersteller; inkl. Protokoll					
	m² € brutto	**1,6**	**2,0**	**2,8**	**4,0**	**5,8**
	KG 423 € netto	1,4	1,7	2,3	3,4	4,9
92	**Belegreifheizen, Fußbodenheizung** Belegreifeheizen, Fußbodenheizung; nach abgeschlossenem Funktionsheizen, vor dem Belegen des Estrichs					
	m² € brutto	**0,4**	**0,5**	**0,6**	**0,9**	**4,2**
	KG 423 € netto	0,3	0,4	0,5	0,7	3,5

Nr.	Kurztext / Stichworte Einheit / Kostengruppe		►	▷	brutto ø netto ø	◁	◄
93	**Einregulierung/Inbetriebnahme, Fußbodenheizung** Fußbodenheizung, Einregulierung; Einstellung der erf. Wassermenge für die einzelnen Heizkreise; Inbetriebnahme und Erstellen eines Einstellprotokolls						
	psch	**€ brutto**	**361**	**459**	**1.257**	**3.342**	**5.737**
	KG 423	€ netto	303	386	1.057	2.809	4.821
94	**Messung, Feuchte, Fußbodenheizung** Restfeuchtemessung, Estrich; Calciumcarbid-Messgerät						
	St	**€ brutto**	**62**	**72**	**86**	**108**	**123**
	KG 353	€ netto	52	60	73	91	103
95	**Abgleichventil, hydraulisch DN15** Abgleichventil hydraulisch; Messing/Rotguss; DN15						
	St	**€ brutto**	**144**	**149**	**197**	**241**	**296**
	KG 422	€ netto	121	125	166	203	249
96	**Abgleichventil, hydraulisch DN20** Abgleichventil hydraulisch; Messing/Rotguss; DN20						
	St	**€ brutto**	**147**	**216**	**230**	**265**	**326**
	KG 422	€ netto	124	182	193	222	274
97	**Abgleichventil, hydraulisch DN32** Abgleichventil hydraulisch; Messing/Rotguss; DN32						
	St	**€ brutto**	**232**	**261**	**293**	**311**	**371**
	KG 422	€ netto	195	220	246	262	312
98	**Abgleichventil, hydraulisch DN50** Abgleichventil hydraulisch; Messing/Rotguss; DN50						
	St	**€ brutto**	**315**	**335**	**373**	**390**	**452**
	KG 422	€ netto	264	281	313	328	380
99	**Abgleichventil, hydraulisch DN80** Abgleichventil hydraulisch; Messing/Rotguss; DN80						
	St	**€ brutto**	**934**	**1.014**	**1.094**	**1.132**	**1.171**
	KG 422	€ netto	785	852	919	951	984
100	**Schlamm und Magnetitabscheider 1 1/4"** Schlamm und Magnetitabscheider; Wasser/Klimakaltwasser/Wasser-/Glykolgemisch; 1 1/4"; für Heiz und Kühlwassersysteme						
	St	**€ brutto**	**258**	**278**	**282**	**301**	**321**
	KG 422	€ netto	217	234	237	253	270
101	**Schlamm und Magnetitabscheider 1 1/2"** Schlamm und Magnetitabscheider; Wasser/Klimakaltwasser/Wasser-/Glykolgemisch; 1 1/2"; für Heiz und Kühlwassersysteme						
	St	**€ brutto**	**330**	**434**	**460**	**498**	**546**
	KG 422	€ netto	278	364	387	418	459

LB 041							Preise €
Nr.	Kurztext / Stichworte				brutto ø		
	Einheit / Kostengruppe		►	▷	netto ø	◁	◄
102	**Hydraulischer Abgleich**						
	Hydraulischer Abgleich; Einstellen aller Ventile und Armaturen; Erstellung eines Protokolls						
	St	**€ brutto**	**588**	**691**	**700**	**849**	**1.003**
	KG 421	€ netto	494	581	588	714	843

LB 042 **Preise €**

Nr.	Kurztext / Stichworte Einheit / Kostengruppe		►	▷	brutto ø netto ø	◁	◄
1	**Hauseinführung, DN25** Hauseinführung; Gusseisen/Kunststoff/Stahl; DN25, Dicke 17,50-24,00cm; Beton/Mauerwerk						
	St	**€ brutto**	**159**	**224**	**248**	**271**	**372**
	KG 412	€ netto	134	188	208	228	312
2	**Hauswasserstation, Druckminderer/Wasserfilter, DN40** Hauswasserstation; Druckminderer, Feinfilter; PN16, DN40; inkl. Vor-/ Hinterdruckmanometer						
	St	**€ brutto**	**506**	**755**	**882**	**952**	**1.443**
	KG 412	€ netto	425	634	741	800	1.213
3	**Leitung, Metallverbundrohr, DN12** Leitung, Metallverbundrohr; Mehrschichtverbundwerkstoff; DN12, Dicke 2,25mm; Trinkwasser; inkl. Dichtungs-/Befestigungsmittel, Fittings						
	m	**€ brutto**	**9,0**	**16,6**	**19,7**	**21,9**	**27,2**
	KG 412	€ netto	7,6	13,9	16,5	18,4	22,9
4	**Leitung, Metallverbundrohr, DN15** Leitung, Metallverbundrohr; Mehrschichtverbundwerkstoff; DN15, Dicke 2,5mm; Trinkwasser; inkl. Dichtungs-/Befestigungsmittel, Fittings						
	m	**€ brutto**	**11**	**20**	**23**	**26**	**37**
	KG 412	€ netto	9,0	16,6	18,9	22,1	31,5
5	**Leitung, Metallverbundrohr, DN20** Leitung, Metallverbundrohr; Mehrschichtverbundwerkstoff; DN20, Dicke 3mm; Trinkwasser; inkl. Dichtungs-/Befestigungsmittel, Fittings						
	m	**€ brutto**	**15**	**24**	**28**	**32**	**41**
	KG 412	€ netto	13	20	24	27	35
6	**Leitung, Metallverbundrohr, DN25** Leitung, Metallverbundrohr; Mehrschichtverbundwerkstoff; DN25, Dicke 3mm; Trinkwasser; inkl. Dichtungs-/Befestigungsmittel, Fittings						
	m	**€ brutto**	**20**	**34**	**39**	**44**	**54**
	KG 412	€ netto	17	28	33	37	46
7	**Leitung, Metallverbundrohr, DN32** Leitung, Metallverbundrohr; Mehrschichtverbundwerkstoff; DN32, Dicke 3,5mm; Trinkwasser; inkl. Dichtungs-/Befestigungsmittel, Fittings						
	m	**€ brutto**	**30**	**44**	**50**	**57**	**72**
	KG 412	€ netto	25	37	42	48	61
8	**Leitung, Metallverbundrohr, DN40** Leitung, Metallverbundrohr; Mehrschichtverbundwerkstoff; DN40, Dicke 4mm; Trinkwasser; inkl. Dichtungs-/Befestigungsmittel, Fittings						
	m	**€ brutto**	**46**	**63**	**70**	**75**	**86**
	KG 412	€ netto	39	53	59	63	72

LB 042						Preise €
Nr.	**Kurztext** / Stichworte			**brutto ø**		
	Einheit / Kostengruppe	►	▷	netto ø	◁	◄
9	**Leitung, Metallverbundrohr, DN50**					
	Leitung, Metallverbundrohr; Mehrschichtverbundwerkstoff; DN50, Dicke 4mm; Trinkwasser; inkl. Dichtungs-/Befestigungsmittel, Fittings					
	m **€ brutto**	**59**	**73**	**81**	**87**	**101**
	KG 412 € netto	50	61	68	73	85
10	**Leitung, Kupferrohr, 15mm**					
	Leitung, Kupferrohr; Stangen; 15x1,0mm; inkl. löten/pressen; inkl. Aufhängung					
	m **€ brutto**	**21**	**28**	**32**	**35**	**40**
	KG 412 € netto	17	24	27	29	34
11	**Leitung, Kupferrohr, 18mm**					
	Leitung, Kupferrohr; Stangen; 18x1,0mm; inkl. löten/pressen; inkl. Aufhängung					
	m **€ brutto**	**25**	**30**	**34**	**38**	**44**
	KG 412 € netto	21	26	28	32	37
12	**Leitung, Kupferrohr, 22mm**					
	Leitung, Kupferrohr; Stangen; 22x1,0mm; inkl. löten/pressen; inkl. Aufhängung					
	m **€ brutto**	**26**	**32**	**35**	**43**	**53**
	KG 412 € netto	22	27	30	37	44
13	**Leitung, Kupferrohr, 28mm**					
	Leitung, Kupferrohr; Stangen; 28x1,0mm; inkl. löten/pressen; inkl. Aufhängung					
	m **€ brutto**	**31**	**41**	**45**	**53**	**65**
	KG 412 € netto	26	34	38	44	55
14	**Leitung, Kupferrohr, 35mm**					
	Leitung, Kupferrohr; Stangen; 35x1,2mm; inkl. löten/pressen; inkl. Aufhängung					
	m **€ brutto**	**43**	**53**	**58**	**59**	**79**
	KG 412 € netto	36	45	49	49	67
15	**Leitung, Kupferrohr, 42mm**					
	Leitung, Kupferrohr; Stangen; 42x1,2mm; inkl. löten/pressen; inkl. Aufhängung					
	m **€ brutto**	**51**	**62**	**67**	**72**	**89**
	KG 412 € netto	42	52	57	60	75
16	**Leitung, Kupferrohr, 54mm**					
	Leitung, Kupferrohr; Stangen; 54x1,5mm; inkl. löten/pressen; inkl. Aufhängung					
	m **€ brutto**	**63**	**86**	**91**	**100**	**115**
	KG 412 € netto	53	72	76	84	97

LB 042						Preise €
Nr.	**Kurztext** / Stichworte			**brutto ø**		
	Einheit / Kostengruppe	►	▷	netto ø	◁	◄
17	**Leitung, Edelstahlrohr, 15mm**					
	Leitung, Edelstahlrohr, körperschallgedämmt; Stangen; 15x1,0mm; Trinkwasser; inkl. Verbindung und Befestigung					
	m **€ brutto**	**12**	**24**	**28**	**32**	**38**
	KG 412 € netto	10	20	24	26	32
18	**Leitung, Edelstahlrohr, 18mm**					
	Leitung, Edelstahlrohr, körperschallgedämmt; Stangen; 18x1,0mm; Trinkwasser; inkl. Verbindung und Befestigung					
	m **€ brutto**	**17**	**27**	**31**	**31**	**44**
	KG 412 € netto	14	22	26	26	37
19	**Leitung, Edelstahlrohr, 22mm**					
	Leitung, Edelstahlrohr, körperschallgedämmt; Stangen; 22x1,2mm; Trinkwasser; inkl. Verbindung und Befestigung					
	m **€ brutto**	**19**	**35**	**36**	**41**	**54**
	KG 412 € netto	16	29	30	35	46
20	**Leitung, Edelstahlrohr, 28mm**					
	Leitung, Edelstahlrohr, körperschallgedämmt; Stangen; 28x1,2mm; Trinkwasser; inkl. Verbindung und Befestigung					
	m **€ brutto**	**22**	**37**	**40**	**46**	**60**
	KG 412 € netto	19	31	33	39	51
21	**Leitung, Edelstahlrohr, 35mm**					
	Leitung, Edelstahlrohr, körperschallgedämmt; Stangen; 35x1,5mm; Trinkwasser; inkl. Verbindung und Befestigung					
	m **€ brutto**	**33**	**50**	**53**	**62**	**79**
	KG 412 € netto	28	42	45	52	66
22	**Leitung, Edelstahlrohr, 42mm**					
	Leitung, Edelstahlrohr, körperschallgedämmt; Stangen; 42x1,5mm; Trinkwasser; inkl. Verbindung und Befestigung					
	m **€ brutto**	**41**	**60**	**63**	**77**	**96**
	KG 412 € netto	35	51	53	65	81
23	**Leitung, Edelstahlrohr, 54mm**					
	Leitung, Edelstahlrohr, körperschallgedämmt; Stangen; 54x1,5mm; Trinkwasser; inkl. Verbindung und Befestigung					
	m **€ brutto**	**48**	**65**	**70**	**86**	**115**
	KG 412 € netto	40	54	59	72	97
24	**Löschwasserleitung, verzinktes Rohr, DN50**					
	Löschwasserleitung; Gewinderohr verzinkt; DN50, Dicke 2,9mm; inkl. Befestigungen, Verbindungsstücke					
	m **€ brutto**	**71**	**77**	**79**	**82**	**87**
	KG 474 € netto	60	64	66	69	73

LB 042 **Preise €**

Nr.	Kurztext / Stichworte Einheit / Kostengruppe		►	▷	brutto ø netto ø	◁	◄
25	**Löschwasserleitung, verzinktes Rohr, DN100** Löschwasserleitung; Gewinderohr verzinkt; DN100, Dicke 3,6mm; inkl. Befestigungen, Verbindungsstücke						
	m	**€ brutto**	**112**	**117**	**132**	**142**	**145**
	KG 474	€ netto	94	99	111	119	122
26	**Kugelhahn, DN15** Kugelhahn; Rotguss/Messing; DN15; Trinkwasseranschluss						
	St	**€ brutto**	**21**	**32**	**34**	**54**	**89**
	KG 412	€ netto	18	27	29	46	75
27	**Kugelhahn, DN25** Kugelhahn; Rotguss/Messing; DN25; Trinkwasseranschluss						
	St	**€ brutto**	**25**	**53**	**63**	**88**	**128**
	KG 412	€ netto	21	45	53	74	108
28	**Kugelhahn, DN50** Kugelhahn; Rotguss/Messing; DN50; Trinkwasseranschluss						
	St	**€ brutto**	**82**	**121**	**131**	**190**	**268**
	KG 412	€ netto	69	102	110	159	226
29	**Eckventil, DN15** Eckventil; Messing, verchromt; DN15; Geräuschverhalten Gruppe I/II						
	St	**€ brutto**	**9,8**	**34,9**	**41,9**	**57,8**	**89,1**
	KG 412	€ netto	8,3	29,4	35,2	48,5	74,8
30	**Absperr-Schrägsitzventil DN15** Freistrom-Schrägsitzventil; Messing/Rotguss; DN15, 10/16bar						
	St	**€ brutto**	**76**	**101**	**115**	**131**	**164**
	KG 412	€ netto	64	84	97	110	138
31	**Absperr-Schrägsitzventil, DN25** Freistrom-Schrägsitzventil; Messing/Rotguss; DN25, 10/16bar						
	St	**€ brutto**	**88**	**142**	**165**	**209**	**295**
	KG 412	€ netto	74	120	138	176	248
32	**Absperr-Schrägsitzventil, DN50** Freistrom-Schrägsitzventil; Messing/Rotguss; DN50, 10/16bar						
	St	**€ brutto**	**162**	**301**	**367**	**426**	**535**
	KG 412	€ netto	136	253	308	358	449
33	**Absperr-Schrägsitzventil, DN65** Freistrom-Schrägsitzventil; Messing/Rotguss; DN65, 10/16bar						
	St	**€ brutto**	**556**	**568**	**632**	**703**	**715**
	KG 412	€ netto	467	477	531	590	601
34	**Zirkulations-Regulierventil, DN20** Zirkulations-Regulierventil; Rotguss/Messing; DN20						
	St	**€ brutto**	**119**	**140**	**155**	**164**	**185**
	KG 412	€ netto	100	118	130	138	155

LB 042 **Preise €**

Nr.	Kurztext / Stichworte Einheit / Kostengruppe		►	▷	brutto ø netto ø	◁	◄
35	**Zirkulations-Regulierventil, DN32** Zirkulations-Regulierventil; Rotguss/Messing; DN32						
	St	**€ brutto**	**250**	**282**	**293**	**320**	**352**
	KG 412	€ netto	210	237	246	269	295
36	**Warmwasser-Zirkulationspumpe, DN20** Zirkulationspumpe, Warmwasser; Rotguss; Anschluss DN20; inkl. Zeitschaltuhr und Gangreserve						
	St	**€ brutto**	**263**	**395**	**455**	**552**	**768**
	KG 412	€ netto	221	332	382	464	646
37	**Füll- und Entleerventil, DN15** Füll-und Entleerventil; Rotguss; DN15; mit Stopfbuchse, Kette und Kappe						
	St	**€ brutto**	**12**	**19**	**22**	**27**	**37**
	KG 412	€ netto	10,0	15,9	18,6	22,7	31,5
38	**Membran-Sicherheitsventil, Warmwasserbereiter** Membran Sicherheitsventil; Messing/Rotguss; Eintritt DN25, Austritt DN32, 5.000l						
	St	**€ brutto**	**55**	**79**	**97**	**122**	**201**
	KG 412	€ netto	47	66	81	103	169
39	**Enthärtungsanlage, vollautomatisch, Ionenaustauschverfahren** Enthärtungsanlage, vollautomatisch, Ionenaustauschverfahren; 2-7bar; für Trinkwasser; Resthärte einstellbar, inkl. Desinfektionseinrichtung						
	St	**€ brutto**	**2.461**	**3.080**	**3.121**	**3.130**	**3.750**
	KG 412	€ netto	2.068	2.589	2.623	2.630	3.151
40	**Leitung, Kupferrohr ummantelt, DN10** Kupferrohr, ummantelt; Kunststoff, B2; DN10						
	m	**€ brutto**	**4,4**	**5,4**	**6,0**	**6,6**	**7,5**
	KG 412	€ netto	3,7	4,5	5,0	5,6	6,3
41	**Leitung, Kupferrohr ummantelt, DN20** Kupferrohr, ummantelt; Kunststoff, B2; DN20						
	m	**€ brutto**	**11**	**12**	**13**	**13**	**15**
	KG 412	€ netto	9,1	10,2	10,6	11,2	12,7

LB 044 **Preise €**

Nr.	Kurztext / Stichworte Einheit / Kostengruppe	►	▷	brutto ø netto ø	◁	◄
1	**Bodenablauf, DN/OD110** Bodenablauf; Gusseisen; DN/OD110,LxB 150x150mm; inkl. Rost, zwei Isolierflanschen					
	St **€ brutto**	**629**	**680**	**694**	**708**	**759**
	KG 411 € netto	528	571	583	595	638
2	**Dachentwässerung DN70** Dachablauf; Kunststoff; DN70; inkl. Laubfangkorb					
	St **€ brutto**	**178**	**208**	**219**	**247**	**291**
	KG 411 € netto	150	175	184	208	244
3	**Rohrbelüfter DN50** Rohrbelüfter; DN50; Sieb mit Lippendichtung					
	St **€ brutto**	**64**	**99**	**119**	**128**	**156**
	KG 411 € netto	54	83	100	108	131
4	**Rohrbelüfter DN70** Rohrbelüfter; DN70; Sieb mit Lippendichtung					
	St **€ brutto**	**92**	**128**	**145**	**158**	**198**
	KG 411 € netto	78	108	122	133	167
5	**Rohrbelüfter DN100** Rohrbelüfter; DN100; Sieb mit Lippendichtung					
	St **€ brutto**	**107**	**135**	**147**	**158**	**209**
	KG 411 € netto	90	113	123	133	176
6	**Grundleitung, PVC-U, DN100** Grundleitung; PVC-U; DN100; Schmutz-/Regenwasser; Verlegung in vorhandenem Graben					
	m **€ brutto**	**31**	**35**	**38**	**40**	**43**
	KG 411 € netto	26	30	32	34	36
7	**Abwasserleitung, Guss, DN80** Abwasserleitung; Guss; DN80; inkl. Verbindung und Befestigung					
	m **€ brutto**	**51**	**57**	**61**	**61**	**67**
	KG 411 € netto	43	48	51	51	57
8	**Formstück, Bogen, Guss, DN80** Formstück, Bogen; Guss; DN80, aller Winkelgrade					
	St **€ brutto**	**21**	**34**	**39**	**47**	**76**
	KG 411 € netto	18	29	33	39	64
9	**Formstück, Abzweig, Guss, DN80** Formstück, Abzweig; Guss; DN80, aller Winkelgrade					
	St **€ brutto**	**36**	**39**	**41**	**43**	**50**
	KG 411 € netto	30	33	35	36	42

Kosten: Stand 3.Quartal 2025, Bundesdurchschnitt

LB 044 **Preise €**

Nr.	Kurztext / Stichworte Einheit / Kostengruppe		►	▷	brutto ø netto ø	◁	◄
10	**Putzstück, Guss, DN80** Formstück, Putzstück; Guss; DN80						
	St	**€ brutto**	**30**	**45**	**53**	**65**	**80**
	KG 411	€ netto	25	38	44	55	67
11	**Abwasserleitung, Guss, DN100** Abwasserleitung; Guss; DN100; inkl. Verbindung und Befestigung						
	m	**€ brutto**	**65**	**75**	**82**	**86**	**94**
	KG 411	€ netto	55	63	69	72	79
12	**Formstück, Bogen, Guss, DN100** Formstück, Bogen; Guss; DN100, aller Winkelgrade						
	St	**€ brutto**	**30**	**40**	**41**	**49**	**64**
	KG 411	€ netto	25	34	35	41	53
13	**Formstück, Abzweig, Guss, DN100** Formstück, Abzweig; Guss; DN100, aller Winkelgrade						
	St	**€ brutto**	**24**	**39**	**52**	**54**	**65**
	KG 411	€ netto	20	33	43	45	55
14	**Putzstück, Guss, DN100** Formstück, Putzstück; Guss; DN100						
	St	**€ brutto**	**56**	**70**	**79**	**81**	**95**
	KG 411	€ netto	47	59	66	68	80
15	**Abwasserleitung, Guss, DN125** Abwasserleitung; Guss; DN125; inkl. Verbindung und Befestigung						
	m	**€ brutto**	**77**	**97**	**124**	**139**	**141**
	KG 411	€ netto	64	82	105	117	118
16	**Formstück, Bogen, Guss, DN125** Formstück, Bogen; Guss; DN125, aller Winkelgrade						
	St	**€ brutto**	**39**	**47**	**56**	**66**	**82**
	KG 411	€ netto	33	40	47	56	69
17	**Formstück, Abzweig, Guss, DN125** Formstück, Abzweig; Guss; DN125, alle Winkelgrade						
	St	**€ brutto**	**27**	**56**	**68**	**85**	**108**
	KG 411	€ netto	22	47	57	71	91
18	**Abwasserleitung, Guss, DN150** Abwasserleitung; Guss; DN150; inkl. Verbindung und Befestigung						
	m	**€ brutto**	**106**	**124**	**148**	**150**	**158**
	KG 411	€ netto	89	104	124	126	132
19	**Formstück, Bogen, Guss, DN150** Formstück, Bogen; Guss; DN150, alle Winkelgrade						
	St	**€ brutto**	**45**	**65**	**79**	**89**	**102**
	KG 411	€ netto	38	55	66	75	85

LB 044							Preise €

Nr.	Kurztext / Stichworte Einheit / Kostengruppe		►	▷	brutto ø netto ø	◁	◄
20	**Formstück, Abzweig, Guss, DN150** Formstück, Abzweig; Guss; DN150, alle Winkelgrade						
	St	**€ brutto**	**65**	**108**	**135**	**151**	**168**
	KG 411	€ netto	55	91	113	127	141
21	**Putzstück, Guss, DN150** Formstück, Putzstück; Guss; DN150						
	St	**€ brutto**	**135**	**162**	**193**	**211**	**249**
	KG 411	€ netto	113	136	162	178	209
22	**Abwasserleitung, HT-Rohr, DN/OD63** Abwasserleitung; PP-Rohr; DN/OD63, Dicke 1,8mm						
	m	**€ brutto**	**18**	**22**	**23**	**24**	**27**
	KG 411	€ netto	15	18	19	20	23
23	**Formstück, HT-Bogen, DN/OD63** Formstück, Bogen; PP-Rohr; DN/OD63, alle Winkelgrade. Dicke 1,8mm						
	St	**€ brutto**	**8,4**	**9,4**	**9,5**	**9,8**	**10,7**
	KG 411	€ netto	7,1	7,9	8,0	8,2	9,0
24	**Formstück, HT-Abzweig, DN/OD63** Formstück, Abzweig; PP-Rohr; DN/OD63, alle Winkelgrade, Dicke 1,8mm						
	St	**€ brutto**	**7,2**	**12,9**	**15,2**	**20,3**	**29,2**
	KG 411	€ netto	6,1	10,9	12,8	17,1	24,5
25	**Abwasserleitung, HT-Rohr, DN/OD75** Abwasserleitung; PP-Rohr; DN/OD75, Dicke 1,9mm						
	m	**€ brutto**	**28**	**33**	**36**	**45**	**59**
	KG 411	€ netto	23	28	30	38	50
26	**Formstück, HT-Bogen, DN/OD75** Formstück, Bogen; PP-Rohr; DN/OD75, alle Winkelgrade, Dicke 1,9mm						
	St	**€ brutto**	**5,5**	**9,4**	**10,2**	**18,1**	**26,1**
	KG 411	€ netto	4,6	7,9	8,6	15,2	21,9
27	**Formstück, HT-Abzweig, DN/OD75** Formstück, Abzweig; PP-Rohr; DN/OD75, alle Winkelgrade, Dicke 1,9mm						
	St	**€ brutto**	**6,4**	**11,7**	**13,5**	**15,8**	**20,6**
	KG 411	€ netto	5,3	9,8	11,3	13,3	17,3
28	**Abwasserleitung, HT-Rohr, DN/OD110** Abwasserleitung; PP-Rohr; DN/OD110, Dicke 2,7mm						
	m	**€ brutto**	**34**	**39**	**41**	**43**	**51**
	KG 411	€ netto	29	33	35	36	43
29	**Formstück, HT-Bogen, DN/OD110** Formstück, Bogen; PP-Rohr; DN/OD110, alle Winkelgrade						
	St	**€ brutto**	**6,8**	**11,1**	**13,6**	**16,3**	**23,0**
	KG 411	€ netto	5,7	9,3	11,4	13,7	19,3

LB 044 **Preise €**

Nr.	Kurztext / Stichworte Einheit / Kostengruppe		►	▷	brutto ø netto ø	◁	◄
30	**Formstück, HT-Abzweig, DN/OD110** Formstück, Abzweig; PP-Rohr; DN/OD110, alle Winkelgrade, Dicke 2,7mm						
	St	**€ brutto**	**8,1**	**28,3**	**32,8**	**74,1**	**136,0**
	KG 411	€ netto	6,8	23,7	27,6	62,3	114,3
31	**Formstück, HT Doppelabzweig, DN/OD110** Formstück, Eck-Doppelabzweig; PP-Rohr; DN/OD110, 45°						
	St	**€ brutto**	**28**	**41**	**56**	**79**	**88**
	KG 411	€ netto	24	34	47	66	74
32	**Formstück, HT Übergangsrohr, DN/OD110** Formstück, Übergangsstück; PP-Rohr; DN/OD110/75 / DN/OD110/63						
	St	**€ brutto**	**1,4**	**5,4**	**7,1**	**11,7**	**17,6**
	KG 411	€ netto	1,2	4,5	6,0	9,9	14,8
33	**Abwasserleitung, PE-Rohr, DN/OD75** Abwasserrohrleitung; PE-Rohr; DN/OD75; schallgedämmt; inkl. Rohrbefestigungen						
	m	**€ brutto**	**25**	**34**	**40**	**42**	**50**
	KG 411	€ netto	21	28	34	35	42
34	**Formstück, PE-Bogen, DN/OD75** Formstück, Bogen; PE-Rohr; DN/OD75, alle Winkelgrade						
	St	**€ brutto**	**8,2**	**10,8**	**12,6**	**14,5**	**18,0**
	KG 411	€ netto	6,9	9,1	10,6	12,2	15,1
35	**Formstück, PE-Abzweig, DN/OD75** Formstück, Abzweig; PE-Rohr; DN/OD75, alle Winkelgrade						
	St	**€ brutto**	**13**	**15**	**17**	**19**	**21**
	KG 411	€ netto	11	12	14	16	17
36	**Abwasserleitung, PE-Rohr, DN/OD110** Abwasserleitung; PE-Rohr; DN/OD110; schallgedämmt; inkl. Rohrbefestigungen						
	m	**€ brutto**	**51**	**54**	**61**	**84**	**123**
	KG 411	€ netto	43	46	51	70	104
37	**Formstück, PE-Bogen, DN/OD110** Formstück, Bogen; PE-Rohr; DN/OD110, alle Winkelgrade						
	St	**€ brutto**	**22**	**25**	**33**	**42**	**44**
	KG 411	€ netto	19	21	28	35	37
38	**Formstück, PE-Abzweig, DN/OD110** Formstück, Abzweig; PE-Rohr; DN/OD110, alle Winkelgrade						
	St	**€ brutto**	**24**	**28**	**40**	**45**	**50**
	KG 411	€ netto	21	23	33	37	42

LB 044 **Preise €**

Nr.	Kurztext / Stichworte Einheit / Kostengruppe	►	▷	brutto ø netto ø	◁	◄
39	**Formstück, PE-Putzstück, DN/OD110** Formstück, Putzstück; PE-Rohr; DN/OD110, alle Winkelgrade					
	St € brutto	**44**	**50**	**62**	**75**	**79**
	KG 411 € netto	37	42	53	63	66
40	**Abwasserleitung, PE-Rohr, DN/OD160** Abwasserleitung; PE-Rohr; DN/OD160; schallgedämmt; inkl. Rohrbefestigungen					
	m € brutto	**85**	**97**	**116**	**135**	**141**
	KG 411 € netto	71	81	97	113	118
41	**Formstück, PE-Abzweig, DN/OD160** Formstück, Abzweig; PE-Rohr; DN/OD160, alle Winkelgrade					
	St € brutto	**118**	**133**	**151**	**164**	**183**
	KG 411 € netto	99	111	127	138	154
42	**Druckleitung, Schmutzwasserhebeanlage DN/OD50** Druckleitung, Schmutzwasserhebeanlage; DN/OD50, PN 4/6; unter/in Bodenplatte					
	m € brutto	**31**	**36**	**47**	**53**	**56**
	KG 411 € netto	26	30	40	45	47
43	**Doppelabzweig, Guss DN100** Formstück, Eck-Doppelabzweig; Gussrohr; DN100/87/70, 45°					
	St € brutto	**75**	**79**	**85**	**91**	**95**
	KG 411 € netto	63	67	71	76	80
44	**Abwasserleitung, PP-Rohre, DN/OD63, schallgedämmt** Abwasserleitung, schallgedämmt; PP-Rohr; DN/OD63; Länge 1,00m					
	m € brutto	**27**	**33**	**38**	**42**	**51**
	KG 411 € netto	22	28	32	36	43
45	**Abwasserleitung, PP-Rohre, DN/OD75, schallgedämmt** Abwasserleitung, schallgedämmt; PP-Rohr; DN/OD75; Länge 1,00m					
	m € brutto	**27**	**33**	**38**	**43**	**51**
	KG 411 € netto	22	28	32	36	43
46	**Abwasserleitung, PP-Rohre, DN/OD90, schallgedämmt** Abwasserleitung, schallgedämmt; PP-Rohr; DN/OD90; Länge 1,00m					
	m € brutto	**38**	**46**	**55**	**61**	**74**
	KG 411 € netto	32	38	46	51	62
47	**Abwasserleitung, PP-Rohre, DN/OD110 schallgedämmt** Abwasserleitung, schallgedämmt; PP-Rohr; DN/OD110; Länge 1,00m					
	m € brutto	**40**	**48**	**55**	**62**	**75**
	KG 411 € netto	33	40	47	52	63

LB 044 **Preise €**

Nr.	Kurztext / Stichworte Einheit / Kostengruppe		▶	▷	brutto ø netto ø	◁	◀
48	**Abwasser-Rohrbogen, PP, DN/OD63, schallgedämmt** Formstück, Bogen, schallgedämmt; PP-Rohr; DN/OD63, alle Winkelgrade, Länge 1,00m						
	St	**€ brutto**	**9,0**	**13,0**	**15,0**	**18,0**	**22,5**
	KG 411	€ netto	7,6	11,0	12,6	15,1	18,9
49	**Abwasser-Rohrbogen, PP, DN/OD75, schallgedämmt** Formstück, Bogen, schallgedämmt; PP-Rohr; DN/OD75, alle Winkelgrade, Länge 1,00m						
	St	**€ brutto**	**11**	**17**	**19**	**23**	**29**
	KG 411	€ netto	9,6	14,0	16,0	19,2	24,0
50	**Abwasser-Rohrbogen, PP, DN/OD90, schallgedämmt** Formstück, Bogen, schallgedämmt; PP-Rohr; DN/OD90, alle Winkelgrade, Länge 1,00m						
	St	**€ brutto**	**16**	**23**	**27**	**32**	**40**
	KG 411	€ netto	13	19	22	27	33
51	**Abwasser-Rohrbogen, PP, DN/OD110, schallgedämmt** Formstück, Bogen, schallgedämmt; PP-Rohr; DN/OD110, alle Winkelgrade, Länge 1,00m						
	St	**€ brutto**	**35**	**51**	**58**	**70**	**88**
	KG 411	€ netto	29	43	49	59	74
52	**Abwasser-Abzweig, PP, DN/OD63, schallgedämmt** Formstück, Abzweig, schallgedämmt; PP-Rohr; DN/OD63-63, alle Winkelgrade, Länge 1,00m						
	St	**€ brutto**	**15**	**22**	**25**	**30**	**38**
	KG 411	€ netto	13	18	21	25	32
53	**Abwasser-Abzweig, PP, DN/OD75, schallgedämmt** Formstück, Abzweig, schallgedämmt; PP-Rohr; DN/OD75-75, alle Winkelgrade, Länge 1,00m						
	St	**€ brutto**	**19**	**28**	**32**	**38**	**48**
	KG 411	€ netto	16	23	27	32	40
54	**Abwasser-Abzweig, PP, DN/OD90, schallgedämmt** Formstück, Abzweig, schallgedämmt; PP-Rohr; DN/OD90-90, alle Winkelgrade, Länge 1,00m						
	St	**€ brutto**	**27**	**39**	**45**	**54**	**68**
	KG 411	€ netto	23	33	38	46	57
55	**Abwasser-Abzweig, PP, DN/OD110, schallgedämmt** Formstück, Abzweig, schallgedämmt; PP-Rohr; DN/OD110-110, alle Winkelgrade, Länge 1,00m						
	St	**€ brutto**	**29**	**42**	**48**	**58**	**72**
	KG 411	€ netto	24	35	40	49	61

LB 044						Preise €
Nr.	**Kurztext** / Stichworte			**brutto ø**		
	Einheit / Kostengruppe	►	▷	netto ø	◁	◄
56	**Bodenablauf, bodengleiche Dusche**					
	Bodenablauf, bodengleiche Dusche; Guss, Gitterrost Stahl, rutschhemmend, L15; DN70-100, BxL 150x150mm; höhenverstellbar, mit Glockengeruchsverschluss, rückstausicher					
	St **€ brutto**	**560**	**615**	**683**	**819**	**942**
	KG 411 € netto	471	516	574	689	792
57	**Bodenablauf, Rinne, bodengleiche Dusche**					
	Bodenablauf, Rinne, bodengleiche Dusche; Stahl, nichtrostend, K3; DN50-70, Länge über 600-1.000mm; höhenverstellbar, mit Geruchsverschluss, Reinigungsöffnung					
	St **€ brutto**	**690**	**735**	**919**	**1.103**	**1.269**
	KG 411 € netto	579	618	773	927	1.066
58	**Duschrinne, Edelstahl, 900mm**					
	Duschrinne; Edelstahl, K3; DN50, 0,6l/s, Länge 900mm; inkl. Geruchsverschluss					
	St **€ brutto**	**419**	**655**	**706**	**824**	**1.010**
	KG 411 € netto	352	551	593	692	849

LB 045 **Preise €**

Nr.	Kurztext / Stichworte Einheit / Kostengruppe		►	▷	brutto ø netto ø	◁	◄
1	**Handwaschbecken, Sanitärporzellan** Handwaschbecken; Sanitärporzellan; inkl. Befestigung, Schallschutzset						
	St	**€ brutto**	**133**	**217**	**227**	**257**	**363**
	KG 412	€ netto	112	183	191	216	305
2	**Waschtisch, Keramik 550x450** Waschtisch; Sanitärporzellan; 550x450mm; inkl. Befestigung, Schallschutzset						
	St	**€ brutto**	**183**	**282**	**335**	**384**	**498**
	KG 412	€ netto	154	237	281	322	418
3	**Waschtisch, Keramik 600x500** Waschtisch; Sanitärporzellan; 600x500mm; inkl. Befestigung, Schallschutzset						
	St	**€ brutto**	**216**	**349**	**425**	**510**	**688**
	KG 412	€ netto	181	294	357	428	578
4	**Waschbecken, barrierefrei** Waschbecken, barrierefrei; Sanitärporzellan, wasserabweisender Beschichtung; Breite über 500 bis 550mm, Ausladung über 450mm bis 500mm; unterfahrbar						
	St	**€ brutto**	**360**	**408**	**480**	**649**	**889**
	KG 412	€ netto	303	343	404	545	747
5	**Raumsparsiphon, Waschtisch, unterfahrbar** Raumsparsiphon, Waschtisch; Messing, verchromt; 1 1/4xDN32; Geruchsverschluss, Kasten, Abdeckung; Wandanschluss						
	St	**€ brutto**	**88**	**98**	**113**	**135**	**169**
	KG 412	€ netto	74	82	95	114	142
6	**UP-Siphon, Waschtisch** UP-Siphon; Kunststoff; 1 1/4"; verstellbar; Wandeinbau						
	St	**€ brutto**	**38**	**55**	**58**	**71**	**101**
	KG 412	€ netto	32	46	49	59	85
7	**Einhebel-Mischbatterie, Standmontage** Einhand-Waschtischbatterie; inkl. Schnellmontagesystem						
	St	**€ brutto**	**217**	**306**	**350**	**449**	**650**
	KG 412	€ netto	182	258	294	378	546
8	**Spiegel, Kristallglas** Spiegel; Kristallglas; 600x400mm; inkl. Befestigungsmaterial						
	St	**€ brutto**	**48**	**72**	**85**	**110**	**139**
	KG 610	€ netto	40	60	71	92	117

LB 045 **Preise €**

Nr.	Kurztext / Stichworte Einheit / Kostengruppe		►	▷	brutto ø netto ø	◁	◄
9	**Spiegel, hochkant, für Waschtisch** Spiegel; Kristallglas; Höhe 1.000mm, Breite 500 bis 600mm; rahmenlos, poliert, versiegelt; Magnetaufhängung						
	St	**€ brutto**	**112**	**127**	**149**	**194**	**238**
	KG 412	€ netto	94	106	125	163	200
10	**Badewanne, Stahl** Badewanne; Stahl; 170x80cm						
	St	**€ brutto**	**451**	**686**	**743**	**864**	**1.320**
	KG 412	€ netto	379	577	625	726	1.110
11	**Einhandmischer, Badewanne** Einhandmischbatterie, Badewanne; Metall, verchromt; Auf-/Unterputz, Kugelmischsystem; Wandmontage						
	St	**€ brutto**	**92**	**289**	**405**	**616**	**841**
	KG 412	€ netto	77	243	340	518	707
12	**Thermostatarmatur, Badewanne** Thermostatarmatur; Messing; Wandeinbaubatterie/Wandbatterie						
	St	**€ brutto**	**481**	**641**	**801**	**1.081**	**1.562**
	KG 412	€ netto	404	539	673	909	1.313
13	**WC, wandhängend** Tiefspül-WC; Sanitärporzellan; Wandmontage						
	St	**€ brutto**	**309**	**445**	**449**	**528**	**734**
	KG 412	€ netto	259	374	377	444	617
14	**WC, barrierefrei** WC, barrierefrei; Sanitärporzellan, wasserabweisender Beschichtung; Wasserbedarf 6l; spülrandlos, wandhängend barrierefreie Ausführung, inkl. WC-Sitz						
	St	**€ brutto**	**541**	**708**	**788**	**873**	**1.288**
	KG 412	€ netto	455	595	662	734	1.082
15	**WC-Spülkasten, mit Betätigungsplatte** WC-Spülkasten; Kunststoff; 3/6l; Unterputz, Wandmontage; inkl. Betätigungsplatte						
	St	**€ brutto**	**269**	**301**	**342**	**400**	**489**
	KG 412	€ netto	226	253	287	336	411
16	**Notruf, barrierefreies WC** Notruf, barrierefreies WC; Kompaktset, Signalleuchte, Zugtaster, Abstelltaster, Meldeeinheit						
	St	**€ brutto**	**635**	**892**	**1.071**	**1.254**	**1.500**
	KG 452	€ netto	534	749	900	1.054	1.261

LB 045							Preise €
Nr.	Kurztext / Stichworte Einheit / Kostengruppe		►	▷	brutto ø netto ø	◁	◄
17	**WC-Sitz** WC-Sitz; inkl. Deckel und Scharniere						
	St	**€ brutto**	**72**	**136**	**152**	**183**	**259**
	KG 412	€ netto	60	114	127	154	218
18	**WC-Bürste** WC-Bürstengarnitur; inkl. Befestigungsmaterial						
	St	**€ brutto**	**8,4**	**51,0**	**89,5**	**94,2**	**117,1**
	KG 610	€ netto	7,1	42,9	75,2	79,1	98,4
19	**WC-Toilettenpapierhalter** Toilettenpapierhalter; Nylon; Wandmontage						
	St	**€ brutto**	**42**	**78**	**92**	**109**	**144**
	KG 610	€ netto	35	66	77	91	121
20	**Duschwanne, Stahl 80x80** Duschwanne; Stahl; 80x80x6cm						
	St	**€ brutto**	**219**	**313**	**352**	**397**	**491**
	KG 412	€ netto	184	263	296	334	413
21	**Duschwanne, Stahl 90x90** Duschwanne; Stahl; 90x90x6cm						
	St	**€ brutto**	**299**	**463**	**530**	**574**	**763**
	KG 412	€ netto	251	389	446	482	641
22	**Duschwanne, Stahl 100x100** Duschwanne; Stahl; 100x100x6cm						
	St	**€ brutto**	**330**	**478**	**571**	**656**	**861**
	KG 412	€ netto	277	402	480	552	723
23	**Duschwanne, Stahl 100x80** Duschwanne; Stahl; 100x80x6cm						
	St	**€ brutto**	**338**	**609**	**721**	**823**	**979**
	KG 412	€ netto	284	512	606	692	823
24	**Einhebelmischarmatur, Dusche** Einhandmischarmatur, Dusche; Metall, verchromt; DN15; Wandmontage						
	St	**€ brutto**	**292**	**557**	**664**	**737**	**934**
	KG 412	€ netto	245	468	558	620	785
25	**Duschabtrennung, Kunststoff** Duschabtrennung; Kunststoff; 80x80x200cm; Drehtür/Schiebetür; inkl. Wandanschlussprofil						
	St	**€ brutto**	**1.114**	**1.229**	**1.294**	**1.354**	**1.493**
	KG 610	€ netto	937	1.033	1.088	1.137	1.255
26	**Urinal, Keramik** Urinal; Sanitärporzellan; unsichtbar befestigen						
	St	**€ brutto**	**274**	**348**	**402**	**429**	**508**
	KG 412	€ netto	231	292	338	361	427

LB 045							Preise €
Nr.	**Kurztext** / Stichworte **Einheit** / Kostengruppe		►	▷	**brutto ø** netto ø	◁	◄
27	**Installationselement, Urinal** Urinal Montageelement; selbsttragender Montagerahmen; inkl. Anschlussgarnitur, Befestigungsmaterial						
	St	**€ brutto**	**305**	**350**	**375**	**428**	**496**
	KG 419	€ netto	256	294	315	360	417
28	**Bidet, Keramik** Bidet; Sanitärporzellan; Wandmontage						
	St	**€ brutto**	**288**	**591**	**761**	**922**	**1.951**
	KG 412	€ netto	242	496	639	775	1.639
29	**Einhandmischer, Bidet** Einhandmischarmatur, Bidet						
	St	**€ brutto**	**253**	**325**	**381**	**458**	**630**
	KG 412	€ netto	213	273	321	385	530
30	**Ausgussbecken, Stahl** Ausgussbecken; Stahl; 500x350mm; Wandmontage; inkl. Klapprost						
	St	**€ brutto**	**124**	**152**	**166**	**217**	**273**
	KG 412	€ netto	104	128	139	182	230
31	**Seifenspender, Wandmontage** Seifenspender; Kunststoff/Stahl; 0,5/0,75l; Wandmontage						
	St	**€ brutto**	**97**	**150**	**174**	**244**	**354**
	KG 610	€ netto	81	126	146	205	298
32	**Papierhandtuchspender, Wandmontage** Papierhandtuchspender; Kunststoff/Stahl; 300St; Wandmontage						
	St	**€ brutto**	**40**	**83**	**102**	**144**	**228**
	KG 610	€ netto	33	70	86	121	191
33	**Einhandmischer, Spültisch** Einhandmischbatterie, Spültisch; verchromt; DN15						
	St	**€ brutto**	**55**	**281**	**373**	**517**	**794**
	KG 412	€ netto	46	236	314	435	667
34	**Installationselement, WC** Installationselement, WC; Stahlrahmen; Unterputz, Wandmontage; inkl. Betätigungsplatte						
	St	**€ brutto**	**310**	**370**	**412**	**447**	**501**
	KG 419	€ netto	261	311	346	375	421
35	**Installationselement, barrierefreies WC, mit Stützgriffen** Installationselement, barrierefreies WC; höhenverstellbar bis 200mm, Einbauhöhe über 1.000 bis 1.200mm, Breite 850 bis 1.000mm; für Metallständerwand, Vorwandmontage, mit Stützgriffe, inkl. Einbauspülkasten						
	St	**€ brutto**	**702**	**864**	**1.080**	**1.296**	**1.512**
	KG 419	€ netto	590	726	908	1.089	1.271

LB 045						Preise €
Nr.	**Kurztext** / Stichworte			**brutto ø**		
	Einheit / Kostengruppe	►	▷	netto ø	◁	◄
36	**Installationselement, Hygiene-Spül-WC, mit Stützgriffen** Installationselement, Hygiene-Spül-WC, barrierefrei; höhenverstellbar bis 200mm, Einbauhöhe über 1.000 bis 1.200mm, Breite 850 bis 1.000mm; für Metallständerwand, Vorwandmontage, mit Stützgriffe, inkl. Einbauspülkasten; Wandmontage					
	St	**€ brutto**	**985**	**1.212**	**1.515**	**1.818**	**2.121**
	KG 419	€ netto	827	1.018	1.273	1.528	1.782
37	**Installationselement, Hygiene-Spül-WC** Installationselement, Hygiene-Spül-WC, barrierefrei; höhenverstellbar bis 200mm, Einbauhöhe über 1.000 bis 1.200mm, Breite 850 bis 1.000mm; für Metallständerwand, Vorwandmontage, inkl. Einbauspülkasten; Wandmontage					
	St	**€ brutto**	**389**	**473**	**556**	**667**	**767**
	KG 419	€ netto	327	397	467	561	645
38	**Installationselement, Waschtisch** Installationselement, Waschtisch; Stahlrahmen; Ablauf DN40/50; Wandmontage					
	St	**€ brutto**	**72**	**140**	**186**	**220**	**294**
	KG 419	€ netto	61	118	156	185	247
39	**Installationselement, barrierefreier Waschtisch, mit Stützgriffen** Installationselement, barrierefreier Waschtisch; höhenverstellbar bis 200mm, Einbauhöhe über 1.000 bis 1.200mm, Breite 850 bis 1.000mm; für Metallständerwand, Vorwandmontage, mit Stützgriffe, inkl. Einbauspülkasten					
	St	**€ brutto**	**500**	**622**	**715**	**858**	**979**
	KG 419	€ netto	420	523	601	721	823
40	**Installationselement, barrierefreier Waschtisch, höhenverstellbar** Installationselement, barrierefreier Waschtisch, nachträglicher Einbau; Verstellbereich 200mm, Einbauhöhe über 1.000 bis 1.200mm, Breite 400 bis 600mm; höhenverstellbar, wandhängend, für Metallständerwand, Vorwandmontage, mit Stützgriffe, inkl. Einbauspülkasten					
	St	**€ brutto**	**342**	**388**	**457**	**539**	**616**
	KG 419	€ netto	288	326	384	453	518
41	**Installationselement, Stützgriff** Installationselement, Stützgriff; höhenverstellbar bis 200mm, Einbauhöhe über 1.000 bis 1.200mm, Breite 850 bis 1.000mm; für Metallständerwand, Vorwandmontage					
	St	**€ brutto**	**232**	**304**	**357**	**429**	**490**
	KG 419	€ netto	195	255	300	360	411

Kosten: Stand 3.Quartal 2025, Bundesdurchschnitt

LB 045 **Preise €**

Nr.	Kurztext / Stichworte				brutto ø		
	Einheit / Kostengruppe		►	▷	netto ø	◁	◄
42	**Unterkonstruktion Stützgriff/Sitz**						
	Unterkonstruktion Stützgriff/Sitz; wandhängend, für Metallständerwand, Vorwandmontage, inkl. Befestigungsmaterial						
	St	**€ brutto**	**103**	**135**	**159**	**191**	**218**
	KG 419	€ netto	87	113	133	160	183
43	**Haltegriff, Edelstahl, 600mm**						
	Haltegriff; Edelstahl, gebürstet; Länge 600mm, Durchmesser 32mm, Wandabstand 50mm; inkl. Befestigung						
	St	**€ brutto**	**109**	**157**	**169**	**216**	**278**
	KG 412	€ netto	92	132	142	182	234
44	**Haltegriff, Kunststoff, 300mm**						
	Haltegriff; Kunststoff; Länge 300mm; rund, mit Rosette und Schrauben verdeckt befestigen						
	St	**€ brutto**	**113**	**163**	**199**	**236**	**328**
	KG 412	€ netto	95	137	167	199	275
45	**Duschhandlauf, Edelstahl, 600mm**						
	Duschhandlauf; Messing, verchromt; Durchmesser 32mm, 90° Winkel						
	St	**€ brutto**	**406**	**583**	**657**	**746**	**970**
	KG 412	€ netto	341	490	552	627	815
46	**Duschsitz, klappbar**						
	Duschsitz; Kunststoffrahmen mit Stahlkern; klappbar, Arretierung und Fallbremse, inkl. Befestigungsmaterial						
	St	**€ brutto**	**445**	**538**	**579**	**580**	**673**
	KG 412	€ netto	374	452	486	488	566
47	**WC-Rückenstütze**						
	WC-Rückenstütze; Kunststoff, weiß; Ausladung 650 bis 700mm						
	St	**€ brutto**	**354**	**456**	**517**	**539**	**621**
	KG 412	€ netto	297	383	434	453	522
48	**Stützgriff, fest, WC**						
	Stützgriff, WC; Kunststoff, weiß; Ausladung 850mm, belastbar bis 100kg; fest, mit Flansch und Schrauben befestigen						
	St	**€ brutto**	**486**	**572**	**715**	**858**	**965**
	KG 412	€ netto	408	480	601	721	811
49	**Stützgriff, fest, WC mit Spülauslösung**						
	Stützgriff, WC; Kunststoff, weiß; Ausladung 850mm, belastbar bis 100kg; fest, mit Spülauslösung manuell, inkl. Befestigung mit Flansch, Schrauben						
	St	**€ brutto**	**733**	**822**	**893**	**983**	**1.117**
	KG 412	€ netto	616	691	751	826	938

LB 045						Preise €
Nr.	**Kurztext** / Stichworte			**brutto ø**		
	Einheit / Kostengruppe	►	▷	netto ø	◁	◄
50	**Stützgriff, klappbar, WC** Stützgriff, WC; Kunststoff, weiß; Ausladung 850mm, belastbar bis 100kg; klappbar, Arretierung und Fallbremse, inkl. Befestigungsmaterial					
	St **€ brutto**	**559**	**688**	**860**	**1.032**	**1.178**
	KG 412 € netto	470	578	722	867	990
51	**Stützgriff, fest, Waschtisch** Stützgriff, Waschtisch; Kunststoff, weiß; Ausladung 600mm, belastbar bis 100kg; fest, inkl. Befestigung mit Flansch, Schrauben					
	St **€ brutto**	**394**	**484**	**606**	**727**	**830**
	KG 412 € netto	331	407	509	611	697
52	**Stützgriff, klappbar, Waschtisch** Stützgriff, Waschtisch; Kunststoff, weiß; Ausladung 600mm, belastbar bis 100kg; klappbar, Arretierung und Fallbremse, inkl. Befestigungsmaterial					
	St **€ brutto**	**561**	**638**	**701**	**764**	**841**
	KG 412 € netto	471	536	589	642	707
53	**Stundensatz, Obermonteur/-in Sanitär** Stundenlohnarbeiten für Obermonteur/-in Sanitär; Verrechnungssatz für die Arbeitskraft inkl. aller Aufwendungen; Nachweis und Anmeldung gem. VOB/B					
	h **€ brutto**	**64**	**73**	**76**	**81**	**89**
	€ netto	54	62	63	68	74
54	**Stundensatz, Helfer/-in Sanitär** Stundenlohnarbeiten für Helfer/-in Sanitär; Verrechnungssatz für die Arbeitskraft inkl. aller Aufwendungen; Nachweis und Anmeldung gem. VOB/B					
	h **€ brutto**	**57**	**63**	**66**	**66**	**74**
	€ netto	48	53	55	56	62

LB 046 **Preise €**

Nr.	Kurztext / Stichworte Einheit / Kostengruppe		▶	▷	brutto ø netto ø	◁	◀
1	**Abwasserhebeanlage** Abwasserhebeanlage, Schmutzwasser; Kunststoff, Strukturblech; Leistung 5,00m³/h, Förderhöhe bis 13,00m						
	St	**€ brutto**	**3.029**	**5.229**	**5.940**	**7.229**	**10.408**
	KG 411	€ netto	2.545	4.394	4.991	6.075	8.746
2	**Regenwassernutzungsanlagen** automatische Regenwassernutzungsanlage; Kompaktmodulsystem, inkl. Kreiselpumpe; Nutzung aus Zisterne, Behälter						
	St	**€ brutto**	**4.984**	**6.602**	**7.434**	**8.180**	**10.644**
	KG 412	€ netto	4.188	5.548	6.247	6.874	8.945
3	**Druckerhöhungsanlage** Druckerhöhungsanlage für Trinkwasser; Stahlleitungen; anschlussfertige Kompaktbauweise, schwingungsgedämpft; mit Kreiselpumpe						
	St	**€ brutto**	**9.159**	**19.686**	**26.937**	**31.178**	**37.188**
	KG 412	€ netto	7.697	16.543	22.636	26.200	31.250
4	**Regenwasserspeicher, Stahlbeton** Regenwasserspeicher; Stahlbeton; Schachtringe, Konus, Schachtabdeckung befahrbar						
	St	**€ brutto**	**5.485**	**6.958**	**7.649**	**8.760**	**11.016**
	KG 551	€ netto	4.610	5.847	6.428	7.362	9.257
5	**Kreiselpumpe, Wasser/Abwasser** Kreiselpumpe, Wasser/Abwasser; Betriebsspannung 230 V AC; stufenlos regelbar, differenzdruckgeregelt, Körperschallgedämmt; inkl. Motor						
	St	**€ brutto**	**3.096**	**3.252**	**3.362**	**3.462**	**3.617**
	KG 542	€ netto	2.602	2.732	2.825	2.909	3.040
6	**Enthärtungsanlage bis 2m³/h** Enthärtungsanlage; bis 2m³/h, DN25; vollautomatisch						
	St	**€ brutto**	**3.708**	**4.503**	**5.298**	**6.092**	**6.495**
	KG 412	€ netto	3.116	3.784	4.452	5.120	5.458
7	**Enthärtungsanlage bis 5m³/h** Enthärtungsanlage; bis 5m³/h, DN25; vollautomatisch						
	St	**€ brutto**	**5.257**	**5.374**	**6.322**	**7.270**	**8.648**
	KG 412	€ netto	4.418	4.516	5.312	6.109	7.267
8	**Enthärtungsanlage bis 10m³/h** Enthärtungsanlage; bis 10m³/h, DN65; vollautomatisch						
	St	**€ brutto**	**8.320**	**9.135**	**10.747**	**12.359**	**12.462**
	KG 412	€ netto	6.991	7.677	9.031	10.386	10.472

LB 047 **Preise €**

Nr.	Kurztext / Stichworte Einheit / Kostengruppe		►	▷	brutto ø netto ø	◁	◄
1	**Kompaktdämmhülse, Rohrleitung DN15** Kompaktdämmhülse, Rohrleitung; Polyethylen, Gittergewebe, WLG 040, B2; DN15, Dicke 13mm; Rohfußboden						
	m	**€ brutto**	**9,4**	**11,0**	**12,2**	**13,2**	**14,9**
	KG 422	€ netto	7,9	9,3	10,2	11,1	12,5
2	**Kompaktdämmhülse, Rohrleitung DN25** Kompaktdämmhülse, Rohrleitung; Polyethylen, Gittergewebe, WLG 040, B2; DN25, Dicke 20mm; Rohfußboden						
	m	**€ brutto**	**13**	**16**	**23**	**24**	**31**
	KG 422	€ netto	11	14	19	20	26
3	**Wärmedämmung, Rohrleitung, DN15** Rohrdämmung; Mineralfaserschalen, alukaschiert; DN15, Dicke 20mm						
	m	**€ brutto**	**15**	**25**	**29**	**29**	**39**
	KG 422	€ netto	13	21	25	25	33
4	**Rohrdämmung, MW-alukaschiert, DN15** Rohrdämmung; Mineralwolle, alukaschiert; DN15, Dicke 20mm; Heizungsrohre						
	m	**€ brutto**	**12**	**19**	**25**	**29**	**40**
	KG 422	€ netto	9,9	16,2	20,9	24,4	33,6
5	**Rohrdämmung, MW-alukaschiert, DN25** Rohrdämmung; Mineralwolle, alukaschiert; DN25, Dicke 30mm; Heizungsrohre						
	m	**€ brutto**	**29**	**36**	**38**	**46**	**57**
	KG 422	€ netto	24	30	32	39	48
6	**Rohrdämmung, MW-alukaschiert, DN40** Rohrdämmung; Mineralwolle, alukaschiert; DN40, Dicke 20mm; Heizungsrohre						
	m	**€ brutto**	**36**	**40**	**51**	**55**	**67**
	KG 422	€ netto	30	34	43	47	57
7	**Rohrdämmung, MW-alukaschiert, DN65** Rohrdämmung; Mineralwolle, alukaschiert; DN65, Dicke 70mm; Heizungsrohre						
	m	**€ brutto**	**42**	**51**	**61**	**79**	**99**
	KG 422	€ netto	36	43	52	66	84
8	**Rohrdämmung, MW/Blech DN20** Rohrdämmung; Mineralwolle, alukaschiert, Blech/Stahl/Aluminium; DN20, Dicke 20mm						
	m	**€ brutto**	**34**	**41**	**48**	**49**	**54**
	KG 422	€ netto	29	34	40	42	45

LB 047							**Preise €**
Nr.	**Kurztext** / Stichworte **Einheit** / Kostengruppe		▶	▷	**brutto ø** netto ø	◁	◀
9	**Rohrdämmung, MW/Blech DN40** Rohrdämmung; Mineralwolle, alukaschiert, Blech/Stahl/Aluminium; DN40, Dicke 40mm						
	m	**€ brutto**	**43**	**50**	**63**	**75**	**80**
	KG 422	€ netto	36	42	53	63	67
10	**Lüftungskanal Mineral alukaschiert** Wärmedämmung Lüftungskanal; Mineralwolle, alukaschiert; Dicke 30/50mm						
	m	**€ brutto**	**37**	**44**	**45**	**49**	**56**
	KG 431	€ netto	31	37	38	41	47
11	**Brandschutzabschottung, R90, DN15** Brandschutzabschottung, Rohrleitung, R90; Mineralfaser, nicht brennbar/brennbar; DN15, Länge 1,00m; Wanddurchbruch						
	St	**€ brutto**	**18**	**28**	**33**	**39**	**53**
	KG 422	€ netto	16	24	27	32	45
12	**Brandschutzabschottung, R90, DN20** Brandschutzabschottung, Rohrleitung, R90; Mineralfaser, nicht brennbar/brennbar; DN20, Länge 1,00m; Wanddurchbruch						
	St	**€ brutto**	**47**	**54**	**58**	**58**	**65**
	KG 422	€ netto	40	45	49	49	55
13	**Brandschutzabschottung, R90, DN25** Brandschutzabschottung, Rohrleitung, R90; Mineralfaser, nicht brennbar/brennbar; DN25, Länge 1,00m; Wanddurchbruch						
	St	**€ brutto**	**57**	**66**	**67**	**74**	**82**
	KG 422	€ netto	48	55	56	62	69
14	**Brandschutzabschottung, R90, DN32** Brandschutzabschottung, Rohrleitung, R90; Mineralfaser, nicht brennbar/brennbar; DN32, Länge 1,00m; Wanddurchbruch						
	St	**€ brutto**	**63**	**75**	**79**	**89**	**106**
	KG 422	€ netto	53	63	66	75	89
15	**Brandschutzabschottung, R90, DN40** Brandschutzabschottung, Rohrleitung, R90; Mineralfaser, nicht brennbar/brennbar; DN40, Länge 1,00m; Wanddurchbruch						
	St	**€ brutto**	**95**	**103**	**110**	**118**	**139**
	KG 422	€ netto	80	87	92	99	117
16	**Brandschutzabschottung, R90, DN50** Brandschutzabschottung, Rohrleitung, R90; Mineralfaser, nicht brennbar/brennbar; DN50, Länge 1,00m; Wanddurchbruch						
	St	**€ brutto**	**97**	**127**	**136**	**162**	**192**
	KG 422	€ netto	82	107	114	136	161

LB 047 **Preise €**

Nr.	Kurztext / Stichworte Einheit / Kostengruppe		►	▷	brutto ø netto ø	◁	◄
17	**Brandschutzabschottung, R90, DN65** Brandschutzabschottung, Rohrleitung, R90; Mineralfaser, nicht brennbar/brennbar; DN65, Länge 1,00m; Wanddurchbruch						
	St	**€ brutto**	**121**	**130**	**140**	**172**	**193**
	KG 422	€ netto	102	110	117	144	162
18	**Körperschalldämmung, Abwasserrohre** Körperschalldämmung, Abwasserrohre, Weichpropylen; PE, hochflexibel, geschlossenzellig, B2; DN50-150, Dicke 4mm; Abwasserrohre; diffusionsdichte Außenhaut						
	m	**€ brutto**	**13**	**17**	**17**	**20**	**24**
	KG 422	€ netto	11	14	14	16	20
19	**Wärmedämmschalen für Armaturen und Pumpen, DN15** Wärmedämmschalen für Armaturen und Pumpen; Polyethylen, WLS 034, B1; DN15, LxBxH 130x70x112mm						
	St	**€ brutto**	**24**	**26**	**30**	**31**	**35**
	KG 422	€ netto	20	22	25	26	29
20	**Wärmedämmschalen für Armaturen und Pumpen, DN20** Wärmedämmschalen für Armaturen und Pumpen; Polyethylen, WLS 034, B1; DN20, LxBxH 130x70x112mm						
	St	**€ brutto**	**24**	**29**	**35**	**42**	**43**
	KG 422	€ netto	20	25	29	35	36
21	**Wärmedämmschalen für Armaturen und Pumpen, DN25** Wärmedämmschalen für Armaturen und Pumpen; Polyethylen, WLS 034, B1; DN25, LxBxH 145x80x130mm						
	St	**€ brutto**	**30**	**37**	**40**	**42**	**46**
	KG 422	€ netto	25	31	34	36	39
22	**Wärmedämmschalen für Armaturen und Pumpen, DN32** Wärmedämmschalen für Armaturen und Pumpen; Polyethylen, WLS 034, B1; DN32, LxBxH 195x137x203mm						
	St	**€ brutto**	**34**	**39**	**42**	**44**	**47**
	KG 422	€ netto	28	33	35	37	40
23	**Wärmedämmschalen für Armaturen und Pumpen, DN40** Wärmedämmschalen für Armaturen und Pumpen; Polyethylen, WLS 034, B1; DN40, LxBxH 196x163x230mm						
	St	**€ brutto**	**45**	**50**	**52**	**57**	**61**
	KG 422	€ netto	38	42	44	48	51
24	**Wärmedämmschalen für Armaturen und Pumpen, DN50** Wärmedämmschalen für Armaturen und Pumpen; Polyethylen, WLS 034, B1; DN50, LxBxH 212x182x253mm						
	St	**€ brutto**	**48**	**52**	**60**	**61**	**64**
	KG 422	€ netto	40	44	50	52	54

LB 053 **Preise €**

Nr.	Kurztext / Stichworte Einheit / Kostengruppe	►	▷	brutto ø netto ø	◁	◄
1	**Gitterrinne, Stahl, 200mm** Gitterrinne; Stahl, feuerverzinkt; LxB 3.000x200mm; Zwischendecken, Hohlräume					
	m € brutto	**37**	**45**	**47**	**52**	**60**
	KG 444 € netto	31	38	40	44	51
2	**Kabelrinne, Stahl, 100mm** Kabelrinne; Stahl, verzinkt; Höhe 60mm, Breite 100mm, Dicke 1mm, Belastung 2.400N/m; inkl. Verbinder-Set					
	m € brutto	**33**	**40**	**43**	**47**	**55**
	KG 444 € netto	28	34	36	39	46
3	**Kabelrinne, Stahl, 200mm** Kabelrinne; Stahl, verzinkt; Höhe 60mm, Breite 200mm, Dicke 1mm, Belastung 2.400N/m; inkl. Verbinder-Set					
	m € brutto	**34**	**48**	**54**	**70**	**109**
	KG 444 € netto	29	40	45	59	92
4	**Kabelrinne, Stahl, 300mm** Kabelrinne; Stahl, verzinkt; Höhe 60mm, Breite 300mm, Dicke 1mm, Belastung 2.400N/m; inkl. Verbinder-Set					
	m € brutto	**39**	**58**	**67**	**87**	**135**
	KG 444 € netto	33	49	56	73	114
5	**Kabelrinne, Stahl , 400mm** Kabelrinne; Stahl, verzinkt; Höhe 60mm, Breite 400mm, Dicke 1mm, Belastung 2.400N/m; inkl. Verbinder-Set					
	m € brutto	**51**	**70**	**74**	**99**	**145**
	KG 444 € netto	43	59	62	83	121
6	**Elektroinstallationsrohr, 16mm** Elektroinstallationsrohr, einwandig; Panzerrohr; 16mm; in Beton; inkl. Muffen					
	m € brutto	**2,9**	**5,3**	**5,8**	**7,5**	**10,9**
	KG 444 € netto	2,4	4,5	4,9	6,3	9,2
7	**Elektroinstallationsrohr, 25mm** Elektroinstallationsrohr, einwandig; Panzerrohr; 25mm; in Beton; inkl. Muffen					
	m € brutto	**5,3**	**10,0**	**10,9**	**13,6**	**18,1**
	KG 444 € netto	4,5	8,4	9,2	11,5	15,2
8	**Elektroinstallationsrohr, 40mm** Elektroinstallationsrohr, einwandig; Panzerrohr; 40mm; in Beton; inkl. Muffen					
	m € brutto	**14**	**18**	**19**	**20**	**25**
	KG 444 € netto	12	15	16	17	21

Kosten: Stand 3.Quartal 2025, Bundesdurchschnitt

LB 053							**Preise €**
Nr.	**Kurztext** / Stichworte				**brutto ø**		
	Einheit / Kostengruppe		►	▷	netto ø	◁	◄
9	**Leitungsführungskanal PVC 15x15mm**						
	Leitungsführungskanal; PVC-U, weiß; Breite 15mm, Höhe 15mm; Beton/Mauerwerk/Installationswand; inkl. Verbindungsstücke, Formstücke, Befestigungsmaterial						
	m	**€ brutto**	**4,0**	**7,3**	**9,0**	**16,2**	**27,1**
	KG 444	€ netto	3,4	6,1	7,5	13,6	22,8
10	**Leitungsführungskanal PVC 30x30mm**						
	Leitungsführungskanal; PVC-U, grau; Breite 30mm, Höhe30mm; Beton/Mauerwerk/Installationswand; inkl. Verbindungsstücke, Formstücke, Befestigungsmaterial						
	m	**€ brutto**	**7,1**	**12,4**	**14,5**	**22,9**	**32,6**
	KG 444	€ netto	5,9	10,4	12,2	19,3	27,4
11	**Leitungsführungskanal PVC 90x40mm**						
	Leitungsführungskanal; PVC-U, grau; Breite 90, Höhe 40mm; Beton/Mauerwerk/Installationswand; inkl. Verbindungsstücke, Formstücke, Befestigungsmaterial						
	m	**€ brutto**	**12**	**17**	**20**	**30**	**40**
	KG 444	€ netto	10	14	17	25	34
12	**Leitungsführungskanal PVC 110x60mm**						
	Leitungsführungskanal; PVC-U, grau; Breite 110mm, Höhe 60mm; Beton/Mauerwerk/Installationswand; inkl. Verbindungsstücke, Formstücke, Befestigungsmaterial						
	m	**€ brutto**	**14**	**27**	**35**	**51**	**84**
	KG 444	€ netto	12	23	29	42	70
13	**Installationsleitung, NYM-J 1x6mm²**						
	Installationsleitung; NYM-J; 1x6mm², Cu-Zahl 58; in Kabelrinne/Kanal/Rohr/Montagewand						
	m	**€ brutto**	**2,8**	**3,4**	**3,5**	**3,5**	**3,9**
	KG 444	€ netto	2,3	2,8	2,9	3,0	3,3
14	**Installationsleitung, NYM-J 1x10mm²**						
	Installationsleitung; NYM-J; 1x10mm², Cu-Zahl 96; in Kabelrinne/Kanal/Rohr/Montagewand						
	m	**€ brutto**	**3,2**	**4,1**	**4,9**	**6,2**	**6,3**
	KG 444	€ netto	2,7	3,4	4,1	5,2	5,3
15	**Installationsleitung, NYM-J 1x16mm²**						
	Installationsleitung; NYM-J; 1x16mm², Cu-Zahl 154; in Kabelrinne/Kanal/Rohr/Montagewand						
	m	**€ brutto**	**3,7**	**4,8**	**5,1**	**5,7**	**7,6**
	KG 444	€ netto	3,1	4,1	4,3	4,8	6,3

LB 053 **Preise €**

Nr.	Kurztext / Stichworte Einheit / Kostengruppe		►	▷	brutto ø netto ø	◁	◄
16	**Installationsleitung, NYM-J 3x1,5mm²** Installationsleitung; NYM-J; 3x1,5mm², Cu-Zahl 43; in Kabelrinne/Kanal/Rohr/Montagewand						
	m	**€ brutto**	**0,7**	**2,1**	**3,0**	**3,7**	**5,4**
	KG 444	€ netto	0,6	1,8	2,6	3,1	4,5
17	**Installationsleitung, NYM-J 3x2,5mm²** Installationsleitung; NYM-J; 3x2,5mm², Cu-Zahl 72; in Kabelrinne/Kanal/Rohr/Montagewand						
	m	**€ brutto**	**3,2**	**4,2**	**4,3**	**5,1**	**6,4**
	KG 444	€ netto	2,7	3,5	3,7	4,3	5,4
18	**Installationsleitung, NYM-J 5x1,5mm²** Installationsleitung; NYM-J; 5x1,5mm², Cu-Zahl 72; in Kabelrinne/Kanal/Rohr/Montagewand						
	m	**€ brutto**	**1,1**	**2,5**	**3,1**	**3,6**	**5,1**
	KG 444	€ netto	1,0	2,1	2,6	3,0	4,3
19	**Installationsleitung, NYM-J 5x2,5mm²** Installationsleitung; NYM-J; 5x2,5mm², Cu-Zahl 120; in Kabelrinne/Kanal/Rohr/Montagewand						
	m	**€ brutto**	**1,9**	**3,2**	**3,8**	**4,4**	**5,5**
	KG 444	€ netto	1,6	2,7	3,2	3,7	4,6
20	**Installationsleitung, NYM-J 5x4mm²** Installationsleitung; NYM-J; 5x4mm², Cu-Zahl 192; in Kabelrinne/Kanal/Rohr/Montagewand						
	m	**€ brutto**	**3,7**	**5,5**	**6,5**	**8,3**	**9,6**
	KG 444	€ netto	3,1	4,6	5,5	7,0	8,1
21	**Installationsleitung, NYM-J 5x6mm²** Installationsleitung; NYM-J; 5x6mm², Cu-Zahl 288; in Kabelrinne/Kanal/Rohr/Montagewand						
	m	**€ brutto**	**4,6**	**7,1**	**8,3**	**9,2**	**11,1**
	KG 444	€ netto	3,9	6,0	7,0	7,7	9,3
22	**Installationsleitung, NYM-J 5x10mm²** Installationsleitung; NYM-J; 5x10mm², Cu-Zahl 430; in Kabelrinne/Kanal/Rohr/Montagewand						
	m	**€ brutto**	**6,8**	**10,1**	**12,2**	**15,3**	**21,1**
	KG 444	€ netto	5,8	8,5	10,3	12,8	17,7
23	**Installationsleitung, NYM-J 5x16mm²** Installationsleitung; NYM-J; 5x16mm², Cu-Zahl 768; in Kabelrinne/Kanal/Rohr/Montagewand						
	m	**€ brutto**	**11**	**16**	**19**	**24**	**31**
	KG 444	€ netto	9,5	13,3	16,1	20,0	25,9

Kosten: Stand 3.Quartal 2025, Bundesdurchschnitt

LB 053 **Preise €**

Nr.	Kurztext / Stichworte Einheit / Kostengruppe		►	▷	brutto ø netto ø	◁	◄
24	**Installationsleitung, NYM-J 1x6mm², AD** Installationsleitung; NYM-J; 1x6mm², Cu-Zahl 58; inkl. Befestigung						
	m	**€ brutto**	**4,9**	**6,4**	**7,6**	**9,7**	**10,2**
	KG 444	€ netto	4,1	5,4	6,4	8,1	8,6
25	**Installationsleitung, NYM-J 1x10mm², AD** Installationsleitung, abgehängter Decke; NYM-J; 1x10mm², Cu-Zahl 96; inkl. Befestigung						
	m	**€ brutto**	**6,9**	**8,4**	**10,0**	**12,8**	**14,0**
	KG 444	€ netto	5,8	7,1	8,4	10,7	11,8
26	**Installationsleitung, NYM-J 1x16mm², AD** Installationsleitung, abgehängter Decke; NYM-J; 1x16mm², Cu-Zahl 154; inkl. Befestigung						
	m	**€ brutto**	**10**	**10**	**12**	**16**	**17**
	KG 444	€ netto	8,5	8,7	10,3	13,1	14,0
27	**Installationsleitung, NYM-J 3x1,5mm², AD** Installationsleitung; NYM-J; 3x1,5mm², Cu-Zahl 43; inkl. Befestigung						
	m	**€ brutto**	**5,0**	**5,3**	**6,3**	**8,0**	**8,9**
	KG 444	€ netto	4,2	4,5	5,3	6,8	7,5
28	**Installationsleitung, NYM-J 3x2,5mm², AD** Installationsleitung, abgehängter Decke; NYM-J; 3x2,5mm², Cu-Zahl 72; inkl. Befestigung						
	m	**€ brutto**	**5,3**	**6,2**	**7,4**	**9,4**	**10,0**
	KG 444	€ netto	4,5	5,2	6,2	7,9	8,4
29	**Installationsleitung, NYM-J 5x2,5mm², AD** Installationsleitung, abgehängter Decke; NYM-J; 5x2,5mm², Cu-Zahl 120; inkl. Befestigung						
	m	**€ brutto**	**8,7**	**9,1**	**10,8**	**13,7**	**14,2**
	KG 444	€ netto	7,3	7,6	9,1	11,5	11,9
30	**Installationsleitung, NYM-J 5x4mm², AD** Installationsleitung, abgehängter Decke; NYM-J; 5x4mm², Cu-Zahl 192; inkl. Befestigung						
	m	**€ brutto**	**11**	**12**	**14**	**18**	**19**
	KG 444	€ netto	9,4	10,0	11,9	15,2	16,0
31	**Installationsleitung, NYM-J 5x6mm², AD** Installationsleitung, abgehängter Decke; NYM-J; 5x6mm², Cu-Zahl 288; inkl. Befestigung						
	m	**€ brutto**	**14**	**14**	**17**	**22**	**23**
	KG 444	€ netto	12	12	14	18	19

LB 053 **Preise €**

Nr.	Kurztext / Stichworte Einheit / Kostengruppe	►	▷	brutto ø netto ø	◁	◄
32	**Installationsleitung, NYM-J 5x10mm², AD** Installationsleitung, abgehängter Decke; NYM-J; 5x10mm², Cu-Zahl 430; inkl. Befestigung					
	m **€ brutto**	**18**	**19**	**23**	**29**	**31**
	KG 444 € netto	15	16	19	24	26
33	**Installationsleitung, NYM-J 5x16mm², AD** Installationsleitung, abgehängter Decke; NYM-J; 5x16mm², Cu-Zahl 768; inkl. Befestigung					
	m **€ brutto**	**27**	**28**	**33**	**42**	**44**
	KG 444 € netto	23	24	28	36	37
34	**Installationsleitung, NYM-J 1x6mm², uP** Installationsleitung, Unterputz; NYM-J; 1x6mm², Cu-Zahl 58; inkl. Befestigung					
	m **€ brutto**	**4,4**	**5,0**	**5,9**	**7,5**	**8,3**
	KG 444 € netto	3,7	4,2	5,0	6,3	7,0
35	**Installationsleitung, NYM-J 1x16mm², uP** Installationsleitung, Unterputz; NYM-J; 1x16mm², Cu-Zahl 154; inkl. Befestigung					
	m **€ brutto**	**4,0**	**4,5**	**5,4**	**6,8**	**7,4**
	KG 444 € netto	3,3	3,8	4,5	5,7	6,2
36	**Installationsleitung, NYM-J 3x2,5mm², uP** Installationsleitung, Unterputz; NYM-J; 3x2,5mm², Cu-Zahl 72; inkl. Befestigung					
	m **€ brutto**	**4,9**	**5,3**	**6,3**	**8,0**	**8,8**
	KG 444 € netto	4,1	4,5	5,3	6,8	7,4
37	**Installationsleitung, NYM-J 5x2,5mm², uP** Installationsleitung, Unterputz; NYM-J; 5x2,5m², Cu-Zahl 120; inkl. Befestigung					
	m **€ brutto**	**6,2**	**7,2**	**8,6**	**10,9**	**11,5**
	KG 444 € netto	5,2	6,1	7,2	9,1	9,7
38	**Installationsleitung, NYM-J 5x6mm², uP** Installationsleitung, Unterputz; NYM-J; 5x6mm² , Cu-Zahl 288; inkl. Befestigung					
	m **€ brutto**	**15**	**15**	**18**	**23**	**24**
	KG 444 € netto	13	13	15	19	20
39	**Geräteeinbaukanal, 130x60mm** Geräteeinbaukanal; PVC-U, weiß; Breite 130mm, Höhe 60mm; Beton/Mauerwerk/Installationswand; inkl. Verbindungsstücke, Formstücke, Befestigungsmaterial					
	m **€ brutto**	**23**	**38**	**47**	**50**	**61**
	KG 444 € netto	20	32	39	42	51

LB 053						**Preise €**
Nr.	**Kurztext** / Stichworte **Einheit** / Kostengruppe	►	▷	**brutto ø** netto ø	◁	◄
40	**Geräteeinbaukanal, 170x60mm** Geräteeinbaukanal; PVC-U, weiß; Breite 170mm, Höhe 60mm; Beton/ Mauerwerk/Installationswand; inkl. Verbindungsstücke, Formstücke, Befestigungsmaterial					
	m **€ brutto**	**43**	**52**	**55**	**60**	**73**
	KG 444 € netto	36	44	46	51	62
41	**Geräteeinbaukanal, 210x60mm** Geräteeinbaukanal; PVC-U, weiß; Breite 210mm, Höhe 60mm; Beton/ Mauerwerk/Installationswand; inkl. Verbindungsstücke, Formstücke, Befestigungsmaterial					
	m **€ brutto**	**54**	**68**	**69**	**76**	**87**
	KG 444 € netto	46	57	58	64	73
42	**Sockelleistenkanal, 70x20mm** Sockelleistenkanal; PVC-U, weiß; Breite 70mm, Höhe 20mm; Beton/ Mauerwerk/Installationswand; inkl. Verbindungsstücke, Formstücke, Befestigungsmaterial					
	m **€ brutto**	**9,8**	**21,6**	**24,3**	**29,1**	**38,9**
	KG 444 € netto	8,3	18,1	20,4	24,5	32,7
43	**Potenzialausgleichsschiene, Stahl, verzinkt** Potenzialausgleichsschiene; Stahl verzinkt					
	St **€ brutto**	**25**	**51**	**60**	**95**	**160**
	KG 446 € netto	21	43	51	79	135
44	**Tastschalter, Aus-/Wechselschalter, einpolig, uP** Ausschalter; 250V, 10A; Unterputzmontage; inkl. Steck- und Verbindungsklemmen					
	St **€ brutto**	**27**	**37**	**38**	**42**	**50**
	KG 444 € netto	23	31	32	36	42
45	**Tastschalter, Aus-/Wechselschalter, zweipolig, uP** Wechselschalter; 250V, 10A; Unterputz; inkl. Steck- und Verbindungsklemmen					
	St **€ brutto**	**21**	**27**	**29**	**33**	**40**
	KG 444 € netto	18	23	25	28	34
46	**Tastschalter, Serienschalter, uP** Serienschalter, Gerätedose; einpolig, weiß; 10A, 250V; inkl. Wippe mit Symbol, Kontrolllampe					
	St **€ brutto**	**25**	**36**	**40**	**48**	**69**
	KG 444 € netto	21	30	34	40	58

LB 053 **Preise €**

Nr.	Kurztext / Stichworte Einheit / Kostengruppe		►	▷	brutto ø netto ø	◁	◄
47	**Tastschalter, Kreuzschalter, uP** Kreuzschalter in Gerätedose; einpolig, weiß; 10A, 250V; inkl. Wippe mit Symbol, Kontrolllampe						
	St	**€ brutto**	**26**	**35**	**41**	**46**	**58**
	KG 444	€ netto	22	30	34	38	48
48	**Tastschalter, Taster, Kontrolllicht, uP** Taster , Gerätedose; einpolig, weiß; 10A, 250V; inkl. Wippe mit Symbol, Kontrolllampe						
	St	**€ brutto**	**20**	**38**	**49**	**88**	**127**
	KG 444	€ netto	17	32	41	74	107
49	**Verbindungs-/Abzweigdose, Abzweig, uP** Abzweigdose mit Deckel; Kunststoff; Durchmesser 70mm, Installationstiefe 65mm; Mauerwerk						
	St	**€ brutto**	**20**	**23**	**25**	**27**	**33**
	KG 444	€ netto	17	20	21	23	28
50	**Verbindungs-/Abzweigkasten, uP 100x100mm** Abzweigkasten mit Deckel; Polystyrol; Durchmesser 100x100mm; Mauerwerk						
	St	**€ brutto**	**27**	**29**	**29**	**30**	**31**
	KG 444	€ netto	23	24	24	25	26
51	**Verbindungs-/Abzweigkasten, uP, 150x150mm** Abzweigkasten mit Deckel; Polystyrol; 150x150mm; Mauerwerk						
	St	**€ brutto**	**41**	**47**	**49**	**52**	**61**
	KG 444	€ netto	35	39	41	44	52
52	**Verbindungs-/Abzweigdose, aP** Abzweigdose mit Deckel; Polystyrol; Durchmesser 70mm; geschraubt						
	St	**€ brutto**	**21**	**32**	**36**	**36**	**67**
	KG 444	€ netto	18	27	30	31	56
53	**Verbindungs-/Abzweigkasten, aP** Abzweigkasten mit Deckel; Polystyrol, grau; Länge 200mm, Breite 250mm, Tiefe 155mm; geschraubt						
	St	**€ brutto**	**19**	**27**	**31**	**37**	**49**
	KG 444	€ netto	16	23	26	31	41
54	**Heizungs-Not-Ausschalter, aP** Not-Ausschalter, Heizung; grau; zweipolig, 16A, 250V, IP44; auf Putz; inkl. Kontrollleuchte						
	St	**€ brutto**	**37**	**45**	**49**	**55**	**67**
	KG 444	€ netto	31	38	41	46	56

Kosten: Stand 3.Quartal 2025, Bundesdurchschnitt

LB 053 **Preise €**

Nr.	Kurztext / Stichworte Einheit / Kostengruppe		►	▷	brutto ø netto ø	◁	◄
55	**Installationsschalter, Taster, aP** Installationsschalter, Taster						
	St	**€ brutto**	**30**	**34**	**37**	**39**	**43**
	KG 444	€ netto	26	29	31	33	36
56	**Installationsschalter, Aus-/Wechselschalter, aP** Installationsschalter, Aus-/Wechselschalter; grau; einpolig, 10A, 250V AC, IP 44; auf Putz; inkl. Wippe mit Symbol, Beschriftungsfeld, Kontrolllampe						
	St	**€ brutto**	**25**	**33**	**35**	**38**	**48**
	KG 444	€ netto	21	27	30	32	41
57	**Gerätedose, Brandschutz, uP** Gerätedose, Brandschutzanforderungen; Kunststoff, halogenfrei, schwarz; Durchmesser 60mm, Tiefe 60mm; unter Putz; Mauerwerk						
	St	**€ brutto**	**27**	**32**	**34**	**36**	**40**
	KG 444	€ netto	23	27	29	30	34
58	**Gerätedose, uP, luftdicht** Gerätedose; Kunststoff, halogenfrei, schwarz; Durchmesser 60mm, Tiefe 40 mm; luftdicht, unter Putz; Mauerwerk						
	St	**€ brutto**	**25**	**31**	**37**	**47**	**48**
	KG 444	€ netto	21	26	31	40	41
59	**Gerätedose, uP** Gerätedose; Kunststoff, halogenfrei, schwarz; Durchmesser 60mm, Tiefe 40mm, IP20; unter Putz; Mauerwerk						
	St	**€ brutto**	**8,2**	**17,0**	**20,0**	**52,7**	**97,7**
	KG 444	€ netto	6,9	14,3	16,8	44,3	82,1
60	**Dreifach-Schutzkontaktsteckdose, 16A, 250V, aP, Deckel** Dreifach-Schutzkontaktsteckdose; reinweiß; 16A, 250V, IP 44; auf Putz; inkl. Klappdeckel und Beschriftungsfeld						
	St	**€ brutto**	**36**	**42**	**50**	**63**	**66**
	KG 444	€ netto	30	35	42	53	56
61	**Zweifach-Schutzkontaktsteckdose, 16A, 250V, aP, Deckel** Zweifach-Schutzkontaktsteckdose; reinweiß; 16A, 250V, IP 44; auf Putz; inkl. Klappdeckel und Beschriftungsfeld						
	St	**€ brutto**	**31**	**37**	**43**	**55**	**58**
	KG 444	€ netto	26	31	37	46	48
62	**Schutzkontaktsteckdose, 16A, 250V, aP, Deckel** Schutzkontaktsteckdose; reinweiß; 16A, 250V, IP 44; inkl. Klappdeckel und Beschriftungsfeld						
	St	**€ brutto**	**25**	**32**	**38**	**49**	**55**
	KG 444	€ netto	21	27	32	41	46

LB 053 **Preise €**

Nr.	Kurztext / Stichworte Einheit / Kostengruppe		►	▷	brutto ø netto ø	◁	◄
63	**Dreifach-Schutzkontaktsteckdose, 16A, 250V, Wand, aP** Dreifach-Schutzkontaktsteckdose; reinweiß; 16A, 250V, IP 24; auf Putz; inkl. Beschriftungsfeld, in Gerätedose						
	St	**€ brutto**	**38**	**44**	**47**	**51**	**57**
	KG 444	€ netto	32	37	39	43	48
64	**Zweifach-Schutzkontaktsteckdose, 16A, 250V, Wand, aP** Zweifach-Schutzkontaktsteckdose; reinweiß; 16A, 250V, IP 24; auf Putz; inkl. Beschriftungsfeld, in Gerätedose						
	St	**€ brutto**	**23**	**39**	**46**	**54**	**69**
	KG 444	€ netto	20	33	38	45	58
65	**Schutzkontaktsteckdose, 16A, 250V, Wandmontage, aP** Schutzkontaktsteckdose; reinweiß; 16A, 250V, IP 24; auf Putz; inkl. Beschriftungsfeld						
	St	**€ brutto**	**17**	**25**	**28**	**32**	**40**
	KG 444	€ netto	14	21	23	27	34
66	**Schutzkontaktsteckdose, 16A, 250V, uP, IP44, Deckel** Schutzkontaktsteckdose; reinweiß; 16A, 250V, IP 44; Unterputz; inkl. Abdeckrahmen mit Beschriftungsfeld, Klappdeckel						
	St	**€ brutto**	**25**	**33**	**35**	**39**	**47**
	KG 444	€ netto	21	27	30	33	40
67	**Schutzkontaktsteckdose, 16A, 250V, uP, IP24** Schutzkontaktsteckdose; reinweiß; 16A, 250V, IP 24; Unterputz; inkl. Abdeckrahmen mit Beschriftungsfeld						
	St	**€ brutto**	**17**	**21**	**23**	**25**	**29**
	KG 444	€ netto	14	17	19	21	24
68	**Photovoltaikanlage 5kWp** Photovoltaikanlage, Stromgewinnung; 5kWp; mit konstruktiver Verankerung; Aufdach-/Inndach-/Flachdachlösung; inkl. Befestigungsmittel						
	St	**€ brutto**	**7.376**	**9.015**	**10.245**	**11.474**	**13.318**
	KG 442	€ netto	6.198	7.576	8.609	9.642	11.192
69	**Photovoltaikanlage 10kWp** Photovoltaikanlage, Stromgewinnung; 10kWp; mit konstruktiver Verankerung; Aufdach-/Inndach-/Flachdachlösung; inkl. Befestigungsmittel						
	St	**€ brutto**	**14.270**	**16.199**	**19.284**	**22.755**	**25.262**
	KG 442	€ netto	11.992	13.612	16.205	19.122	21.229

Kosten: Stand 3.Quartal 2025, Bundesdurchschnitt

LB 053 **Preise €**

Nr.	Kurztext / Stichworte				brutto ø		
	Einheit / Kostengruppe		►	▷	netto ø	◁	◄
70	**Photovoltaikanlage 15kWp** Photovoltaikanlage, Stromgewinnung; 15kWp; mit konstruktiver Verankerung; Aufdach-/Inndach-/Flachdachlösung; inkl. Befestigungsmittel						
	St	**€ brutto**	**20.610**	**25.190**	**28.625**	**32.060**	**36.067**
	KG 442	€ netto	17.319	21.168	24.054	26.941	30.309
71	**Photovoltaikanlage 20kWp** Photovoltaikanlage, Stromgewinnung; 20kWp; mit konstruktiver Verankerung; Aufdach-/Inndach-/Flachdachlösung; inkl. Befestigungsmittel						
	St	**€ brutto**	**25.903**	**31.660**	**35.977**	**41.014**	**44.971**
	KG 442	€ netto	21.768	26.605	30.233	34.465	37.791
72	**Photovoltaikanlage 30kWp** Photovoltaikanlage, Stromgewinnung; 30kWp; mit konstruktiver Verankerung; Aufdach-/Inndach-/Flachdachlösung; inkl. Befestigungsmittel						
	St	**€ brutto**	**29.808**	**36.432**	**41.401**	**46.369**	**52.993**
	KG 442	€ netto	25.049	30.616	34.790	38.965	44.532
73	**Photovoltaikanlage 50kWp** Photovoltaikanlage, Stromgewinnung; 50kWp; mit konstruktiver Verankerung; Aufdach-/Inndach-/Flachdachlösung; inkl. Befestigungsmittel						
	St	**€ brutto**	**36.404**	**44.493**	**50.561**	**56.628**	**61.684**
	KG 442	€ netto	30.591	37.389	42.488	47.586	51.835
74	**Batteriespeicher bis 5kWh** Photovoltaik Batteriespeicher; bis 5kWh; zur Speicherung von erzeugtem Strom zur Eigennutzung						
	St	**€ brutto**	**2.567**	**3.182**	**3.616**	**4.050**	**4.411**
	KG 442	€ netto	2.157	2.674	3.038	3.403	3.707
75	**Batteriespeicher bis 10kWh** Photovoltaik Batteriespeicher; bis 10kWh; zur Speicherung von erzeugtem Strom zur Eigennutzung						
	St	**€ brutto**	**5.641**	**6.581**	**7.834**	**9.009**	**10.811**
	KG 442	€ netto	4.740	5.530	6.583	7.571	9.085
76	**Bewegungsmelder** Bewegungsmelder mit Dämmerungsschalter; Ultraschall/Infrarot/Radar/optisch; Wand/Decken/Eckenmontage						
	St	**€ brutto**	**146**	**240**	**282**	**335**	**456**
	KG 444	€ netto	122	202	237	281	383

LB 053 **Preise €**

Nr.	Kurztext / Stichworte Einheit / Kostengruppe		▶	▷	brutto ø netto ø	◁	◀
77	**Stundensatz, Monteur/-in Elektro** Stundensatz für Monteur/-in Elektro; Verrechnungssatz für die Arbeitskraft inkl. aller Aufwendungen; Nachweis und Anmeldung gem. VOB/B						
	h	**€ brutto**	**69**	**77**	**81**	**82**	**92**
		€ netto	58	65	68	69	78
78	**Stundensatz, Helfer/-in Elektro** Stundensatz für Helfer/-in Elektro; Verrechnungssatz für die Arbeitskraft inkl. aller Aufwendungen; Nachweis und Anmeldung gem. VOB/B						
	h	**€ brutto**	**52**	**58**	**61**	**64**	**72**
		€ netto	44	49	52	54	61

LB 054 **Preise €**

Nr.	Kurztext / Stichworte Einheit / Kostengruppe	►	▷	brutto ø netto ø	◁	◄
1	**Installationskleinverteiler, uP, 356x348x70mm** Installationskleinverteiler; Kunststoffkasten, Rahmen und Tür Stahlblech, reinweiß; Höhe 356mm, Breite 348mm, Tiefe 70mm, 1 Verteiler, IP30; Unterputz					
	St **€ brutto**	**99**	**128**	**140**	**154**	**184**
	KG 444 € netto	83	108	118	130	155
2	**Installationskleinverteiler, uP, 755x348x94,5mm** Installationskleinverteiler; Kunststoffkasten, Rahmen und Tür Stahlblech, reinweiß; Höhe 755mm, Breite 348mm, Tiefe 94,5mm, 4 Verteiler, IP 30					
	St **€ brutto**	**270**	**376**	**425**	**514**	**710**
	KG 444 € netto	227	316	357	432	597
3	**Zählerschrank, uP, Multimediafeld** Zählerschrank, Multimediafeld; Kunststoffkasten, Rahmen und Tür Stahlblech, reinweiß; Höhe 1100mm, Breite 1050mm, Tiefe 205mm, 7 Verteiler, IP44; Unterputz					
	St **€ brutto**	**1.535**	**2.275**	**2.467**	**3.097**	**4.223**
	KG 444 € netto	1.290	1.912	2.073	2.603	3.548
4	**Fehlerstromschutzschalter, 25A, vierpolig** Fehlerstromschutzschalter, Reiheneinbaugerät; fingersicher; Fehlstrom A, 25A, Schutzschalter 30, Pole 3+N, 6kA; inkl. Aufnahmevorrichtung für Beschriftungsschild					
	St **€ brutto**	**49**	**69**	**81**	**90**	**109**
	KG 444 € netto	41	58	68	76	92
5	**Fehlerstromschutzschalter 63A, vierpolig** Fehlerstromschutzschalter, Reiheneinbaugerät; fingersicher; Fehlstrom A, 63A, Schutzschalter 30, Pole 3+N, 6kA; inkl. Aufnahmevorrichtung für Beschriftungsschild					
	St **€ brutto**	**126**	**147**	**153**	**177**	**219**
	KG 444 € netto	106	123	129	149	184
6	**Leitungsschutzschalter 6kA, dreipolig B16A** Leitungsschutzschalter, Reiheneinbaugerät; fingersicher; 230/400V AC, 6kA, 3 Pole, Schutzschalter B, 20A; inkl. Aufnahmevorrichtung für Beschriftungsschild					
	St **€ brutto**	**42**	**58**	**62**	**70**	**89**
	KG 444 € netto	36	49	52	59	75

LB 054 — **Preise €**

Nr.	Kurztext / Stichworte Einheit / Kostengruppe		►	▷	brutto ø netto ø	◁	◄
7	**Leitungsschutzschalter 6kA, dreipolig B20A** Leitungsschutzschalter, Reiheneinbaugerät; fingersicher; 230/400V AC, 6kA, 3 Pole, Schutzschalter B, 20A; inkl. Aufnahmevorrichtung für Beschriftungsschild						
	St	**€ brutto**	**60**	**73**	**77**	**79**	**99**
	KG 444	€ netto	51	61	65	67	84
8	**Leitungsschutzschalter 6kA, dreipolig C16A** Leitungsschutzschalter, Reiheneinbaugerät; fingersicher; 230/400V AC, 6kA, 3 Pole, Schutzschalter B, 20A; inkl. Aufnahmevorrichtung für Beschriftungsschild						
	St	**€ brutto**	**67**	**77**	**81**	**91**	**116**
	KG 444	€ netto	56	65	68	77	97
9	**Leitungsschutzschalter 6kA, einpolig B10A** Leitungsschutzschalter, Reiheneinbaugerät; fingersicher; 230/400V AC, 6kA, 1 Pol, Schutzschalter B, 10A; inkl. Aufnahmevorrichtung für Beschriftungsschild						
	St	**€ brutto**	**20**	**27**	**29**	**32**	**39**
	KG 444	€ netto	17	23	25	27	33
10	**Sicherungssockel, dreipolig** Sicherungssockel; Baugröße D02; 63A, 3 Pole; Neutralleiterklemme; inkl. Abdeckung, auf Tragschiene, Sicherungseinsatz						
	St	**€ brutto**	**50**	**72**	**78**	**97**	**136**
	KG 444	€ netto	42	60	66	82	114
11	**Lasttrennschalter, 63A** Lasttrennschalter, Berührungsschutz; Anschlussquerschnitt 16mm²; 63A, 400V AC						
	St	**€ brutto**	**77**	**122**	**159**	**201**	**261**
	KG 444	€ netto	65	102	134	169	220
12	**Ladeeinrichtung für Elektroautos 11kW** Ladeeinrichtung für Elektroautos; 11kW; Wand/Pfosten/Stele						
	St	**€ brutto**	**801**	**1.959**	**2.468**	**3.286**	**4.708**
	KG 444	€ netto	673	1.646	2.074	2.761	3.956
13	**Ladeeinrichtung für Elektroautos 22kW** Ladeeinrichtung für Elektroautos; 22kW; Wand/Pfosten/Stele						
	St	**€ brutto**	**1.419**	**2.482**	**3.210**	**3.854**	**4.819**
	KG 444	€ netto	1.192	2.086	2.698	3.239	4.050

LB 058							Preise €
Nr.	**Kurztext** / Stichworte				**brutto ø**		
	Einheit / Kostengruppe		►	▷	netto ø	◁	◄
1	**Anbauleuchte, LED, Feuchtraum**						
	Wannenleuchte; Polyester, Plexiglas; 1x36W; Schutzklasse 2; Feuchtraum; inkl. Leuchtmittel						
	St	**€ brutto**	**173**	**180**	**200**	**220**	**225**
	KG 445	€ netto	146	151	168	185	189
2	**Einbauleuchte, LED, 39W**						
	Einbauleuchte; LED 39W; rechteckig, Schutzklasse 1						
	St	**€ brutto**	**183**	**195**	**216**	**236**	**244**
	KG 445	€ netto	154	164	182	198	205
3	**Wannenleuchte 1x58W**						
	Wannenleuchte; Stahlblech, opales Plexiglas; 1x58W; eckig/rund; inkl. Leuchtmittel						
	St	**€ brutto**	**131**	**181**	**212**	**271**	**361**
	KG 445	€ netto	110	152	178	227	304
4	**Pendelleuchte, LED 47W, bis 598mm**						
	Hängeleuchte, LED; Abdeckung Stahlblech, pulverbeschichtet, Alu-Rahmen, eloxiert, Diffusor Kunststoff; Abmessung bis 598mm; LED 47W, Lichtfarbe 830 weiß, IP40, Schutzklasse I						
	St	**€ brutto**	**311**	**350**	**373**	**498**	**518**
	KG 445	€ netto	262	294	313	419	436
5	**Pendelleuchte, LED 47W, bis 1.198mm**						
	Hängeleuchte, LED; Abdeckung Stahlblech, pulverbeschichtet, Alu-Rahmen, eloxiert, Diffusor Kunststoff; Abmessung bis 1.198mm; LED 47W, Lichtfarbe 830 weiß, IP40, Schutzklasse I; inkl. Befestigungsmaterial						
	St	**€ brutto**	**380**	**399**	**475**	**521**	**536**
	KG 445	€ netto	319	335	399	438	450
6	**Einbaudownlight, LED, 9W**						
	Einbaudownlight; Aluring, Metallreflektor; LED 9W; inkl. Leuchtmittel						
	St	**€ brutto**	**66**	**69**	**79**	**86**	**89**
	KG 445	€ netto	56	58	67	72	75
7	**Einbaudownlight, LED, 17,8W**						
	Einbaudownlight; Aluring, Metallreflektor; LED 17,8W; inkl. Leuchtmittel						
	St	**€ brutto**	**69**	**75**	**92**	**96**	**101**
	KG 445	€ netto	58	63	77	81	85

LB 061 **Preise €**

Nr.	Kurztext / Stichworte Einheit / Kostengruppe		►	▷	brutto ø netto ø	◁	◄
1	**Installationsleitung, symmetrisch J-Y(St)Y 2x2x0,8mm, BS** Installationsleitung; Leitungstyp J-Y(St)Y; Ader-/Leiterzahl 2x2x0,8mm; Verlegung mit Metallbügel/Bügelschelle						
	m	**€ brutto**	**5,2**	**6,2**	**6,6**	**6,9**	**7,9**
	KG 444	€ netto	4,4	5,2	5,5	5,8	6,6
2	**Installationsleitung, symmetrisch J-Y(St)Y 4x2x0,8mm, BS** Installationsleitung; Leitungstyp J-Y(St)Y; Ader-/Leiterzahl 4x2x0,8mm; Verlegung mit Metallbügel/Bügelschelle						
	m	**€ brutto**	**5,2**	**6,6**	**7,1**	**7,1**	**8,0**
	KG 444	€ netto	4,4	5,5	6,0	6,0	6,7
3	**Installationsleitung, symmetrisch J-Y(St)Y 10x2x0,8mm, BS** Installationsleitung; Leitungstyp J-Y(St)Y; Ader-/Leiterzahl 10x2x0,8mm; Verlegung mit Metallbügel/Bügelschelle						
	m	**€ brutto**	**9,2**	**9,8**	**10,6**	**11,0**	**11,8**
	KG 444	€ netto	7,7	8,3	8,9	9,2	9,9
4	**Installationsleitung, symmetrisch J-Y(St)Y 20x2x0,8mm, BS** Installationsleitung; Leitungstyp J-Y(St)Y; Ader-/Leiterzahl 20x2x0,8mm; Verlegung mit Metallbügel/Bügelschelle						
	m	**€ brutto**	**12**	**13**	**15**	**16**	**16**
	KG 444	€ netto	10	11	12	13	13
5	**Installationsleitung, symmetrisch J-Y(St)Y 2x2x0,8mm, KR/K/R/MW** Installationsleitung; Leitungstyp J-Y(St)Y; Ader-/Leiterzahl 2x2x0,8mm; Verlegung in Kabelrinne/Kanal/Rohr/Montagewand						
	m	**€ brutto**	**4,0**	**4,8**	**5,8**	**7,3**	**7,7**
	KG 444	€ netto	3,3	4,1	4,8	6,1	6,4
6	**Installationsleitung, symmetrisch J-Y(St)Y 4x2x0,8mm, KR/K/R/MW** Installationsleitung; Leitungstyp J-Y(St)Y; Ader-/Leiterzahl 4x2x0,8mm; Verlegung in Kabelrinne/Kanal/Rohr/Montagewand						
	m	**€ brutto**	**6,2**	**6,8**	**8,1**	**10,3**	**10,5**
	KG 444	€ netto	5,2	5,7	6,8	8,7	8,8
7	**Installationsleitung, symmetrisch J-Y(St)Y 10x2x0,8mm, KR/K/R/MW** Installationsleitung; Leitungstyp J-Y(St)Y; Ader-/Leiterzahl 10x2x0,8mm; Verlegung in Kabelrinne/Kanal/Rohr/Montagewand						
	m	**€ brutto**	**5,9**	**7,2**	**8,5**	**10,9**	**11,0**
	KG 444	€ netto	5,0	6,0	7,2	9,1	9,2

Kosten: Stand 3.Quartal 2025, Bundesdurchschnitt

LB 061							**Preise €**
Nr.	**Kurztext** / Stichworte **Einheit** / Kostengruppe		▶	▷	**brutto ø** netto ø	◁	◀
8	**Installationsleitung, symmetrisch J-Y(St)Y 20x2x0,8mm, KR/K/R/MW** Installationsleitung; Leitungstyp J-Y(St)Y; Ader-/Leiterzahl 20x2x0,8mm; Verlegung in Kabelrinne/Kanal/Rohr/Montagewand						
	m	**€ brutto**	**6,1**	**7,3**	**8,7**	**11,1**	**12,4**
	KG 444	€ netto	5,1	6,1	7,3	9,3	10,4
9	**Installationsleitung, symmetrisch J-Y(St)Y 2x2x0,8mm, AD** Installationsleitung; Leitungstyp J-Y(St)Y; Ader-/Leiterzahl 2x2x0,8mm; Verlegung oberhalb Unterdecke						
	m	**€ brutto**	**5,0**	**5,6**	**6,7**	**8,5**	**8,9**
	KG 444	€ netto	4,2	4,7	5,6	7,1	7,5
10	**Installationsleitung, symmetrisch J-Y(St)Y 4x2x0,8mm, AD** Installationsleitung; Leitungstyp J-Y(St)Y; Ader-/Leiterzahl 4x2x0,8mm; Verlegung oberhalb Unterdecke						
	m	**€ brutto**	**6,1**	**7,3**	**8,7**	**10,6**	**11,1**
	KG 444	€ netto	5,1	6,1	7,3	8,9	9,3
11	**Installationsleitung, symmetrisch J-Y(St)Y 10x2x0,8mm, AD** Installationsleitung; Leitungstyp J-Y(St)Y; Ader-/Leiterzahl 10x2x0,8mm; Verlegung oberhalb Unterdecke						
	m	**€ brutto**	**6,5**	**8,0**	**9,5**	**11,6**	**12,1**
	KG 444	€ netto	5,4	6,7	8,0	9,8	10,2
12	**Installationsleitung, symmetrisch J-Y(St)Y 20x2x0,8mm, AD** Installationsleitung; Leitungstyp J-Y(St)Y; Ader-/Leiterzahl 20x2x0,8mm; Verlegung oberhalb Unterdecke						
	m	**€ brutto**	**10**	**11**	**13**	**17**	**17**
	KG 444	€ netto	8,6	9,2	11,0	13,9	14,4
13	**Installationsleitung, symmetrisch J-Y(St)Y 2x2x0,8mm, uP** Installationsleitung; Leitungstyp J-Y(St)Y; Ader-/Leiterzahl 2x2x0,8mm; Verlegung unter Putz						
	m	**€ brutto**	**4,1**	**4,8**	**5,8**	**7,3**	**8,0**
	KG 444	€ netto	3,4	4,1	4,8	6,1	6,7
14	**Installationsleitung, symmetrisch J-Y(St)Y 4x2x0,8mm, uP** Installationsleitung; Leitungstyp J-Y(St)Y; Ader-/Leiterzahl 4x2x0,8mm; Verlegung unter Putz						
	m	**€ brutto**	**5,1**	**6,0**	**7,2**	**9,1**	**9,2**
	KG 444	€ netto	4,3	5,1	6,0	7,6	7,7
15	**Installationsleitung, symmetrisch J-Y(St)Y 10x2x0,8mm, uP** Installationsleitung; Leitungstyp J-Y(St)Y; Ader-/Leiterzahl 10x2x0,8mm; Verlegung unter Putz						
	m	**€ brutto**	**5,9**	**7,5**	**8,9**	**11,3**	**11,5**
	KG 444	€ netto	4,9	6,3	7,5	9,5	9,7

LB 061							Preise €
Nr.	Kurztext / Stichworte				brutto ø		
	Einheit / Kostengruppe	►		▷	netto ø	◁	◄
16	**Installationsleitung, symmetrisch J-Y(St)Y 20x2x0,8mm, uP** Installationsleitung; Leitungstyp J-Y(St)Y; Ader-/Leiterzahl 20x2x0,8mm; Verlegung unter Putz						
	m	**€ brutto**	**10,0**	**10,7**	**12,8**	**16,2**	**17,4**
	KG 444	€ netto	8,4	9,0	10,7	13,6	14,7

LB 063							Preise €
Nr.	Kurztext / Stichworte Einheit / Kostengruppe		►	▷	brutto ø netto ø	◁	◄
1	**Brandmeldezentrale, bis 4 Ringe-/Linien** Brandmeldezentrale; bis 4 Ringe-/Linien; mit Grenzwert-Linien oder Ringbustechnik						
	St	**€ brutto**	**2.200**	**3.485**	**4.109**	**4.930**	**6.975**
	KG 456	€ netto	1.849	2.928	3.453	4.143	5.861
2	**Brandmeldezentrale, ab 5 Ringe-/Linien** Brandmeldezentrale; ab 5 Ringe-/Linien; mit Grenzwert-Linien oder Ringbustechnik						
	St	**€ brutto**	**8.093**	**9.993**	**11.077**	**12.711**	**15.486**
	KG 456	€ netto	6.801	8.397	9.309	10.682	13.014
3	**Feuerwehr - Schlüsseldepot** Feuerwehr - Schlüsseldepot; Gehäuse, Stahl; Meldeanlagenbauteilklasse FSD1/FSD2/FSD3; UP/in WDVS/in Montagesäule						
	St	**€ brutto**	**1.902**	**2.367**	**2.563**	**3.097**	**4.068**
	KG 456	€ netto	1.598	1.989	2.154	2.603	3.418
4	**Notruf, für barrierefreies WC** Notruf für barrierefreies WC; als Kompakt-Set						
	St	**€ brutto**	**635**	**892**	**1.071**	**1.254**	**1.500**
	KG 452	€ netto	534	749	900	1.054	1.261
5	**Rauchmelder, optisch** Rauchmelder, optisch; Energieversorgung aus Zentrale über Busleitung/aus Zentrale über separate Stichleitung/Batterie; bis 4m/über 4m/über 6m						
	St	**€ brutto**	**98**	**185**	**205**	**226**	**299**
	KG 456	€ netto	82	156	172	190	251
6	**Rauchmelder, Ionisation** Ionisationsrauchmelder; mit interner Batterie/mit externer Energieversorgung; bis 4m/über 4m/über 6m						
	St	**€ brutto**	**351**	**394**	**437**	**479**	**526**
	KG 456	€ netto	295	331	367	402	442
7	**Rauchwarnmelder, optisch** Rauchwarnmelder, optisch; mit interner Batterie/mit externer Energieversorgung; bis 4m/über 4m/über 6m						
	St	**€ brutto**	**36**	**69**	**81**	**98**	**138**
	KG 456	€ netto	30	58	68	82	116
8	**Rauchwarnmelder, funkvernetzt** Rauchwarnmelder, funkvernetzt; mit interner Batterie/mit externer Energieversorgung; bis 4m/über 4m/über 6m						
	St	**€ brutto**	**99**	**152**	**178**	**205**	**262**
	KG 456	€ netto	84	128	149	173	220

Kosten: Stand 3.Quartal 2025, Bundesdurchschnitt

LB 063							Preise €
Nr.	**Kurztext** / Stichworte **Einheit** / Kostengruppe		►	▷	**brutto ø** netto ø	◁	◄
9	**Wärme-Differenzialmelder** Wärme-Differenzialmelder; Gehäuse aus Kunststoff/Metall; Temperaturerfassung mit Halbleitern; bis 4m/über 4m/über 6m						
	St	**€ brutto**	**77**	**107**	**122**	**148**	**194**
	KG 456	€ netto	65	90	102	124	163
10	**Kombinierter Rauch-/Wärmemelder** Kombinierter Rauch-/Wärmemelder; als Optischen Rauchmelder und Thermodifferenzialmelder						
	St	**€ brutto**	**156**	**210**	**265**	**279**	**318**
	KG 456	€ netto	131	177	222	234	267
11	**Handfeuermelder, Aufputz** Handfeuermelder; Gehäuse aus Isolierstoff/Druckguss; für Innenräume oder im freien; in Aufputzausführung						
	St	**€ brutto**	**99**	**137**	**156**	**179**	**238**
	KG 456	€ netto	83	115	131	150	200
12	**Signalgeber, akustisch** Signalgeber akustisch; Gehäuse aus Kunststoff/Stahl/Leichtmetall; als elektronischer Schallgeber; für Decken/Wandmontage; bis/ab 3,5m						
	St	**€ brutto**	**108**	**187**	**220**	**251**	**309**
	KG 456	€ netto	91	157	185	211	260
13	**Signalgeber, akustisch/optisch** Signalgeber akustisch/optisch; Gehäuse aus Kunststoff/Stahl/Leichtmetall; als elektronischer Schallgeber und Blitzleuchte; für Decken/Wandmontage; bis/ab 3,5m						
	St	**€ brutto**	**278**	**348**	**369**	**411**	**504**
	KG 456	€ netto	234	292	310	346	424
14	**Signalgeber, optisch** Signalgeber, optisch; Gehäuse aus Kunststoff/Stahl/Leichtmetall; mit Blitzleuchte; für Decken/Wandmontage; bis/ab 3,5m						
	St	**€ brutto**	**176**	**195**	**217**	**239**	**263**
	KG 456	€ netto	148	164	182	201	221
15	**Anzeige-Tableau** Anzeige-Tableau; Aufputzmontage						
	St	**€ brutto**	**827**	**917**	**1.069**	**1.118**	**1.327**
	KG 456	€ netto	695	771	898	940	1.115
16	**Feuerwehr-Bedienfeld** Feuerwehr-Bedienfeld; einschl. Schließzylinder; Einbau: Aufputz/Unterputz						
	St	**€ brutto**	**530**	**736**	**821**	**1.365**	**1.958**
	KG 456	€ netto	445	619	690	1.147	1.645

LB 063						Preise €
Nr.	Kurztext / Stichworte Einheit / Kostengruppe	►	▷	brutto ø netto ø	◁	◄
17	**Überfallmelder, Handtaster, Aufputz** Überfallmelder; Gehäuse aus Kunststoff; als Handtaster in Aufputzausführung; Anschluss: in Linientechnik/in Bustechnik/direkt an Zentrale					
	St € brutto	**86**	**101**	**108**	**115**	**130**
	KG 456 € netto	72	85	91	97	110
18	**Rauchauslöseeinrichtung, Aufputz** Rauchauslöseeinrichtung; Montage an Wand; in Aufputzausführung					
	St € brutto	**1.014**	**1.366**	**1.551**	**1.816**	**2.326**
	KG 456 € netto	852	1.148	1.304	1.526	1.955

LB 069 **Preise €**

Nr.	Kurztext / Stichworte Einheit / Kostengruppe		►	▷	brutto ø netto ø	◁	◄
1	**Personenaufzug/Lastenaufzug bis 320kg** Personenaufzug/Lastenaufzug; bis 320kg, Größe 4 Personen; betriebsfertig montieren; Auf-/Abwärts-Sammelsteuerung						
	St	**€ brutto**	**46.888**	**57.081**	**62.393**	**67.711**	**75.039**
	KG 461	€ netto	39.402	47.968	52.431	56.900	63.058
2	**Personenaufzug/Lastenaufzug bis 630kg, barrierefrei, Typ 2** Personenaufzug/Lastenaufzug, barrierefrei; 630kg, Türbreite mind. 90cm, Fahrkorbbreite mind.110cm, Tiefe mind. 210cm, 8 Personen; betriebsfertig montieren; Auf-/Abwärts-Sammelsteuerung						
	St	**€ brutto**	**59.782**	**70.020**	**74.325**	**80.445**	**91.131**
	KG 461	€ netto	50.237	58.840	62.458	67.601	76.581
3	**Personenaufzug/Lastenaufzug bis 1.275kg, barrierefrei, Typ 3** Personenaufzug/Lastenaufzug, Krankentragegerecht; 1.275kg, 13 Personen; betriebsfertig montieren; Auf-/Abwärts-Sammelsteuerung						
	St	**€ brutto**	**74.795**	**97.285**	**112.221**	**130.596**	**159.964**
	KG 461	€ netto	62.853	81.752	94.303	109.744	134.423
4	**Personenaufzug/Lastenaufzug über 1.000 bis 1.600kg** Personenaufzug/Lastenaufzug; über 1.000 bis 1.600kg; betriebsfertig montieren; Auf-/Abwärts-Sammelsteuerung						
	St	**€ brutto**	**116.989**	**134.414**	**136.433**	**150.529**	**167.954**
	KG 461	€ netto	98.310	112.953	114.649	126.495	141.138
5	**Bettenaufzug, 2.500kg** Bettenaufzug; Nennlast 2.500kg; Schachtbreite 2.775mm, Schachttiefe 3.250mm; inkl. Geräte für mediz. Versorgung, Notfallbehandlung						
	St	**€ brutto**	**107.995**	**143.644**	**148.598**	**150.495**	**186.144**
	KG 461	€ netto	90.752	120.709	124.873	126.467	156.423
6	**Sitzlift, Treppe innen, gerade** Sitzlift, Treppe, gerade; Fahrschiene Stahlrohr; Tragfähigkeit 125kg; Zahnstangenantrieb, Fernbedienung, Joystick auf Lehne; Innenbereich						
	St	**€ brutto**	**5.912**	**6.577**	**12.036**	**16.348**	**17.000**
	KG 461	€ netto	4.968	5.527	10.114	13.737	14.286
7	**Sitzlift, Treppe innen, gewendelt** Sitzlift, Treppe, gewendelt; Fahrschiene Stahlrohr; Tragfähigkeit 125kg; Zahnstangenantrieb, Fernbedienung, Joystick auf Lehne; Innenbereich						
	St	**€ brutto**	**11.646**	**13.618**	**20.046**	**26.754**	**30.193**
	KG 461	€ netto	9.787	11.444	16.846	22.482	25.372

Kosten: Stand 3.Quartal 2025, Bundesdurchschnitt

LB 069 **Preise €**

Nr.	Kurztext / Stichworte Einheit / Kostengruppe		►	▷	brutto ø netto ø	◁	◄
8	**Plattformlift, Treppe innen, gerade** Plattformlift, Treppe, gerade; Fahrschiene Stahlrohrpaar; Größe mind. 860x650mm, Tragfähigkeit 250kg; mit Fahrschiene und Antriebsseil; Innenbereich; Schlüsselaktivierung ja/nein						
	St	**€ brutto**	**14.833**	**15.950**	**19.908**	**28.836**	**30.589**
	KG 461	€ netto	12.464	13.403	16.729	24.232	25.705
9	**Plattformlift, Treppe innen, gewendelt** Plattformlift, Treppe, gewendelt; Fahrschiene Stahlrohrpaar; Größe mind. 860x650mm, Tragfähigkeit 250kg; mit Fahrschiene und Antriebsseil; Innenbereich; Schlüsselaktivierung ja/nein						
	St	**€ brutto**	**22.521**	**24.212**	**33.002**	**38.101**	**39.353**
	KG 461	€ netto	18.925	20.346	27.733	32.018	33.070
10	**Plattformlift, Treppe außen, gerade** Fahrschiene Stahlrohrpaar, gerade; Fahrschiene Stahlrohrpaar; Größe mind. 860x650mm, Tragfähigkeit 250kg; mit Fahrschiene und Antriebsseil; Außenbereich; Schlüsselaktivierung ja/nein						
	St	**€ brutto**	**21.360**	**22.006**	**26.831**	**29.930**	**31.645**
	KG 461	€ netto	17.949	18.493	22.547	25.151	26.592
11	**Plattformaufzug, bis 2 Etagen, barrierefrei, verglast, außen** Plattformaufzug; Stahlprofile mit Verglasung; Förderhöhe bis 15m, Tragfähigkeit 400kg; 2 Haltestellen; Außenbereich; mit Klappsitz						
	St	**€ brutto**	**41.521**	**41.580**	**59.071**	**71.332**	**74.145**
	KG 461	€ netto	34.891	34.941	49.639	59.943	62.307
12	**Plattformaufzug, bis 5 Etagen, barrierefrei, verglast, außen** Plattformaufzug; Stahlprofile mit Verglasung; Förderhöhe bis 15m, Tragfähigkeit 400kg; 2 Haltestellen; Außenbereich; mit Klappsitz						
	St	**€ brutto**	**104.605**	**106.013**	**115.879**	**124.732**	**127.357**
	KG 461	€ netto	87.903	89.087	97.377	104.817	107.023
13	**Schachtgerüst, Aufzug** Aufzugschachtgerüst; als geschweißte Stahlkonstruktion; Aufnahme einer Aufzugsanlage mit Haltestellen und Zugängen						
	m²	**€ brutto**	**287**	**458**	**528**	**598**	**754**
	KG 461	€ netto	241	385	443	503	634
14	**Hublift, Förderplattform, 1,5m** Hublift; Stahlblech; Förderhöhe bis 1,5m, Tragfähigkeit 340kg, Nutzgröße 1.100x1.400mm; Förderplattform und Fördermast inkl. Sicherheitstüren, Stürzabsicherung, Wippschalter; Hochparterre/ versetzte Geschossebene, innen/außen; Schlüsselaktivierung ja/nein						
	St	**€ brutto**	**14.300**	**15.428**	**18.266**	**26.702**	**27.394**
	KG 461	€ netto	12.017	12.965	15.350	22.439	23.020

LB 069 **Preise €**

Nr.	Kurztext / Stichworte Einheit / Kostengruppe		▶	▷	brutto ø netto ø	◁	◀
15	**Hublift, Förderplattform, 3,0m** Hublift; Stahlblech; Förderhöhe bis 3,0m, Tragfähigkeit 340kg, Nutzgröße 1.100x1.400mm; Förderplattform und Fördermast inkl. Sicherheitstüren, Stürzabsicherung, Wippschalter; innen/außen; Schlüsselaktivierung ja/nein						
	St	**€ brutto**	**23.458**	**24.131**	**29.669**	**32.636**	**33.437**
	KG 461	€ netto	19.713	20.278	24.932	27.425	28.098
16	**Kleingüteraufzug mit Traggerüst** Kleingüteraufzug, Lastenaufzug; Nennlast: 50-100/über 100-300kg; betriebsfertig montieren; Hol- und Sendesteuerung						
	St	**€ brutto**	**12.562**	**14.929**	**16.786**	**18.835**	**21.202**
	KG 461	€ netto	10.556	12.546	14.106	15.828	17.817
17	**Verglasung Aufzugsanlage** Verglasung Aufzug; VSG aus 2x8mm TVG mit PVB-Folie 0,76mm						
	m²	**€ brutto**	**175**	**283**	**328**	**401**	**509**
	KG 461	€ netto	147	238	275	337	428
18	**Schachttür, Aufzugsanlage** Schachttür, Aufzugsanlage; Türblätter: Stahl, grundiert, Türschwelle: Stahl, nichtrostend, matt; BxH 0,90x2,10m; Türrahmen als Eckprofil dreiseitig umlaufend; vorgerichtet für Anschluss der Laibungsbekleidungen						
	St	**€ brutto**	**1.700**	**1.889**	**2.342**	**2.620**	**2.827**
	KG 461	€ netto	1.429	1.587	1.968	2.201	2.376
19	**Türlaibung, Aufzugsanlage** Türlaibung, Aufzugsanlage; Stahl; Türöffnung: BxH 0,90x2,10m						
	St	**€ brutto**	**1.888**	**2.038**	**2.118**	**2.168**	**2.319**
	KG 461	€ netto	1.586	1.713	1.780	1.822	1.948
20	**Fahrkorb-Tableau, Aufzugsanlage** Fahrkorb-Tableau, Aufzugsanlage; mit Schlüsselschalter, einschl. Profilhalbzylinder und 3 Schlüsseln; mit Tasten für die Funktionen Fahrbefehl, Tür-Auf, Tür-Zu, Notruf						
	St	**€ brutto**	**1.068**	**1.348**	**1.518**	**1.583**	**1.809**
	KG 461	€ netto	897	1.133	1.276	1.330	1.520
21	**Prüfung vor Inbetriebnahme, Aufzugsanlage** Prüfung der Aufzugsanlage vor erstmaliger Inbetriebnahme; durch zugelassene Überwachungsstelle, Ausführung gem. §15 Betriebssicherheitsverordnung						
	psch	**€ brutto**	**1.278**	**1.449**	**1.575**	**1.711**	**1.882**
	KG 461	€ netto	1.074	1.218	1.324	1.438	1.581

LB 069						Preise €
Nr.	Kurztext / Stichworte Einheit / Kostengruppe		►	▷	brutto ø netto ø	◁	◄

Nr.	Kurztext / Stichworte / Einheit / Kostengruppe		►	▷	ø	◁	◄
22	**Inbetriebnahme und Endabnahme Aufzugsanlage** Inbetriebnahme und Endabnahme Aufzugsanlage; Übergabe der Konformitätserklärung mit allen erforderlichen Dokumentationen; sämtliche Unterlagen, Bescheinigungen und Dokumentationen jeweils zweifach, geheftet in Ordnern						
	psch	**€ brutto**	**1.530**	**2.785**	**2.864**	**4.433**	**6.330**
	KG 461	€ netto	1.286	2.341	2.406	3.725	5.319
23	**Wartung Personenaufzug** Vollwartung, Personenaufzug; inkl. aller Verbrauchs- und Bedarfsstoffe						
	St	**€ brutto**	**1.507**	**2.855**	**3.371**	**4.048**	**5.885**
	KG 461	€ netto	1.266	2.399	2.833	3.402	4.945
24	**Brandfallsteuerung** Brandfallsteuerung; ausgelöst durch vorhandene Brandmeldeanlage; Die optischen Türsicherungs- und Überwachungssysteme werden überbrückt; Mit dem Löschen des Signales "Brandfall" geht der Aufzug wieder in den Normalbetrieb über						
	St	**€ brutto**	**505**	**586**	**623**	**673**	**776**
	KG 461	€ netto	425	493	524	565	653
25	**Fern-/Notrufeinrichtung, Aufzugsanlage** Fern-/Notrufeinrichtung, Aufzugsanlage; als Schnittstelle zwischen Notrufsystem und GSM-Mobilfunknetz; Mobilfunk-Netz als Alternative zum analogen Festnetzanschluss; Entfernung zwischen Mobilfunk-Modul und Notrufsystem: bis zu 500m; Aufschaltbar: auf Notrufleitstellen und Standardtelefone						
	St	**€ brutto**	**823**	**1.018**	**1.210**	**1.360**	**1.555**
	KG 461	€ netto	692	856	1.017	1.143	1.306
26	**Schutzauskleidung Aufzugskabine** Aufzugskabine auskleiden; OSB, Hinterlegung mit Luftpolsterfolie; Platten, d=18mm; verkleben mit Kunststoffband						
	St	**€ brutto**	**5.020**	**5.476**	**5.754**	**5.869**	**6.189**
	KG 461	€ netto	4.219	4.601	4.835	4.932	5.201
27	**Stundensatz, Monteur/-in Aufzüge** Stundensatz für Monteur/-in Aufzüge; Verrechnungssatz für die Arbeitskraft inkl. aller Aufwendungen; Nachweis und Anmeldung gem. VOB/B						
	h	**€ brutto**	**89**	**111**	**116**	**141**	**182**
		€ netto	74	93	98	118	153
28	**Stundensatz, Helfer/-in Aufzüge** Stundensatz für Helfer/-in Aufzüge; Verrechnungssatz für die Arbeitskraft inkl. aller Aufwendungen; Nachweis und Anmeldung gem. VOB/B						
	h	**€ brutto**	**55**	**73**	**79**	**84**	**98**
		€ netto	47	62	66	71	83

LB 075						Preise €
Nr.	**Kurztext** / Stichworte **Einheit** / Kostengruppe		►	▷	**brutto ø** netto ø	◁ ◄

1 Dezentrales Fassaden-Lüftungsgerät bis 45 m³/h

Dezentrales Fassen-Lüftungsgerät zur Be- und Entlüftung mit Wärmerückgewinnung als Geräteeinheit; bis 45m³/h; für Wohnungen oder Einzelräumen

		►	▷	ø	◁	◄
St	**€ brutto**	**638**	**1.191**	**1.396**	**1.402**	**1.955**
KG 431	€ netto	536	1.001	1.173	1.178	1.643

2 Brandschutz Absperrvorrichtung, K90, DN100

Brandschutz-Deckenschott; K90; DN100; verfüllen mit M 10; Decke

		►	▷	ø	◁	◄
St	**€ brutto**	**239**	**301**	**315**	**349**	**409**
KG 431	€ netto	201	253	265	293	344

3 Be- und Entlüftungsgerät, bis 5.000m³/h

Be- und Entlüftungsgerät; mit Anlagenbestandteilen; bis 5.000m³/h; mit Heizregister, Kühlregister, Luftbefeuchter, Wärmerückgewinner

		►	▷	ø	◁	◄
St	**€ brutto**	**6.902**	**11.239**	**13.027**	**15.571**	**24.780**
KG 431	€ netto	5.800	9.444	10.947	13.085	20.823

4 Be- und Entlüftungsgerät, bis 12.000m³/h

Be- und Entlüftungsgerät; mit Anlagenbestandteilen; bis 12.000m³/h; mit Heizregister, Kühlregister, Luftbefeuchter, Wärmerückgewinner

		►	▷	ø	◁	◄
St	**€ brutto**	**17.897**	**21.256**	**24.744**	**28.079**	**29.793**
KG 431	€ netto	15.040	17.862	20.793	23.596	25.036

5 Abluftrohrventilator, Einbaugerät

Abluftgerät als Radialrohrventilator/Axialrohrventilator; Kunststoff, B2; DN75/80, bis 10.000m³/h; Unterputz; Nassraum, Wand und Decke

		►	▷	ø	◁	◄
St	**€ brutto**	**2.092**	**2.990**	**3.488**	**4.189**	**5.079**
KG 431	€ netto	1.758	2.512	2.931	3.521	4.268

6 Kanalventilator

Kanalventilator für Kanalanschluss; aus verzinktem Stahlblech mit schallabsorbierender Innenauskleidung; Motor und Laufrad herausnehmbar; mit systemgebundenem Zubehör sowie Verbindungs- und Befestigungsmaterial

		►	▷	ø	◁	◄
St	**€ brutto**	**2.116**	**3.131**	**3.680**	**4.286**	**5.716**
KG 431	€ netto	1.778	2.631	3.093	3.602	4.803

7 Kulissenschalldämpfer, rechteckig, Stahlblech, verzinkt

Kulissenschalldämpfer; Stahl, verzinkt, Mineralwolle, Glasvlies, A2

		►	▷	ø	◁	◄
St	**€ brutto**	**505**	**822**	**979**	**1.084**	**1.264**
KG 431	€ netto	425	691	822	911	1.062

8 Kulissenschalldämpfer, rund, Stahlblech, verzinkt

Kulissenschalldämpfer; Stahl, verzinkt, Mineralwolle; Dicke 1,0-1,5mm

		►	▷	ø	◁	◄
St	**€ brutto**	**253**	**327**	**349**	**398**	**472**
KG 431	€ netto	213	275	294	335	397

LB 075 **Preise €**

Nr.	Kurztext / Stichworte Einheit / Kostengruppe		►	▷	brutto ø netto ø	◁	◄
9	**Schalldämpfer, flach, runder Anschluss** Flachschalldämpfer; Aluminium, mineralfaserfrei, A2; DN100, L 500mm, BxH 195x120mm						
	St	**€ brutto**	**153**	**182**	**208**	**214**	**241**
	KG 431	€ netto	129	153	174	180	203
10	**Wetterschutzgitter, Außenluft-/Fortluft** Außenluft-/Fortluftgitter; Aluminium; Dicke 2mm; in Maueröffnung/ Fassadenbekleidung						
	St	**€ brutto**	**191**	**351**	**386**	**514**	**714**
	KG 431	€ netto	160	295	324	432	600
11	**Luftleitung, rechteckig, Stahlblech verzinkt** Lüftungskanal; Stahl, verzinkt; Kantenlänge bis 500/1.000/2.000mm						
	m²	**€ brutto**	**66**	**83**	**86**	**92**	**109**
	KG 431	€ netto	56	70	72	77	91
12	**Luftleitung, rechteckig, Kunststoff** Lüftungskanal; Kunststoff						
	m²	**€ brutto**	**158**	**205**	**267**	**317**	**369**
	KG 431	€ netto	132	172	225	267	310
13	**Luftleitung, feuerbeständig L30/L90** Lüftungskanal L30/L90; Brandschutzplatte d=45mm; zweischalig						
	m²	**€ brutto**	**237**	**293**	**295**	**305**	**389**
	KG 431	€ netto	199	247	248	256	327
14	**Formstücke, verzinkt, Luftleitung** Formstück, Übergangsstück; Stahl, verzinkt; rechteckig auf rund und oval						
	m²	**€ brutto**	**88**	**108**	**126**	**149**	**180**
	KG 431	€ netto	74	91	106	125	151
15	**Formteile, Kunststoff, Lüftungskanäle** Formstück, Übergangsstück; Kunststoff; rechteckig auf rund und oval						
	m²	**€ brutto**	**280**	**288**	**348**	**392**	**412**
	KG 431	€ netto	235	242	293	329	347
16	**Luftleitung, Wickelfalz, verzinkt, DN100** Wickelfalzrohr; aus Stahl, verzinkt; DN100						
	m	**€ brutto**	**24**	**26**	**28**	**29**	**31**
	KG 431	€ netto	20	22	23	24	26
17	**Luftleitung, Wickelfalz, verzinkt, DN125** Wickelfalzrohr; aus Stahl, verzinkt; DN125						
	m	**€ brutto**	**25**	**31**	**34**	**46**	**62**
	KG 431	€ netto	21	26	29	39	52

LB 075						Preise €
Nr.	**Kurztext** / Stichworte			**brutto ø**		
	Einheit / Kostengruppe	►	▷	netto ø	◁	◄
18	**Luftleitung, Wickelfalz, verzinkt, DN160** Wickelfalzrohr; aus Stahl, verzinkt; DN160					
	m	**€ brutto**	**28**	**35**	**37**	**47**	**63**
	KG 431	€ netto	23	29	31	39	53
19	**Luftleitung, Wickelfalz, verzinkt, DN180** Wickelfalzrohr; aus Stahl, verzinkt; DN180					
	m	**€ brutto**	**33**	**38**	**44**	**54**	**56**
	KG 431	€ netto	28	32	37	46	47
20	**Luftleitung, Wickelfalz, verzinkt, DN250** Wickelfalzrohr; aus Stahl, verzinkt; DN250					
	m	**€ brutto**	**49**	**54**	**62**	**73**	**81**
	KG 431	€ netto	41	45	52	61	68
21	**Luftleitung, Wickelfalz, verzinkt, DN500** Wickelfalzrohr; aus Stahl, verzinkt; DN500					
	m	**€ brutto**	**79**	**87**	**99**	**112**	**120**
	KG 431	€ netto	66	73	84	94	101
22	**Luftleitung, Aluminium, flexibel, DN80** Elastische Luftleitung, flexibel; Aluminium, zweilagig gestaucht; DN80, Länge 1,25m, ausziehbar bis 5,00m; inkl. Befestigungsmaterial					
	m	**€ brutto**	**9,4**	**16,8**	**21,3**	**21,5**	**28,8**
	KG 431	€ netto	7,9	14,1	17,9	18,0	24,2
23	**Luftleitung, Aluminium, flexibel, DN100** Elastische Luftleitung, flexibel; Aluminium, zweilagig gestaucht; DN100, Länge 1,25m, ausziehbar bis 5,00m					
	m	**€ brutto**	**14**	**24**	**27**	**38**	**50**
	KG 431	€ netto	12	20	23	32	42
24	**Rohrbogen, Luftleitung** Rohrbogen; Wickelfalzrohr, verzinkt; alle Winkelgrade					
	St	**€ brutto**	**18**	**27**	**32**	**41**	**54**
	KG 431	€ netto	15	23	27	34	45
25	**Abzweigstück, Luftleitung** Abzweigstück; Wickelfalzrohr, verzinkt; 90°					
	St	**€ brutto**	**23**	**30**	**30**	**33**	**39**
	KG 431	€ netto	19	25	25	28	33
26	**Lüftungsgitter, Zu-/Abluft** Lüftungsgitter; Stahl, verzinkt; für Zu- und Abluft; Einbau in Rundrohr/Rechteckkanal					
	St	**€ brutto**	**55**	**123**	**152**	**184**	**287**
	KG 431	€ netto	46	103	128	154	242

Kosten: Stand 3.Quartal 2025, Bundesdurchschnitt

LB 075 **Preise €**

Nr.	Kurztext / Stichworte Einheit / Kostengruppe		►	▷	brutto ø netto ø	◁	◄
27	**Drallauslass, Decke** Drallauslass; Stahl, verzinkt; für Zu-und Abluft; Decke						
	St	**€ brutto**	**141**	**477**	**705**	**780**	**1.112**
	KG 431	€ netto	119	401	593	656	934
28	**Brandschutzklappen, RLT, eckig** Brandschutzklappe, K30/K60/K90/K120; Stahl; l=500/600mm; Wand/Decke						
	St	**€ brutto**	**511**	**858**	**988**	**1.074**	**1.303**
	KG 431	€ netto	430	721	830	902	1.095
29	**Brandschutzklappen, RLT, rund, Küche** Brandschutzklappe, K30/K60/K90/K120; Stahl, verzinkt; l=500/600mm; Wand/Decke; für fetthaltige Abluft						
	St	**€ brutto**	**5.988**	**8.285**	**10.362**	**11.786**	**16.579**
	KG 431	€ netto	5.032	6.962	8.708	9.904	13.932
30	**Tellerventil, Zu-/Abluft** Zu- und Abluftventil; Stahl; DN100; Wand/Decken						
	St	**€ brutto**	**34**	**76**	**90**	**126**	**194**
	KG 431	€ netto	28	64	76	106	163
31	**Wickelfalzrohr, Reduzierstück, DN100/DN80** Wickelfalzrohr Reduzierstück; Verzinkt; DN100/DN80						
	St	**€ brutto**	**21**	**27**	**31**	**36**	**43**
	KG 431	€ netto	18	22	26	31	36
32	**Drosselklappe, DN100** Drosselklappe; Stahl, verzinkt; DN100; rund						
	St	**€ brutto**	**40**	**58**	**72**	**85**	**105**
	KG 431	€ netto	33	49	61	71	88
33	**Drosselklappe, 200x200mm** Drosselklappe; Stahl, verzinkt; 200x200mm; eckig						
	St	**€ brutto**	**67**	**81**	**99**	**118**	**129**
	KG 431	€ netto	57	68	83	99	108
34	**Lüftungsgerät mit WRG, Zentral, Bypass, Feuerstättenfunktion** Lüftungsgerät mit Wärmerückgewinnung; Volumen 300m³/h, BxHxL 750x750x469mm; zentrales Lüftungsgerät						
	St	**€ brutto**	**3.810**	**4.875**	**5.173**	**5.543**	**6.144**
	KG 431	€ netto	3.201	4.096	4.347	4.658	5.163
35	**Außenwanddurchlass, DN110** Außenwandluftdurchlass; Teleskoprohr; DN110, Rohr 305-535mm						
	St	**€ brutto**	**147**	**164**	**220**	**265**	**288**
	KG 431	€ netto	124	138	185	223	242

LB 075						Preise €
Nr.	**Kurztext** / Stichworte			**brutto ø**		
	Einheit / Kostengruppe	►	▷	netto ø	◁	◄
36	**Außenwanddurchlass, DN160**					
	Außenwandluftdurchlass; Teleskoprohr; DN160, Rohr 305-535mm					
	St	**€ brutto**	**340**	**365**	**460**	**504**	**522**
	KG 431	€ netto	286	307	387	423	439
37	**Lüftungsgerät für Abluft**					
	Lüftungsgerät; LxBxT 242x242x100mm; Wände/Decke					
	St	**€ brutto**	**321**	**340**	**349**	**372**	**396**
	KG 431	€ netto	270	286	293	312	333
38	**KWL-Lüftungsgerät, in Außenwand, bis 100m³/h mit WRG**					
	Lüftungsgerät mit Wärmerückgewinnung; Luftvolumenstrom bis 100m³/h, Wärmerückgewinnungsgrad mind 85%; Außenwandmontage hängend, inkl. Befestigungsmaterial					
	St	**€ brutto**	**2.626**	**2.875**	**3.194**	**3.642**	**3.805**
	KG 431	€ netto	2.207	2.416	2.684	3.060	3.197
39	**KWL-Lüftungsgerät, Wohngebäude, bis 200m³/h mit WRG**					
	Lüftungsgerät mit Wärmerückgewinnung; Luftvolumenstrom bis 200m³/h, Wärmerückgewinnung mind. 85%; wandhängend/deckenhängend/stehend; Innenmontage; inkl. 4 Schalldämpfer					
	St	**€ brutto**	**6.058**	**6.259**	**6.954**	**7.928**	**8.356**
	KG 431	€ netto	5.091	5.260	5.844	6.662	7.022
40	**KWL-Lüftungsgerät, Wohngebäude, bis 350m³/h mit WRG**					
	Lüftungsgerät mit Wärmerückgewinnung; Luftvolumenstrom bis 350m³/h, Wärmerückgewinnung mind. 85%; wandhängend/deckenhängend/stehend; Innenmontage; inkl. 4 Schalldämpfer					
	St	**€ brutto**	**6.216**	**6.927**	**7.697**	**8.774**	**9.327**
	KG 431	€ netto	5.224	5.821	6.468	7.373	7.838
41	**KWL-Lüftungsgerät, Wohngebäude, bis 500m³/h mit WRG**					
	Lüftungsgerät mit Wärmerückgewinnung; Luftvolumenstrom bis 500m³/h, Wärmerückgewinnung mind. 85%; wandhängend/deckenhängend/stehend; Innenmontage; inkl. 4 Schalldämpfer					
	St	**€ brutto**	**8.494**	**8.942**	**9.936**	**11.327**	**11.761**
	KG 431	€ netto	7.138	7.514	8.349	9.518	9.883
42	**VRF-Außengerät, Heizen/Kühlen, 10kW**					
	Klima-Außengerät; mit Wärmetauscher, Ventilator, Wärmedämmung, Abscheider; Gehäuse aus verzinktem Stahl; inkl. Verdrahtung und Bedieneinheit					
	St	**€ brutto**	**3.826**	**4.515**	**6.820**	**10.837**	**11.247**
	KG 434	€ netto	3.215	3.794	5.731	9.107	9.451

Kosten: Stand 3.Quartal 2025, Bundesdurchschnitt

LB 075 **Preise €**

Nr.	Kurztext / Stichworte Einheit / Kostengruppe		►	▷	brutto ø netto ø	◁	◄
43	**VRF-Außengerät, Heizen/Kühlen, 15kW** Klima-Außengerät; mit Wärmetauscher, Ventilator, Wärmedämmung, Abscheider; Gehäuse aus verzinktem Stahl; inkl. Verdrahtung und Bedieneinheit						
	St	**€ brutto**	**8.610**	**9.120**	**12.796**	**17.386**	**18.012**
	KG 434	€ netto	7.235	7.664	10.753	14.610	15.136
44	**VRF-Außengerät, Heizen/Kühlen, 20kW** Klima-Außengerät; mit Wärmetauscher, Ventilator, Wärmedämmung, Abscheider; Gehäuse aus verzinktem Stahl; inkl. Verdrahtung und Bedieneinheit						
	St	**€ brutto**	**12.474**	**12.615**	**16.289**	**19.338**	**19.487**
	KG 434	€ netto	10.482	10.601	13.689	16.250	16.376
45	**VRF-Innenwandgerät, Heizen/Kühlen, 2,5kW** Klima-Innengerät; mit Wärmetauscher, Ventilator, Leitlamellen, Kondensatwanne; Gehäuse aus verzinktem Stahl; inkl. Verdrahtung und Bedieneinheit						
	St	**€ brutto**	**1.403**	**1.487**	**2.048**	**2.581**	**2.635**
	KG 434	€ netto	1.179	1.250	1.721	2.169	2.215
46	**VRF-Innenwandgerät, Heizen/Kühlen, 3,5kW** Klima-Innengerät; mit Wärmetauscher, Ventilator, Leitlamellen, Kondensatwanne; Gehäuse aus verzinktem Stahl; inkl. Verdrahtung und Bedieneinheit						
	St	**€ brutto**	**1.405**	**1.588**	**2.194**	**2.810**	**2.892**
	KG 434	€ netto	1.180	1.334	1.844	2.361	2.430
47	**VRF-Innenwandgerät, Heizen/Kühlen, 5,0kW** Klima-Innengerät; mit Wärmetauscher, Ventilator, Leitlamellen, Kondensatwanne; Gehäuse aus verzinktem Stahl; inkl. Verdrahtung und Bedieneinheit						
	St	**€ brutto**	**1.758**	**1.934**	**2.637**	**3.341**	**3.495**
	KG 434	€ netto	1.477	1.625	2.216	2.807	2.937
48	**VRF-Verteilereinheit, Innengerät** Klima-Verteilereinheit; Multi-Split-Einheit; Innenbereich						
	St	**€ brutto**	**1.159**	**1.241**	**1.911**	**2.300**	**2.565**
	KG 434	€ netto	974	1.043	1.606	1.933	2.156
49	**Zubehörmontage, VRF-Anlage** Montage Zubehör Klima; mit Rohrleitungen; mit Rohrleitungsdämmung						
	psch	**€ brutto**	**1.758**	**2.075**	**2.440**	**3.181**	**3.516**
	KG 434	€ netto	1.477	1.743	2.051	2.673	2.955

LB 075						Preise €
Nr.	**Kurztext** / Stichworte **Einheit** / Kostengruppe	►	▷	**brutto ø** netto ø	◁	◄
50	**Inbetriebnahme, VRF-Anlage** Inbetriebnahme Kälteanlage					
	psch **€ brutto**	**407**	**693**	**774**	**1.021**	**1.444**
	KG 434 € netto	342	582	650	858	1.213
51	**Stundensatz, Monteur/-in Lüftung/Kälte** Stundensatz für Monteur/-in Lüftung/Kälte; Verrechnungssatz für die Arbeitskraft inkl. aller Aufwendungen; Nachweis und Anmeldung gem. VOB/B					
	h **€ brutto**	**74**	**87**	**93**	**106**	**125**
	€ netto	62	73	78	89	105
52	**Stundensatz, Helfer/-in Lüftung/Kälte** Stundensatz für Helfer/-in Lüftung/Kälte; Verrechnungssatz für die Arbeitskraft inkl. aller Aufwendungen; Nachweis und Anmeldung gem. VOB/B					
	h **€ brutto**	**59**	**69**	**74**	**76**	**81**
	€ netto	49	58	62	64	68

D

Freianlagen

Titel des Leistungsbereichs	LB-Nr.
Landschaftsbauarbeiten	003
Landschaftsbauarbeiten - Pflanzen	004
Straßen, Wege, Plätze	080

LB 003						Preise €
Nr.	Kurztext / Stichworte Einheit / Kostengruppe		▶	▷ brutto ø netto ø	◁	◀
1	**Baugelände abräumen, entsorgen** Baugelände abräumen; Steine, Schutt, Unrat; laden, abfahren, entsorgen					
	t	**€ brutto**	**155**	**198**	**226**	**240**	**266**
	KG 594	€ netto	130	166	190	201	224
2	**Stammschutz, Brettermantel, bis 30cm** Stammschutz; Brettermantel; StD bis 30cm; gegen mechanische Schäden					
	St	**€ brutto**	**52**	**64**	**70**	**79**	**97**
	KG 211	€ netto	44	54	59	67	81
3	**Stammschutz, Brettermantel, bis 60cm** Stammschutz; Brettermantel, Polsterung; Durchmesser über 40 bis 60cm, Schutzhöhe mind. 2,0m; gegen mechanische Schäden					
	St	**€ brutto**	**61**	**73**	**79**	**88**	**101**
	KG 211	€ netto	51	61	66	74	85
4	**Hochstamm einschlagen** Hochstamm; gem. Angaben bis zur Verwendung einschlagen					
	St	**€ brutto**	**14**	**16**	**16**	**19**	**19**
	KG 573	€ netto	12	13	14	16	16
5	**Strauchpflanze einschlagen** Strauchpflanze; gem. Angaben bis zur Verwendung einschlagen					
	St	**€ brutto**	**3,8**	**5,2**	**5,5**	**6,5**	**7,9**
	KG 573	€ netto	3,2	4,4	4,6	5,4	6,6
6	**Baum herausnehmen, einschlagen** Baum herausnehmen; mit Ballen; StU 18-20cm; transportieren, bis zur Wiedereinpflanzung einschlagen					
	St	**€ brutto**	**135**	**174**	**192**	**216**	**249**
	KG 573	€ netto	114	146	161	181	209
7	**Strauch herausnehmen, einschlagen, 60-100cm** Strauch herausnehmen; mit Ballen; Größe 60-100cm; transportieren, bis zur Wiedereinpflanzung einschlagen					
	St	**€ brutto**	**25**	**31**	**33**	**41**	**51**
	KG 573	€ netto	21	26	27	34	43
8	**Strauch herausnehmen, einschlagen, 100-150cm** Strauch herausnehmen; mit Ballen; Größe 100-150cm; transportieren, bis zur Wiedereinpflanzung einschlagen					
	St	**€ brutto**	**28**	**36**	**42**	**47**	**57**
	KG 573	€ netto	23	30	35	39	48
9	**Baugelände roden** Baugelände roden; Busch-, Hecken- und Baumbestand; StD bis 10cm; Räumgut abfahren					
	m²	**€ brutto**	**9,3**	**12,7**	**14,0**	**17,8**	**26,8**
	KG 214	€ netto	7,8	10,6	11,7	14,9	22,6

Kosten: Stand 3.Quartal 2025, Bundesdurchschnitt

LB 003						Preise €
Nr.	**Kurztext** / Stichworte **Einheit** / Kostengruppe		►	▷	**brutto ø** netto ø	◁	◄

Nr.	Kurztext / Stichworte						
10	**Grasnarbe abtragen, seitlich lagern** Grasnarbe abtragen; Dicke bis 5cm; zerkleinern, zur Abfuhr lagern						
	m²	**€ brutto**	**3,3**	**4,1**	**4,5**	**4,8**	**5,6**
	KG 214	€ netto	2,8	3,4	3,8	4,0	4,7
11	**Grasnarbe abtragen, entsorgen** Grasnarbe abtragen; Dicke bis 5cm; laden, abfahren, entsorgen						
	m²	**€ brutto**	**4,0**	**4,6**	**5,0**	**5,4**	**6,3**
	KG 214	€ netto	3,3	3,9	4,2	4,5	5,3
12	**Bewachsene Fläche mähen** Bewachsene Fläche mähen; Gräser, Kräuter; Höhe bis 0,70m; laden, abfahren entsorgen						
	m²	**€ brutto**	**1,6**	**2,3**	**2,7**	**3,6**	**5,0**
	KG 214	€ netto	1,3	1,9	2,2	3,1	4,2
13	**Metallzaun abbrechen, entsorgen** Abbruch Zaun; Metall; abfahren, entsorgen; inkl. Stahlpfosten, Fundamente und Deponiegebühr						
	m	**€ brutto**	**9,0**	**14,7**	**16,6**	**19,7**	**27,3**
	KG 594	€ netto	7,5	12,3	14,0	16,5	22,9
14	**Zaun Viereck-Drahtgeflecht abbrechen bis 2,0m, entsorgen** Abbruch Zaun; Viereck-Drahtgeflecht; Höhe 2,00m; abfahren, entsorgen; inkl. Stahlpfosten, Fundamente und Deponiegebühr						
	m	**€ brutto**	**15**	**18**	**18**	**19**	**22**
	KG 594	€ netto	12	15	15	16	19
15	**Zaun Viereck-Drahtgeflecht, bis 1,5m, abbauen, seitlich lagern** Zaun abbauen; Viereck-Drahtgeflecht; Höhe 1,50; seitlich lagern; inkl. Stahlpfosten und Fundamente						
	m	**€ brutto**	**12**	**14**	**14**	**15**	**17**
	KG 594	€ netto	9,9	11,6	11,8	12,7	14,6
16	**Bauzaun, Bretter 2,00m** Bauzaun, geschlossen; Bretter, einseitig gehobelt; Höhe 2,00m; aufstellen, vorhalten, abbauen						
	m	**€ brutto**	**16**	**20**	**21**	**24**	**32**
	KG 591	€ netto	14	17	18	20	27
17	**Bauzaun, inkl. Tore** Bauzaun inkl. Tore; Baustahlgewebe; aufstellen, vorhalten, unterhalten, abbauen						
	m	**€ brutto**	**11**	**15**	**16**	**20**	**28**
	KG 591	€ netto	9,5	12,6	13,8	16,7	23,4

LB 003						Preise €
Nr.	Kurztext / Stichworte Einheit / Kostengruppe	►	▷	brutto ø netto ø	◁	◄
18	**Baum fällen, Durchmesser bis 15cm, entsorgen** Baum fällen, Wurzelstock roden; StD bis 15cm; Räumgut abfahren					
	St **€ brutto**	**54**	**77**	**84**	**91**	**111**
	KG 214 € netto	45	64	71	76	93
19	**Baum fällen, Durchmesser bis 30cm, entsorgen** Baum fällen, Wurzelstock roden; StD bis 30cm; Räumgut abfahren					
	St **€ brutto**	**111**	**133**	**145**	**153**	**181**
	KG 214 € netto	93	111	122	129	152
20	**Baum fällen, Durchmesser bis 50cm, entsorgen** Baum fällen, Wurzelstock roden; StD bis 50cm; Räumgut abfahren					
	St **€ brutto**	**176**	**226**	**241**	**279**	**350**
	KG 214 € netto	148	190	203	234	294
21	**Baum fällen, Durchmesser über 50cm, entsorgen** Baum fällen, Wurzelstock roden; StD über 50cm; Räumgut abfahren					
	St **€ brutto**	**238**	**301**	**338**	**358**	**402**
	KG 214 € netto	200	253	284	300	338
22	**Wurzelstock roden, bis 30cm** Wurzelstock roden; StD bis 30cm; Stoffe häckseln, auf Baustelle lagern					
	St **€ brutto**	**71**	**83**	**90**	**100**	**117**
	KG 214 € netto	59	70	76	84	98
23	**Wurzelstock fräsen, einarbeiten** Wurzelstock fräsen; Fräsgut in Boden einarbeiten					
	St **€ brutto**	**90**	**121**	**126**	**142**	**174**
	KG 214 € netto	76	101	106	120	146
24	**Organische Stoffe aufnehmen, entsorgen** Aufwuchs abmähen; Gräser, Kräuter; Höhe bis 0,70m; entsorgen					
	m^3 **€ brutto**	**24**	**33**	**37**	**40**	**52**
	KG 214 € netto	20	27	31	34	44
25	**Oberboden abtragen, lagern** Oberboden abtragen; Tiefe bis 30cm; laden, fördern und geordnet lagern; inkl. Vegetationsdecke					
	m^3 **€ brutto**	**18**	**23**	**26**	**28**	**35**
	KG 511 € netto	15	19	22	24	29
26	**Oberboden abtragen, lagern, bis 20cm** Oberboden abtragen; Dicke bis 20cm; laden, fördern, seitlich lagern					
	m^2 **€ brutto**	**4,1**	**6,5**	**7,0**	**8,9**	**11,7**
	KG 214 € netto	3,4	5,5	5,9	7,4	9,8
27	**Oberboden abtragen, lagern, bis 30cm** Oberboden abtragen; Dicke bis 30cm; laden, fördern, seitlich lagern					
	m^2 **€ brutto**	**5,3**	**7,6**	**8,4**	**9,6**	**12,3**
	KG 214 € netto	4,5	6,4	7,1	8,1	10,3

LB 003 **Preise €**

Nr.	Kurztext / Stichworte		brutto ø				
	Einheit / Kostengruppe		►	▷	netto ø	◁	◄
28	**Oberboden abtragen, lagern, über 30cm**						
	Oberboden abtragen; Dicke über 30cm; laden, fördern, seitlich lagern						
	m²	**€ brutto**	**7,9**	**10,0**	**10,5**	**12,3**	**15,4**
	KG 214	€ netto	6,7	8,4	8,8	10,4	13,0
29	**Oberboden abtragen, einarbeiten, 30cm**						
	Oberboden abtragen; unbelastet; Dicke 30cm; laden, fördern, einarbeiten						
	m³	**€ brutto**	**24**	**27**	**29**	**31**	**36**
	KG 214	€ netto	20	23	24	26	30
30	**Oberboden auftragen, lagernd**						
	Oberboden auftragen; Lagermaterial; laden, fördern, einbauen; bis 0,5km						
	m³	**€ brutto**	**9,3**	**13,6**	**15,2**	**18,0**	**24,4**
	KG 571	€ netto	7,8	11,4	12,8	15,1	20,5
31	**Oberboden liefern und einbauen, bis 30cm**						
	Oberboden liefern; Boden frei von keimfähigen Samen und Schadstoffen; Dicke bis 30cm; profilgerecht einbauen, Ebenheit +/-3cm						
	m³	**€ brutto**	**41**	**50**	**55**	**61**	**74**
	KG 571	€ netto	34	42	46	51	62
32	**Oberboden liefern, andecken**						
	Oberboden liefern; profilgerecht andecken						
	m³	**€ brutto**	**35**	**46**	**50**	**53**	**63**
	KG 571	€ netto	29	39	42	45	53
33	**Baugelände abräumen**						
	Baugelände abräumen; Steinen, Schutt und Unrat, unbelastet; Räumgut getrennt lagern						
	m²	**€ brutto**	**4,0**	**6,0**	**6,5**	**7,9**	**10,5**
	KG 214	€ netto	3,4	5,0	5,4	6,6	8,8
34	**Betonfundament**						
	Einzelfundament, Ortbeton; C12/15, unbewehrt; Tiefe bis 0,80m; inkl. Erdarbeiten						
	m²	**€ brutto**	**306**	**331**	**352**	**355**	**372**
	KG 561	€ netto	257	278	295	298	313
35	**Einzelfundamente, Zaunpfosten**						
	Zaunpfostenfundament; Beton C20/25; BxT 30x30x80cm; Aushub entsorgen; inkl. Schalung						
	St	**€ brutto**	**73**	**122**	**151**	**160**	**245**
	KG 541	€ netto	62	102	127	135	206

LB 003 **Preise €**

Nr.	Kurztext / Stichworte Einheit / Kostengruppe		►	▷	brutto ø netto ø	◁	◄
36	**Einzelfundament, Mastleuchte** Einzelfundament, Mastleuchte; Beton C20/25; BxLxT 60x60x80cm; Aushub entsorgen; inkl. Schalung						
	St	**€ brutto**	**155**	**203**	**210**	**211**	**260**
	KG 541	€ netto	130	171	176	178	218
37	**Gründungssohle verdichten** Baugrubensohle verdichten; Abweichung +/-2,0cm; planieren, verdichten, DPr 97%						
	m²	**€ brutto**	**1,2**	**2,3**	**2,7**	**3,5**	**5,1**
	KG 511	€ netto	1,0	1,9	2,3	2,9	4,3
38	**Aushub Dränleitung** Aushub Dränleitung; Tiefe 80cm, Breite 50cm; fördern, wiederverfüllen						
	m³	**€ brutto**	**32**	**36**	**36**	**38**	**42**
	KG 511	€ netto	27	30	30	32	36
39	**Pflanzgrube für Kleingehölz 20x20x20** Pflanzgrube ausheben; Kleingehölze; 20x20x20cm; Aushub lagern, Sohle lockern, verdrängter Boden Gießrand herstellen/seitlich einbauen						
	St	**€ brutto**	**4,9**	**7,2**	**7,4**	**8,9**	**9,5**
	KG 571	€ netto	4,2	6,0	6,2	7,5	7,9
40	**Pflanzgrube für Kleingehölz 30x30x30** Pflanzgrube ausheben; Kleingehölze; 30x30x30cm; Aushub lagern, Sohle lockern, verdrängter Boden Gießrand herstellen/seitlich einbauen						
	St	**€ brutto**	**5,1**	**7,8**	**9,5**	**9,7**	**12,4**
	KG 571	€ netto	4,3	6,6	7,9	8,2	10,5
41	**Pflanzgrube für Rankgehölz 50x50x50** Pflanzgrube ausheben; Kleingehölz; 50x50x50cm; Aushub lagern, Sohle lockern, verdrängter Boden Gießrand herstellen/seitlich einbauen						
	St	**€ brutto**	**13**	**16**	**18**	**20**	**24**
	KG 571	€ netto	11	14	15	17	20
42	**Pflanzgrube für Solitärbaum 80x80x80** Pflanzgrube ausheben; Solitärbaum; 80x80x80cm; Aushub lagern, Sohle lockern, verdrängter Boden Gießrand herstellen/seitlich einbauen						
	St	**€ brutto**	**24**	**31**	**34**	**48**	**64**
	KG 571	€ netto	21	26	29	40	53
43	**Pflanzgrube für Solitärbaum 150x150x80** Pflanzgrube ausheben; Solitärbaum; 150x150x80cm; Aushub lagern, Sohle lockern, verdrängter Boden Gießrand herstellen/seitlich einbauen						
	St	**€ brutto**	**39**	**65**	**76**	**89**	**109**
	KG 571	€ netto	33	55	64	74	92

Kosten: Stand 3.Quartal 2025, Bundesdurchschnitt

LB 003 **Preise €**

Nr.	Kurztext / Stichworte Einheit / Kostengruppe		►	▷	brutto ø netto ø	◁	◄
44	**Pflanzgrube für Solitärbaum 300x300x100** Pflanzgrube ausheben; Solitärbaum; 300x300x100cm; Aushub lagern, Sohle lockern, verdrängter Boden Gießrand herstellen/seitlich einbauen						
	St	**€ brutto**	**98**	**129**	**151**	**166**	**201**
	KG 571	€ netto	82	109	127	140	169
45	**Pflanzgraben für Hecke herstellen** Pflanzgraben ausheben; 40x40cm; Boden lösen, laden entsorgen, Grabensohle lockern						
	m	**€ brutto**	**11**	**14**	**16**	**17**	**20**
	KG 571	€ netto	9,6	11,9	13,2	14,3	16,4
46	**Handaushub, Zulage** Handaushub Rohrgraben; Erd-und Oberbodenarbeiten						
	m³	**€ brutto**	**68**	**87**	**94**	**99**	**110**
	KG 511	€ netto	57	73	79	84	93
47	**Pflanzgrube verfüllen, Oberboden-Gemisch** Pflanzgrube verfüllen; 60% Oberboden, 30% Sand, 10% Kompost, gütegesichert; Dicke bis 80cm						
	St	**€ brutto**	**29**	**40**	**46**	**49**	**62**
	KG 571	€ netto	24	34	39	42	52
48	**Pflanzgrube verfüllen, Baumsubstrat** Pflanzgrube verfüllen; Humus-Basis 0/16; Dicke 30cm						
	St	**€ brutto**	**53**	**67**	**70**	**75**	**86**
	KG 571	€ netto	45	57	59	63	72
49	**Vegetationsflächen lockern, aufreißen** Vegetationstragschicht lockern, durch Aufreißen; Tiefe 30cm; Fremdkörper, Pflanzenteile, Unkraut abräumen						
	m²	**€ brutto**	**0,7**	**1,1**	**1,2**	**1,5**	**2,1**
	KG 571	€ netto	0,6	0,9	1,0	1,2	1,8
50	**Vegetationsflächen lockern, fräsen** Vegetationstragschicht lockern, Fräsen; Tiefe 15cm; Fremdkörper, Pflanzenteile, Unkraut abräumen						
	m²	**€ brutto**	**0,9**	**1,2**	**1,4**	**1,6**	**2,2**
	KG 571	€ netto	0,7	1,0	1,1	1,4	1,8
51	**Tiefenlockerung, Boden** Vegetationsfläche lockern, Grubbern; Tiefe 25cm; Fremdkörper, Pflanzenteile, Unkraut abräumen						
	m²	**€ brutto**	**0,5**	**0,7**	**0,8**	**0,8**	**1,0**
	KG 571	€ netto	0,5	0,6	0,6	0,7	0,8

LB 003 **Preise €**

Nr.	Kurztext / Stichworte Einheit / Kostengruppe	►	▷	brutto ø netto ø	◁	◄
52	**Bodenverbesserung, Komposterde** Bodenverbesserung; Komposterde; Einzelkorn bis 5cm; aufbringen, einarbeiten; Vegetationsfläche					
	m² € brutto	**2,0**	**3,2**	**3,7**	**4,5**	**5,8**
	KG 571 € netto	1,7	2,7	3,1	3,8	4,8
53	**Bodenverbesserung, Kiessand** Bodenverbesserung; Kiessand 0/4; 20kg/m²; aufbringen, einarbeiten; Vegetationsfläche					
	m² € brutto	**2,3**	**2,6**	**2,8**	**3,2**	**3,7**
	KG 571 € netto	1,9	2,2	2,4	2,7	3,1
54	**Bodenverbesserung, Rindenhumus** Bodenverbesserung; Rindenhumus; Dicke 5cm; aufbringen, einarbeiten; Vegetationsfläche					
	m² € brutto	**1,6**	**2,7**	**3,2**	**3,5**	**4,5**
	KG 571 € netto	1,4	2,3	2,7	2,9	3,8
55	**Mulchsubstrat liefern, einbauen** Mulchsubstrat aufbringen; Rindenmulch 10/20; Dicke 8cm; Baumscheiben abdecken					
	m² € brutto	**5,0**	**6,6**	**7,4**	**8,3**	**10,0**
	KG 573 € netto	4,2	5,5	6,2	6,9	8,4
56	**Pflanzflächen mulchen, Rindenmulch** Pflanzfläche mulchen; Rindenmulch; Dicke 10-15cm; Schutz vor Austrocknung					
	m² € brutto	**6,3**	**7,5**	**8,0**	**8,6**	**9,4**
	KG 573 € netto	5,3	6,3	6,7	7,2	7,9
57	**Vegetationsfläche, organische Düngung** Düngung Vegetationsfläche; Kern-Blut-Knochenmehl; 50g/m²; aufbringen, einarbeiten					
	m² € brutto	**0,7**	**1,0**	**1,1**	**1,5**	**2,0**
	KG 571 € netto	0,6	0,8	0,9	1,2	1,7
58	**Langzeitdünger** Pflanzfläche düngen; organisches Material; 50g/m²; aufbringen, einarbeiten					
	m² € brutto	**0,1**	**0,5**	**0,6**	**1,1**	**1,8**
	KG 573 € netto	0,1	0,4	0,5	0,9	1,5
59	**Rasenplanum** Planum herstellen, Rasenfläche; Abweichung +/-1cm; Fremdkörper, Pflanzteile, Unkraut entsorgen					
	m² € brutto	**0,8**	**1,9**	**2,2**	**3,1**	**4,6**
	KG 574 € netto	0,7	1,6	1,9	2,6	3,9

Kosten: Stand 3.Quartal 2025, Bundesdurchschnitt

LB 003						Preise €
Nr.	**Kurztext** / Stichworte			**brutto ø**		
	Einheit / Kostengruppe	►	▷	netto ø	◁	◄
60	**Feinplanum, Vegetationsfläche** Feinplanum herstellen, Vegetationsfläche; Abweichung +/-3cm; Fremdkörper, Pflanzenteile, Unkraut abräumen					
	m² € brutto	**1,2**	**2,1**	**2,4**	**2,9**	**4,5**
	KG 574 € netto	1,0	1,8	2,1	2,4	3,8
61	**Feinplanum, Rasenfläche** Feinplanum herstellen, Rasenfläche; Abweichung +/-3cm; Fremdkörper, Pflanzenteile, Unkraut abräumen					
	m² € brutto	**1,2**	**2,1**	**2,5**	**3,0**	**4,5**
	KG 574 € netto	1,0	1,8	2,1	2,6	3,8
62	**Solitär/Hochstamm nach Einschlag pflanzen** Solitär/Hochstamm; aus Einschlag entnehmen, in vorbereitete Pflanzgrube pflanzen, verfüllen.					
	St € brutto	**22**	**27**	**31**	**35**	**38**
	KG 573 € netto	19	23	26	29	32
63	**Solitärgehölz nach Einschlag pflanzen** Großgehölz; aus Einschlag entnehmen, in vorbereitete Pflanzgrube pflanzen, verfüllen.					
	St € brutto	**33**	**38**	**39**	**44**	**47**
	KG 573 € netto	28	32	33	37	39
64	**Hochstamm/Solitär, liefern/pflanzen, 100-125cm** Hochstamm/Solitär pflanzen; mDb; Höhe 100-125cm; Pflanzgrube ausheben, wiederverfüllen, wässern; inkl. Baumscheibe					
	St € brutto	**49**	**70**	**78**	**85**	**162**
	KG 573 € netto	41	59	66	72	136
65	**Hochstamm/Solitär, liefern/pflanzen, 125-150cm** Hochstamm/Solitär pflanzen; mDb; Höhe 125-150cm; Pflanzgrube ausheben, wiederverfüllen, wässern; inkl. Baumscheibe					
	St € brutto	**54**	**98**	**129**	**186**	**260**
	KG 573 € netto	45	82	108	156	218
66	**Hochstamm/Solitär, liefern/pflanzen, 12-16cm** Hochstamm/Solitär pflanzen; mDb; StU 12-16cm; Pflanzgrube ausheben, wiederverfüllen, wässern; inkl. Baumscheibe					
	St € brutto	**123**	**154**	**157**	**231**	**330**
	KG 573 € netto	104	129	132	194	277
67	**Sträucher liefern/pflanzen, 100-150cm** Strauch pflanzen; Höhe 100-150cm; Pflanzgrube ausheben, wieder verfüllen, wässern; inkl. Pflanzschnitt					
	St € brutto	**9,2**	**12,0**	**13,5**	**15,4**	**18,4**
	KG 573 € netto	7,7	10,1	11,3	13,0	15,4

LB 003						Preise €
Nr.	**Kurztext** / Stichworte **Einheit** / Kostengruppe	►	▷	**brutto ø** netto ø	◁	◄
68	**Sträucher liefern/pflanzen, über 150cm** Strauch pflanzen; Höhe über 150cm; Pflanzgrube ausheben, wieder verfüllen, wässern; inkl. Pflanzschnitt					
	St **€ brutto**	**11**	**17**	**20**	**21**	**25**
	KG 573 € netto	9,5	14,6	16,4	17,3	21,4
69	**Baumverankerung, Unterflur** Unterflur-Baumverankerung; Stahlanker, Spanngurte Polyester; Gurtbreite 50mm; nicht sichtbar					
	St **€ brutto**	**141**	**176**	**188**	**207**	**252**
	KG 573 € netto	119	148	158	174	211
70	**Verdunstungsschutz, Baumstamm** Verdunstungsschutz; Schilfbandage, Kokosstrick; Stammfuß-Stammkopf					
	St **€ brutto**	**19**	**28**	**31**	**36**	**45**
	KG 573 € netto	16	23	26	30	37
71	**Pflanzverankerung, Baumpfahl** Pflanzenverankerung; Baumpfahl, weißgeschält; Länge 150cm, Zopfdicke 6/8cm					
	St **€ brutto**	**21**	**25**	**26**	**27**	**30**
	KG 573 € netto	18	21	22	23	26
72	**Pflanzenverankerung, Pfahl-Zweibock** Pflanzenverankerung, Pfahl-Zweibock; unbehandelt, geschält, Kokosstrick; Länge 300cm					
	St **€ brutto**	**49**	**65**	**72**	**84**	**106**
	KG 573 € netto	41	55	60	71	89
73	**Pflanzenverankerung, Pfahl-Dreibock** Pflanzenverankerung Pfahl-Dreibock; unbehandelt, geschält, Kokosstrick; Länge 300cm					
	St **€ brutto**	**71**	**92**	**101**	**115**	**144**
	KG 573 € netto	60	77	85	96	121
74	**Ansaat, Spielrasen** Rasenansaat; Spielrasen; 25g/m²; 2 Arbeitsgänge, inkl. anwalzen					
	m² **€ brutto**	**0,9**	**1,5**	**1,7**	**2,6**	**4,0**
	KG 574 € netto	0,8	1,3	1,4	2,2	3,4
75	**Ansaat, Gebrauchsrasen** Rasenansaat; Gebrauchsrasen; 25g/m²; aufbringen, 2 Arbeitsgänge, inkl. anwalzen					
	m² **€ brutto**	**0,8**	**1,2**	**1,3**	**1,5**	**2,1**
	KG 574 € netto	0,7	1,0	1,1	1,3	1,7

Kosten: Stand 3.Quartal 2025, Bundesdurchschnitt

LB 003							Preise €
Nr.	**Kurztext** / Stichworte **Einheit** / Kostengruppe		►	▷	**brutto ø** netto ø	◁	◄
76	**Fertigrasen liefern, einbauen** Fertigrasen als Rollrasen; RSM-Mischung; liefern, verlegen						
	m²	€ brutto	**12**	**16**	**17**	**20**	**26**
	KG 574	€ netto	10	13	14	17	22
77	**Rasenflächen Mähen** Fertigstellungspflege Rasenfläche; mähen ab Rasenhöhe von 6-10cm, Schnittgut entsorgen						
	m²	€ brutto	**0,4**	**1,5**	**2,1**	**2,4**	**3,3**
	KG 574	€ netto	0,4	1,3	1,7	2,0	2,8
78	**Rasenfläche düngen** Rasenfläche düngen; Vorratsdünger; 5g/m²						
	m²	€ brutto	**0,3**	**0,5**	**0,6**	**0,7**	**1,0**
	KG 574	€ netto	0,2	0,4	0,5	0,6	0,8
79	**Heckenschnitt, Hainbuche** Unterhaltungspflege, Hecke schneiden; Hainbuche; Schnittgut entsorgen						
	m	€ brutto	**6,4**	**7,5**	**8,2**	**9,4**	**11,3**
	KG 573	€ netto	5,3	6,3	6,9	7,9	9,5
80	**Fertigstellungspflege, Baum** Fertigstellungspflege Bäume; wiederanbinden, entfernen toter Triebe, erf. Korrekturschnitt, Wasserreiser entfernen, Baumscheibe säubern						
	St	€ brutto	**30**	**45**	**64**	**78**	**87**
	KG 573	€ netto	25	38	54	66	73
81	**Fertigstellungspflege, Sträucher** Entwicklungspflege Sträucher; zwei Vegetationsperioden mit 5 Pflegegänge je Vegetationsperiode						
	St	€ brutto	**78**	**91**	**97**	**101**	**114**
	KG 573	€ netto	66	77	81	85	96
82	**Fertigstellungspflege Stauden, Bodendecker** Entwicklungspflege, Pflanzflächen; Stauden, Bodendecker; Fremdkörper, Unkraut, entfernen toter Triebe, Räumgut entsorgen						
	m²	€ brutto	**0,7**	**1,8**	**1,9**	**2,5**	**3,4**
	KG 573	€ netto	0,6	1,5	1,6	2,1	2,9
83	**Fertigstellungspflege, Hecken bis 2,00m** Fertigstellungspflege Hecke; Höhe bis 2,00m; schneiden, Boden lockern, Unrat, Schnittgut entsorgen						
	m	€ brutto	**10**	**12**	**14**	**15**	**17**
	KG 573	€ netto	8,6	10,5	11,4	12,3	14,0
84	**Pflanzflächen wässern** Pflanzfläche wässern; je 25l/m²; 2 Arbeitsgänge						
	m²	€ brutto	**0,7**	**2,1**	**2,7**	**4,1**	**7,1**
	KG 573	€ netto	0,6	1,7	2,3	3,4	6,0

LB 003						Preise €
Nr.	**Kurztext** / Stichworte			**brutto ø**		
	Einheit / Kostengruppe	►	▷	netto ø	◁	◄
85	**Wässern der Hecke**					
	Unterhaltspflege, Hecken wässern; je Arbeitsgang 25 l/m²; Wasser aus vorhandener Zapfstelle					
	m² € brutto	**2,5**	**3,6**	**4,1**	**5,4**	**7,5**
	KG 573 € netto	2,1	3,0	3,4	4,6	6,3
86	**Wässern Solitärgehölze**					
	Unterhaltspflege, Gehölzflächen, Sträucher wässern; je Arbeitsgang 20 l/m²; Wasser aus vorhandener Zapfstelle					
	St € brutto	**7,5**	**9,2**	**10,1**	**10,1**	**12,1**
	KG 573 € netto	6,3	7,7	8,5	8,5	10,2
87	**Wässern der Rasenfläche**					
	Unterhaltungspflege, Rasenfläche wässern; Gebrauchsrasen; je Arbeitsgang 25 l/m²; Wasser aus vorhandenen Zapfstellen					
	m² € brutto	**0,4**	**0,7**	**0,9**	**1,0**	**1,4**
	KG 573 € netto	0,4	0,6	0,8	0,8	1,2
88	**Pflanzflächen lockern, Baumscheiben**					
	Pflanzfläche säubern; Boden lockern, entfernen toter Triebe, Verankerung nachrichten, säubern, Räumgut entsorgen					
	m² € brutto	**0,8**	**1,4**	**1,5**	**2,3**	**3,6**
	KG 573 € netto	0,7	1,2	1,3	1,9	3,0
89	**Bewässerungssack Neupflanzungen, 60l**					
	Bewässerungssack; nach Neupflanzung um Stamm legen, mit Wasser befüllen					
	St € brutto	**–**	**21**	**23**	**27**	**–**
	KG 573 € netto	–	18	19	22	–
90	**Bewässerungssack Neupflanzungen, 100l**					
	Bewässerungssack; nach Neupflanzung um Stamm legen, mit Wasser befüllen					
	St € brutto	**–**	**31**	**33**	**38**	**–**
	KG 573 € netto	–	26	28	32	–
91	**Gießrand zur Bewässerung des Wurzelballens herstellen**					
	Gießrand herstellen; LDPE, alterungsbeständig, UV-beständig; Tiefe 10cm, Höhe 20cm, Durchmesser 110cm, 195L					
	m € brutto	**–**	**7,8**	**8,5**	**9,6**	**–**
	KG 573 € netto	–	6,6	7,1	8,0	–
92	**Baumsubstrat für nicht befahrbare, freitragend überbaute Baugruben**					
	Baumsubstrat, nicht befahrbare Baugrube; Löß, Lava, Bims-Basis Gemisch 0/16; Verdichtungsfaktor 1,25-1,3; höhengerecht einbauen					
	m³ € brutto	**–**	**4,5**	**4,8**	**5,4**	**–**
	KG 573 € netto	–	3,8	4,0	4,6	–

LB 003 **Preise €**

Nr.	Kurztext / Stichworte Einheit / Kostengruppe		▶	▷	brutto ø netto ø	◁	◀
93	**Baumbelüftungs- und Entwässerungs-Set** Baumbelüftungs-/Entwässerungs-Set; Dränrohr, PVC-U, flexibel; DN80; Rohr ringförmig um den Wurzelballen verlegen						
	St	**€ brutto**	**–**	**8,3**	**8,9**	**10,1**	**–**
	KG 573	€ netto	–	7,0	7,5	8,5	–
94	**Abdeckelement für Baumbelüftungs- und Entwässerungs-Set** Abdeckelement Baumbelüfungs-und Entwässerungs-Set; Aluminiumguss; DN80; verschließbar						
	St	**€ brutto**	**47**	**64**	**70**	**79**	**84**
	KG 573	€ netto	40	54	58	66	71
95	**Wurzelbewässerungs- und Wurzelbelüftungssystem** Wurzelbewässerungs- u. belüftungssystem; PE-Rohr, Edelstahldeckel; DN80, Durchmesser Deckel 8cm, Länge 500cm; Deckel schwenkbar						
	St	**€ brutto**	**212**	**279**	**303**	**336**	**363**
	KG 573	€ netto	178	234	254	282	305
96	**Wasserretentionsbox, Speicherung von Wasser unter Baumstandort** Retentionsbox, Drossel Abflussgeschwindigkeit; LxBxH 800x400x150mm; inkl. Kapillarvlies; unter Baumstandort; belastbar: bis 100 kN/m²						
	St	**€ brutto**	**63**	**86**	**94**	**104**	**115**
	KG 573	€ netto	53	72	79	87	97
97	**Feinplanie Blühwiese** Blühwiese Feinplanie; fräsen, Wurzeln, Steine sonstige Gegenstände ablesen, abfahren						
	m²	**€ brutto**	**0,9**	**1,3**	**1,4**	**1,5**	**1,6**
	KG 573	€ netto	0,8	1,1	1,2	1,3	1,3
98	**Ansaat Blühwiese** Blühwiese Ansaat; Mischung, gebietsheimischen Arten; gekreuzte Aussaat, 2 Arbeitsgänge						
	m²	**€ brutto**	**–**	**2,4**	**2,6**	**2,9**	**–**
	KG 573	€ netto	–	2,0	2,1	2,4	–
99	**Blühwiese, Artenzusammensetzung Blütenstauden + Gräser** Blühwiese Artenzusammensetzung; Kräuter, Gräser aus Wildformen gebietseigener Herkunft						
	m²	**€ brutto**	**5,1**	**6,9**	**7,6**	**8,2**	**8,3**
	KG 573	€ netto	4,3	5,8	6,3	6,9	7,0
100	**Fertigstellungspflege Blühwiese** Blühwiese Fertigstellungspflege						
	m²	**€ brutto**	**–**	**0,6**	**0,7**	**0,7**	**–**
	KG 573	€ netto	–	0,5	0,6	0,6	–

LB 003 | **Preise €**

Nr.	**Kurztext** / Stichworte **Einheit** / Kostengruppe		►	▷	**brutto ø** netto ø	◁	◄
101	**Viereck-Drahtgeflecht, 1,00m** Viereck-Drahtgeflecht; kunststoffummantelt, Metallpfosten; Höhe 1,00m; inkl. Erd-/Fundamentarbeiten						
	m	**€ brutto**	**43**	**52**	**57**	**70**	**85**
	KG 541	€ netto	36	43	48	59	71
102	**Viereck-Drahtgeflecht, 1,50m** Viereck-Drahtgeflecht; kunststoffummantelt, Metallpfosten; Höhe 1,50m; inkl. Erd-/Fundamentarbeiten						
	m	**€ brutto**	**53**	**80**	**97**	**104**	**130**
	KG 541	€ netto	45	67	81	87	110
103	**Viereck-Drahtgeflecht, 2,00m** Viereck-Drahtgeflecht; kunststoffummantelt, Metallpfosten; Höhe 2,00m; inkl. Erd-/Fundamentarbeiten						
	m	**€ brutto**	**67**	**102**	**104**	**125**	**159**
	KG 541	€ netto	57	86	87	105	134
104	**Stabgitterzaun, 0,80m** Stabgitterzaun; Stahlgittermatten, Doppelstab, verzinkt; Höhe 0,80m, MW 50x200mm, Dicke 8mm						
	m	**€ brutto**	**54**	**90**	**98**	**101**	**143**
	KG 541	€ netto	45	76	82	85	120
105	**Stabgitterzaun, 1,40m** Stabgitterzaun; Stahlgittermatten, Doppelstab, verzinkt; Höhe 1,40m, MW 50x200mm, Dicke 8mm						
	m	**€ brutto**	**69**	**100**	**106**	**120**	**164**
	KG 541	€ netto	58	84	89	100	138
106	**Stabgitterzaun, 2,00m** Stabgitterzaun; Stahlgittermatten, Doppelstab, verzinkt; Höhe 2,00m, MW 50x200mm, Dicke 8mm						
	m	**€ brutto**	**96**	**111**	**134**	**151**	**214**
	KG 541	€ netto	80	93	113	127	180
107	**Drehflügeltor, einflüglig, lichte Weite 1,1m, H 1,2m** Drehflügeltor, Stabgitterzaun; Stahl, verzinkt, Pulver beschichtet; Breite 1,10m, Höhe 1,20m; einflüglig, beidseitig fest; inkl. Drückergarnitur, Betonfundamente						
	St	**€ brutto**	**1.261**	**1.546**	**1.610**	**1.696**	**1.901**
	KG 541	€ netto	1.060	1.299	1.353	1.425	1.598
108	**Drehflügeltor, einflüglig, lichte Weite 1,3m, H 1,0m** Drehflügeltor, Stabgitterzaun; Stahl, verzinkt, Pulver beschichtet; Breite 1,30m, Höhe 1,20m, einflüglig						
	St	**€ brutto**	**1.191**	**1.584**	**1.912**	**2.176**	**2.569**
	KG 541	€ netto	1.001	1.331	1.606	1.828	2.158

LB 003							Preise €
Nr.	**Kurztext** / Stichworte				**brutto ø**		
	Einheit / Kostengruppe		►	▷	netto ø	◁	◄
109	**Drehflügeltor, einflüglig, lichte Weite 1,5m, H 1,2m**						
	Drehflügeltor, Stabgitterzaun; Stahl, verzinkt, Pulver beschichtet; Breite 1,50m, Höhe 1,20m; einflüglig, beidseitig fest; inkl. Drückergarnitur, Betonfundamente						
	St	**€ brutto**	**1.297**	**1.966**	**2.109**	**3.077**	**4.128**
	KG 541	€ netto	1.090	1.652	1.773	2.586	3.469
110	**Drehflügeltor, zweiflüglig, lichte Weite 2,5m, H 1,2m**						
	Drehflügeltor, Stabgitterzaun; Stahl, verzinkt, Pulver beschichtet; Breite 2,50m, Höhe 1,20m; zweiflüglig, beidseitig fest; inkl. Drückergarnitur, Betonfundamente						
	St	**€ brutto**	**2.730**	**3.331**	**3.375**	**3.629**	**4.024**
	KG 541	€ netto	2.294	2.799	2.836	3.050	3.382
111	**Drehflügeltor, zweiflüglig, lichte Weite 4,0m, H 1,2m**						
	Drehflügeltor, Stabgitterzaun; Stahl, verzinkt, Pulver beschichtet; Breite 4,0m, Höhe 1,20m; zweiflüglig, beidseitig fest; inkl. Drückergarnitur, Betonfundamente						
	St	**€ brutto**	**2.408**	**2.897**	**3.217**	**3.552**	**4.041**
	KG 541	€ netto	2.023	2.434	2.704	2.985	3.396
112	**Stahltor, einflüglig, beschichtet**						
	Tor; Stahl, verzinkt, beschichtet; 1,50x1x20m; einflüglig						
	St	**€ brutto**	**1.338**	**1.780**	**1.802**	**2.032**	**2.413**
	KG 541	€ netto	1.124	1.495	1.514	1.707	2.028
113	**Stahltor, zweiflüglig, beschichtet**						
	Drehtor; Stahl, verzinkt, beschichtet; 5,00x1,60m; zweiflüglig						
	St	**€ brutto**	**1.447**	**1.797**	**2.000**	**2.280**	**2.629**
	KG 541	€ netto	1.216	1.510	1.680	1.916	2.209
114	**Zaunpfosten, Stahlrohr**						
	Zaunpfosten; Stahlrohr, verzinkt; Höhe 2,00m, Durchmesser 40mm						
	St	**€ brutto**	**53**	**69**	**74**	**82**	**100**
	KG 541	€ netto	45	58	63	69	84
115	**Holzzaun, Kiefer/Sandsteinpfosten**						
	Holzzaun; Kiefer, Sandsteinpfosten; Höhe 1,20m, Latten 4x6cm, Steinpfosten 15x10cm; Senkrechtlattung						
	m	**€ brutto**	**185**	**243**	**284**	**287**	**349**
	KG 541	€ netto	156	204	238	241	293
116	**Eckausbildung, Holzzaun**						
	Zulage für Eckausbildung; inkl. erf. Materialien						
	St	**€ brutto**	**62**	**88**	**103**	**117**	**142**
	KG 541	€ netto	52	74	87	98	119

LB 003							Preise €
Nr.	Kurztext / Stichworte				brutto ø		
	Einheit / Kostengruppe		►	▷	netto ø	◁	◄
117	**Holzzaun, Senkrechtzaun, 1,0m** Holzzaun; gefrästen Halbrundhölzer; Höhe 1,0m; inkl. Erd- und Fundamentarbeiten						
	m	**€ brutto**	**216**	**267**	**277**	**303**	**384**
	KG 541	€ netto	181	224	232	255	323
118	**Holzzaun, Staketenzaun, 1,0m** Holzzaun, Staketenzaun; Vierkantlatten, gehobelt; Höhe 1,0m; inkl. Erd- und Fundamentarbeiten						
	m	**€ brutto**	**91**	**113**	**122**	**148**	**183**
	KG 541	€ netto	76	95	103	125	154
119	**Holzzauntüre, Senkrechtzaun, einflüglig** Holzzauntüre, Senkrechtzaun; 100x100cm; inkl. Erd- und Fundamentierungsarbeiten; mit Kastenschloss und Beschläge						
	St	**€ brutto**	**308**	**429**	**506**	**564**	**667**
	KG 541	€ netto	259	360	425	474	561
120	**Ballfangzaun, Gittermatten** Ballfangzaun; Gittermatten, Rechteckpfosten; Höhe 4,00m, MW 50x200mm						
	m	**€ brutto**	**342**	**442**	**452**	**481**	**555**
	KG 542	€ netto	287	372	380	405	467
121	**Sichtschutzzaun aus Holzelementen Höhe 1,0m** Sichtschutzzaun, Holz; Lärche; Höhe 1,00m, Feldlänge 1,00m						
	m	**€ brutto**	**140**	**172**	**181**	**210**	**219**
	KG 542	€ netto	117	145	152	177	184
122	**Sichtschutzzaun aus Holzelementen Höhe 2,0m** Sichtschutzzaun, Holz; Lärche; Höhe 2,00m, Feldlänge 1,00m						
	m	**€ brutto**	**200**	**241**	**251**	**255**	**296**
	KG 542	€ netto	168	203	211	214	249
123	**Formstück, PVC-Rohrbogen, DN100** Formstück, Bogen; PVC-U; DN100, 15/30/40/87°; inkl. Muffe, Dichtungsmaterial						
	St	**€ brutto**	**12**	**15**	**16**	**19**	**23**
	KG 551	€ netto	9,7	12,5	13,7	15,6	19,1
124	**Abwasserkanal, PVC-U, DN/ID100** Abwasserkanal; PVC-U; DN/ID100; inkl. Kanalanschluss						
	m	**€ brutto**	**33**	**37**	**38**	**41**	**45**
	KG 551	€ netto	28	31	32	34	38
125	**Abwasserkanal, PVC-U, DN/ID150** Abwasserkanal; PVC-U; DN/ID150; inkl. Kanalanschluss						
	m	**€ brutto**	**43**	**52**	**55**	**60**	**71**
	KG 551	€ netto	36	43	47	51	60

Kosten: Stand 3.Quartal 2025, Bundesdurchschnitt

LB 003 **Preise €**

Nr.	Kurztext / Stichworte Einheit / Kostengruppe		►	▷	brutto ø netto ø	◁	◄
126	**Formstück, PVC-U Bogen, DN/ID100** Formstück, Bogen; PVC-U; DN/ID100; inkl. Muffe, Dichtungsmaterial						
	St	**€ brutto**	**19**	**21**	**22**	**25**	**29**
	KG 551	€ netto	16	18	19	21	24
127	**Formstück, PVC-U Bogen, DN/ID150** Formstück, Bogen; PVC-U; DN/ID150; inkl. Muffe, Dichtungsmaterial						
	St	**€ brutto**	**20**	**23**	**24**	**26**	**32**
	KG 551	€ netto	16	19	20	22	27
128	**Schachtabdeckung, Klasse A, Guss** Schachtabdeckung; Gussbeton, Klasse A 150; rund, Lüftungsöffnungen						
	St	**€ brutto**	**234**	**295**	**323**	**329**	**357**
	KG 551	€ netto	197	248	271	277	300
129	**Schachtabdeckung, Klasse B, Guss** Schachtabdeckung; Gussbeton, Klasse B 150; rund, Lüftungsöffnungen						
	St	**€ brutto**	**254**	**317**	**335**	**388**	**504**
	KG 551	€ netto	214	266	282	326	424
130	**Regenwasserzisterne** Regenwasserzisterne; Kunststoff/Beton; inkl. Konus, Abdeckung, Aus-/Zulaufmuffen, ohne Technik						
	St	**€ brutto**	**3.761**	**4.804**	**5.336**	**5.950**	**7.155**
	KG 552	€ netto	3.161	4.037	4.484	5.000	6.013
131	**Regenwasserkanal, PVC-U-Rohre, DN100** Regenwasserleitung; PVC-U-Rohre inkl. Formstücke; DN100; in vorhandenen Graben						
	m	**€ brutto**	**23**	**32**	**35**	**38**	**44**
	KG 551	€ netto	19	27	29	32	37
132	**Regenwasserkanal, PVC-U-Rohre, DN150** Regenwasserleitung; PVC-U-Rohre inkl. Formstücke; DN150; in vorhandenen Graben						
	m	**€ brutto**	**34**	**41**	**44**	**48**	**52**
	KG 551	€ netto	28	34	37	40	44
133	**Regenwasserkanal, PVC-U-Rohre, DN200** Regenwasserleitung; PVC-U Rohren inkl. Formstücken; DN200; in vorhandenen Graben						
	m	**€ brutto**	**36**	**44**	**48**	**57**	**69**
	KG 551	€ netto	30	37	41	48	58
134	**Dränleitung, PVC-Vollsickerrohr, DN100** Dränleitung mit Sickerpackung; PVC-Vollsickerrohr, filtervliesummantelt Rollkies; DN100						
	m	**€ brutto**	**21**	**28**	**31**	**36**	**44**
	KG 551	€ netto	18	24	26	31	37

LB 003						Preise €
Nr.	Kurztext / Stichworte Einheit / Kostengruppe	►	▷	brutto ø netto ø	◁	◄
135	**Dränleitung, PVC-Vollsickerrohr, DN150** Dränleitung mit Sickerpackung; PVC-Vollsickerrohr, filtervliesummantelt Rollkies; DN150					
	m **€ brutto**	**28**	**33**	**39**	**42**	**47**
	KG 551 € netto	23	28	32	35	40
136	**Formstück, Dränleitung, PVC, Bogen** Formstück, Bogen; PVC-Vollsickerrohren; inkl. Steckmuffe					
	St **€ brutto**	**14**	**18**	**21**	**23**	**29**
	KG 551 € netto	11	16	18	20	24
137	**Formstück, Dränleitung, PVC, Abzweig** Formstück, Abzweig; PVC-Vollsickerrohr; DN100, 45°; inkl. Steckmuffe					
	St **€ brutto**	**34**	**41**	**45**	**51**	**61**
	KG 551 € netto	28	34	38	43	51
138	**Versickerungsmulden herstellen** Aushub Versickerungsmulde; überschüssige Boden entsorgen					
	m² **€ brutto**	**4,2**	**8,3**	**9,4**	**13,8**	**19,4**
	KG 551 € netto	3,6	7,0	7,9	11,6	16,3
139	**Filtervlies** Filterschicht Dachbegrünung; Vlies, GRK 2; 150g/m²; überlappend; zwischen Dränschicht und Substrat					
	m² **€ brutto**	**3,3**	**4,2**	**4,6**	**5,2**	**6,7**
	KG 363 € netto	2,8	3,6	3,8	4,4	5,6
140	**Kiesbett herstellen, 0/2** Kiesbett; Kies 0/2; Sollhöhe +/-2cm; einbauen, verdichten, DPr 97%/103%					
	m³ **€ brutto**	**51**	**63**	**64**	**66**	**75**
	KG 531 € netto	43	53	54	56	63
141	**Kiesbett herstellen, 16/32** Kiesbett; Rollkies 16/32, gewaschen; Sollhöhe +/-2cm; einbauen, verdichten, DPr 97%/103%					
	m³ **€ brutto**	**60**	**77**	**82**	**93**	**106**
	KG 531 € netto	51	65	69	78	89
142	**Vegetationsmatte, liefern/verlegen** Vegetationsmatte, vorkultiviert; Sedum-Kräuter-Gräser; verlegen, wässern					
	m² **€ brutto**	**39**	**52**	**56**	**62**	**82**
	KG 363 € netto	33	43	47	52	69
143	**Bewässerungseinrichtung, Hochstämme** Baumbewässerungseinrichtung; Dränagerohr, Kies 8/16; DN80, Tiefe 30cm; rund 1,00m, Kies 10cm					
	St **€ brutto**	**79**	**109**	**118**	**131**	**177**
	KG 573 € netto	66	91	99	110	148

Kosten: Stand 3.Quartal 2025, Bundesdurchschnitt

LB 003							Preise €
Nr.	**Kurztext** / Stichworte				brutto ø		
	Einheit / Kostengruppe		►	▷	netto ø	◁	◄
144	**Baumschutzgitter, Metall**						
	Baumschutzgitter; Aluminiumguss, Stahlteile feuerverzinkt; 183x64cm; zwei Halbschalen						
	St	**€ brutto**	**1.015**	**1.210**	**1.279**	**1.317**	**1.463**
	KG 573	€ netto	853	1.017	1.075	1.106	1.230
145	**Rankhilfe, Edelstahlseil**						
	Rankseil; Edelstahl; Seildurchmesser 4mm; vertikal und horizontal; inkl. Klettersprossen						
	m	**€ brutto**	**16**	**28**	**33**	**37**	**55**
	KG 573	€ netto	13	23	28	31	47
146	**Baumscheibe, Grauguss**						
	Baumscheibenabdeckung; Grauguss; A 1,50x1,50; quadratisch, vier Segmente						
	St	**€ brutto**	**1.827**	**2.828**	**2.976**	**3.201**	**3.809**
	KG 573	€ netto	1.536	2.377	2.501	2.690	3.201
147	**Spielgerät, Doppelschaukel**						
	Spielgerät Doppelschaukel; Gummisitze, Alu-Einlage; einbauen; Fundamente bauseits						
	St	**€ brutto**	**4.169**	**4.991**	**5.453**	**5.659**	**7.389**
	KG 562	€ netto	3.504	4.194	4.582	4.755	6.209
148	**Spielgerät, Hangrutsche**						
	Spielgeräte, Hangrutsche als Kurvenrutsche; Edelstahl; einbauen, inkl. Erd-und Fundamentarbeiten						
	St	**€ brutto**	**3.923**	**5.355**	**6.135**	**7.200**	**9.119**
	KG 562	€ netto	3.297	4.500	5.155	6.051	7.663
149	**Spielgerät, Klettergerüst**						
	Spielgerät Klettergerüst; einbauen						
	St	**€ brutto**	**1.193**	**11.042**	**12.671**	**14.328**	**24.177**
	KG 562	€ netto	1.003	9.279	10.648	12.040	20.316
150	**Spielgerät, Federwipptier**						
	Spielgerät Federwipptier; einbauen						
	St	**€ brutto**	**1.512**	**1.873**	**1.914**	**2.140**	**2.486**
	KG 562	€ netto	1.270	1.574	1.609	1.798	2.089
151	**Spielsand, Körnung 0/2**						
	Spielsand; gewaschen, unbelastet, 0/2; Dicke 30cm; einbauen						
	t	**€ brutto**	**38**	**48**	**52**	**76**	**104**
	KG 562	€ netto	32	40	44	64	87

Nr.	Kurztext / Stichworte Einheit / Kostengruppe		►	▷	brutto ø netto ø	◁	◄
152	**Spielsand auswechseln, bis 40cm** Spielsand auswechseln; Liefermaterial; Tiefe bis 40cm; einbauen; gebrauchter Sand entsorgen						
	m³	**€ brutto**	**15**	**21**	**25**	**28**	**35**
	KG 536	€ netto	13	18	21	24	30
153	**Einfassung, Sandkasten** Einfassung Sandkasten; Pflastersteine; in C12/15 versetzen						
	m²	**€ brutto**	**62**	**76**	**81**	**96**	**114**
	KG 536	€ netto	52	64	68	81	96
154	**Wegeeinfassung, Naturwerkstein** Einfassung Wegefläche; Naturwerkstein; 12x12cm; in C12/15 versetzen						
	m	**€ brutto**	**35**	**44**	**48**	**55**	**69**
	KG 531	€ netto	29	37	40	46	58
155	**Fallschutz auskoffern** Aushub Fallschutzbereich; BK 3-5; laden, abfahren, entsorgen						
	m²	**€ brutto**	**2,6**	**5,3**	**7,0**	**8,8**	**11,2**
	KG 536	€ netto	2,2	4,5	5,9	7,4	9,4
156	**Fallschutz, Kies** Fallschutzbelag; Rundkies 0/4 bis 2/6, gewaschen; Dicke 40cm; auftragen, verdichten						
	m²	**€ brutto**	**32**	**37**	**40**	**46**	**53**
	KG 536	€ netto	27	31	34	39	45
157	**Fallschutzbelag, Gummigranulatplatten** Fallschutzbelag; Gummigranulatplatten, vollelastisch; Dicke mind. 10mm; auf vorhandenen Asphaltbeton verlegen						
	m²	**€ brutto**	**95**	**137**	**147**	**162**	**193**
	KG 536	€ netto	80	115	123	136	162
158	**Schall-Sichtschutzwand, Stahlbeton, 2,0m** Schall-Sichtschutzwand; Stahlbeton; Höhe 2,00m; inkl. Pfosten, Sockelelemente, Gründung						
	St	**€ brutto**	**468**	**618**	**694**	**752**	**881**
	KG 542	€ netto	394	519	584	632	740
159	**Fahrradständer, Stahlrohrkonstruktion** Fahrradständer; Stahlrohrkonstruktion, feuerverzinkt; einbauen in Fundament						
	St	**€ brutto**	**655**	**742**	**766**	**811**	**885**
	KG 561	€ netto	551	623	644	682	743

LB 003 **Preise €**

Nr.	Kurztext / Stichworte Einheit / Kostengruppe		►	▷	brutto ø netto ø	◁	◄
160	**Abfallbehälter, Stahlblech** Abfallbehälter; Stahlblech, feuerverzinkt; standfest verankern; inkl. Erd-und Fundamentarbeiten						
	St	**€ brutto**	**685**	**980**	**1.113**	**1.186**	**1.360**
	KG 561	€ netto	576	824	935	996	1.143
161	**Großraumbox, Müllcontainer** Großraumbox für Müllcontainer; Sichtbeton; BxTxH 162x134x165cm; 1.100l						
	St	**€ brutto**	**–**	**2.027**	**2.332**	**2.645**	**–**
	KG 561	€ netto	–	1.704	1.960	2.223	–
162	**Rankhilfe, Flechtmatten** Rankpergola; Rohr, Flechtmatten; für 240l/Tonne; aufbauen						
	St	**€ brutto**	**134**	**235**	**246**	**272**	**346**
	KG 561	€ netto	113	197	207	229	290
163	**Poller, Aluminium** Poller; Aluminium; umklappbar; inkl. Erd-und Fundamentarbeiten						
	St	**€ brutto**	**336**	**487**	**603**	**615**	**881**
	KG 561	€ netto	282	409	506	517	740
164	**Poller, Beton** Poller; Beton; 40x120, Höhe 900/1.000mm; inkl. Erd-und Fundamentarbeiten						
	St	**€ brutto**	**267**	**539**	**562**	**587**	**733**
	KG 561	€ netto	225	453	472	493	616
165	**Poller, Stahl, beschichtet** Poller; Stahl, verzinkt, beschichtet; Höhe 900/1.000mm; herausnehmbar; inkl. Erd- und Fundamentarbeiten						
	St	**€ brutto**	**408**	**529**	**578**	**638**	**755**
	KG 561	€ netto	343	444	486	536	635
166	**Poller, Naturwerkstein** Poller Naturwerkstein; Granit, gesägt, gefast; 35x35x40cm; inkl. Erd- und Fundamentarbeiten						
	St	**€ brutto**	**321**	**624**	**663**	**738**	**1.335**
	KG 561	€ netto	270	525	557	620	1.122
167	**Hinweisschild, Aluminium** Hinweisschild; Aluminium; 62x83cm; fünffarbiger Druck, mit Piktogrammen; inkl. Halterung						
	St	**€ brutto**	**257**	**332**	**344**	**361**	**413**
	KG 561	€ netto	216	279	289	303	347

LB 003						Preise €
Nr.	Kurztext / Stichworte Einheit / Kostengruppe	►	▷	brutto ø netto ø	◁	◄
168	**Gewässerabdichtung, Teichfolie** Gewässerabdichtung; EPDM-Kautschukfolie; Dicke 0,2mm, 200g/m²; beidseitigem Schutzvlies					
	m² € brutto	**26**	**38**	**44**	**47**	**57**
	KG 580 € netto	22	32	37	39	48
169	**Planum Gewässer** Planum Gewässer; Auf-und Abtrag +/-5cm; Steine, Spitze Gegenstände, Fremdkörper größer 5cm entfernen, Unebenheiten ausgleichen					
	m² € brutto	**5,8**	**9,8**	**10,7**	**15,8**	**21,6**
	KG 580 € netto	4,9	8,2	9,0	13,3	18,1
170	**Sauberkeitsschicht, Teich** Sauberkeitsschicht, Teich/See; Sand 0,2; Dicke 5cm					
	m² € brutto	**4,8**	**6,4**	**7,9**	**8,0**	**9,6**
	KG 580 € netto	4,0	5,4	6,6	6,7	8,1
171	**Wurzelanker im Teich** Wurzelanker, Teich/See; Verwurzelungsgewebe; Übergangsbereich zwischen Luft und Wasser					
	m² € brutto	**32**	**43**	**45**	**50**	**54**
	KG 580 € netto	27	36	38	42	45
172	**Befestigung, Gewässerabdichtungsbahn Uferbereich** Befestigung, Gewässerabdichtung; Kies 8/16; Grabenbreite 40cm, Tiefe 20cm					
	m € brutto	**19**	**22**	**24**	**25**	**29**
	KG 580 € netto	16	19	20	21	24
173	**Teichrand herstellen** Teichrandstreifen herstellen; Rundkies 16/32, gewaschen					
	m² € brutto	**13**	**15**	**17**	**18**	**20**
	KG 580 € netto	11	13	14	15	17
174	**Dachfläche reinigen** Dachfläche reinigen; grober Verschmutzung; Schutt aufnehmen, entsorgen					
	m² € brutto	**2,0**	**2,5**	**2,6**	**2,9**	**3,2**
	KG 363 € netto	1,7	2,1	2,2	2,4	2,7
175	**Durchwurzelungsschutzschicht, PVC-P 0,8mm** Durchwurzelungsschutzschicht; PVC-P bitumenverträglich; Dicke 0,8mm; lose verlegen					
	m² € brutto	**24**	**27**	**27**	**29**	**32**
	KG 363 € netto	20	23	23	24	26

Kosten: Stand 3.Quartal 2025, Bundesdurchschnitt

LB 003						Preise €
Nr.	**Kurztext** / Stichworte			**brutto ø**		
	Einheit / Kostengruppe	►	▷	netto ø	◁	◄
176	**Trenn-, Schutz- und Speichervlies, 500** Schutzlage Dachabdichtung; Chemiefaser; 500g/m²; vor mechanischer Beanspruchung/Wasserpeicherung					
	m² € brutto	**6,6**	**7,7**	**8,4**	**9,1**	**10,4**
	KG 363 € netto	5,5	6,5	7,0	7,7	8,8
177	**Trenn-, Schutz- und Speichervlies, 300** Schutzlage Dachabdichtung; Chemiefaser; 300g/m²; vor mechanischer Beanspruchung/Wasserpeicherung					
	m² € brutto	**5,2**	**6,2**	**6,6**	**6,9**	**9,1**
	KG 363 € netto	4,4	5,2	5,6	5,8	7,6
178	**Dränageelement, PE-Platte, 40mm, Dachbegrünung** Dränelement, extensive Dachbegrünung; PE-Kunststoff, Blähton; Plattendicke 40mm; einbauen, verfüllen					
	m² € brutto	**21**	**23**	**25**	**26**	**29**
	KG 363 € netto	18	20	21	22	24
179	**Flächendränage, begehbare Flachdächer, HDPE** Flächendränage, begehbare Flachdächer; Dränagematte HDPE, Filterschicht Polypropylen; unter Gehwegbelagsfläche					
	m² € brutto	**92**	**125**	**134**	**151**	**164**
	KG 363 € netto	78	105	113	127	137
180	**Filtervlies, Dränageabdeckung, 100g/m²** Filtervlies, Dränageabdeckung; Kunststoff; 100 g/m²; verlegen; auf Dränschicht					
	m² € brutto	**4,1**	**5,4**	**6,2**	**7,0**	**8,1**
	KG 363 € netto	3,4	4,5	5,2	5,8	6,8
181	**Filtermatte, Dachbegrünung** Filtermatte, Dachbegrünung; 100% PP-Endlosfaser, GRK 2; 105g/m²; mechanisch befestigen; zwischen Dränschicht und Substrat					
	m² € brutto	**2,3**	**3,0**	**3,5**	**3,8**	**4,8**
	KG 363 € netto	1,9	2,6	2,9	3,2	4,0
182	**Kontrollschacht, extensive Dachbegrünung, Höhe bis 20cm** Kontrollschacht, extensive Dachbegrünung; Kunststoff; Höhe bis 20cm, Durchmesser 30cm; Dachablauf, inkl. Bodenplatte, Deckel					
	St € brutto	**107**	**119**	**124**	**133**	**152**
	KG 363 € netto	90	100	104	112	127
183	**Kontrollschacht, intensive Dachbegrünung, Höhe bis 40cm** Kontrollschacht, extensive Dachbegrünung; Kunststoff; Höhe bis 40cm, Durchmesser 40cm; Dachablauf, inkl. Bodenplatte, Deckel					
	St € brutto	**244**	**256**	**260**	**266**	**285**
	KG 363 € netto	205	215	218	224	239

Nr.	Kurztext / Stichworte Einheit / Kostengruppe		►	▷	brutto ø netto ø	◁	◄
184	**Sicherheitsstreifen, Kies, Dachbegrünung** Sicherheitsstreifen, Dachbegrünung; Rundkies 16/32, gewaschen; Dicke 5cm, Breite 20-30cm; einbauen; Aufkantungen, Abschlüsse, Durchdringungen						
	m²	**€ brutto**	**12**	**15**	**16**	**18**	**21**
	KG 363	€ netto	9,7	12,4	13,7	15,3	17,9
185	**Kiesfangleiste, L-Profil, Dachbegrünung** Kiesfangleiste; Aluminium, gelocht; Dicke bis 2mm; vierfach gekantet; Dachneigung bis 5°						
	m	**€ brutto**	**23**	**29**	**32**	**36**	**44**
	KG 363	€ netto	20	25	27	30	37
186	**Einschichtsubstrat, extensive Dachbegrünung** Drän- und Vegetationstragschicht, extensive Dachbegrünung; Einschichtsubstrat, strukturstabilisiert; Dicke 8cm; lose einbauen						
	m²	**€ brutto**	**25**	**30**	**31**	**36**	**42**
	KG 363	€ netto	21	25	26	30	35
187	**Mehrschichtsubstrat, extensive Dachbegrünung** Drän- und Vegetationstragschicht, extensive Dachbegrünung; Mehrschichtsubstrat, strukturstabil; Dicke 8cm; lose einbauen						
	m²	**€ brutto**	**33**	**37**	**38**	**40**	**44**
	KG 363	€ netto	28	31	32	34	37
188	**Begrünungssubstrat, Natur-Bims, Dachbegrünung** Begrünungssubstrat extensive Dachbegrünung; Natur-Bims/Leicht-Lava; auf fertiger Schichthöhe einbauen						
	m²	**€ brutto**	**13**	**18**	**19**	**21**	**24**
	KG 363	€ netto	11	15	16	17	20
189	**Mehrschichtsubstrat, intensive Dachbegrünung** Vegetationstragschicht, intensive Dachbegrünung; Intensivsubstrat, strukturstabilisiert; Dicke 10cm; mehrschichtige Dachbegrünung, lose einbauen						
	m²	**€ brutto**	**40**	**44**	**46**	**49**	**53**
	KG 363	€ netto	33	37	39	41	44
190	**Nassansaat, extensive Dachbegrünung, Saatgutmischung** Ansaat, extensive Dachbegrünung; Sedumsprossen, Kräuter; Anspritz-verfahren, wässriger Zelluloselösung						
	m²	**€ brutto**	**4,4**	**6,9**	**8,6**	**10,9**	**14,7**
	KG 363	€ netto	3,7	5,8	7,3	9,1	12,4

Kosten: Stand 3.Quartal 2025, Bundesdurchschnitt

LB 003 **Preise €**

Nr.	Kurztext / Stichworte Einheit / Kostengruppe		►	▷	brutto ø netto ø	◁	◄
191	**Trockenansaat, extensive Dachbegrünung, Saatgutmischung** Ansaat, extensive Dachbegrünung; Sedum-Sprossen in Sorten; Saatgut 50-80g/m²; inkl. Düngung, wässern						
	m²	**€ brutto**	**3,7**	**6,1**	**7,1**	**8,0**	**9,5**
	KG 363	€ netto	3,1	5,2	6,0	6,7	8,0
192	**Düngung, Dachbegrünung, extensiv** Düngung, extensive Dachbegrünung; mineralisch; 50g/m² je Arbeitsgang						
	m²	**€ brutto**	**0,4**	**0,8**	**0,9**	**1,0**	**1,1**
	KG 363	€ netto	0,4	0,6	0,8	0,8	0,9
193	**Wässern, Dachbegrünung, extensiv** Wässern, extensive Dachbegrünung; 10l/m² je Arbeitsgang; Wasser vorhanden, kostenlose entnahme						
	m²	**€ brutto**	**0,7**	**0,9**	**1,0**	**1,2**	**1,3**
	KG 363	€ netto	0,6	0,8	0,8	1,0	1,1
194	**Stelzlager, Unterbau, Plattenbeläge, Dachbegrünung, H 25-40mm** Stelzlager, Plattenbelag; Polypropylen; Höhe 25-40mm; höhenverstellbar als Unterbau; Dachbegrünung						
	St	**€ brutto**	**8,5**	**10,7**	**11,6**	**12,8**	**14,2**
	KG 363	€ netto	7,2	9,0	9,7	10,8	11,9
195	**Stelzlager, Unterbau, Plattenbeläge, Dachbegrünung, H 145-225mm** Stelzlager, Plattenbelag; Polypropylen; Höhe 145-225mm; höhenverstellbar als Unterbau; Dachbegrünung						
	St	**€ brutto**	**12**	**15**	**16**	**18**	**19**
	KG 363	€ netto	10	13	13	15	16
196	**Stelzlager, Aufstockelement, höhenverstellbar, H 80mm** Stelzlager, Aufstockelement; Polypropylen; Höhe 80mm; höhenverstellbar, einbauen; Dachbegrünung						
	St	**€ brutto**	**6,8**	**8,9**	**9,5**	**10,6**	**11,5**
	KG 363	€ netto	5,7	7,5	8,0	8,9	9,6
197	**Plattenlager, Betonplatten, höhenverstellbar, H 10mm** Plattenlager, Betonplatten; Durchmesser 120mm, Auflagenhöhe 10mm; für Höhenausgleich Betonplattenbelag						
	St	**€ brutto**	**6,5**	**8,0**	**8,5**	**9,7**	**10,4**
	KG 363	€ netto	5,5	6,7	7,1	8,1	8,8

LB 003						Preise €
Nr.	Kurztext / Stichworte Einheit / Kostengruppe	►	▷	brutto ø netto ø	◁	◄
198	**Sekurant, Anseilsicherung, Stahl verzinkt** Anschlagskonstruktion, Seilsicherung Flachdach; Stahl, verzinkt, Einzelanschlagspunkt; Durchdringungsfrei, mit Auflast herstellen; Neigung bis 5°					
	St **€ brutto**	**241**	**291**	**316**	**330**	**391**
	KG 363 € netto	202	244	266	277	329
199	**Fertigstellungspflege, extensive Dachbegrünung** Fertigstellungspflege, extensive Dachbegrünung; gem. der FLL-Dachbegrünungsrichtlinie, Arbeitsgänge 2x jährlich, Stoffe entsorgen					
	m² **€ brutto**	**2,3**	**4,2**	**4,6**	**6,3**	**9,9**
	KG 363 € netto	1,9	3,5	3,9	5,3	8,3
200	**Rankhilfe, Fassadenbegrünung, Edelstahlseil** Rankhilfe; Edelstahl; Höhe 2-4m; Untergrund Mauerwerk/Beton					
	St **€ brutto**	**370**	**398**	**406**	**422**	**450**
	KG 335 € netto	311	334	342	355	378
201	**Trenn-, Schutz-, Speichervlies** Trennlage; Filtervlies; zwischen Erdplanum und Frostschutz					
	m² **€ brutto**	**2,3**	**2,7**	**2,8**	**3,2**	**3,8**
	KG 363 € netto	2,0	2,3	2,4	2,7	3,2
202	**Stundensatz, Helfer/-in** Stundenlohnarbeiten für Werker/-in, Helfer/-in und Gleichgestellte; Landschaftsbauarbeiten					
	h **€ brutto**	**60**	**65**	**67**	**70**	**75**
	€ netto	50	55	56	58	63
203	**Stundensatz, Facharbeiter/-in** Stundenlohnarbeiten für Vorarbeiter/-in, Facharbeiter/-in und Gleichgestellte; Landschaftsbauarbeiten					
	h **€ brutto**	**71**	**82**	**87**	**92**	**98**
	€ netto	60	69	73	77	82

LB 004							Preise €
Nr.	**Kurztext** / Stichworte		brutto ø				
	Einheit / Kostengruppe	►	▷	netto ø	◁	◄	
1	**Heckenpflanze, Carpinus betulus, bis 200cm** Carpinus betulus-Hainbuche; Heckenpflanze, Str 2xv mB; Höhe bis 200cm; liefern, einpflanzen						
	St	**€ brutto**	**17**	**20**	**22**	**25**	**31**
	KG 573	€ netto	14	17	19	21	26
2	**Heckenpflanze, Taxus baccata, bis 100cm** Taxus baccata-Gewöhnliche Eibe; Heckenpflanze, Str 4xv mB; Höhe bis 100cm; liefern, einpflanzen						
	St	**€ brutto**	**45**	**62**	**71**	**81**	**102**
	KG 573	€ netto	38	52	60	68	85
3	**Heckenpflanze, Buxus sempervierens** Buxus sempervirens-Buchsbaum; Heckenpflanze, Str 2xv mB/Co; Höhe 20-25cm; liefern, einpflanzen						
	St	**€ brutto**	**4,5**	**7,4**	**9,4**	**11,6**	**15,4**
	KG 573	€ netto	3,8	6,2	7,9	9,8	12,9
4	**Heckenpflanze, Ligustrum vulgare, bis 100cm** Liguster - Ligustrum vulgare; Heckenpflanze, Str 1xv 5-7Tr; Höhe 60-100cm; liefern, einpflanzen						
	St	**€ brutto**	**2,6**	**4,9**	**6,0**	**6,9**	**9,1**
	KG 573	€ netto	2,2	4,1	5,1	5,8	7,6
5	**Heckenpflanze, Prunus laurocerrasus, bis 100cm** Prunus laurocerrasus-Lorbeerkirsche; Heckenpflanze, Str 2xv 5-7Tr; Höhe 80-100cm; liefern, einpflanzen						
	St	**€ brutto**	**26**	**29**	**31**	**32**	**35**
	KG 573	€ netto	22	25	26	27	30
6	**Heckenpflanze, Fagus sylvatica, bis 200cm** Fagus sylvatica-Rotbuche; Heckenpflanze, Str 3xv mB; Höhe 175-200cm; liefern, einpflanzen						
	St	**€ brutto**	**37**	**51**	**53**	**62**	**71**
	KG 573	€ netto	31	43	45	52	60
7	**Heckenpflanze, Fagus sylvatica purpurea, bis 200cm** Fagus sylvatica purpurea-Blutbuche; Heckenpflanze, Str 3xv mB; Höhe 175-200cm; liefern, einpflanzen						
	St	**€ brutto**	**41**	**56**	**62**	**68**	**81**
	KG 573	€ netto	35	47	52	57	68
8	**Heckenpflanze, Acer campestre, bis 200cm** Acer campestre-Feldahorn; Heckenpflanze, Str 2xv mB; Höhe 175-200cm; liefern, einpflanzen						
	St	**€ brutto**	**23**	**29**	**31**	**35**	**39**
	KG 573	€ netto	20	24	26	30	33

LB 004 | **Preise €**

Nr.	Kurztext / Stichworte Einheit / Kostengruppe		►	▷	brutto ø netto ø	◁	◄
9	**Solitär, Carpinus betulus, StU 16-18** Carpinus betulus-Hainbuche; Solitär, H 3xv; StU 16-18cm; liefern, einpflanzen						
	St	**€ brutto**	**332**	**424**	**459**	**561**	**678**
	KG 573	€ netto	279	357	385	472	570
10	**Solitär, Carpinus betulus Fastigiata, StU 10-12** Carpinus betulus-Säulenhainbuche; Solitär, H 3xv mDb; StU 10-12cm; liefern, einpflanzen						
	St	**€ brutto**	**497**	**583**	**641**	**697**	**782**
	KG 573	€ netto	418	490	539	586	657
11	**Solitär, Aesculus carnea, StU 16-18** Aesculus carnea-Rotblühende Rosskastanie; Solitär, H 3xv mDb; StU 16-18cm; liefern, einpflanzen						
	St	**€ brutto**	**296**	**407**	**429**	**447**	**526**
	KG 573	€ netto	249	342	361	375	442
12	**Solitär, Acer platanoides 'Globosum', StU 14-16** Acer platanoides-Kugelahorn; Solitär, H 3xv mDb; StU 14-16cm; liefern, einpflanzen						
	St	**€ brutto**	**431**	**565**	**635**	**671**	**786**
	KG 573	€ netto	362	475	533	563	661
13	**Solitär, Acer campestre, StU 18-20** Acer campestre-Feldahorn; Solitär, H mehrstämmig 3xv mDb; StU 18-20cm; liefern, einpflanzen						
	St	**€ brutto**	**267**	**398**	**453**	**557**	**733**
	KG 573	€ netto	224	335	381	468	616
14	**Solitär, Tilia cordata, StU 25-30** Tilia cordata-Winterlinde; Solitär, H 4xv mDb; StU 25-30cm, Höhe 400-500cm; liefern, einpflanzen						
	St	**€ brutto**	**439**	**549**	**606**	**654**	**751**
	KG 573	€ netto	369	461	509	549	631
15	**Solitär, Pinus sylvetris, StU 18-20** Pinus sylvestris-Waldkiefer; Solitär, H 4xv mDb; StU 18-20cm, Höhe 100-150cm; liefern, einpflanzen						
	St	**€ brutto**	**385**	**680**	**725**	**811**	**954**
	KG 573	€ netto	324	571	609	682	801
16	**Solitär, Fraxinus excelsior, StU 16-18** Fraxinus excelsior-Gemeine Esche; Solitär, H 3xv mDb; StU 16-18cm; liefern, einpflanzen						
	St	**€ brutto**	**325**	**385**	**422**	**449**	**526**
	KG 573	€ netto	273	323	354	378	442

LB 004 **Preise €**

Nr.	Kurztext / Stichworte Einheit / Kostengruppe		►	▷	brutto ø netto ø	◁	◄
17	**Sorbus aucuparia, StU 16-18** Sorbus aucuparia-Eberesche; Solitär, H 3xv mDb; StU 16-18cm; liefern, einpflanzen						
	St	**€ brutto**	**205**	**285**	**307**	**338**	**401**
	KG 573	€ netto	173	239	258	284	337
18	**Solitär, Sorbus intermedia, StU 14-16** Sorbus intermedia-Mehlbeere; Solitär, H 3xv mDb; StU 14-16cm; liefern, einpflanzen						
	St	**€ brutto**	**264**	**306**	**313**	**326**	**358**
	KG 573	€ netto	222	258	263	274	301
19	**Solitär, Corylus colurna, StU 16-18** Corylus colurna-Baumhasel; Solitär, H 3xv mDb; StU 16-18cm; liefern, einpflanzen						
	St	**€ brutto**	**309**	**333**	**448**	**498**	**551**
	KG 573	€ netto	260	280	377	418	463
20	**Solitär, Crataegus laevigata, StU 20-25** Crataegus laevigata-Rotdorn; Solitär, H 4xv mDb; StU 20-25cm; liefern, einpflanzen						
	St	**€ brutto**	**348**	**480**	**494**	**550**	**690**
	KG 573	€ netto	293	403	415	462	580
21	**Solitär, Fagus sylvatica, StU 20-25** Fagus sylvatica-Blutbuche; Solitär, H 4xv mDb; StU 20-25cm; liefern, einpflanzen						
	St	**€ brutto**	**501**	**614**	**669**	**696**	**791**
	KG 573	€ netto	421	516	562	585	665
22	**Solitär, Quercus robur, StU 14-16** Quercus robur-Stieleiche; Solitär, H 3xv mDb; StU 14-16cm; liefern, einpflanzen						
	St	**€ brutto**	**219**	**335**	**346**	**385**	**459**
	KG 573	€ netto	184	282	291	323	386
23	**Solitär, Phyllostachys bissetii, Höhe 100-125** Phyllostachys bissetii-Bambus; Solitär, Str 3xv Co; Höhe 100-150cm; liefern, einpflanzen						
	St	**€ brutto**	**151**	**187**	**198**	**202**	**227**
	KG 573	€ netto	127	157	166	170	191
24	**Solitär, Platanus x acerifolia, StU 16-18** Platanus x acerifolia-Platane; Solitär, H 3xv mDb; StU 16-18cm; liefern, einpflanzen						
	St	**€ brutto**	**264**	**353**	**408**	**474**	**573**
	KG 573	€ netto	222	297	343	398	482

LB 004 **Preise €**

Nr.	Kurztext / Stichworte Einheit / Kostengruppe		►	▷	brutto ø netto ø	◁	◄
25	**Solitär, Alnus glutinosa, StU 16-18** Alnus glutinosa-Schwarzerle; Solitär, H 3xv mDb; 16-18cm; liefern, einpflanzen						
	St	**€ brutto**	**155**	**194**	**214**	**230**	**277**
	KG 573	€ netto	130	163	180	194	233
26	**Solitär, Ginkgo biloba, StU 20-25** Ginkgo biloba-Fächerblattbaum; Solitär, H 3xv mDb; StU 20-25cm; liefern, einpflanzen						
	St	**€ brutto**	**381**	**580**	**682**	**919**	**1.193**
	KG 573	€ netto	320	488	573	772	1.003
27	**Solitär, Paulownia tomentosa, StU 18-20** Paulownia tomentosa-Blauglockenbaum; Solitär, H 3xv mDb; StU 18-20cm; liefern, einpflanzen						
	St	**€ brutto**	**437**	**497**	**507**	**542**	**602**
	KG 573	€ netto	367	417	426	455	506
28	**Solitär, Robinia pseudoacacia, StU 16-18** Robinia pseudoacacia-Robinie; Solitär, H 3xv mDb; StU 16-18cm; liefern, einpflanzen						
	St	**€ brutto**	**382**	**435**	**468**	**504**	**567**
	KG 573	€ netto	321	365	394	424	476
29	**Solitär, Magnolia, Höhe 125-150** Magnolia-Magnolie; Solitär, H 3xv mDb; StU 16-18cm; liefern, einpflanzen						
	St	**€ brutto**	**254**	**321**	**348**	**393**	**428**
	KG 573	€ netto	214	270	293	330	360
30	**Straßenbaum, stadtklimaresistent, Acer platanoides, StU 16-18** Acer platanoides-Spitzahorn; Solitär, H 3xv mDb; StU 16-18cm; liefern, einpflanzen; stadtklimaresistent, insektenfreundlich						
	St	**€ brutto**	**–**	**626**	**673**	**741**	**–**
	KG 573	€ netto	–	526	566	622	–
31	**Straßenbaum, stadtklimaresistent, Acer platanoides "Columnare"** Acer platanoides-Spitzahorn; Solitär, H 3xv mDb; StU 16-18cm; liefern, einpflanzen; stadtklimaresistent, insektenfreundlich						
	St	**€ brutto**	**435**	**572**	**622**	**678**	**765**
	KG 573	€ netto	366	481	523	570	643
32	**Straßenbaum, stadtklimaresistent, Kornus mas** Cornus mas-Kornelkirsche; Solitär, H 3xv mDb; StU 10-12cm; liefern, einpflanzen; stadtklimaresistent, insektenfreundlich						
	St	**€ brutto**	**297**	**404**	**430**	**490**	**520**
	KG 573	€ netto	249	339	361	412	437

LB 004						Preise €
Nr.	**Kurztext** / Stichworte			**brutto ø**		
	Einheit / Kostengruppe	►	▷	netto ø	◁	◄
33	**Straßenbaum, stadtklimaresistent, Malus tschonoskii** Malus tschonoskii-Wollapfel; Solitär, H 3xv mDb; StU 12-14cm; liefern, einpflanzen; stadtklimaresistent, insektenfreundlich					
	St **€ brutto**	**299**	**391**	**416**	**470**	**541**
	KG 573 € netto	252	329	350	395	454
34	**Straßenbaum, stadtklimaresistent, Prunus x schmittii** Prunus x schmittii-Zierkirsche; Solitär, H 3xv mDb; StU 16-18cm; liefern, einpflanzen; stadtklimaresistent, insektenfreundlich					
	St **€ brutto**	**–**	**494**	**552**	**618**	**–**
	KG 573 € netto	–	415	464	519	–
35	**Straßenbaum, stadtklimaresistent, Tilia cordata "Greenspire"** Tilia cordata-Stadtlinde; Solitär, H 3xv mDb; StU 16-18cm; liefern, einpflanzen; stadtklimaresistent, insektenfreundlich					
	St **€ brutto**	**–**	**628**	**676**	**770**	**–**
	KG 573 € netto	–	528	568	647	–
36	**Straßenbaum, stadtklimaresistent, Tilia x europaea "Pallida"** Tilia x europaea-Kaiserlinde; Solitär, H 3xv mDb; StU 16-18cm; liefern, einpflanzen; stadtklimaresistent, insektenfreundlich					
	St **€ brutto**	**–**	**655**	**712**	**826**	**–**
	KG 573 € netto	–	551	598	694	–
37	**Straßenbaum, stadtklimaresistent, Robinia pseudoacacia "Nyirsegi"** Robinia pseudoacacia-Robinie; Solitär, H 3xv mDb; StU 16-18cm; liefern, einpflanzen; stadtklimaresistent, insektenfreundlich					
	St **€ brutto**	**437**	**589**	**633**	**716**	**779**
	KG 573 € netto	367	495	532	601	655
38	**Straßenbaum, stadtklimaresistent, Malus sylvestris** Malus sylvestris-Holzapfel; Solitär, H 3xv mDb; StU 16-18cm; liefern, einpflanzen; stadtklimaresistent, insektenfreundlich					
	St **€ brutto**	**–**	**386**	**410**	**472**	**–**
	KG 573 € netto	–	324	345	396	–
39	**Straßenbaum, stadtklimaresistent, Sorbus domestica** Sorbus domestica-Speierling; Solitär, H 3xv mDb; Höhe 200-250cm; liefern, einpflanzen; stadtklimaresistent, insektenfreundlich					
	St **€ brutto**	**–**	**479**	**527**	**574**	**–**
	KG 573 € netto	–	403	443	483	–
40	**Anlagenbaum, stadtklimaresistent, Salix caprea** Salix caprea-Salweide; Solitär, H 3xv mDb; StU 16-18cm; liefern, einpflanzen; stadtklimaresistent, insektenfreundlich					
	St **€ brutto**	**–**	**486**	**523**	**591**	**–**
	KG 573 € netto	–	409	439	496	–

LB 004 **Preise €**

Nr.	Kurztext / Stichworte Einheit / Kostengruppe		▶	▷	brutto ø netto ø	◁	◀
41	**Anlagenbaum, stadtklimaresistent, Salix alba** Salix alba-Silberweide; Solitär, H 3xv mDb; StU 16-18cm; liefern, einpflanzen; stadtklimaresistent, insektenfreundlich						
	St	**€ brutto**	**351**	**475**	**517**	**568**	**610**
	KG 573	€ netto	295	399	434	478	512
42	**Anlagenbaum, stadtklimaresistent, Malus domestica** Malus domestica-Kulturapfel; Solitär, H 3xv mDb; StU 14-16cm; liefern, einpflanzen; stadtklimaresistent, insektenfreundlich						
	St	**€ brutto**	**–**	**546**	**600**	**642**	**–**
	KG 573	€ netto	–	459	505	540	–
43	**Obstgehölze, Malus in Sorten StU 16-18** Malus-Apfelbaum; Obstgehölz, H 3xv mDb; StU 16-18cm; liefern, einpflanzen						
	St	**€ brutto**	**244**	**332**	**363**	**444**	**647**
	KG 573	€ netto	205	279	305	374	544
44	**Obstgehölze, Pyrus salicifolia StU 16-18** Pyrus salicifolia-Weidenblättrige Birne; Obstgehölz, H 3xv mDb; StU 16-18cm; liefern, einpflanzen						
	St	**€ brutto**	**455**	**603**	**641**	**712**	**769**
	KG 573	€ netto	383	507	539	598	647
45	**Obstgehölze, Prunus cistena Höhe 80-100** Prunus cistena-Zwergblutpflaume; Obstgehölz, 3xv mB; Höhe 80-100cm; liefern, einpflanzen						
	St	**€ brutto**	**38**	**53**	**53**	**61**	**76**
	KG 573	€ netto	32	44	45	51	64
46	**Obstgehölze, Blut-Pflaume StU 16-18** Prunus cerasifera-Blutpflaume; Obstgehölz, H 3xv mDb; StU 16-18cm; liefern, einpflanzen						
	St	**€ brutto**	**–**	**288**	**306**	**346**	**–**
	KG 573	€ netto	–	242	258	291	–
47	**Obstgehölze, Prunus serrulata StU 12-14** Prunus serrulata-Japanische Blütenkirsche; Obstgehölz, H 3xv mDb; StU 12-14cm; liefern, einpflanzen						
	St	**€ brutto**	**382**	**438**	**475**	**480**	**543**
	KG 573	€ netto	321	368	399	403	456
48	**Obstgehölze, Juglans regia StU 14-16** Juglans regia-Walnussbaum; Solitär, Hst 3xv mDB.; StU 14-16cm; liefern, einpflanzen						
	St	**€ brutto**	**214**	**325**	**367**	**420**	**506**
	KG 574	€ netto	180	273	309	353	425

LB 004						Preise €
Nr.	**Kurztext** / Stichworte **Einheit** / Kostengruppe	►	▷	**brutto ø** netto ø	◁	◄
49	**Weidentunnel, Salix alba** Salix alba-Silberweide; zweijährig, biegsam; Länge 3,00m; einpflanzen; liefern, einpflanzen					
	St **€ brutto**	**3,2**	**5,4**	**6,6**	**7,9**	**11,9**
	KG 573 € netto	2,7	4,5	5,5	6,6	10,0
50	**Strauch, Amelanchier lamarcki** Amelanchier lamarckii-Kupferfelsenbirne; Str 3xv 3-5 Tr mB; Höhe 100-150cm; liefern, einpflanzen					
	St **€ brutto**	**46**	**58**	**64**	**67**	**88**
	KG 573 € netto	39	49	54	57	74
51	**Strauch, Corylus avellana** Corylus avellana-Gewöhnliche Haselnuss; Str 3xv mB; Höhe 125-150cm; liefern, einpflanzen					
	St **€ brutto**	**27**	**34**	**36**	**38**	**45**
	KG 573 € netto	23	29	30	32	38
52	**Strauch, Rhododendron albrechti** Rhododendron-Rhododendron; Str Co; Höhe 40-50cm; liefern, einpflanzen					
	St **€ brutto**	**47**	**59**	**63**	**70**	**84**
	KG 573 € netto	39	50	53	59	70
53	**Strauch, Hydrangea** Hydrangea-Hortensie; Str 3l Co; Höhe 40-60cm; liefern, einpflanzen					
	St **€ brutto**	**15**	**19**	**22**	**25**	**34**
	KG 573 € netto	12	16	18	21	29
54	**Strauch, Syringa vulgaris** Syringa vulgaris-Gemeiner Flieder; Str 3xv mB; Höhe 125-150cm; liefern, einpflanzen					
	St **€ brutto**	**44**	**71**	**83**	**89**	**117**
	KG 573 € netto	37	60	70	75	98
55	**Strauch, Forsythia intermedia** Forsythia intermedia-Forsythie; Str 3xv mB; Höhe 125-150cm; liefern, einpflanzen					
	St **€ brutto**	**23**	**27**	**28**	**30**	**36**
	KG 573 € netto	19	23	23	25	31
56	**Strauch, Taxus baccata** Taxus baccata-Europäische Eibe; Heckenpflanze, Str 5xv mDb; Höhe 80-100cm; einpflanzen					
	St **€ brutto**	**84**	**115**	**132**	**153**	**197**
	KG 573 € netto	71	97	111	128	165

Kosten: Stand 3.Quartal 2025, Bundesdurchschnitt

LB 004							Preise €
Nr.	**Kurztext** / Stichworte				**brutto ø**		
	Einheit / Kostengruppe		►	▷	netto ø	◁	◄
57	**Strauch, Berberis candidula**						
	Berberis candidula-Berberitze; Busch 2xv mB; Höhe 40-50cm; einpflanzen						
	St	**€ brutto**	**19**	**25**	**26**	**29**	**34**
	KG 573	€ netto	16	21	22	25	28
58	**Strauch, Cotoneaster dammeri**						
	Cotoneaster dammeri-Zwergmispel; Busch 2xv 2l Co; Höhe 40-60cm; einpflanzen						
	St	**€ brutto**	**2,5**	**4,0**	**4,6**	**6,1**	**8,5**
	KG 573	€ netto	2,1	3,4	3,9	5,1	7,2
59	**Strauch, Lonicera nitida**						
	Lonicera nitida-Immergrüne Heckenkirsche; Str 2xv mTb.; Höhe 40-60cm; einpflanzen						
	St	**€ brutto**	**2,2**	**3,4**	**3,9**	**5,6**	**8,3**
	KG 573	€ netto	1,8	2,8	3,2	4,7	7,0
60	**Strauch, Ribes rubrum**						
	Ribes robrum-Rote Johannisbeere; Str Co; Höhe 30cm; einpflanzen						
	St	**€ brutto**	**4,0**	**5,5**	**6,1**	**6,3**	**9,3**
	KG 573	€ netto	3,4	4,6	5,2	5,3	7,8
61	**Strauch, Rosa canina**						
	Rosa canina-Heckenrose; Str 1xv 3-4 Tr oB; Höhe 60-100cm; einpflanzen						
	St	**€ brutto**	**2,0**	**3,4**	**3,5**	**4,6**	**6,2**
	KG 573	€ netto	1,7	2,9	2,9	3,8	5,2
62	**Staude, wilde Rosen in Sorten**						
	Rosa glauca-Hechtrose; vStr, 3-4 Tr oB; Höhe 60-100cm; einpflanzen						
	St	**€ brutto**	**5,1**	**6,0**	**6,4**	**6,7**	**8,1**
	KG 573	€ netto	4,3	5,0	5,3	5,6	6,8
63	**Staude, Alchemilla mollis**						
	Alchemilla mollis-Frauenmantel; Staude, Topfballen; einpflanzen						
	St	**€ brutto**	**2,4**	**2,8**	**3,0**	**3,2**	**3,7**
	KG 573	€ netto	2,0	2,3	2,5	2,7	3,1
64	**Staude, Rodgersia aesculifolia**						
	Rodgersia aesculifolia-Kastanienblättriges Schaublatt; Staude, Topfballen; einpflanzen						
	St	**€ brutto**	**3,0**	**4,7**	**4,9**	**5,2**	**6,9**
	KG 573	€ netto	2,5	4,0	4,1	4,3	5,8
65	**Staude, Geranium x magnificum**						
	Geranium x magnificum-Prachtstorchenschnabel; Staude, Topfballen; einpflanzen						
	St	**€ brutto**	**1,9**	**3,2**	**4,2**	**4,5**	**5,4**
	KG 573	€ netto	1,6	2,7	3,5	3,8	4,6

LB 004						Preise €
Nr.	**Kurztext** / Stichworte **Einheit** / Kostengruppe	►	▷	brutto ø netto ø	◁	◄
66	**Staude, Epimedium versicolor** Epimedium versicolor-Schwefelelfenblume; Staude, Topfballen; einpflanzen					
	St € brutto	**3,4**	**3,9**	**4,1**	**4,6**	**5,1**
	KG 573 € netto	2,9	3,3	3,4	3,8	4,3
67	**Gras, Miscanthus sinensis** Miscanthus sinensis-Feinhalm-Chinaschilf; Gras, Topfballen; einpflanzen					
	St € brutto	**5,6**	**6,7**	**6,8**	**7,3**	**8,5**
	KG 573 € netto	4,7	5,6	5,7	6,1	7,1
68	**Gras, Festuca glauca** Festuca glauca-Blauschwingel; Gras, Topfballen; einpflanzen					
	St € brutto	**2,7**	**3,2**	**3,4**	**3,6**	**3,9**
	KG 573 € netto	2,3	2,6	2,9	3,0	3,2
69	**Gras, Deschampsia cespitosa** Deschampsia cespitosa-Rasenschmiele-Goldhafer; Gras, Topfballen; einpflanzen					
	St € brutto	**2,0**	**2,6**	**2,9**	**3,0**	**3,5**
	KG 573 € netto	1,7	2,2	2,5	2,5	2,9
70	**Gras, Luzula nivea** Luzula nivea-Schneemarbel; Gras, Topfballen; einpflanzen					
	St € brutto	**2,1**	**2,6**	**2,9**	**3,5**	**4,1**
	KG 573 € netto	1,7	2,2	2,4	2,9	3,4
71	**Kletterpflanze, Parthenocissus quinquefolia** Parthenocissus quinquefolia-Wilder Wein; Kletterpflanze, Topfballen, 4-6 Tr; Höhe 60-80cm; einpflanzen					
	St € brutto	**6,8**	**11,7**	**12,9**	**14,0**	**17,8**
	KG 573 € netto	5,7	9,8	10,8	11,8	15,0
72	**Kletterpflanze, Clematis Alba** Clematis montana-Bergwaldrebe; Kletterpflanze, Topfballen, 4-6 Tr; Höhe 60-100cm; einpflanzen					
	St € brutto	**8,9**	**9,5**	**9,9**	**10,0**	**10,5**
	KG 573 € netto	7,5	7,9	8,3	8,4	8,8
73	**Kletterpflanze, Hedera Helix** Hedera Helix-Efeu; Kletterpflanze, 2xv, Topfballen; Höhe 60-100cm; einpflanzen					
	St € brutto	**4,0**	**6,4**	**7,0**	**7,1**	**9,4**
	KG 573 € netto	3,4	5,4	5,8	5,9	7,9
74	**Wasserpflanzen liefern** Wasserpflanzen in Sorten; Topfballen; einpflanzen					
	St € brutto	**3,5**	**4,8**	**5,5**	**7,8**	**12,1**
	KG 583 € netto	2,9	4,1	4,6	6,6	10,2

LB 004							Preise €
Nr.	**Kurztext** / Stichworte				**brutto ø**		
	Einheit / Kostengruppe		►	▷	netto ø	◁	◄
75	**Wasserpflanze, Scirpus lacustris**						
	Scirpus lacustris-Teichsimse; Wasserpflanze, Topfballen P 0,5; einpflanzen						
	St	**€ brutto**	**2,7**	**3,2**	**3,6**	**3,8**	**4,2**
	KG 583	€ netto	2,3	2,7	3,0	3,2	3,5
76	**Wasserpflanze, Caltha palustris**						
	Caltha palustris-Sumpfdotterblume; Wasserpflanze, Topfballen P 0,5; einpflanzen						
	St	**€ brutto**	**2,8**	**3,6**	**4,1**	**4,3**	**5,0**
	KG 583	€ netto	2,3	3,1	3,5	3,6	4,2

LB 080						Preise €
Nr.	**Kurztext** / Stichworte			**brutto ø**		
	Einheit / Kostengruppe	►	▷	netto ø	◁	◄
1	**Asphaltbelag aufbrechen, entsorgen** Asphaltbelag aufbrechen; unbelastetes Bitumen, Unterbau; Tiefe bis 15cm, Breite 70-100cm; entsorgen					
	m² € brutto	**29**	**32**	**33**	**35**	**41**
	KG 594 € netto	25	27	28	30	34
2	**Betonplatten, abbrechen, entsorgen** Plattenbelag aufnehmen; Beton, Sandbettung; 50x50x5cm, Bettung bis 10cm; laden, abfahren, entsorgen					
	m² € brutto	**6,1**	**8,4**	**8,9**	**10,0**	**13,4**
	KG 594 € netto	5,1	7,0	7,5	8,4	11,3
3	**Betonpflaster aufnehmen, lagern** Pflasterdecke aufnehmen; Beton; Dicke 8cm; zur Wiederverwendung lagern; Förderweg bis 50m					
	m² € brutto	**14**	**17**	**17**	**19**	**22**
	KG 594 € netto	12	14	14	16	18
4	**Treppen/Bordsteine/Kantensteine aufnehmen, entsorgen** Fertigteile aufnehmen; Betontreppen, Betonstein; sortenrein laden, entsorgen; Förderweg bis 50m					
	m € brutto	**7,7**	**10,9**	**11,8**	**14,4**	**20,3**
	KG 594 € netto	6,4	9,1	10,0	12,1	17,0
5	**Schotter entsorgen** Tragschicht entsorgen; Schotter; Dicke bis 40cm; gelagertes Material, aufnehmen, entsorgen					
	m³ € brutto	**25**	**31**	**34**	**37**	**41**
	KG 594 € netto	21	26	29	31	35
6	**Planum herstellen** Planum herstellen, befestigte Flächen; Auf- und Abtrag bis 5cm, Abweichung +/-2cm; Überschüssigen Boden abfahren					
	m² € brutto	**1,0**	**1,2**	**1,3**	**1,5**	**1,9**
	KG 530 € netto	0,8	1,0	1,1	1,3	1,6
7	**Untergrund verdichten, Wegeflächen** Untergrund verdichten; DPr 100%, Abweichung +/-3cm					
	m² € brutto	**0,8**	**1,4**	**1,6**	**2,0**	**2,7**
	KG 530 € netto	0,7	1,2	1,3	1,7	2,3
8	**Untergrund verdichten, Fundamente** Untergrund verdichten, Fundamente; Abweichung +/-2cm; verdichten, DPr 97%					
	m² € brutto	**1,3**	**1,7**	**2,0**	**2,1**	**2,6**
	KG 530 € netto	1,1	1,5	1,7	1,8	2,2

Kosten: Stand 3.Quartal 2025, Bundesdurchschnitt

LB 080 **Preise €**

Nr.	Kurztext / Stichworte Einheit / Kostengruppe		►	▷	brutto ø netto ø	◁	◄
9	**Lastplattendruckversuch** Lastplattendruckversuch; inkl. erf. Nebenarbeiten, Hilfsmittel						
	St	**€ brutto**	**233**	**283**	**299**	**342**	**451**
	KG 533	€ netto	196	238	251	287	379
10	**Frostschutzschicht, Schotter 0/16, bis 30cm** Frostschutzschicht; Schotter 0/16; Dicke bis 30cm; einbauen, verdichten						
	m²	**€ brutto**	**15**	**18**	**20**	**22**	**29**
	KG 530	€ netto	13	15	17	19	24
11	**Frostschutzschicht, Schotter 0/32, bis 30cm** Frostschutzschicht; Schotter 0/32; Dicke bis 30cm; einbauen, verdichten						
	m²	**€ brutto**	**17**	**22**	**23**	**25**	**31**
	KG 530	€ netto	14	18	20	21	26
12	**Frostschutzschicht, RCL 0/56, bis 30cm** Frostschutzschicht; Recyclingmaterial 0/56; Dicke 30cm; einbauen, verdichten; Fahr- und Parkstreifen; Bodenlegerarbeiten						
	m²	**€ brutto**	**13**	**16**	**18**	**20**	**24**
	KG 530	€ netto	11	14	15	17	20
13	**Frostschutzschicht, Kies 0/16, bis 30cm** Frostschutzschicht; Kies 0/16; Dicke bis 30cm; einbauen, verdichten						
	m²	**€ brutto**	**14**	**16**	**17**	**19**	**21**
	KG 530	€ netto	11	14	14	16	18
14	**Frostschutzschicht, Kies 0/45, bis 30cm** Frostschutzschicht; Kies 0/45; Dicke bis 30cm; profilgerecht einbauen, verdichten						
	m²	**€ brutto**	**14**	**18**	**20**	**26**	**35**
	KG 530	€ netto	12	15	17	22	29
15	**Tragschicht, Schotter 0/32, 15cm** Tragschicht; Schotter 0/32; Dicke 15m, Abweichung +/-1,5cm; einbauen, verdichten, DPr mind. 95%						
	m²	**€ brutto**	**13**	**15**	**15**	**16**	**18**
	KG 530	€ netto	11	13	13	14	15
16	**Tragschicht, Schotter 0/16, bis 30cm** Tragschicht; Schotter 0/16; Dicke bis 30cm, Abweichung +/-1,5cm; einbauen, verdichten, DPr mind. 95%						
	m²	**€ brutto**	**13**	**15**	**15**	**16**	**18**
	KG 530	€ netto	11	13	13	14	15
17	**Tragschicht, Schotter 0/32, bis 30cm** Tragschicht; Schotter 0/32; Dicke bis 30cm, Abweichung +/-1,5cm; einbauen, verdichten						
	m²	**€ brutto**	**17**	**20**	**21**	**22**	**24**
	KG 530	€ netto	15	16	18	18	21

LB 080 | Preise €

Nr.	Kurztext / Stichworte Einheit / Kostengruppe		►	▷	brutto ø netto ø	◁	◄
18	**Tragschicht, Kies 0/16, bis 30cm** Tragschicht; Kies 0/16, frostbeständig; Dicke bis 30cm, Abweichung +/-2,0cm; einbauen, verdichten						
	m²	**€ brutto**	**15**	**16**	**17**	**17**	**18**
	KG 530	€ netto	13	14	14	15	16
19	**Tragschicht, Kies 0/45, bis 30cm** Tragschicht; Kies 0/45, frostbeständig; Dicke bis 30cm, Abweichung +/-2,0cm; einbauen, verdichten						
	m²	**€ brutto**	**15**	**20**	**22**	**22**	**25**
	KG 530	€ netto	13	17	18	19	21
20	**Tragschicht aus RCL-Schotter 0/32, bis 30cm** Tragschicht; Recyclingschotter 0/32; Dicke bis 30cm, Sollhöhe +/-1,5cm; einbauen, verdichten						
	m²	**€ brutto**	**13**	**15**	**16**	**17**	**19**
	KG 530	€ netto	11	13	13	14	16
21	**Tragschicht aus RCL-Schotter 0/45, bis 30cm** Tragschicht; Recyclingschotter 0/45; Dicke bis 30cm, Sollhöhe +/-1,5cm; einbauen, verdichten						
	m²	**€ brutto**	**15**	**17**	**17**	**18**	**20**
	KG 530	€ netto	12	14	14	15	17
22	**Rasentragschicht 0/16** Tragschicht Schotterrasen; Kies 0/16, frostbeständig; Ebenflächigkeit +/-2cm						
	m²	**€ brutto**	**13**	**14**	**16**	**21**	**24**
	KG 530	€ netto	11	12	13	18	21
23	**Rasentragschicht 0/32** Tragschicht Schotterrasen; Kies 0/32, frostbeständig; Ebenflächigkeit +/-2cm						
	m²	**€ brutto**	**16**	**18**	**19**	**21**	**25**
	KG 530	€ netto	13	15	16	18	21
24	**Schotterrasendeckschicht, 20cm** Schotterrasen herstellen; Schotter-Humus-Gemisch; Dicke 20cm; abwalzen, einsanden						
	m²	**€ brutto**	**16**	**21**	**25**	**33**	**42**
	KG 574	€ netto	13	18	21	28	35
25	**Asphalttragschicht, 10cm** Asphalttragschicht; Mischgut AC 32 TS; einbauen, verdichten						
	m²	**€ brutto**	**34**	**37**	**39**	**39**	**41**
	KG 530	€ netto	29	31	32	33	34

LB 080							Preise €
Nr.	**Kurztext** / Stichworte				**brutto ø**		
	Einheit / Kostengruppe		►	▷	netto ø	◁	◄
26	**Asphaltbinderschicht, 6cm**						
	Asphaltbinderschicht BK 10; Mischgut AC16 B S, natürliche Körnung; Dicke 6cm						
	m²	**€ brutto**	**27**	**29**	**30**	**32**	**34**
	KG 530	€ netto	22	24	25	27	29
27	**Asphaltbetondeckschicht, 3,5cm**						
	Asphaltdeckschicht; Mischgut AC11 D LW, natürliche Körnung						
	m²	**€ brutto**	**20**	**25**	**28**	**32**	**36**
	KG 530	€ netto	17	21	23	27	30
28	**Wassergebundene Decke**						
	Wassergebundene Decke herstellen; Kies-Sand 0/3; Gefälle max. 3%, Dicke 2cm; verdichten; eingebaute Tragschicht						
	m²	**€ brutto**	**14**	**20**	**22**	**27**	**32**
	KG 531	€ netto	12	17	19	22	27
29	**Pflasterdecke, Beton mit Sickerfugen**						
	Pflasterdecke mit Sickerfugen/Rasenfugenfüllung; Beton; Bettungsdicke 30-50mm; Splitt Gemisch vollständig verfüllen						
	m²	**€ brutto**	**36**	**49**	**54**	**60**	**69**
	KG 534	€ netto	31	42	45	51	58
30	**Pflasterdecke, Beton, versickerungsfähig, 15x15**						
	Versickerungsfähiges Pflaster; Beton; 15x15x8cm; Halbsteinverband inkl. Splittbettung, einsanden						
	m²	**€ brutto**	**41**	**55**	**58**	**67**	**73**
	KG 530	€ netto	34	46	49	56	61
31	**Pflasterdecke, Beton, versickerungsfähig, 30x15**						
	Versickerungsfähiges Pflaster; Beton; 30x15x8cm; Halbsteinverband inkl. Splittbettung, einsanden						
	m²	**€ brutto**	**45**	**57**	**61**	**69**	**79**
	KG 530	€ netto	38	48	51	58	66
32	**Pflasterdecke, Beton, haufenporig, 12,5x12,5**						
	Haufenporiges Pflaster; Beton; 12,5x12,5cm, Dicke 8cm; Halbsteinverband inkl. Splittbettung, einsanden						
	m²	**€ brutto**	**24**	**33**	**36**	**40**	**44**
	KG 530	€ netto	21	28	30	34	37
33	**Pflasterdecke, Beton, haufenporig, 25x12,5**						
	Haufenporiges Pflaster; Beton; 25x12,5cm, Dicke 8cm; Halbsteinverband inkl. Splittbettung, einsanden						
	m²	**€ brutto**	**28**	**37**	**39**	**44**	**49**
	KG 530	€ netto	23	31	33	37	41

LB 080						Preise €
Nr.	**Kurztext** / Stichworte **Einheit** / Kostengruppe	►	▷	**brutto ø** netto ø	◁	◄
34	**Versickerungsfähiges Pflaster, Doppel-T-Verbundstein, 20x16,5** Versickerungsfähiges Pflaster; Beton, Doppel-T-Verbundstein; 20x16,5cm, Dicke 8cm; Halbsteinverband inkl. Splittbettung, einsanden					
	m² **€ brutto**	**29**	**39**	**42**	**48**	**51**
	KG 532 € netto	25	33	35	40	43
35	**Versickerungsfähiges Pflaster, Doppel-T-Verbundstein, 10x16,5** Doppel-T-Verbundstein; versickerungsfähiges Pflaster; Format: 10x16,5cm, Dicke: 8cm; im Halbsteinverband, im Splittbett, verdichtet					
	m **€ brutto**	**25**	**34**	**36**	**40**	**45**
	KG 532 € netto	21	29	30	34	38
36	**Rasenfugenstein, Beton, 20x15** Rasenfugenstein; Beton; 20x15cm, Dicke 8cm, angeformte Abstandshalter 30mm; Halbsteinverband inkl. Splittbettung, einsanden					
	m² **€ brutto**	**28**	**37**	**41**	**46**	**50**
	KG 530 € netto	24	31	34	39	42
37	**Rasenfugenstein, Beton, 20x20** Rasenfugenstein; Beton; 20x20cm, Dicke 8cm, angeformte Abstandshalter 30mm; Halbsteinverband inkl. Splittbettung, einsanden					
	m² **€ brutto**	**29**	**39**	**42**	**47**	**53**
	KG 530 € netto	25	33	36	40	44
38	**Betonplatte, Beton, 40x40cm, mit extra großer Rasenfuge** Rasenfugenplatte; Beton; 40x40cm, Dicke 7cm, Rasenfuge mind. 5cm; Halbsteinverband inkl. Splittbettung, einsanden					
	m² **€ brutto**	**28**	**38**	**42**	**47**	**52**
	KG 530 € netto	24	32	35	39	43
39	**Naturwerksteinpflaster, begrünbarer Fuge, polygonal** Naturwerksteinpflaster, begrünbare Fuge; Granit; polygonal, Dicke 6cm; Fugenbreite mind. 5cm, Splittbett verlegen					
	m² **€ brutto**	**58**	**78**	**83**	**91**	**101**
	KG 530 € netto	49	66	70	77	85
40	**Rasengittersteine, 19,5x19,5 ohne verfüllen** Rasengittersteine; Beton; 19,5x19,5cm, Dicke 8cm; mit mind. 40% begrünbarer Fläche, im Splittbett verlegen					
	m² **€ brutto**	**24**	**33**	**36**	**40**	**43**
	KG 530 € netto	21	28	31	33	36

Kosten: Stand 3.Quartal 2025, Bundesdurchschnitt

LB 080 **Preise €**

Nr.	Kurztext / Stichworte Einheit / Kostengruppe		►	▷	brutto ø netto ø	◁	◄
41	**Rasengitterplatte, Beton, 40x40** Rasengitterplatte; Beton; 40x40cm, Dicke 8cm, Format Raute; mit mind. 40% begrünbarer Fläche, im Splittbett verlegen						
	m²	**€ brutto**	**30**	**39**	**42**	**49**	**52**
	KG 530	€ netto	26	33	36	41	43
42	**Rasenplatte, Kunststoff, 50x50** Rasenplatte; Verbund-Gitterplatte, Kunststoff; 50x50cm, Dicke 4cm; im Splittbett verlegen; Verkehrsfläche						
	m²	**€ brutto**	**28**	**38**	**42**	**46**	**50**
	KG 534	€ netto	23	32	35	38	42
43	**Rasenplatte, Kunststoff-RCL, 50x40** Rasenplatte; Recyclings-Kunststoff; 50x40cm, Dicke 4cm; im Splittbett verlegen						
	m²	**€ brutto**	**48**	**65**	**70**	**78**	**86**
	KG 534	€ netto	40	54	59	65	72
44	**Rasenplatte, Kunststoff-RCL, 60x40** Rasenplatte; Recyclings-Kunststoff; 60x40cm, Dicke 4cm; im Splittbett verlegen						
	m²	**€ brutto**	**–**	**68**	**73**	**81**	**–**
	KG 534	€ netto	–	57	62	68	–
45	**Rasengitterplatte, Kunststoff-RCL, 40x40** Rasengitterplatte; Kunststoff; 40x40cm, Dicke 3,5cm; mind. 40% begrünbarer Fläche						
	m²	**€ brutto**	**19**	**27**	**29**	**33**	**36**
	KG 534	€ netto	16	23	24	28	30
46	**Rasengitterplatte, SBR-Gummigranulat, 10x10, 4,5cm** Rasengitterplatte; SBR-Gummigranulat; Raster 10x10cm, Dicke 4,5cm; mind. 40% begrünbarer Fläche						
	m²	**€ brutto**	**44**	**62**	**66**	**74**	**82**
	KG 534	€ netto	37	52	56	62	69
47	**Rasengitterplatte, SBR-Gummigranulat, 10x10, 5,5cm** Rasengitterplatte; SBR-Gummigranulat; Raster 10x10cm, Dicke 5,5cm; mind. 40% begrünbarer Fläche						
	m²	**€ brutto**	**–**	**64**	**69**	**77**	**–**
	KG 534	€ netto	–	54	58	65	–
48	**Füllung, Begrünung Rasengitterplatte, Quarzsand, 5cm** Füllung Rasengitterplatte; 60% Quarzsand, 40% Humus, Sportrasen-Samen; Füllung 20mm unter OK Belag; inkl. Düngung						
	m³	**€ brutto**	**67**	**87**	**97**	**109**	**119**
	KG 530	€ netto	56	73	81	92	100

LB 080							Preise €
Nr.	Kurztext / Stichworte		brutto ø				
	Einheit / Kostengruppe	►	▷	netto ø	◁	◄	
49	**Füllung, Begrünung Rasengitterplatte, Splitt, 5cm** Füllung Rasengitterplatte; 60% Splitt, 40% Humus, Sportrasen-Samen; Füllung 20 mm unter OK Belag; inkl. Düngung						
	m³	€ brutto	114	153	162	177	192
	KG 530	€ netto	96	128	136	149	161
50	**Füllung, Begrünung Rasengitterplatte, Min.-org. Substrat, Mauerpfeffer** Füllung Rasengitterplatte; Mineralisch-organisches Substrat; Einbaustärke 5cm						
	m²	€ brutto	25	33	36	40	43
	KG 530	€ netto	21	28	30	34	37
51	**Fugenverfüllung, Rasenfuge Betonpflastersteine** Fugenverfüllung Rasen; RSM 5.1 Parkplatzrasen; Vegetationstragschicht						
	m³	€ brutto	80	108	115	132	141
	KG 530	€ netto	68	91	97	111	119
52	**Pflasterklinkerdecke** Pflasterdecke; Pflasterklinker; im Verband, inkl. Bettung, Fugen einschlämmen						
	m²	€ brutto	71	116	135	143	161
	KG 533	€ netto	60	97	114	120	136
53	**Pflasterdecke, Granit, 8x8** Pflasterdecke; Granit; 8x8x8cm; im Mörtelbett, im Verband verlegen						
	m²	€ brutto	108	127	139	147	160
	KG 531	€ netto	91	107	117	123	134
54	**Pflasterdecke, Granit, 10x10** Pflasterdecke; Granit; 10x10cm; im Mörtelbett, im Verband verlegen						
	m²	€ brutto	126	159	165	169	192
	KG 531	€ netto	106	134	139	142	161
55	**Pflasterdecke, Granit, 11x11** Pflasterdecke; Granit; 11x11cm; im Mörtelbett, im Verband verlegen						
	m²	€ brutto	140	175	196	208	243
	KG 531	€ netto	118	147	165	175	204
56	**Pflasterzeile, Granit gebraucht, einzeilig** Pflasterstreifen, Naturwerkstein; Granit gebraucht; einzeilig in Betonfundament C12/15; Inneneinrichtung						
	m	€ brutto	41	48	49	52	57
	KG 530	€ netto	34	41	41	44	48

LB 080							Preise €
Nr.	**Kurztext** / Stichworte				**brutto ø**		
	Einheit / Kostengruppe		►	▷	netto ø	◁	◄
57	**Pflasterzeile, Granit, dreizeilig**						
	Pflasterzeile, Naturwerkstein; Granit; 15x17x17cm; dreizeilig, im Mörtelbett						
	m	**€ brutto**	**58**	**69**	**75**	**81**	**102**
	KG 530	€ netto	49	58	63	68	85
58	**Pflasterzeile, Großsteinpflaster, Granit**						
	Pflasterzeile, Naturwerkstein; Granit; 15x17x17cm; einzeilig, in Beton setzen						
	m	**€ brutto**	**42**	**48**	**52**	**58**	**63**
	KG 530	€ netto	35	41	44	49	53
59	**Plattenbelag, Granit, 60x60**						
	Bodenbelag, Naturwerkstein; Granit; 60x60cm, Dicke 5cm; barrierefrei, ungebunden in Brechsand-Splitt-Gemische 0/2, Bettungsdicke 3-5cm						
	m²	**€ brutto**	**105**	**127**	**134**	**144**	**165**
	KG 533	€ netto	89	107	112	121	139
60	**Plattenbelag, Basalt, 60x60**						
	Bodenbelag, Naturwerkstein; Basalt; 60x60cm, Dicke 5cm; barrierefrei, ungebunden in Brechsand-Splitt-Gemische 0/2, Bettungsdicke 3-5cm						
	m²	**€ brutto**	**187**	**226**	**274**	**297**	**302**
	KG 533	€ netto	157	190	230	249	254
61	**Plattenbelag, Travertin, 60x60**						
	Bodenbelag, Naturwerkstein; Travertin; 60x60cm, Dicke 5cm; barrierefrei, ungebunden in Brechsand-Splitt-Gemische 0/2, Bettungsdicke 3-5cm						
	m²	**€ brutto**	**161**	**176**	**192**	**201**	**245**
	KG 533	€ netto	135	148	161	169	206
62	**Plattenbelag, Sandstein, 60x60**						
	Bodenbelag, Natursteinwerkstein; Sandstein; 60x60cm, Dicke 5cm; barrierefrei, ungebunden in Brechsand-Splitt-Gemische 0/2, Bettungsdicke 3-5cm						
	m²	**€ brutto**	**167**	**194**	**209**	**220**	**239**
	KG 533	€ netto	141	163	176	185	201
63	**Pflasterdecke, Betonpflaster**						
	Pflasterdecke; Beton, Sandbettung 0/4; einlagig; verlegen, abrütteln; Wand/Decke; ohne Lieferung						
	m²	**€ brutto**	**42**	**48**	**51**	**54**	**62**
	KG 530	€ netto	35	40	43	46	52
64	**Betonplattenbelag, 40x40**						
	Plattenbelag; Beton; 40x40cm; im Sandbett 0/4 verlegen, inkl. Abrütteln						
	m²	**€ brutto**	**50**	**72**	**80**	**89**	**106**
	KG 530	€ netto	42	61	67	75	89

LB 080							Preise €
Nr.	Kurztext / Stichworte				brutto ø		
	Einheit / Kostengruppe		►	▷	netto ø	◁	◄
65	**Betonplatten, Schrittplatte**						
	Trittplatte; Beton; Format: 40x40cm, Dicke: 8cm; als Schrittplatte, trittfest im Erdsubstrat, OK bündig						
	St	**€ brutto**	**14**	**20**	**21**	**22**	**28**
	KG 531	€ netto	12	17	18	19	24
66	**Betonplatte, Natursteinoptik, polygonal**						
	Plattenbelag Natursteinoptik; Betonplatte; polygonal, verschiedene Formate, Dicke: 7cm; Fuge begrünbar, im verdichteten Splittbett						
	m2	**€ brutto**	**–**	**75**	**83**	**93**	**–**
	KG 530	€ netto	–	63	70	78	–
67	**Terrassenbelag aus Beton, 50x25x5**						
	Bodenbelag; Betonwerkstein; 50x25cm, Plattendicke 5cm, Bettungsdicke 40mm; ungebunden im Sandbett verlegen, Fugen verfüllen; Terrasse						
	m2	**€ brutto**	**71**	**94**	**100**	**118**	**122**
	KG 533	€ netto	59	79	84	100	103
68	**Terrassenbelag aus Beton, 50x25x8**						
	Bodenbelag; Betonwerkstein; 50x25cm, Plattendicke 8cm, Bettungsdicke 40mm; ungebunden im Sandbett verlegen, Fugen verfüllen; Terrasse						
	m2	**€ brutto**	**79**	**109**	**117**	**137**	**143**
	KG 533	€ netto	66	92	99	115	120
69	**Terrassenbelag aus Beton, 50x50x8**						
	Bodenbelag; Betonwerkstein; 50x50cm, Plattendicke 8cm, Bettungsdicke 40mm; ungebunden im Sandbett verlegen, Fugen verfüllen; Terrasse						
	m2	**€ brutto**	**85**	**115**	**123**	**141**	**148**
	KG 533	€ netto	71	97	103	119	125
70	**Terrassenbelag aus Beton, 60x30x8**						
	Bodenbelag; Betonwerkstein; 60x30cm, Plattendicke 8cm, Bettungsdicke 40mm; ungebunden im Sandbett verlegen, Fugen verfüllen; Terrasse						
	m2	**€ brutto**	**75**	**105**	**113**	**131**	**138**
	KG 533	€ netto	63	88	95	110	116
71	**Terrassenbelag aus Beton, 60x60x8**						
	Bodenbelag; Betonwerkstein; 60x60cm, Plattendicke 8cm, Bettungsdicke 40mm; ungebunden im Sandbett verlegen, Fugen verfüllen; Terrasse						
	m2	**€ brutto**	**77**	**107**	**114**	**134**	**141**
	KG 533	€ netto	65	90	96	113	119

Kosten: Stand 3.Quartal 2025, Bundesdurchschnitt

LB 080 **Preise €**

Nr.	Kurztext / Stichworte Einheit / Kostengruppe		►	▷	brutto ø netto ø	◁	◄
72	**Traufe, Betonplatten** Traufplatte; Beton, Splittbettung 0/5; 50x50x7cm; ohne Lieferung						
	m	**€ brutto**	**12**	**14**	**15**	**17**	**20**
	KG 530	€ netto	9,8	11,7	12,6	14,3	16,8
73	**Holzbelag Lärche** Terrassenbelag Holz; Lärche; mit Schrauben befestigen inkl. Unterkonstruktion						
	m²	**€ brutto**	**212**	**229**	**234**	**239**	**275**
	KG 533	€ netto	178	192	197	201	231
74	**Holzbelag Douglasie** Terrassenbelag Holz; Douglasie; mit Schrauben befestigen inkl. Unterkonstruktion						
	m²	**€ brutto**	**109**	**143**	**171**	**196**	**230**
	KG 533	€ netto	91	121	144	164	194
75	**Holzbelag Bangkirai** Terrassenbelag Holz; Bangkirai; mit Schrauben befestigen inkl. Unterkonstruktion						
	m²	**€ brutto**	**–**	**175**	**236**	**280**	**–**
	KG 533	€ netto	–	147	199	236	–
76	**Belag aus Holzpaneele 60x60** Bodenbelag, Holzpaneele; Kiefer, Kesseldruckimprägniert; Bretter Dicke 26mm, Breite 95mm, 60x60cm; splitterfrei verarbeiten, versiegeln						
	m²	**€ brutto**	**–**	**201**	**211**	**232**	**–**
	KG 533	€ netto	–	169	177	195	–
77	**Belag aus Holzpaneele 120x60** Bodenbelag, Holzpaneele; Kiefer, Kesseldruckimprägniert; Bretter Dicke 26mm, Breite 95mm, 120x60cm; splitterfrei verarbeiten, versiegeln						
	m²	**€ brutto**	**–**	**179**	**188**	**207**	**–**
	KG 533	€ netto	–	150	158	174	–
78	**Unterkonstruktion, Terrasse, Bauschnittholz** Unterkonstruktion Terrasse; Bauschnittholz S10; Dicke 40mm, Breite bis 60mm; mechanisch befestigen						
	m²	**€ brutto**	**–**	**29**	**31**	**35**	**–**
	KG 533	€ netto	–	25	26	29	–
79	**Randabschluss, Deckbrett** Randabschluss Deckbrett; Kiefer S10, gehobelt, besäumt; Breite bis 120mm, Dicke 28mm						
	m	**€ brutto**	**–**	**68**	**73**	**80**	**–**
	KG 533	€ netto	–	57	62	67	–

LB 080 **Preise €**

Nr.	Kurztext / Stichworte Einheit / Kostengruppe	►	▷	brutto ø netto ø	◁	◄
80	**Rippenplatte, 30x30x8, Rippenabstand 50x6, o. Fase, anthrazit** Rippenplatte; Beton, ohne Fase, trapezförmige Rippen; 30x30x8cm, Rippenabstand 50x6m; Fugenbreite max. 5 mm; Überquerungsstellen					
	m² **€ brutto**	**133**	**180**	**195**	**224**	**236**
	KG 531 € netto	112	151	164	189	198
81	**Rippenplatte, 20x10x8, mit Fase, anthrazit** Rippenplatte; Beton, mit Fase, trapezförmige Rippen; 20x10x8cm, 2 Rippen Abstand 50mm; Fugenbreite max. 5mm; Überquerungsstellen					
	m **€ brutto**	**113**	**152**	**164**	**190**	**201**
	KG 531 € netto	95	128	137	159	169
82	**Noppenplatte, 30x30x8, 32 Noppen, mit Fase, Kegel, anthrazit** Noppenplatte; Beton, mit Fasse, Kegelstumpf; 30x30x8cm, 32 Noppen; Fugenbreite max. 5 mm; Überquerungsstellen					
	m² **€ brutto**	**130**	**177**	**189**	**224**	**232**
	KG 531 € netto	109	149	158	189	195
83	**Noppenplatte, 20x10x8, 8 Noppen, mit Fase, Kegel, weiß** Noppenplatte; Beton, mit Fase, Kegelstumpf; 20x10x8cm, 32 Noppen; Fugenbreite max. 5 mm; Überquerungsstellen					
	m² **€ brutto**	**101**	**129**	**140**	**158**	**259**
	KG 531 € netto	85	108	118	133	218
84	**Leitstreifen, Betonsteinpflaster** Leitstreifen, Rechteckpflaster; Beton mit Minifaser; 10x10x8cm					
	m **€ brutto**	**–**	**495**	**575**	**679**	**–**
	KG 531 € netto	–	416	483	571	–
85	**Pflastersteine schneiden, Beton** Pflastersteine schneiden; Beton; mit Diamanttrennscheibe; Schnittgut entsorgen					
	m **€ brutto**	**14**	**21**	**23**	**25**	**32**
	KG 530 € netto	12	17	20	21	26
86	**Plattenbelag schneiden, Beton** Plattenbelag schneiden; Beton; Abweichung max. 0,5cm; Wand/Decke; entfernen, entsorgen					
	m **€ brutto**	**20**	**24**	**26**	**28**	**33**
	KG 530 € netto	17	21	22	24	28
87	**Blockstufe, Beton, 15x35x100** Blockstufe; Betonfertigteil, C20/25, sandgestrahlt, Kanten gefast; 15x35x100cm; auf bauseitigem Fundament					
	St **€ brutto**	**134**	**193**	**236**	**256**	**333**
	KG 544 € netto	112	162	198	215	279

LB 080							Preise €
Nr.	**Kurztext** / Stichworte **Einheit** / Kostengruppe		▶	▷	**brutto ø** netto ø	◁	◀
88	**Blockstufe, Beton, 17x28x100** Blockstufe; Betonfertigteil, C30/37; 17x28x100cm; in Beton C12/15 versetzen						
	m	**€ brutto**	**135**	**174**	**193**	**216**	**262**
	KG 544	€ netto	114	146	163	181	220
89	**Blockstufe, Naturwerkstein, Länge 100** Blockstufe; Naturwerkstein, gefast, Fundamentbeton C12/15; Länge 100cm, Bettung 20cm						
	m	**€ brutto**	**192**	**227**	**241**	**255**	**276**
	KG 544	€ netto	161	190	203	214	232
90	**Blockstufe, Kontraststreifen Beton, 20x40x120** Blockstufe; Betonfertigteil, Kontraststreifen Beton; Stufe 20x40x120cm, Streifen 5x5/8x5cm; in Beton C20/25 versetzen; bauseitigem Fundament						
	m	**€ brutto**	**243**	**258**	**268**	**278**	**305**
	KG 544	€ netto	204	217	226	234	256
91	**Blockstufe, Kontraststreifen PVC, 20x40x120** Blockstufe; Betonfertigteil, Kontraststreifen PVC; Stufe 20x40x120cm, Streifen 4,3x2,2cm; in Beton C20/25 versetzen; bauseitigem Fundament						
	m	**€ brutto**	**–**	**214**	**228**	**262**	**–**
	KG 544	€ netto	–	180	192	220	–
92	**Winkelstufe, Beton, 17x28x100** Winkelstufe; Betonfertigteil, C30/37; 17x28x100cm; in Beton C12/15 versetzen						
	m	**€ brutto**	**194**	**230**	**256**	**268**	**303**
	KG 544	€ netto	163	193	215	225	255
93	**Winkelstufe, Beton, 17x28x150** Winkelstufe; Betonfertigteil, C30/38; 17x28x150cm; in Beton C12/15 versetzen						
	m	**€ brutto**	**215**	**238**	**314**	**374**	**401**
	KG 544	€ netto	181	200	264	314	337
94	**Winkelstufe, Kontraststreifen Beton, 20x36x120** Winkelstufe; Betonfertigteil, Kontraststreifen Beton; Stufe 20x36x120cm, Streifen 5x5/8x5cm; in Beton C20/25 versetzen; bauseitigem Fundament						
	m	**€ brutto**	**159**	**211**	**227**	**259**	**282**
	KG 544	€ netto	134	178	191	218	237
95	**Winkelstufe, Kontraststreifen PVC, 20x36x120** Winkelstufe; Betonfertigteil, Kontraststreifen PVC; Stufe 20x36x120cm, Streifen 4,3x2,2cm; in Beton C20/25 versetzen; bauseitigem Fundament						
	m	**€ brutto**	**149**	**186**	**196**	**218**	**239**
	KG 544	€ netto	125	157	165	183	201

LB 080 **Preise €**

Nr.	Kurztext / Stichworte Einheit / Kostengruppe		►	▷	brutto ø netto ø	◁	◄
96	**Legestufe, Kontraststreifen Beton, 8x40x120** Legestufe; Betonfertigteil, Kontraststreifen Beton; Stufe 8x40x120cm, Streifen 5x5/8x5cm; in Beton versetzen; bauseitigem Fundament						
	m	**€ brutto**	**177**	**232**	**250**	**280**	**310**
	KG 544	€ netto	149	195	210	235	260
97	**Legestufe, Kontraststreifen PVC, 8x40x120** Legestufe; Betonfertigteil, Kontraststreifen PVC; Stufe 8x40x120cm, Streifen 4,3x2,2cm; in Beton versetzen; bauseitigem Fundament						
	m	**€ brutto**	**156**	**204**	**217**	**245**	**269**
	KG 544	€ netto	131	172	182	206	226
98	**L-Stufe, Kontraststreifen Beton,15x38x80** Legestufe; Betonfertigteil, Kontraststreifen Beton; Stufe 15x38x80cm, Kontraststreifen 5x5/8x5cmcm; in Beton C20/25 versetzen; bauseitigem Fundament						
	m	**€ brutto**	**148**	**185**	**197**	**223**	**242**
	KG 544	€ netto	124	156	166	187	204
99	**Bordstein, Naturwerkstein 15x25, L=100** Bordstein, Naturwerkstein; Granit; 15x25x100cm; in Beton setzen, Fugen aus dauerelastischem Fugenband						
	m	**€ brutto**	**54**	**64**	**68**	**75**	**79**
	KG 530	€ netto	45	54	57	63	66
100	**Bordstein, Naturwerkstein 18x25, L=100** Bordstein, Naturwerkstein; Granit; 18x25x100cm; in Beton setzen, Fugen aus dauerelastischem Fugenband						
	m	**€ brutto**	**60**	**68**	**73**	**82**	**87**
	KG 530	€ netto	50	57	61	69	73
101	**Bordstein, Naturwerkstein 30x25, L=100** Bordstein, Naturwerkstein; Granit; 30x25x100cm; in Beton setzen, Fugen aus dauerelastischem Fugenband						
	m	**€ brutto**	**65**	**75**	**81**	**89**	**94**
	KG 530	€ netto	55	63	68	75	79
102	**Bordstein, Beton, 12x15x25, L=50** Bordstein; Beton, naturgrau; 12x15x25cm, Länge 50cm; als Hochbord, in Beton setzen						
	m	**€ brutto**	**33**	**39**	**47**	**48**	**52**
	KG 530	€ netto	28	33	39	41	44
103	**Bordstein, Beton, 12x15x30, L=50** Bordstein; Beton, naturgrau; 12x15x30cm, Länge 50cm; als Hochbord, in Beton setzen						
	m	**€ brutto**	**34**	**42**	**47**	**52**	**60**
	KG 530	€ netto	29	35	40	44	50

LB 080						**Preise €**
Nr.	**Kurztext** / Stichworte			**brutto ø**		
	Einheit / Kostengruppe	►	▷	netto ø	◁	◄
104	**Bordstein, Beton, 12x18x30, L=50**					
	Bordstein; Beton, naturgrau; 12x18x30cm, Länge 50cm; als Hochbord, in Beton setzen					
	m **€ brutto**	**38**	**46**	**52**	**57**	**68**
	KG 530 € netto	32	39	43	48	57
105	**Bordstein, Beton, 12x18x30, L=100**					
	Bordstein; Beton, naturgrau; 12x18x30cm, Länge 100cm; als Hochbord, in Beton setzen					
	m **€ brutto**	**39**	**51**	**55**	**62**	**76**
	KG 530 € netto	33	42	46	52	64
106	**Bordstein, Beton, 8x25, L=50**					
	Bordstein; Beton; 8x25cm, Länge 50cm; als Tiefbord, in Beton setzen; Wege-, Pflanzfläche- und Rasenfläche					
	m **€ brutto**	**32**	**36**	**39**	**45**	**48**
	KG 530 € netto	27	30	33	38	40
107	**Bordstein, Beton, 8x25, L=100**					
	Bordstein; Beton; 8x25cm, Länge 100cm; als Tiefbord, in Beton setzen; Wege-, Pflanzfläche- und Rasenfläche					
	m **€ brutto**	**34**	**39**	**42**	**46**	**55**
	KG 530 € netto	28	33	35	39	46
108	**Bordstein, Beton, 10x25, L=50**					
	Bordstein; Beton; 10x25cm, Länge 50cm; als Tiefbord, in Beton setzen; Wege-, Pflanzfläche- und Rasenfläche					
	m **€ brutto**	**34**	**35**	**37**	**39**	**44**
	KG 530 € netto	29	30	31	33	37
109	**Bordstein, Beton, 8x20**					
	Bordstein; Beton; TB 8x20cm; als Tiefbord, in Beton setzen					
	m **€ brutto**	**33**	**39**	**41**	**44**	**52**
	KG 530 € netto	28	33	34	37	44
110	**Bordstein, Naturwerkstein brechen**					
	Bordstein; Granit; Horizontal-/Vertikalschenkel bis 1cm; Vorderkante brechen					
	St **€ brutto**	**–**	**16**	**23**	**31**	**–**
	KG 530 € netto	–	13	19	26	–
111	**Rasenbordstein, Kantstein, Beton**					
	Kantstein, als Rasenbordstein; Beton, einseitig abgerundet/gefast; 10x25cm, Fundament 10-12cm; in Beton setzen					
	m **€ brutto**	**30**	**42**	**43**	**47**	**54**
	KG 530 € netto	25	35	36	39	45

LB 080 **Preise €**

Nr.	Kurztext / Stichworte Einheit / Kostengruppe		►	▷	brutto ø netto ø	◁	◄
112	**Tastbordstein, Beton, 25x20, L=100** Bordstein, Taststein; Beton, weiß; 25x20x100cm; zur Anpassung an Straßenabläufe, in Beton setzen						
	m	**€ brutto**	**106**	**140**	**153**	**179**	**187**
	KG 530	€ netto	89	117	129	151	157
113	**Übergangsbordstein, Beton, dreiteilig, 12x15x30, L=50** Bordstein, Übergangsbordstein; Weißbeton; 12x15x30cm, Länge 50cm; dreiteiliger Übergang zwischen Nullabsenkung und Hochbord						
	m	**€ brutto**	**91**	**119**	**127**	**140**	**151**
	KG 530	€ netto	77	100	107	117	127
114	**Übergangsbordstein, Beton, dreiteilig, 12x15x30, L=100** Bordstein, Übergangsbordstein; Weißbeton; 12x15x30cm, Länge 100cm; dreiteiliger Übergang zwischen Nullabsenkung und Hochbord						
	m	**€ brutto**	**123**	**146**	**164**	**187**	**196**
	KG 530	€ netto	104	123	138	157	164
115	**Weg-/Beeteinfassung, Aluminium, gerade** Weg-/Beetabgrenzung, gerades Profil; Aluminium; Höhe 100mm						
	m	**€ brutto**	**34**	**51**	**60**	**69**	**83**
	KG 530	€ netto	29	43	51	58	70
116	**Weg-/Beeteinfassung, Aluminium, Bogen** Weg-/Beetabgrenzung, Bogenprofil; Aluminium; Höhe 100mm						
	m	**€ brutto**	**99**	**127**	**135**	**153**	**166**
	KG 530	€ netto	83	107	114	128	140
117	**Weg-/Beeteinfassung, Aluminium, Stoßverbinder** Weg-/Beetabgrenzung, Stoßverbinder; Aluminium; Höhe 90mm, Länge 100mm						
	St	**€ brutto**	**89**	**113**	**120**	**136**	**144**
	KG 530	€ netto	75	95	101	114	121
118	**Weg-/Beeteinfassung, Aluminium, Eckverbinder, Außenecke 90°** Weg-/Beetabgrenzung, Eckverbinder, Außeneck 90°; Aluminium; Höhe 90mm, Schenkellänge 75mm						
	St	**€ brutto**	**52**	**58**	**59**	**64**	**69**
	KG 530	€ netto	44	49	50	53	58
119	**Weg-/Beeteinfassung, Aluminium, Erdnagel** Weg-/Beetbegrenzung, Erdnagel; Aluminium; Länge 300mm; mit Lochstanzung						
	St	**€ brutto**	**26**	**34**	**37**	**40**	**44**
	KG 530	€ netto	22	29	31	34	37

LB 080 **Preise €**

Nr.	Kurztext / Stichworte Einheit / Kostengruppe		►	▷	brutto ø netto ø	◁	◄
120	**Weg-/Beeteinfassung, Cortenstahl, gerade** Weg-/Beetabgrenzung, gerades Profil; Cortenstahl; Höhe 100mm, Stärke 3mm						
	m	**€ brutto**	**55**	**67**	**76**	**89**	**109**
	KG 530	€ netto	46	56	64	75	91
121	**Weg-/Beeteinfassung, Cortenstahl, Profilverbinder** Weg-/Beetabgrenzung, Profilverbinder; Cortenstahl; Höhe 600mm, Länge 140mm, Stärke 3mm						
	St	**€ brutto**	**99**	**130**	**142**	**157**	**170**
	KG 530	€ netto	83	109	119	132	143
122	**Weg-/Beeteinfassung, Cortenstahl, Eckverbinder, Außenecke 90°** Weg-/Beetabgrenzung, Eckverbinder, Außeneck 90°; Cortenstahl; Höhe 105mm, Schenklänge 300mm, Stärke 3mm						
	St	**€ brutto**	**60**	**78**	**83**	**92**	**102**
	KG 530	€ netto	50	65	70	77	86
123	**Weg-/Beeteinfassung, Cortenstahl, Beton- und Erdanker** Weg-/Beetbegrenzung, Erdnagel; Cortenstahl; Höhe 60mm, Länge 300, Stärke 5mm						
	St	**€ brutto**	**19**	**24**	**26**	**28**	**31**
	KG 530	€ netto	16	20	22	24	26
124	**Weg-/Beeteinfassung, 15x22, L=50** Bordstein, Rollstuhl-Überfahrtstein; Beton, weiß, mit Fase; 15x22x50cm; in Beton C20/25 versetzen						
	m	**€ brutto**	**83**	**98**	**111**	**124**	**135**
	KG 530	€ netto	70	82	93	104	114
125	**Weg-/Beeteinfassung, 15x22, L=100** Bordstein, Rollstuhl-Überfahrtstein; Beton, weiß, mit Fase; 15x22x100cm; in Beton C20/25 versetzen						
	m	**€ brutto**	**121**	**143**	**155**	**177**	**191**
	KG 530	€ netto	102	120	130	148	160
126	**Winkelstützmauerelement, Beton, Höhe 55** Winkelstützelement; Stahlbetonfertigteil C30/37; Höhe 55cm, Breite 50cm Fußlänge 30cm; Betonbettung						
	m	**€ brutto**	**171**	**189**	**194**	**201**	**216**
	KG 543	€ netto	144	159	163	169	181
127	**Winkelstützmauerelement, Beton, Höhe 80** Winkelstützelement; Stahlbetonfertigteil C30/37; Höhe 80cm, Breite 50cm Fußlänge 30cm; Betonbettung						
	m	**€ brutto**	**199**	**222**	**233**	**246**	**290**
	KG 543	€ netto	167	186	196	207	244

LB 080 **Preise €**

Nr.	Kurztext / Stichworte Einheit / Kostengruppe		►	▷	brutto ø netto ø	◁	◄
128	**Winkelstützmauerelement, Beton, Höhe 130** Winkelstützelement; Stahlbetonfertigteil C30/37; Höhe 130cm, Breite 50cm Fußlänge 50cm; Betonbettung						
	m	**€ brutto**	**386**	**418**	**441**	**461**	**493**
	KG 543	€ netto	325	351	371	387	414
129	**Winkelstützmauerelement, Beton, Höhe 155** Winkelstützelement; Stahlbetonfertigteil C30/37; Höhe 155cm, Breite 50cm Fußlänge 50cm; Betonbettung						
	m	**€ brutto**	**401**	**464**	**501**	**584**	**684**
	KG 543	€ netto	337	390	421	491	575
130	**Gabionen, 50x50x50** Gabionen; Baustahldraht, Gestein frostbeständig; 50x50x50cm, Stärke 3,5mm, MW 10x10mm; händisch befüllen						
	St	**€ brutto**	**–**	**165**	**175**	**200**	**–**
	KG 543	€ netto	–	139	147	168	–
131	**Gabionen, 150x50x50** Gabionen; Baustahldraht, Gestein frostbeständig; 150x50x50cm, Stärke 3,5mm, MW 10x10cm; händisch befüllen						
	St	**€ brutto**	**–**	**306**	**315**	**359**	**–**
	KG 543	€ netto	–	257	265	302	–
132	**Gabionen, 100x100x100** Gabionen; Baustahldraht, Gestein frostbeständig; 100x100x100cm, Stärke 3,5mm, MW 10x10mm; händisch befüllen						
	St	**€ brutto**	**–**	**541**	**570**	**667**	**–**
	KG 543	€ netto	–	455	479	560	–
133	**Gabionen, 150x100x100** Gabionen; in Beton setzen, hochelastisch, Gestein frostbeständig; Drahtkorb 150x100x100cm, Stärke 3,5mm, MW 10x10cm; händisch befüllen						
	St	**€ brutto**	**–**	**705**	**742**	**875**	**–**
	KG 543	€ netto	–	592	623	736	–
134	**Gabionen, 200x50x50** Gabionen; Baustahldraht, Gestein frostbeständig; 200x50x50cm, Stärke 3,5mm, MW 10x10cm; händisch befüllen						
	St	**€ brutto**	**–**	**395**	**420**	**496**	**–**
	KG 543	€ netto	–	332	353	416	–
135	**Gabionen, 200x100x100** Gabionen; Baustahldraht , Gestein frostbeständig; 200x100x100cm, Stärke 3,5mm, MW 10x10cm; händisch befüllen						
	St	**€ brutto**	**–**	**966**	**1.027**	**1.140**	**–**
	KG 543	€ netto	–	811	863	958	–

Kosten: Stand 3.Quartal 2025, Bundesdurchschnitt

LB 080							Preise €
Nr.	**Kurztext** / Stichworte **Einheit** / Kostengruppe		►	▷	**brutto ø** netto ø	◁	◄
136	**Gabionen, 300x50x50** Gabionen; Baustahldraht, Gestein frostbeständig; 300x50x50cm, Stärke 3,5mm, MW 10x10cm; händisch befüllen						
	St	**€ brutto**	**–**	**526**	**554**	**621**	**–**
	KG 543	€ netto	–	442	466	521	–
137	**Trockenmauer als Stützwand - Bruchsteinmauerwerk** Trockenmauer, Stützwand; Naturstein; Steinhöhe 2-20cm, Mauerhöhe 2,50m, Dicke über 50cm; Sichtflächen unbearbeitet						
	m	**€ brutto**	**–**	**444**	**463**	**523**	**–**
	KG 543	€ netto	–	373	389	440	–
138	**Trockenmauer als freistehende Mauer- Granitblöcke - Findlinge** Trockenmauer, freistehend; Granitblöcke; Steindurchmesser bis 60cm, Mauerdicke über 50cm; Sichtflächen unbearbeitet						
	m	**€ brutto**	**–**	**361**	**380**	**429**	**–**
	KG 543	€ netto	–	303	319	361	–
139	**Naturwerksteinmauerwerk als Quadermauerwerk** Naturwerksteinmauerwerk; Mauermörtel M 10; Dicke mind. 30cm, Höhe bis 3,00m; als Außenwand, einseitig sichtbar, spaltrau, fugen glätten						
	m	**€ brutto**	**201**	**318**	**373**	**441**	**546**
	KG 543	€ netto	169	267	313	370	459
140	**Naturwerksteinmauerwerk als Außenwand** Naturwerksteinmauerwerk; Mauermörtel M 10; Dicke mind. 50cm, Höhe bis 2,00m; als Außenwand, einseitig sichtbar, spaltrau, fugen glätten						
	m	**€ brutto**	**212**	**261**	**287**	**311**	**359**
	KG 543	€ netto	178	219	241	261	302
141	**Speicherelement, Box Niederschlagswasser, 600 Liter** Speicherelement, Box; HPDE; 600l; befahrbar SLW 60						
	St	**€ brutto**	**1.058**	**1.411**	**1.533**	**1.702**	**1.840**
	KG 552	€ netto	889	1.185	1.288	1.430	1.546
142	**Speicherelement, Tank Niederschlagswasser, 1.600 Liter** Speicherelement, Tank; Glasfaserverstärktes Polypropylen; 1.600l						
	St	**€ brutto**	**2.390**	**3.269**	**3.515**	**3.937**	**4.254**
	KG 552	€ netto	2.009	2.747	2.954	3.309	3.575
143	**Speicherelement, Zisterne Niederschlagswasser, 1.000 Liter** Speicherelement, Zisterne; Glasfaserverstärktes Polypropylen; 1.000l						
	St	**€ brutto**	**–**	**2.509**	**2.698**	**2.941**	**–**
	KG 552	€ netto	–	2.109	2.267	2.471	–

LB 080							Preise €
Nr.	Kurztext / Stichworte				brutto ø		
	Einheit / Kostengruppe		►	▷	netto ø	◁	◄
144	**Speicherelement, Flachtank Niederschlagswasser, 600 Liter**						
	Speicherelement, Flachtank; Glasfaserverstärktes Polypropylen; 600l						
	St	**€ brutto**	**–**	**1.110**	**1.181**	**1.322**	**–**
	KG 542	€ netto	–	933	992	1.111	–
145	**Speicherelement, Rigole, Niederschlagswasser, 420 Liter**						
	Speicherelement, Rigole; Polypropylen PP; 420l; befahrbar SLW 60						
	St	**€ brutto**	**524**	**720**	**782**	**853**	**970**
	KG 552	€ netto	440	605	657	717	815
146	**Speicherelement, Sickertunnel, Niederschlagswasser, 300 Liter**						
	Speicherelement, Sickertunnel; Polypropylen PP; 300l; befahrbar SLW 60						
	St	**€ brutto**	**–**	**476**	**523**	**565**	**–**
	KG 552	€ netto	–	400	439	475	–
147	**Speicherelement, Box Niederschlagswasser, 400 Liter**						
	Speicherelement, Box; HPDE; 400l; befahrbar SLW 60						
	St	**€ brutto**	**–**	**1.087**	**1.157**	**1.249**	**–**
	KG 552	€ netto	–	914	972	1.050	–

E

Barrierefreies Bauen

Positionsverweise
Barrierefreies Bauen

Kurztext **Seite**

H

I

K

L

F

Brandschutz

Positionsverweise Brandschutz

Kurztext **Seite**

M

R

S

U

W

G

Innenräume

Positionsverweise Innenräume

H

I

K

L

M

Q

R

S

V

W

Anhang

Regionalfaktoren

Anhang

Regionalfaktoren

Diese Faktoren geben Aufschluss darüber, inwieweit die Baukosten in einer bestimmten Region Deutschlands teurer oder günstiger liegen als im Bundesdurchschnitt. Sie können dazu verwendet werden, die BKI Baukosten an das besondere Baupreisniveau einer Region anzupassen.
Hinweis: Alle Angaben wurden durch Untersuchungen des BKI weitgehend verifiziert. Dennoch können Abweichungen zu den angegebenen Werten entstehen. In Grenznähe zu einem Land-/Stadtkreis mit anderen Baupreisfaktoren sollte dessen Baupreisniveau mit berücksichtigt werden, da die Übergänge zwischen den Land-/Stadtkreisen fließend sind. Die Besonderheiten des Einzelfalls können ebenfalls zu Abweichungen führen.
Für die größeren Inseln Deutschlands wurden separate Regionalfaktoren ermittelt. Dazu wurde der zugehörige Landkreis in Festland und Inseln unterteilt. Alle Inseln eines Landkreises erhalten durch dieses Verfahren den gleichen Regionalfaktor. Der Regionalfaktor des Festlandes erhält keine Inseln mehr und ist daher gegenüber früheren Ausgaben verringert.

Regionalfaktoren Deutschland

	Landkreis / Stadtkreis	Regionalfaktor
A	Aachen, Städteregion	0,926
	Ahrweiler	0,982
	Aichach-Friedberg	1,077
	Alb-Donau-Kreis	1,015
	Altenburger Land	0,852
	Altenkirchen (Westerwald)	0,985
	Altmarkkreis Salzwedel	0,833
	Altötting	0,973
	Alzey-Worms	0,983
	Amberg, Stadt	1,100
	Amberg-Sulzbach	1,023
	Ammerland	0,794
	Amrum, Insel	1,288
	Anhalt-Bitterfeld	0,815
	Ansbach	1,032
	Ansbach, Stadt	1,068
	Aschaffenburg	1,124
	Aschaffenburg, Stadt	1,093
	Augsburg	1,098
	Augsburg, Stadt	1,265
	Aurich, Festlandanteil	0,735
	Aurich, Inselanteil	1,199
B	Bad Dürkheim	0,983
	Bad Kissingen	1,045

	Bad Kreuznach	0,963
	Bad Tölz-Wolfratshausen	1,216
	Baden-Baden, Stadtkreis	1,063
	Baltrum, Insel	1,199
	Bamberg	1,048
	Bamberg, Stadt	1,160
	Barnim	0,879
	Bautzen	0,894
	Bayreuth	1,077
	Bayreuth, Stadt	1,042
	Berchtesgadener Land	1,131
	Bergstraße	1,008
	Berlin, Stadt	1,141
	Bernkastel-Wittlich	1,022
	Biberach	1,020
	Bielefeld, Stadt	0,870
	Birkenfeld	1,033
	Bochum, Stadt	0,912
	Bodenseekreis	0,990
	Bonn, Stadt	0,920
	Borken	0,901
	Borkum, Insel	1,100
	Bottrop, Stadt	0,794
	Brandenburg an der Havel, Stadt	0,969
	Braunschweig, Stadt	0,726
	Breisgau-Hochschwarzwald	1,117
	Bremen, Stadt	0,921
	Bremerhaven, Stadt	0,946
	Burgenlandkreis	0,930
	Böblingen	1,083
	Börde	0,877
C	Calw	1,032
	Celle	0,834
	Cham	0,887
	Chemnitz, Stadt	0,878
	Cloppenburg	0,784
	Coburg	1,016
	Coburg, Stadt	1,155
	Cochem-Zell	1,065
	Coesfeld	0,943
	Cottbus, Stadt	1,030
	Cuxhaven	0,758
D	Dachau	1,228
	Dahme-Spreewald	0,925

	Darmstadt, Stadt	1,066
	Darmstadt-Dieburg	1,017
	Deggendorf	0,978
	Delmenhorst, Stadt	0,774
	Dessau-Roßlau, Stadt	0,860
	Diepholz	0,791
	Dillingen a.d. Donau	1,054
	Dingolfing-Landau	0,942
	Dithmarschen	1,033
	Donau-Ries	0,993
	Donnersbergkreis	0,919
	Dortmund, Stadt	0,757
	Dresden, Stadt	0,911
	Duisburg, Stadt	0,949
	Düren	0,950
	Düsseldorf, Stadt	0,983
E	Ebersberg	1,361
	Eichsfeld	0,906
	Eichstätt	1,065
	Eifelkreis Bitburg-Prüm	0,961
	Elbe-Elster	0,842
	Emden, Stadt	0,703
	Emmendingen	1,146
	Emsland	0,794
	Ennepe-Ruhr-Kreis	0,875
	Enzkreis	1,003
	Erding	1,118
	Erfurt, Stadt	0,926
	Erlangen, Stadt	1,101
	Erlangen-Höchstadt	1,026
	Erzgebirgskreis	0,918
	Essen, Stadt	0,839
	Esslingen	1,035
	Euskirchen	0,859
F	Fehmarn, Insel	1,164
	Flensburg, Stadt	0,808
	Forchheim	1,126
	Frankenthal (Pfalz), Stadt	0,888
	Frankfurt (Oder), Stadt	0,871
	Frankfurt am Main, Stadt	1,019
	Freiburg im Breisgau, Stadtkreis	1,120
	Freising	1,105
	Freudenstadt	1,033
	Freyung-Grafenau	0,980

	Friesland, Festlandanteil	0,775
	Friesland, Inselanteil	1,442
	Fulda	1,039
	Föhr, Insel	1,288
	Fürstenfeldbruck	1,216
	Fürth	0,993
	Fürth, Stadt	1,076
G	Garmisch-Partenkirchen	1,268
	Gelsenkirchen, Stadt	0,891
	Gera, Stadt	0,906
	Germersheim	1,002
	Gießen	1,010
	Gifhorn	0,848
	Goslar	0,752
	Gotha	0,876
	Grafschaft Bentheim	0,792
	Greiz	0,925
	Groß-Gerau	1,058
	Göppingen	0,998
	Görlitz	0,893
	Göttingen	0,856
	Günzburg	1,054
	Gütersloh	0,872
H	Hagen, Stadt	0,884
	Halle (Saale), Stadt	0,709
	Hamburg, Freie und Hansestadt	1,106
	Hameln-Pyrmont	0,829
	Hamm, Stadt	0,866
	Hannover, Region	0,904
	Harburg	0,904
	Harz	0,819
	Havelland	0,999
	Haßberge	1,131
	Heidekreis	0,862
	Heidelberg, Stadtkreis	1,119
	Heidenheim	1,032
	Heilbronn	1,023
	Heilbronn, Stadtkreis	1,011
	Heinsberg	0,920
	Helgoland, Insel	1,410
	Helmstedt	0,834
	Herford	0,871
	Herne, Stadt	0,922
	Hersfeld-Rotenburg	0,985

	Herzogtum Lauenburg	0,975
	Hiddensee, Insel	1,126
	Hildburghausen	0,882
	Hildesheim	0,794
	Hochsauerlandkreis	0,895
	Hochtaunuskreis	1,063
	Hof	1,152
	Hof, Stadt	1,123
	Hohenlohekreis	1,034
	Holzminden	0,766
	Höxter	0,867
I	Ilm-Kreis	0,860
	Ingolstadt, Stadt	1,093
J	Jena, Stadt	1,088
	Jerichower Land	0,813
	Juist, Insel	1,199
K	Kaiserslautern	0,970
	Kaiserslautern, Stadt	0,977
	Karlsruhe	0,953
	Karlsruhe, Stadtkreis	1,098
	Kassel	1,019
	Kassel, Stadt	0,933
	Kaufbeuren	1,160
	Kelheim	0,982
	Kempten (Allgäu)	1,140
	Kiel, Stadt	1,209
	Kitzingen	1,077
	Kleve	0,915
	Koblenz, Stadt	0,938
	Konstanz	1,025
	Krefeld, Stadt	0,836
	Kronach	1,108
	Kulmbach	1,130
	Kusel	0,956
	Kyffhäuserkreis	0,891
	Köln, Stadt	0,936
L	Lahn-Dill-Kreis	1,014
	Landau in der Pfalz, Stadt	1,000
	Landsberg am Lech	1,130
	Landshut	0,967
	Landshut, Stadt	1,039

	Langeoog, Insel	1,052
	Leer, Festlandanteil	0,743
	Leer, Inselanteil	1,100
	Leipzig	0,941
	Leipzig, Stadt	0,859
	Leverkusen, Stadt	0,805
	Lichtenfels	1,006
	Limburg-Weilburg	0,980
	Lindau (Bodensee)	1,071
	Lippe	0,903
	Ludwigsburg	1,037
	Ludwigshafen am Rhein, Stadt	1,033
	Ludwigslust-Parchim	0,911
	Lörrach	0,992
	Lübeck, Hansestadt	0,921
	Lüchow-Dannenberg	0,850
	Lüneburg	0,851
M	Magdeburg, Stadt	0,851
	Main-Kinzig-Kreis	0,996
	Main-Spessart	1,104
	Main-Tauber-Kreis	1,027
	Main-Taunus-Kreis	1,005
	Mainz, Stadt	0,938
	Mainz-Bingen	1,032
	Mannheim, Stadtkreis	1,049
	Mansfeld-Südharz	0,882
	Marburg-Biedenkopf	1,031
	Mayen-Koblenz	0,972
	Mecklenburgische Seenplatte	0,879
	Meißen	0,891
	Memmingen	1,016
	Merzig-Wadern	0,951
	Mettmann	0,869
	Miesbach	1,306
	Miltenberg	1,180
	Minden-Lübbecke	0,848
	Mittelsachsen	0,902
	Märkisch-Oderland	0,890
	Märkischer Kreis	0,873
	Mönchengladbach, Stadt	0,895
	Mühldorf a.Inn	1,047
	Mülheim an der Ruhr, Stadt	0,905
	München	1,340
	München, Stadt	1,546
	Münster, Stadt	0,863

N	Neckar-Odenwald-Kreis	1,074
	Neu-Ulm	1,059
	Neuburg-Schrobenhausen	1,064
	Neumarkt i.d.OPf.	0,944
	Neumünster, Stadt	0,906
	Neunkirchen	0,975
	Neustadt a.d.Aisch-Bad Windsheim	1,037
	Neustadt a.d.Waldnaab	1,047
	Neustadt an der Weinstraße, Stadt	0,915
	Neuwied	0,949
	Nienburg (Weser)	0,740
	Norderney, Insel	1,199
	Nordfriesland, Festlandanteil	1,163
	Nordfriesland, Inselanteil	1,288
	Nordhausen	0,820
	Nordsachsen	0,893
	Nordwest-Mecklenburg, Inselanteil	1,224
	Nordwestmecklenburg, Festlandanteil	0,947
	Northeim	0,874
	Nürnberg, Stadt	1,037
	Nürnberger Land	1,165
O	Oberallgäu	1,107
	Oberbergischer Kreis	0,898
	Oberhausen, Stadt	0,852
	Oberhavel	1,024
	Oberspreewald-Lausitz	0,889
	Odenwaldkreis	0,995
	Oder-Spree	0,968
	Offenbach	0,958
	Offenbach am Main, Stadt	0,970
	Oldenburg	0,853
	Oldenburg (Oldb), Stadt	0,815
	Olpe	0,968
	Ortenaukreis	1,024
	Osnabrück	0,828
	Osnabrück, Stadt	0,760
	Ostalbkreis	1,075
	Ostallgäu	1,051
	Osterholz	0,833
	Ostholstein, Festlandanteil	0,957
	Ostholstein, Inselanteil	1,164
	Ostprignitz-Ruppin	0,939

P	Paderborn	0,888
	Passau	0,971
	Passau, Stadt	1,007
	Peine	0,815
	Pellworm, Insel	1,288
	Pfaffenhofen a.d.Ilm	1,082
	Pforzheim, Stadtkreis	0,976
	Pinneberg, Festlandanteil	0,973
	Pinneberg, Inselanteil	1,410
	Pirmasens, Stadt	0,961
	Plön	1,027
	Poel, Insel	1,224
	Potsdam, Stadt	1,007
	Potsdam-Mittelmark	0,973
	Prignitz	0,803
R	Rastatt	1,024
	Ravensburg	0,960
	Recklinghausen	0,889
	Regen	0,901
	Regensburg	1,044
	Regensburg, Stadt	1,063
	Rems-Murr-Kreis	1,057
	Remscheid, Stadt	0,860
	Rendsburg-Eckernförde	0,922
	Reutlingen	0,984
	Rhein-Erft-Kreis	0,914
	Rhein-Hunsrück-Kreis	1,023
	Rhein-Kreis Neuss	0,924
	Rhein-Lahn-Kreis	1,005
	Rhein-Neckar-Kreis	1,062
	Rhein-Pfalz-Kreis	0,988
	Rhein-Sieg-Kreis	0,927
	Rheingau-Taunus-Kreis	1,010
	Rheinisch-Bergischer Kreis	0,896
	Rhön-Grabfeld	1,133
	Rosenheim	1,207
	Rosenheim, Stadt	1,252
	Rostock	0,941
	Rostock, Stadt	1,001
	Rotenburg (Wümme)	0,744
	Roth	1,073
	Rottal-Inn	0,960
	Rottweil	0,991
	Rügen, Insel	1,126

S	Saale-Holzland-Kreis	0,821
	Saale-Orla-Kreis	0,940
	Saalekreis	0,874
	Saalfeld-Rudolstadt	0,918
	Saarbrücken, Regionalverband	0,923
	Saarlouis	0,944
	Saarpfalz-Kreis	0,945
	Salzgitter, Stadt	0,770
	Salzlandkreis	0,841
	Schaumburg	0,799
	Schleswig-Flensburg	0,901
	Schmalkalden-Meiningen	0,966
	Schwabach, Stadt	1,061
	Schwalm-Eder-Kreis	0,962
	Schwandorf	0,993
	Schwarzwald-Baar-Kreis	0,903
	Schweinfurt	1,069
	Schweinfurt, Stadt	1,042
	Schwerin, Stadt	1,119
	Schwäbisch Hall	0,928
	Segeberg	0,940
	Siegen-Wittgenstein	0,934
	Sigmaringen	0,976
	Soest	0,847
	Solingen, Stadt	0,878
	Sonneberg	0,877
	Speyer, Stadt	1,049
	Spiekeroog, Insel	1,052
	Spree-Neiße	0,744
	St. Wendel	0,944
	Stade	0,808
	Starnberg	1,361
	Steinburg	0,952
	Steinfurt	0,885
	Stendal	0,728
	Stormarn	0,921
	Straubing, Stadt	1,223
	Straubing-Bogen	1,051
	Stuttgart, Stadtkreis	1,114
	Suhl, Stadt	0,880
	Sylt, Insel	1,288
	Sächsische Schweiz-Osterzgebirge	0,951
	Sömmerda	0,875
	Südliche Weinstraße	1,041
	Südwestpfalz	0,954

T	Teltow-Fläming	0,961
	Tirschenreuth	1,059
	Traunstein	1,133
	Trier, Stadt	1,066
	Trier-Saarburg	1,063
	Tuttlingen	1,061
	Tübingen	1,029
U	Uckermark	0,895
	Uelzen	0,844
	Ulm, Stadtkreis	1,120
	Unna	0,898
	Unstrut-Hainich-Kreis	0,805
	Unterallgäu	0,980
	Usedom, Insel	1,060
V	Vechta	0,855
	Verden	0,761
	Viersen	0,918
	Vogelsbergkreis	0,949
	Vogtlandkreis	0,948
	Vorpommern-Greifswald, Festlandanteil	0,981
	Vorpommern-Greifswald, Inselanteil	1,060
	Vorpommern-Rügen, Festlandanteil	0,972
	Vorpommern-Rügen, Inselanteil	1,126
	Vulkaneifel	0,975
W	Waldeck-Frankenberg	0,950
	Waldshut	1,049
	Wangerooge, Insel	1,442
	Warendorf	0,890
	Wartburgkreis	0,958
	Weiden i.d.OPf., Stadt	1,003
	Weilheim-Schongau	1,156
	Weimar, Stadt	1,187
	Weimarer Land	0,902
	Weißenburg-Gunzenhausen	1,007
	Werra-Meißner-Kreis	0,956
	Wesel	0,904
	Wesermarsch	0,808
	Westerwaldkreis	0,994
	Wetteraukreis	0,971
	Wiesbaden, Stadt	0,985
	Wilhelmshaven, Stadt	0,858
	Wittenberg	0,758
	Wittmund, Festlandanteil	0,804

Wittmund, Inselanteil	1,052
Wolfenbüttel	0,821
Wolfsburg, Stadt	0,817
Worms, Stadt	1,019
Wunsiedel i.Fichtelgebirge	1,125
Wuppertal, Stadt	0,832
Würzburg	1,095
Würzburg, Stadt	1,158

Z

Zingst, Insel	1,126
Zollernalbkreis	1,000
Zweibrücken, Stadt	1,055
Zwickau	0,918

Regionalfaktoren Österreich

Bundesland	Korrekturfaktor
Burgenland	1,115
Kärnten	1,103
Niederösterreich	1,028
Oberösterreich	1,104
Salzburg	1,104
Steiermark	1,097
Tirol	1,019
Vorarlberg	1,069
Wien	1,095

Regionalfaktoren für den Europa-Raum

Land	Korrekturfaktor
Albanien	0,345
Belgien	0,616
Bosnien und Herzegowina	0,317
Bulgarien	0,446
Dänemark	0,833
Deutschland	1,000
Estland	0,518
Finnland	0,826

Frankreich	0,783
Griechenland	0,477
Irland	0,664
Island	0,785
Italien	0,562
Kroatien	0,368
Lettland	0,544
Litauen	0,500
Luxemburg	0,859
Malta	0,584
Mazedonien	0,359
Montenegro	0,356
Niederlande	0,823
Norwegen	0,838
Österreich	1,081
Polen	0,466
Portugal	0,440
Rumänien	0,385
Schweden	0,937
Schweiz	1,042
Serbien	0,371
Slowakei	0,500
Slowenien	0,473
Spanien	0,540
Tschechien	0,507
Türkei	0,357
Ungarn	0,462
Zypern	0,491